北京理工大学“双一流”建设精品出版工程

Interplanetary Flights: Theory and Applications

行星际飞行轨道理论与应用

尚海滨 ◎ 编著

北京理工大学出版社
BEIJING INSTITUTE OF TECHNOLOGY PRESS

图书在版编目（CIP）数据

行星际飞行轨道理论与应用/尚海滨编著．—北京：北京理工大学出版社，2019.4
ISBN 978－7－5682－6742－7

Ⅰ．①行…　Ⅱ．①尚…　Ⅲ．①行星际轨道－研究　Ⅳ．①V412.4

中国版本图书馆 CIP 数据核字（2019）第 031828 号

出版发行／北京理工大学出版社有限责任公司
社　　址／北京市海淀区中关村南大街 5 号
邮　　编／100081
电　　话／（010）68914775（总编室）
（010）82562903（教材售后服务热线）
（010）68948351（其他图书服务热线）
网　　址／http：//www. bitpress. com. cn
经　　销／全国各地新华书店
印　　刷／保定市中画美凯印刷有限公司
开　　本／787 毫米×1092 毫米　1/16
印　　张／19.25
字　　数／452 千字
版　　次／2019 年 4 月第 1 版　2019 年 4 月第 1 次印刷
定　　价／56.00 元

责任编辑／王玲玲
文案编辑／王玲玲
责任校对／周瑞红
责任印制／李志强

PREFACE 前言

行星际飞行器是指在太阳系内广阔的行星际空间中飞行的人造天体，是人类进行深空探测活动的重要工具，如火星探测器、小行星探测器、彗星动能撞击器等。行星际飞行轨道理论是行星际飞行器设计所涉及的重要基础理论，也是从事深空探测技术研究人员应具备的知识。相比近地航天器轨道，行星际飞行轨道有许多独具的特点，需要一本专门的教材进行系统的阐述，这也是本书编写的初衷。

本书共包括8章。第1~3章介绍与行星际飞行轨道相关的基础知识，包括基本的力学原理、二体问题和三体问题等；第2~6章从不同的行星际飞行方式出发，分别介绍直接转移轨道、借力飞行轨道和连续小推力飞行轨道；第7章介绍几种常用的行星际飞行轨道优化方法，包括微分修正方法、主矢量方法等；第8章中针对几个典型的深空探测任务，对行星际飞行轨道进行初步的设计，并分析了不同飞行方案的特点。

本书是在作者多年来从事行星际飞行轨道教学实践与科学研究基础上，并参考国内外学者的一些优秀研究成果编著而成的。本书写作过程中，力求做到叙述清晰准确，条理分明。行星际飞行轨道的典型特点是能量需求大、飞行时间长和力场环境复杂，合理地利用自然力、施加合适的控制力以提高飞行轨道性能是研究的重点。为此，本书在介绍轨道基础理论与知识的同时，着重对不同转移方式轨道的特点与设计方法进行讨论。为了使读者深入理解行星际飞行轨道设计方法，书中尽可能地对各种方法进行详尽的推导与讨论，这也是本书的一个特点。本书可以作为航空宇航学科研究生和高年级本科生教材，也可以为从事深空探测技术研究的人员提供一定的参考。

全书由尚海滨编著，北京理工大学宇航学院乔栋教授主审。

感谢崔平远教授和龙腾教授在本书编写过程中给予的鼓励、指导与帮助。感谢研究生韦炳威、秦啸、张闯翔、许铃健和王嘉瑶的辛勤劳动，他们完成了部分文字的校对和仿真程序的调试工作。

限于时间和作者水平，书中不妥之处在所难免，敬请读者和同行批评指正。

编著者

目 录
CONTENTS

第1章
行星际飞行轨道基础知识

1.1 太阳系中的天体

太阳系由一个恒星（称为太阳）、八大行星、行星卫星、至少5个矮行星及无数的小行星和彗星组成。八大行星按照距太阳的距离，依次为：水星、金星、地球、火星、木星、土星、天王星和海土星。而原先被视为行星的冥王星于2006年由国际天文联合会（International Astronomical Union，IAU）正式定义为矮行星。许多科学家认为，太阳系大约于46亿年前由巨大的旋转气体和尘埃（即星云）形成。这些星云因为引力而逐渐聚集，旋转越来越快，整体被压成圆盘状。大多数的物质被聚集到中心，形成了太阳，而其他的一些物质则组成了行星、小行星、彗星及行星的卫星等。

太阳是太阳系里最大的天体，它占据了太阳系99.86%的质量。木星是八大行星中体积最大的行星，其直径约为太阳直径的1/10，而总质量仅为太阳的0.1%。由于太阳引力的主导作用，八大行星的运动可视为主要受太阳引力的影响。因此，它们的运动轨迹大致为以太阳为焦点的椭圆轨道，但半长轴、偏心率和倾角等轨道特征各不相同。当然，由于岁差、其他行星引力及广义相对论效应的影响，行星绕太阳的公转轨道也在时刻发生着微小的变化。太阳系中各大行星绕太阳公转轨道的偏心率都较小，除水星以外，其他行星的轨道偏心率均小于0.1，运行于近圆轨道上。另外，除水星外，各大行星绕太阳公转轨道平面与黄道面的夹角都小于4°。

根据天体绕太阳运动轨道的分布，太阳系可非正式地分为内太阳系和外太阳系。内太阳系包括水星、金星、地球、火星和主小行星带；而主小行星带以外的部分称为外太阳系。特别地，对于外太阳系，从木星到海王星这4颗大型行星称为“中间带”；海王星以外还有很大的区域被小行星和矮行星所占据，这个区域称为柯伊伯带。

水星是距离太阳最近的行星，它绕太阳公转轨道的半长轴为0.387 AU（1 AU = 1.4959787×10^{8} km，定义为地球到太阳的平均距离，称为一个天文单位），偏心率为0.206，轨道倾角为7°（参考平面为黄道面）。水星绕太阳公转周期为87.97天，自转周期为58.646天，刚好是公转周期的2/3。水星不存在天然的卫星。水星的平均半径为2 439.7 km，质量是太阳系行星中最小的，约为地球质量的0.055。目前已有“水手10号”和“信使号”探测器实现了水星探测，而“哥伦布号”探测器将于2025年到达水星开展探测任务。

金星是离地球最近的行星，它绕太阳公转轨道半长轴约为0.723 AU，偏心率为0.007，轨道倾角为3.39°。金星的公转周期约为224.7天，自转周期约为243天，其自转方向与地球自转方向是相反的，所以，在金星表面上看太阳是从西边升起，东边落下的。金星的平均半径为6 051.8 km，质量约为地球的0.815。金星具有非常稠密的大气层，大气密度约为地球大气密度的93倍，地表温度在400 ℃以上，这增加了探测器进行金星近距离探测的难度。与水星一样，金星没有天然的卫星。金星是人类探测器到达的第一颗地外行星。

地球是太阳系中唯一拥有生命的行星，它与太阳的距离为1 AU，绕太阳公转轨道的偏心率为0.016 7。地球的平均半径为6 371 km，质量为5.972 37×10^{24} kg。地球的密度在内太阳系中是最高的，并且有一颗自然卫星，即月球。

近地天体，是指那些绕太阳的公转轨道与地球的公转轨道很接近的小天体。太阳系中的小天体，若其近日点距离小于1.3 AU，则被定义为近地天体。近地天体的主要组成是小行星，也有部分彗星。截至2018年9月，人类已经发现了超过18 800颗近地天体。近地天体是行星际探测的热点目标。在这些近地天体中，若其轨道与地球最近接近距离小于0.05 AU，并且直径大于140 m，则被认为是高危小天体，高危小天体存在撞击地球的可能性，对地球及人类的安全构成了威胁。人类已经成功实施了多次近地天体探测任务，例如美国的NEAR任务和日本的近地小行星采样返回任务。

火星绕太阳公转轨道半长轴为1.524 AU，偏心率为0.093 4，倾角为1.85°。火星的公转周期为779.96天，自转周期为1.026天。火星具有稀薄的大气，大气密度不到地球大气的1%，大气成分主要是二氧化碳。火星的表面温度约为-63 ℃，被视为人类最有可能移居的星球。火星的平均半径为3 389.5 km，质量约为地球的0.107。此外，火星拥有两个天然的卫星，分别为火卫一Phobos和火卫二Deimos。火星一直是人类开展行星际探测任务的热点目标，进行火星探测的任务窗口每26个月会出现一次。自1960年以来，人类已经向火星发射了46颗探测器，开展火星科学探测，任务成功率约为45%。

主小行星带，在火星和木星之间运行着成千上万的小天体。特别地，这些小天体主要集中于距离太阳2.06~3.27 AU核心区域内。据估计，主小行星带中天体的数量在70万~170万颗，其中最大的天体是谷神星（被归类为矮行星）。尽管小行星带分布很广，但其中所有天体的总质量仅为地球质量的0.1%。绝大多数主小行星带中的天体绕太阳公转轨道的偏心率小于0.4，轨道倾角小于30°。一般认为，由于木星引力的影响，早期太阳系的残余物质没能够聚合在一起，最终形成主小行星带。主小行星带中的天体近年来也逐渐成为行星际探测的热点目标。

木星是太阳系中最大的行星，平均半径为69 911 km，质量约为地球的318倍，为气态巨行星。木星绕太阳公转的轨道半长轴为5.2 AU，偏心率为0.048 9，轨道倾角为1.303°。木星绕太阳的公转周期为11.862年，自转周期约为9.925小时。目前已经发现了79颗木星的天然卫星，其中有4颗卫星较大，并且与类地行星具有相似的特征。由于木星的质量很大，在木星与太阳系统的两个三角平动点L_4和L_5附近稳定存在着许多小行星，这些小行星构成了特洛伊小行星群。目前人类已经进行了多次的木星探测任务，包括著名的“旅行者号”飞越探测和“伽利略号”环绕探测任务。

土星也为气态巨行星，平均半径为58 232 km，土星的质量约为地球的95倍，但其密度是太阳系所有行星中最低的。土星绕太阳公转轨道的半长轴为9.58 AU，偏心率为0.056 5，轨道倾角为2.485°。木星的公转周期约为29.457 1年，自转周期约为10.55 h。土星赤道附近的环状结构十分显著，主要由冰微粒和岩石尘土组成。目前在土星附近已发现了62颗自然卫星，其中最大的一颗卫星为泰坦，它的体积比水星的还要大，并且拥有浓厚的大气。“卡西尼－惠更斯号”探测器于 2004 年成功进入环土星轨道，开启了人类的首次近距离土星科学探测。

天王星是太阳系中第三大的行星，平均半径为 25 362.7 km，质量约为地球的 14 倍。天王星绕太阳公转轨道半长轴为 19.218 AU，偏心率为 0.046，轨道倾角为 0.773°。天王星的公转周期约为 84.02 年，自转周期约为 17 h 14 min。天王星自转轴的倾角非常大，与其绕太阳公转轨道角动量矢量之间的夹角约为 97.77°，因此，天王星几乎是横躺着绕太阳公转的，其赤道附近也存在暗淡的行星环，目前已发现了 27 颗天王星的自然卫星。由于距离地球遥远，探测器飞抵天王星需要很长的时间。NASA 的“旅行者 2 号”是目前唯一成功飞越天王星的探测器。

海王星是太阳系中距离太阳最远的行星，其离太阳最近距离为 29.81 AU，最远距离为 30.33 AU。海王星绕太阳公转轨道的半长轴为 30.11 AU，偏心率为 0.095，轨道倾角为 1.768°。天王星的平均半径为 24 622 km，质量约为地球的 17 倍。天王星绕太阳公转周期约为 164.8 年，自转周期约为 15 h 58 min。目前发现的自然卫星有 14 颗，其中只有海卫一具有足够大的质量，能使其自身呈球体。截至目前，只有“旅行者 2 号”探测器实现了海王星的飞越探测。

柯伊伯带位于距离太阳 30～50 AU 的区域。与主小行星带类似，其主要由小天体和太阳系形成初期的残骸构成。柯伊伯带可分为传统带和共振带，共振带是指与海王星运动具有共振关系的天体群，其共振比为 2∶3（当海王星绕太阳公转 3 圈时，小天体完成绕太阳公转 2 圈），共振带分布在约 39.4 AU 处，包括冥王星和其卫星在内的许多天体都位于共振带内。

图 1.1.1 给出了太阳系主要结构的示意图，其中略去了一些天体，如彗星、谷神星等。

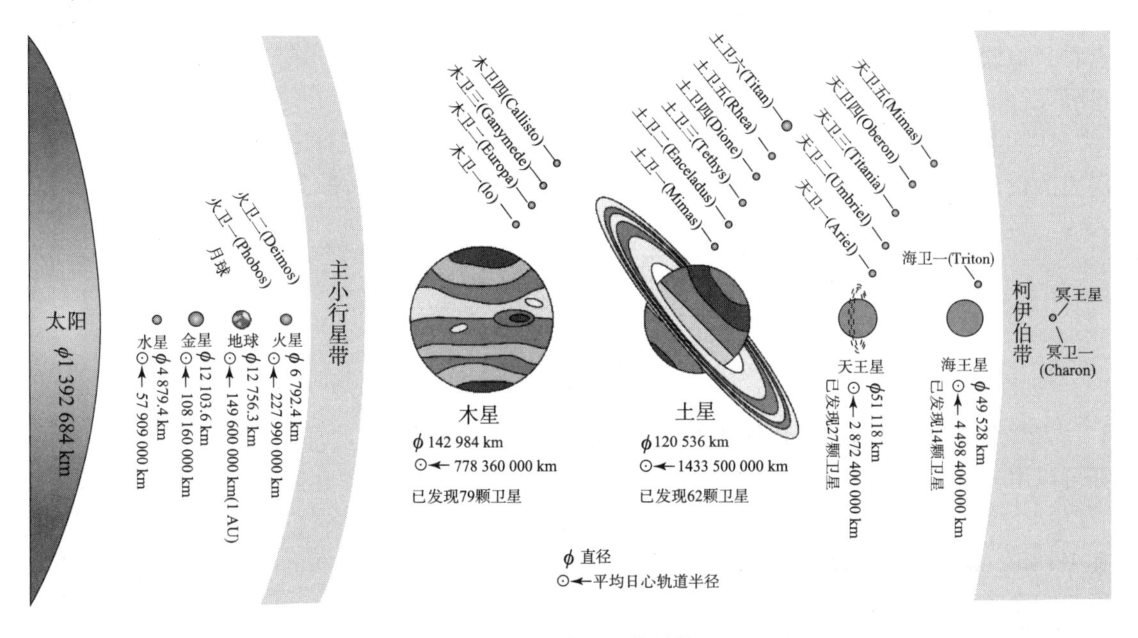

图 1.1.1　太阳系的结构

1.2 牛顿力学

牛顿于1687年发表了《自然哲学的数学原理》，在其第一卷中首次表述了物体运动的三定律，后来被称为牛顿定律。这三个定律描述如下：

牛顿第一定律：任何质点或质点系会继续相对于某一惯性坐标系保持静止或者匀速直线运动状态，除非有外力施加在该质点或质点系上，迫使它改变这种状态。该定律又称为惯性定律。

牛顿第二定律：动量为$\boldsymbol{p}$的质点在外力$\boldsymbol{F}$的作用下，其动量随时间的变化率同该质点所受外力成正比，并且与外力的方向相同，即$\boldsymbol{F}=\mathrm{d}\boldsymbol{p}/\mathrm{d}t$。

牛顿第三定律：相互作用的两个质点之间的作用力和反作用力总是大小相等，方向相反，并且作用在同一条直线上。

牛顿在《自然哲学的数学原理》中还首次提出了万有引力定律，从而使得经典力学成为一个较为完整的体系，这为后来的力学体系发展奠定了基础。

牛顿力学引入了一些基本概念，包括力、质点、时间、匀速运动和惯性坐标系。不可否认，这些概念带有些形而上学的色彩，如质点是一个假象模型，我们忽略了物体的形状和大小，将有限质量集中于一个零维的点，且其密度还是有限的。另外，牛顿的绝对时空观认为时间和空间是独立的，两者不会互相影响，时间是均匀流逝的，与参照系和物体的运动都无关，空间的度量也是处处相等，且与参照系和物体的运动无关。因此，惯性坐标系存在于绝对时空观中，不同的惯性系中对物体运动的描述，如速度、位移等，可以通过伽利略变换相互联系，或者说一切力学定律在伽利略变换下都是不变的。1905年，爱因斯坦建立了狭义相对论，直接否定了绝对时空观，他认为时间和空间是紧密联系的，且时间和空间都具有相对的意义，绝对的惯性系是不存在的。1915年，爱因斯坦建立了广义相对论，对引力进行了重新解释，他认为引力是时空被弯曲的表现，从而时空是非均匀且可弯曲的。从现代的观点看，牛顿力学是真实情况的高度近似理论，在许多工程问题中仍然是适用的。例如，对行星际飞行轨道进行讨论时，依据的基础力学理论仍然是牛顿三大运动定律及牛顿万有引力定律。实际上，在航天工程领域中，只有极少数情况下需要考虑相对论效应，例如GPS定位误差的校正，需要考虑飞行速度和引力势带来的卫星钟与接收机钟之间的误差。

1.3 分析力学

1.3.1 拉格朗日方程

力学系统的运动规律可用最小作用原理进行描述，根据这一原理，表征每一个力学系统都可以用一个确定的函数：

$$L(q_1, q_2, \cdots, q_s, \dot{q}_1, \dot{q}_2, \cdots, \dot{q}_s, t) \tag{1.3.1}$$

其中，$q_1, q_2, \cdots, q_s$表示自由度为s的系统的广义坐标，其对时间的导数$\dot{q}_1, \dot{q}_2, \cdots, \dot{q}_s$称为广义速度。

式（1.3.1）可以简记为$L(q, \dot{q}, t)$，力学系统的运动满足以下条件：

假设在时刻 $t=t_1$ 和 $t=t_2$，运动系统的位置由两组坐标 $q^{(1)}$ 和 $q^{(2)}$ 确定，那么系统在这两个位置之间的运动使得积分

$$S = \int_{t_1}^{t_2} L(q, \dot{q}, t)\,\mathrm{d}t \tag{1.3.2}$$

取最小值（一般是极小值）。函数 L 称为给定系统的拉格朗日函数，积分 S 称为作用量。拉格朗日函数中只包含 q 和 $\dot{q}$，而不包含更高阶导数 $\ddot{q}$，$\dddot{q}$，…，这表明系统的力学状态完全由坐标和速度确定。

下面将通过求解使积分 S 取最小值的问题来推导运动微分方程。为了便于表达，先假设系统仅有一个自由度，只需确定一个函数 $q(t)$。

设 $q=q(t)$ 是使 S 取最小值的函数，即采用其他任意函数

$$q(t)+\delta q(t) \tag{1.3.3}$$

代替 $q(t)$ 时，都会使 S 增大。这里函数 $\delta q(t)$ 称为函数 $q(t)$ 的变分，其在从 t_1 到 t_2 的整个时间间隔内都认为是小量。由于比较函数（1.3.3）在时刻 $t=t_1$ 和 $t=t_2$ 分别取值为 $q^{(1)}$ 和 $q^{(2)}$，因此有

$$\delta q(t_1)=\delta q(t_2)=0 \tag{1.3.4}$$

使用 $q(t)+\delta q(t)$ 代替 $q(t)$ 时，使 S 产生的增量为

$$\delta S = \int_{t_1}^{t_2} L(q+\delta q, \dot{q}+\delta\dot{q}, t)\,\mathrm{d}t - \int_{t_1}^{t_2} L(q, \dot{q}, t)\,\mathrm{d}t \tag{1.3.5}$$

S 取最小值的必要条件是一阶变分为零。于是最小作用量原理可以写成

$$\delta S = \delta \int_{t_1}^{t_2} L(q, \dot{q}, t)\,\mathrm{d}t = 0 \tag{1.3.6}$$

或者变分后的形式可以表示为

$$\int_{t_1}^{t_2} \left(\frac{\partial L}{\partial q}\delta q + \frac{\partial L}{\partial \dot{q}}\delta \dot{q}\right)\mathrm{d}t = 0 \tag{1.3.7}$$

注意到 $\delta\dot{q}=\mathrm{d}(\delta q)/\mathrm{d}t$，则第二项分部积分为

$$\delta S = \left.\frac{\partial L}{\partial \dot{q}}\delta q\right|_{t_1}^{t_2} + \int_{t_1}^{t_2}\left(\frac{\partial L}{\partial q} - \frac{\mathrm{d}}{\mathrm{d}t}\frac{\partial L}{\partial \dot{q}}\right)\delta q\,\mathrm{d}t = 0 \tag{1.3.8}$$

根据式（1.3.4）可得式（1.3.8）中第一项为零，剩下的积分在 δq 取任意值时都应该等于零。这时，被积函数必须恒等于零，于是有

$$\frac{\mathrm{d}}{\mathrm{d}t}\frac{\partial L}{\partial \dot{q}} - \frac{\partial L}{\partial q} = 0 \tag{1.3.9}$$

对于有 s 个自由度的系统，在最小作用量原理中，有 s 个不同的函数 $q_i(t)$ 应该独立地变分。因此，可以得到 s 个方程

$$\frac{\mathrm{d}}{\mathrm{d}t}\frac{\partial L}{\partial \dot{q}_i} - \frac{\partial L}{\partial q_i} = 0 \quad (i=1,\ 2,\ \cdots,\ s) \tag{1.3.10}$$

利用上式推导的运动微分方程在力学中称为拉格朗日－欧拉方程。如果给定力学系统的拉格朗日函数已知，则方程（1.3.10）建立了加速度、速度和坐标之间的联系，即给出了系统的运动方程。

为了讨论拉格朗日函数的一般性结论，考虑两个拉格朗日函数 $L'(q, \dot{q}, t)$ 和 $L''(q, \dot{q}, t)$，它们相差某个坐标和时间的函数 $f(q, t)$ 对时间的全导数，表示为

$$L''(q,\ \dot{q},\ t)=L'(q,\ \dot{q},\ t)+\frac{\mathrm{d}}{\mathrm{d}t}f(q,\ t) \tag{1.3.11}$$

计算这两个拉格朗日函数对应的积分，可以得到

$$\begin{aligned} S'' &= \int_{t_1}^{t_2} L''(q,\dot{q},t)\mathrm{d}t = \int_{t_1}^{t_2} L'(q,\dot{q},t)\mathrm{d}t + \int_{t_1}^{t_2}\frac{\mathrm{d}}{\mathrm{d}t}f(q,t)\mathrm{d}t \\ &= S' + f(q^{(2)},\ t_2) - f(q^{(1)},\ t_1) \end{aligned} \tag{1.3.12}$$

上式表明，S''和S'相差一个附加项，在变分时附加项消失，条件 $\delta S''=0$ 和 $\delta S'=0$ 完全等价，则运动微分方程也相同。因此，可以得到这样的结论：拉格朗日函数的定义不唯一，但不同拉格朗日函数之间仅相差某个时间和广义坐标的函数对时间的全导数。

1.3.2 拉格朗日函数

1. 自由质点的拉格朗日函数

研究力学现象必须选择参考系，一般来说，运动规律在不同参考系下具有不同的形式。为了使力学规律在形式上最简单，选择参考系时，若空间相对它是均匀的且各向同性的，时间相对它是均匀的，这样的参考系称为惯性参考系。对于在惯性参考系中自由运动的质点，其拉格朗日函数形式存在一些结论：时间和空间的均匀性意味着这个函数不显含质点的矢径 $\boldsymbol{r}$ 和时间 t，即 L 只能是速度 $\boldsymbol{v}$ 的函数。又由于空间内各向同性，L 也不依赖于速度矢量 $\boldsymbol{v}$ 的方向，只能是速度大小的函数，也就是说 $L=L(v^2)$。

如果在已有的这个惯性参考系 K 以外，再引进另一个惯性参考系 K'，且惯性参考系 K 以无穷小速度 $\boldsymbol{\varepsilon}$ 相对于另一惯性参考系 K'运动，则有 $\boldsymbol{v}'=\boldsymbol{v}+\boldsymbol{\varepsilon}$。实验表明，质点相对这两个参考系的自由运动规律是完全相同的，并且所有力学关系式相对这两个参考系都是等价的。换言之，存在无穷多个惯性参考系，它们相互做匀速直线运动，在这些参考系中，时间和空间的性质都是相同的，力学规律也是相同的，这个结论称为伽利略相对性原理。在惯性参考系 K'中，拉格朗日函数 L'表示为

$$L'=L(v'^2)=L(v^2+2\boldsymbol{v}\cdot\boldsymbol{\varepsilon}+\varepsilon^2) \tag{1.3.13}$$

将上式展开成 $\boldsymbol{\varepsilon}$ 的幂级数并忽略二阶及以上小量，可以得到

$$L(v'^2)=L(v^2)+2\frac{\partial L}{\partial v^2}\boldsymbol{v}\cdot\boldsymbol{\varepsilon} \tag{1.3.14}$$

根据拉格朗日函数的一般性结论，在所有惯性参考系中，运动方程的形式是相同的，如果 L' 与 $L(v^2)$ 存在差异，只能相差某个关于时间和坐标的函数的全导数。对于式(1.3.14)，只有在等式右边第二项与速度 $\boldsymbol{v}$ 呈线性关系时，它才能是时间的全导数。因此，$\partial L/\partial v^2$ 应与速度无关，即拉格朗日函数 L 与速度的平方成正比：

$$L=\frac{m}{2}v^2 \tag{1.3.15}$$

其中，m 为常数，称为质点的质量。

式（1.3.15）即为自由运动质点的拉格朗日函数形式。

考虑一个力学系统由 A 和 B 两部分组成，拉格朗日函数分别为 L_A 和 L_B。如果两个部分都是封闭的，即不受外部任何物体作用，则在两个部分相距足够远，以至于它们的相互作用可以忽略的极限情况下，系统的拉格朗日函数趋于极限

$$\lim L = L_A + L_B \tag{1.3.16}$$

式（1.3.16）表明拉格朗日函数具有可加性。因此，根据式（1.3.15），对于无相互作用的质点组成的自由质点系，可以得到

$$L = \sum_i \frac{m_i v_i^2}{2} \tag{1.3.17}$$

需要注意的是，只有考虑到可加性，给出的质量定义才有实际的物理意义。

在特定的坐标系中，速度平方的计算方式为

$$v^2 = \left(\frac{\mathrm{d}l}{\mathrm{d}t}\right)^2 \tag{1.3.18}$$

因此，确定拉格朗日函数只需求出在特定坐标系中弧长微元 $\mathrm{d}l$ 的平方。例如，在笛卡儿坐标系中，有 $\mathrm{d}l^2 = \mathrm{d}x^2 + \mathrm{d}y^2 + \mathrm{d}z^2$，这时拉格朗日函数可以表示为

$$L = \frac{m}{2}(\dot{x}^2 + \dot{y}^2 + \dot{z}^2) \tag{1.3.19}$$

2. 质点系的拉格朗日函数

存在一种质点系，其质点之间有相互作用，但不受外部任何物体作用，这种质点系称为封闭质点系。为了描述质点之间的相互作用，可以在自由质点系的拉格朗日函数中增加坐标的某一函数（根据相互作用的性质确定），将这一函数记为 $-U$，于是封闭质点系拉格朗日函数的一般形式表示为

$$L = \sum_i \frac{m_i v_i^2}{2} - U(\boldsymbol{r}_1, \boldsymbol{r}_2, \cdots) \tag{1.3.20}$$

其中，$\boldsymbol{r}_i$ 是第 i 个质点的矢径；函数 U 称为质点系的势能。势能仅依赖于所有质点在同一时刻的位置，即其中任何质点位置的改变都会立刻影响到所有其他质点，证明了相互作用具有瞬间传递性，这种性质在经典力学中是必然的。

拉格朗日函数的形式（1.3.20）也表明，时间是均匀且各向同性的，用 $-t$ 代替 t 不会改变拉格朗日函数，也不会改变运动方程，也就是说，如果在参考系中某种运动是可能的，则逆运动也是可能的。回溯到经典力学中可以得出：遵循经典力学定律的所有运动都是可逆的。

根据拉格朗日函数建立运动方程

$$\frac{\mathrm{d}}{\mathrm{d}t}\frac{\partial L}{\partial \boldsymbol{v}_i} = \frac{\partial L}{\partial \boldsymbol{r}_i} \tag{1.3.21}$$

将式（1.3.20）代入式（1.3.21）可得

$$m_i \frac{\mathrm{d}\boldsymbol{v}_i}{\mathrm{d}t} = -\frac{\partial U}{\partial \boldsymbol{r}_i} \tag{1.3.22}$$

式（1.3.22）形式的运动方程称为牛顿方程，是相互作用质点系力学的基础。上式等号右端的矢量为

$$\boldsymbol{F}_i = -\frac{\partial U}{\partial \boldsymbol{r}_i} \tag{1.3.23}$$

$\boldsymbol{F}_i$ 称为作用在第 i 个质点上的力。$\boldsymbol{F}$ 与 U 都只依赖于所有质点的坐标，与速度无关。因此，式（1.3.22）表明，质点的加速度矢量只是坐标的函数。

采用笛卡儿坐标描述，根据式（1.3.19），可以得到拉格朗日函数为

$$L = \frac{1}{2}\sum_i m_i(\dot{x}_i^2 + \dot{y}_i^2 + \dot{z}_i^2) - U \tag{1.3.24}$$

如果采用任意的广义坐标 q 描述运动，而不是用笛卡儿坐标，则表示新的拉格朗日函数需要进行相应的变换

$$\boldsymbol{x}_i = f_i(q_1, q_2, \cdots, q_s), \dot{\boldsymbol{x}}_i = \sum_k \frac{\partial f_i}{\partial q_k}\dot{q}_k \tag{1.3.25}$$

将式（1.3.25）代入式（1.3.24），可以得到广义坐标下的拉格朗日函数为

$$L = \frac{1}{2}\sum_{k,l} a_{kl}(q)\dot{q}_k\dot{q}_l - U(q) \tag{1.3.26}$$

其中，a_{kl}是广义坐标的函数，表示为

$$a_{kl} = \sum_i m_i \frac{\partial f_i}{\partial q_k}\frac{\partial f_i}{\partial q_l} \tag{1.3.27}$$

前面的讨论只针对封闭质点系，下面研究非封闭质点系。假定某一非封闭质点系 A，它与运动完全已知的质点系 B 相互作用，这种情况称为 A 在由 B 给定的外场中运动。根据最小作用量原理推导运动方程时，需要对每个广义坐标进行独立变分，假设质点系 $A+B$ 是封闭质点系，则有

$$L = T_A(q_A, \dot{q}_A) + T_B(q_B, \dot{q}_B) - U(q_A, q_B) \tag{1.3.28}$$

其中，T_A 和 T_B 表示为

$$T_A = \sum_i \frac{m_{A,i}v_{A,i}^2}{2}, T_B = \sum_i \frac{m_{B,i}v_{B,i}^2}{2} \tag{1.3.29}$$

分别称为系统 A 和 B 的动能；$U(q_A, q_B)$ 是 $A+B$ 的势能。将广义坐标 q_B 用已知的时间函数代替后，动能 T_B 为只与时间有关的函数，即是某个时间函数的全导数，可以从 L 中略去。因此，非封闭质点系 A 的拉格朗日函数为

$$L_A = T_A(q_A, \dot{q}_A) - U(q_A, q_B(t)) \tag{1.3.30}$$

上式表明，在外场中的非封闭质点系的运动可以由一般形式的拉格朗日函数描述，唯一的区别是势能函数 U 中可能显含时间 t。

1.3.3 哈密顿方程

使用拉格朗日函数和相应的拉格朗日方程来描述力学规律的前提是利用广义坐标和广义速度来描述系统的力学状态。然而，这种描述不是唯一的，存在其他的描述方式。在研究某些力学普遍问题的时候，利用广义坐标和广义动量来描述系统状态具有一系列的优点，这时需要推导与此相应的运动方程。

在数学上，利用勒让德变换可以实现从一组独立变量到另一组独立变量的变换，应用到广义坐标和广义动量的描述方式的过程如下。

拉格朗日函数作为坐标和速度的函数时，其全微分可以表示为

$$\mathrm{d}L = \sum_i \frac{\partial L}{\partial q_i}\mathrm{d}q_i + \sum_i \frac{\partial L}{\partial \dot{q}_i}\mathrm{d}\dot{q}_i \tag{1.3.31}$$

定义导数 $\partial L/\partial \dot{q}_i$ 为广义动量 p_i，根据拉格朗日方程（1.3.10），可以得到 $\partial L/\partial q_i = \dot{p}_i$，则式（1.3.31）可以表示为

$$\mathrm{d}L = \sum \dot{p}_i\mathrm{d}q_i + \sum p_i\mathrm{d}\dot{q}_i \tag{1.3.32}$$

类似于分部积分法，将上式第二项写成

$$\sum p_i \mathrm{d}\dot{q}_i = \mathrm{d}\left(\sum p_i \dot{q}_i\right) - \sum \dot{q}_i \mathrm{d}p_i \tag{1.3.33}$$

将式（1.3.33）代入式（1.3.32），整理可得

$$\mathrm{d}\left(\sum p_i \dot{q}_i - L\right) = -\sum \dot{p}_i \mathrm{d}q_i + \sum \dot{q}_i \mathrm{d}p_i \tag{1.3.34}$$

式（1.3.34）左端的微分变量采用广义坐标和广义动量进行描述，为系统的能量，称为系统的哈密顿函数，表示为

$$H(p, q, t) = \sum_i p_i \dot{q}_i - L \tag{1.3.35}$$

结合式（1.3.34），可以得到采用其中的坐标和动量两个独立变量表示的微分形式为

$$\mathrm{d}H = -\sum \dot{p}_i \mathrm{d}q_i + \sum \dot{q}_i \mathrm{d}p_i \tag{1.3.36}$$

进一步可得

$$\dot{q}_i = \frac{\partial H}{\partial p_i},\ \dot{p}_i = -\frac{\partial H}{\partial q_i} \tag{1.3.37}$$

式（1.3.37）是利用变量 p 和 q 表示的运动方程，称为哈密顿方程。可见，它是关于 $2s$ 个未知函数 $p_i(t)$ 和 $q_i(t)$ 的 $2s$ 个一阶微分方程组，可用于代替拉格朗日方法的 s 个二阶方程使用。哈密顿方程的优点是方程形式简单且对称，因此也称之为正则方程。

哈密顿函数对时间的全导数表示为

$$\frac{\mathrm{d}H}{\mathrm{d}t} = \frac{\partial H}{\partial t} + \sum \frac{\partial H}{\partial q_i}\dot{q}_i + \sum \frac{\partial H}{\partial p_i}\dot{p}_i \tag{1.3.38}$$

将哈密顿方程（1.3.37）代入上式，后两项会相互抵消，因此有

$$\frac{\mathrm{d}H}{\mathrm{d}t} = \frac{\partial H}{\partial t} \tag{1.3.39}$$

式（1.3.39）表明，如果哈密顿函数不显含时间，则 $\mathrm{d}H/\mathrm{d}t = 0$，此时 H 为一常量，即系统的能量是守恒的。

拉格朗日函数和哈密顿函数除了包含动力学变量 q，$\dot{q}$ 或 q，p 之外，还包含其他与力学系统自身性质或作用于其的外部场有关的各种参数。设变量 ε 是这样的参数，则拉格朗日函数的微分式（1.3.32）应改写为

$$\mathrm{d}L = \sum \dot{p}_i \mathrm{d}q_i + \sum p_i \mathrm{d}\dot{q}_i + \frac{\partial L}{\partial \varepsilon}\mathrm{d}\varepsilon \tag{1.3.40}$$

哈密顿函数的微分式（1.3.36）变化为

$$\mathrm{d}H = -\sum \dot{p}_i \mathrm{d}q_i + \sum \dot{q}_i \mathrm{d}p_i - \frac{\partial L}{\partial \varepsilon}\mathrm{d}\varepsilon \tag{1.3.41}$$

根据式（1.3.41）可以得到拉格朗日函数和哈密顿函数对参数 ε 的偏导数存在以下关系

$$\frac{\partial H}{\partial \varepsilon} = -\frac{\partial L}{\partial \varepsilon} \tag{1.3.42}$$

需要注意的是，H 对 ε 求偏导数时，q，p 保持不变；L 对 ε 求偏导数时，q，$\dot{q}$ 保持不变。

在上述变换过程中，没有考虑拉格朗日函数可能显含时间的情况，即式（1.3.32）~式（1.3.36）中不含关于 $\mathrm{d}t$ 的项。这是因为时间参数不参与变换过程，于是可以类似于式

(1.3.42)，得到拉格朗日函数和哈密顿函数对时间的偏导数之间的关系为

$$\frac{\partial H}{\partial t}=-\frac{\partial L}{\partial t} \tag{1.3.43}$$

设函数 $f(q,\ p,\ t)$ 是坐标、动量和时间的某个函数，其对时间的全导数为

$$\frac{\mathrm{d}f}{\mathrm{d}t}=\frac{\partial f}{\partial t}+\sum_i\left(\frac{\partial f}{\partial q_i}\dot{q}_i+\frac{\partial L}{\partial \dot{p}_i}\dot{p}_i\right) \tag{1.3.44}$$

将式（1.3.44）代入哈密顿方程（1.3.37）的表达式，可得

$$\frac{\mathrm{d}f}{\mathrm{d}t}=\frac{\partial f}{\partial t}+\sum_i\left(\frac{\partial H}{\partial p_i}\frac{\partial f}{\partial q_i}-\frac{\partial H}{\partial q_i}\frac{\partial f}{\partial p_i}\right) \tag{1.3.45}$$

引入记号

$$\{H,f\} = \sum_i\left(\frac{\partial H}{\partial p_i}\frac{\partial f}{\partial q_i}-\frac{\partial H}{\partial q_i}\frac{\partial f}{\partial p_i}\right) \tag{1.3.46}$$

上式称为量 H 和 f 的泊松括号。

如果动力学函数 f 满足 $\mathrm{d}f/\mathrm{d}t=0$，即该函数在系统运动时保持不变，则称 f 为运动积分，此时式（1.3.44）满足

$$\frac{\partial f}{\partial t}+\{H,\ f\}=0 \tag{1.3.47}$$

如果运动积分 f 不显含时间，则上式可改写成

$$\{H,\ f\}=0 \tag{1.3.48}$$

即运动积分 f 和哈密顿函数的泊松括号为零。

对于任意一对变量 f 和 g，泊松括号可以定义为

$$\{f,g\} = \sum_i\left(\frac{\partial f}{\partial p_i}\frac{\partial g}{\partial q_i}-\frac{\partial f}{\partial q_i}\frac{\partial g}{\partial p_i}\right) \tag{1.3.49}$$

根据这一定义，可以推导出泊松括号具有以下性质。

①如果两个函数对调，则泊松括号改变符号：

$$\{f,\ g\}=-\{g,f\} \tag{1.3.50}$$

②如果其中一个函数是常数 c，则泊松括号等于零：

$$\{f,\ c\}=0 \tag{1.3.51}$$

③泊松括号的加法和乘法运算法为

$$\{f_1+f_2,\ g\}=\{f_1,\ g\}+\{f_2,\ g\} \tag{1.3.52}$$

$$\{f_1f_2,\ g\}=f_1\{f_2,\ g\}+f_2\{f_1,\ g\} \tag{1.3.53}$$

④泊松括号对时间的偏导数表示为

$$\frac{\partial}{\partial t}\{f,\ g\}=\left\{\frac{\partial f}{\partial t},\ g\right\}+\left\{f,\ \frac{\partial g}{\partial t}\right\} \tag{1.3.54}$$

⑤如果函数 f 或 g 中有一个是广义坐标或广义动量，则泊松括号简化为

$$\{f,\ q_i\}=\frac{\partial f}{\partial p_i} \tag{1.3.55}$$

$$\{f,\ p_i\}=-\frac{\partial f}{\partial q_i} \tag{1.3.56}$$

⑥在 3 个函数组成的泊松括号之间，存在关系式

$$\{f,\{g,h\}\}+\{g,\{h,f\}\}+\{h,\{f,g\}\}=0 \tag{1.3.57}$$

上式称为雅可比恒等式。

⑦如果 f 和 g 是两个运动积分，则它们构成的泊松括号也是运动积分，即

$$\{f, g\} = 常数 \tag{1.3.58}$$

该性质称为泊松定理。

1.4　天体的引力场描述

经典的引力描述由牛顿于 1687 年首先提出，任意两质点都能相互向对方施加引力，这个力的大小与两质点的质量的乘积成正比，与两质点间距离的平方成反比，力的方向沿两质点连线指向各自质心，该定律称为万有引力定律。假设两质点的质量分别为 m_1 和 m_2，在某惯性坐标系中，质点的位置矢量分别为 $\boldsymbol{r}_1$ 和 $\boldsymbol{r}_2$。若用 $\boldsymbol{F}_{12}$ 表示 m_2 施加在 m_1 上的引力，则有

$$\boldsymbol{F}_{12} = Gm_1m_2\frac{\boldsymbol{r}_2 - \boldsymbol{r}_1}{\|\boldsymbol{r}_2 - \boldsymbol{r}_1\|^3} \tag{1.4.1}$$

其中，$G = 6.673\ 2 \times 10^{-20}\ \mathrm{km/(kg \cdot s^2)}$，称为万有引力常数。

根据牛顿第三定律，m_1 施加在 m_2 上的引力 $\boldsymbol{F}_{12}$ 与 $\boldsymbol{F}_{21}$ 大小相等，方向相反，即 $\boldsymbol{F}_{21} = -\boldsymbol{F}_{12}$，它们形成作用力与反作用力。

1.4.1　引力势的一般描述

在 m_2 的引力作用下，m_1 的加速度为

$$\boldsymbol{g} = Gm_2\frac{\boldsymbol{r}_2 - \boldsymbol{r}_1}{\|\boldsymbol{r}_2 - \boldsymbol{r}_1\|^3} \tag{1.4.2}$$

在惯性坐标系 $Oxyz$ 中，令 $\boldsymbol{r}_1 = [x_1, y_1, z_1]^{\mathrm{T}}$、$\boldsymbol{r}_2 = [x_2, y_2, z_2]^{\mathrm{T}}$、$\boldsymbol{g} = [g_x, g_y, g_z]^{\mathrm{T}}$，式（1.4.2）可写成分量形式：

$$\begin{bmatrix} g_x \\ g_y \\ g_z \end{bmatrix} = \frac{Gm_2}{[(x_2 - x_1)^2 + (y_2 - y_1)^2 + (z_2 - z_1)^2]^{\frac{3}{2}}}\begin{bmatrix} x_2 - x_1 \\ y_2 - y_1 \\ z_2 - z_1 \end{bmatrix} \tag{1.4.3}$$

注意到 x 分量有如下关系：

$$\frac{x_2 - x_1}{[(x_2 - x_1)^2 + (y_2 - y_1)^2 + (z_2 - z_1)^2]^{\frac{3}{2}}} = \frac{\partial}{\partial x_1}\left(\frac{1}{[(x_2 - x_1)^2 + (y_2 - y_1)^2 + (z_2 - z_1)^2]^{\frac{1}{2}}}\right)$$

在 y 和 z 方向上也存在类似关系。若将 $\boldsymbol{r}_1$ 用一般的形式 $\boldsymbol{r} = [x, y, z]^{\mathrm{T}}$ 表示，梯度算子 ∇ 表示对矢量 $\boldsymbol{r}$ 求偏导，即 $\nabla = [\partial/\partial x, \partial/\partial y, \partial/\partial z]$，则式（1.4.2）可改写为

$$\boldsymbol{g}(\boldsymbol{r}) = -\nabla U^{\mathrm{T}} \tag{1.4.4}$$

其中，

$$U = -\frac{Gm_2}{\|\boldsymbol{r}_2 - \boldsymbol{r}\|} \tag{1.4.5}$$

称为单位质量的引力势能，简称引力势，$-\nabla U^{\mathrm{T}}$ 在质点周围构成引力场。

现拉普拉斯算子 $\nabla^2 = \dfrac{\partial^2}{\partial x^2} + \dfrac{\partial^2}{\partial y^2} + \dfrac{\partial^2}{\partial z^2}$ 作用在引力势上，有

$$\nabla^2 U = 0 \tag{1.4.6}$$

即引力势满足拉普拉斯方程。

引力势及引力场具有很好的叠加性质。换句话说，若某质点同时受到多个质点的引力作用，则其总的引力势和引力加速度为各个单独质点施加的引力势或者引力加速度之和。

N 个质点组成的质点系的引力势和引力加速度可以分别表示为

$$U = -\sum_{i=1}^{N} \frac{Gm_i}{\| \boldsymbol{r}_i - \boldsymbol{r} \|} \tag{1.4.7}$$

$$\boldsymbol{g} = \sum_{i=1}^{N} \nabla \left(\frac{Gm_i}{\| \boldsymbol{r}_i - \boldsymbol{r} \|} \right)^{\mathrm{T}} \tag{1.4.8}$$

一个连续质量分布的物体的引力势和引力加速度分别为

$$U = -G\int_{\Omega} \frac{\rho(\boldsymbol{s})}{\| \boldsymbol{s} - \boldsymbol{r} \|} \mathrm{d}V(\boldsymbol{s}) \tag{1.4.9}$$

$$\boldsymbol{g} = G\int_{\Omega} \rho(\boldsymbol{s})\ \nabla \left(\frac{1}{\| \boldsymbol{s} - \boldsymbol{r} \|} \right)^{\mathrm{T}} \mathrm{d}V(\boldsymbol{s}) \tag{1.4.10}$$

其中，$\boldsymbol{s}$ 为连续质量分布物体上任意一点的位置矢量，且 $\boldsymbol{s} \in \Omega$；$\rho(\boldsymbol{s})$ 为物体的密度，它是位置矢量 $\boldsymbol{s}$ 的函数。

对于连续质量分布的物体，其引力场满足著名的高斯定理。如图 1.4.1 所示，取任意包围连续质量分布物体的连续可微闭合曲面 $\partial\Gamma$，该曲面称为高斯面，高斯面所包围的体积为 Γ。根据高斯散度定理，有

$$\oint_{\partial\Gamma} \boldsymbol{g} \cdot \mathrm{d}\boldsymbol{S} = \int_{\Gamma} \nabla \cdot \boldsymbol{g} \mathrm{d}V \tag{1.4.11}$$

其中，$\mathrm{d}\boldsymbol{S}$ 是高斯面 $\partial\Gamma$ 上无穷小有向微元，正方向为外法线方向。

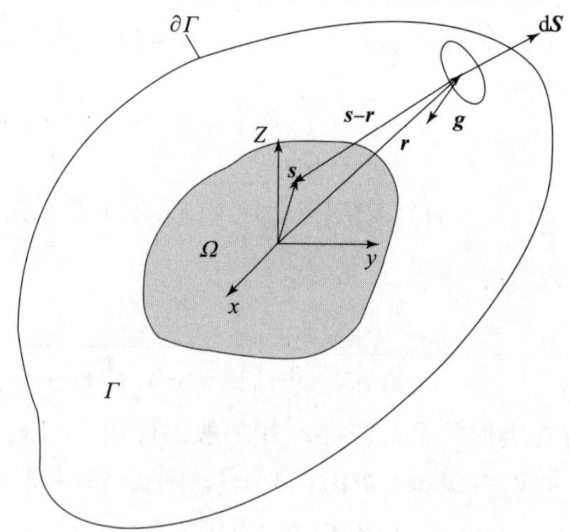

图 1.4.1　连续质量分布物体 Ω 与高斯面 $\partial\Gamma$

式（1.4.11）的左端被积项可以表示为

$$\begin{aligned} \boldsymbol{g} \cdot \mathrm{d}\boldsymbol{S} &= G\int_{\Omega} \rho(\boldsymbol{s})\ \frac{1}{\| \boldsymbol{s} - \boldsymbol{r} \|^3} (\boldsymbol{s} - \boldsymbol{r}) \cdot \mathrm{d}\boldsymbol{S}\mathrm{d}V(\boldsymbol{s}) \\ &= G\int_{\Omega} \rho(\boldsymbol{s})\ \frac{\cos\theta \mathrm{d}S}{\| \boldsymbol{s} - \boldsymbol{r} \|^2} \mathrm{d}V(\boldsymbol{s}) \end{aligned} \tag{1.4.12}$$

其中，θ 为矢量 $\boldsymbol{s}-\boldsymbol{r}$ 与 $\mathrm{d}\boldsymbol{S}$ 间的夹角。

定义立体角 $\mathrm{d}\omega$ 为微元 $\mathrm{d}\boldsymbol{S}$ 对某点张成的角，即椎体的“顶角”，如图 1.4.2 所示，则有

$$\mathrm{d}\omega=\frac{\mathrm{d}S_0}{r^2}=\frac{\mathrm{d}S}{r^2}\cos\alpha \tag{1.4.13}$$

其中，$\mathrm{d}S_0$ 是 $\mathrm{d}\boldsymbol{S}$ 在与 $\boldsymbol{r}$ 方向垂直的平面上的投影面元；角度 α 为 $\boldsymbol{r}$ 方向与微元 $\mathrm{d}\boldsymbol{S}$ 方向间的夹角。

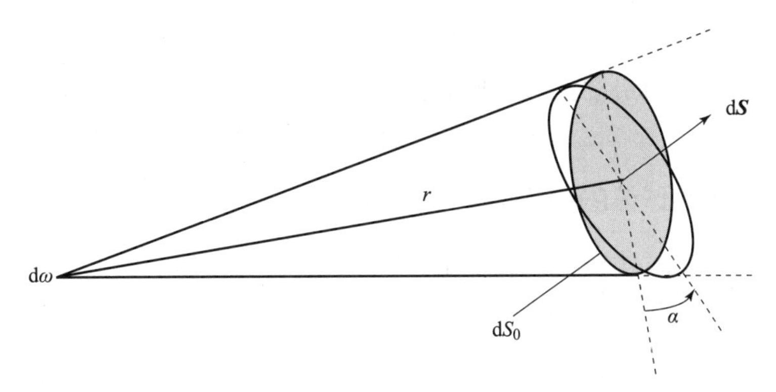

图 1.4.2　立体角定义

根据几何学结论，任意封闭曲面对面内一点所张成的立体角为 4π，即

$$\omega=\oint_{\partial\Gamma}\frac{1}{r^2}\mathrm{d}S_0=4\pi \tag{1.4.14}$$

根据式（1.4.14），式（1.4.11）左端的积分可进一步化简为

$$\oint_{\partial\Gamma}\boldsymbol{g}\cdot\mathrm{d}\boldsymbol{S}=G\int_{\Omega}\rho(\boldsymbol{s})\left(\oint_{\partial\Gamma}\frac{\cos(\pi-\alpha)\mathrm{d}S}{\|\boldsymbol{s}-\boldsymbol{r}\|^2}\right)\mathrm{d}V(\boldsymbol{s})=-4\pi GM \tag{1.4.15}$$

其中，M 为连续质量分布物体的总质量。

式（1.4.15）称为高斯定理的积分形式。另外，高斯定理的微分形式为

$$\nabla\cdot\boldsymbol{g}=-\nabla^2U=-4\pi G\rho \tag{1.4.16}$$

式（1.4.16）表明连续质量分布物体的引力势满足泊松方程。

1.4.2　均匀球体的引力势

考虑质量均匀分布球体的引力势。假设球体的密度为 $\tilde{\rho}$，半径为 R。根据质量分布的球对称性，引力势也具有相同的对称性，即在半径为 r，与球体同心的球面上的引力势、引力加速度大小都相等。另外，由于质量分布球体的对称性，引力加速度的方向应始终指向球心。因此，以半径为 r 的球面为高斯面，根据式（1.4.11）和式（1.4.16），有

$$\oint_{\partial\Gamma}\boldsymbol{g}\cdot\mathrm{d}\boldsymbol{S}=-g\oint_{\partial\Gamma}\mathrm{d}S=-4\pi r^2g=-4\pi G\int_{\Gamma}\rho(\boldsymbol{s})\mathrm{d}V \tag{1.4.17}$$

其中，密度函数 $\rho(\boldsymbol{s})$ 表示为

$$\rho(\boldsymbol{s})=\begin{cases}\tilde{\rho}, & \|\boldsymbol{s}\|\leqslant R\\ 0, & \|\boldsymbol{s}\|>R\end{cases} \tag{1.4.18}$$

若 $r>R$，即场点在球体外，则引力加速度大小为

$$g=\frac{GM}{r^2} \tag{1.4.19}$$

若$r \leqslant R$，即场点在球体内，则引力加速度大小为

$$g = \frac{4}{3}\pi r G \tilde{\rho} \tag{1.4.20}$$

根据引力加速度，可求出均匀球体的引力势为

$$U = \begin{cases} -\dfrac{GM}{r}, & r > R \\ -\dfrac{4}{6}\pi r^2 G \tilde{\rho}, & r \leqslant R \end{cases} \tag{1.4.21}$$

可见若场点位于球体外部，其引力势和引力加速度与单个质点产生的引力势和引力加速度具有相同的形式。若场点位于球心，则引力势和引力加速度都将等于零。

1.4.3 均匀椭球体的引力势

考虑均匀椭球体的引力势。一般三轴椭球不再具有球对称性，其引力势也不再保持简单的形式。由于椭球引力势的推导过于复杂，在此不予赘述，仅给出椭球引力势和引力加速度的具体表达式。

假设椭球的3个主轴半径分别为a、b和c，椭球的密度为ρ。建立直角坐标系，使得x轴与a主轴一致，y轴与b主轴一致，z轴与c主轴一致。则椭球体的引力势可以表示为

$$U(\boldsymbol{r}) = \begin{cases} -G\rho\pi abc\displaystyle\int_{\lambda}^{\infty}\frac{\phi(\boldsymbol{r},\nu)}{\Delta(\nu)}\mathrm{d}\nu, & \dfrac{x^2}{a^2}+\dfrac{y^2}{b^2}+\dfrac{z^2}{c^2}-1>0 \\ -G\rho\pi abc\displaystyle\int_{0}^{\infty}\frac{\phi(\boldsymbol{r},\nu)}{\Delta(\nu)}\mathrm{d}\nu, & \dfrac{x^2}{a^2}+\dfrac{y^2}{b^2}+\dfrac{z^2}{c^2}-1\leqslant 0 \end{cases} \tag{1.4.22}$$

其中，参数λ满足方程$\phi(\boldsymbol{r},\lambda)=0$，函数$\phi(\boldsymbol{r},\nu)$和$\Delta(\nu)$分别为

$$\phi(\boldsymbol{r},\nu) = 1 - \frac{x^2}{a^2+\nu} - \frac{y^2}{b^2+\nu} - \frac{z^2}{c^2+\nu} \tag{1.4.23}$$

$$\Delta(\nu) = \sqrt{(a^2+\nu)(b^2+\nu)(c^2+\nu)} \tag{1.4.24}$$

通过对式（1.4.22）求梯度，可以得到引力加速度的表达式如下。

若场点位于椭球外，则有

$$\begin{cases} g_x = -2\pi G\rho abc_x\displaystyle\int_{\lambda}^{\infty}\frac{\mathrm{d}\nu}{(a^2+\nu)\Delta(\nu)} \\ g_y = -2\pi G\rho abc_y\displaystyle\int_{\lambda}^{\infty}\frac{\mathrm{d}\nu}{(b^2+\nu)\Delta(\nu)} \\ g_z = -2\pi G\rho abc_z\displaystyle\int_{\lambda}^{\infty}\frac{\mathrm{d}\nu}{(c^2+\nu)\Delta(\nu)} \end{cases} \tag{1.4.25}$$

若场点位于椭球内，则有

$$\begin{cases} g_x = -2\pi G\rho abc_x\displaystyle\int_{0}^{\infty}\frac{\mathrm{d}\nu}{(a^2+\nu)\Delta(\nu)} \\ g_y = -2\pi G\rho abc_y\displaystyle\int_{0}^{\infty}\frac{\mathrm{d}\nu}{(b^2+\nu)\Delta(\nu)} \\ g_z = -2\pi G\rho abc_z\displaystyle\int_{0}^{\infty}\frac{\mathrm{d}\nu}{(c^2+\nu)\Delta(\nu)} \end{cases} \tag{1.4.26}$$

1.4.4　球谐函数展开描述

讨论一般连续体的引力势和引力加速度时，球谐函数展开是最为常用的引力场近似表达方法。球谐函数展开方法的优点是：不仅能够描述一般形状的连续体，还能够描述质量非均匀分布的连续体。球谐函数方法已经广泛应用于太阳系中各大行星、行星卫星及小天体的引力场建模工作中。

为了计算积分式（1.4.9），将距离的倒数部分做如下处理：

$$\frac{1}{\|\boldsymbol{s}-\boldsymbol{r}\|}=\frac{1}{r\sqrt{1+\left(\frac{s}{r}\right)^2-2\frac{s}{r}\cos\varphi}} \tag{1.4.27}$$

其中，φ 为矢量 $\boldsymbol{s}$ 与矢量 $\boldsymbol{r}$ 的夹角。

注意到，式（1.4.27）中含有勒让德多项式的生成函数，对 s/r 项进行泰勒展开，可得

$$\frac{1}{\sqrt{1+\left(\frac{s}{r}\right)^2-2\frac{s}{r}\cos\varphi}}=\sum_{n=0}^{\infty}P_n(\cos\varphi)\left(\frac{s}{r}\right)^n \tag{1.4.28}$$

其中，泰勒展开的系数 $P_n(u)$ 称为勒让德多项式，其满足

$$P_n(u)=\frac{1}{2^n n!}\frac{\mathrm{d}^n}{\mathrm{d}u^n}(u^2-1)^n \tag{1.4.29}$$

需要注意的是，式（1.4.28）表示的级数和的收敛域是（-1，1），即要求 $s/r<1$。

若使用球坐标描述引力势，引入经度角 λ（$0\leqslant\lambda\leqslant2\pi$）和纬度角 ϕ（$0\leqslant\phi\leqslant\pi$），矢量 $\boldsymbol{s}$ 对应的量记为 $\tilde{\lambda}$ 和 $\tilde{\phi}$，矢量 $\boldsymbol{r}$ 对应的量记为 λ 和 ϕ，则有

$$\begin{cases}x=r\cos\phi\sin\lambda\\y=r\cos\phi\cos\lambda\\z=r\sin\phi\end{cases} \tag{1.4.30}$$

$$\begin{cases}s_x=s\cos\tilde{\phi}\sin\tilde{\lambda}\\s_y=s\cos\tilde{\phi}\cos\tilde{\lambda}\\s_z=s\sin\tilde{\phi}\end{cases} \tag{1.4.31}$$

则根据勒让德多项式的加法定理，有

$$P_n(\cos\varphi)=\sum_{m=0}^{n}(2-\delta_{0m})\frac{(n-m)!}{(n+m)!}P_{nm}(\sin\phi)P_{nm}(\sin\tilde{\phi})\cos(m(\lambda-\tilde{\lambda})) \tag{1.4.32}$$

其中，δ_{ij} 为克罗内克符号，满足

$$\delta_{ij}=\begin{cases}0, & i\neq j\\1, & i=j\end{cases} \tag{1.4.33}$$

P_{nm} 为 n 阶 m 次缔合勒让德多项式，定义为：

$$P_{nm}(u)=(1-u^2)^{\frac{m}{2}}\frac{\mathrm{d}^m}{\mathrm{d}u^m}P_n(u) \tag{1.4.34}$$

于是，球坐标描述的引力势可表示为

$$U(r,\ \phi,\ \lambda) = \frac{GM}{r}\sum_{n=0}^{\infty}\sum_{m=0}^{n}\frac{R_f^n}{r^n}P_{nm}(\sin\phi)(C_{nm}\cos m\lambda + S_{nm}\sin m\lambda) \tag{1.4.35}$$

式（1.4.35）中的系数 C_{nm} 和 S_{nm} 分别表示为

$$C_{nm} = \frac{2-\delta_{0m}}{M}\frac{(n-m)!}{(n+m)!}\int_{\Omega}\frac{s^n}{R_f^n}P_{nm}(\sin\tilde{\phi})\cos(m\tilde{\lambda})\rho(s,\ \tilde{\phi},\ \tilde{\lambda})\mathrm{d}s\mathrm{d}\tilde{\phi}\mathrm{d}\tilde{\lambda} \tag{1.4.36}$$

$$S_{nm} = \frac{2-\delta_{0m}}{M}\frac{(n-m)!}{(n+m)!}\int_{\Omega}\frac{s^n}{R_f^n}P_{nm}(\sin\tilde{\phi})\sin(m\tilde{\lambda})\rho(s,\ \tilde{\phi},\ \tilde{\lambda})\mathrm{d}s\mathrm{d}\tilde{\phi}\mathrm{d}\tilde{\lambda} \tag{1.4.37}$$

其中，M 为连续体的总质量；R_f 为参考半径。

以 R_f 为半径的球应该包含整个连续体，该球称为布里渊（Brillouin）球。由级数和的收敛域可知，当 $r<R_f$ 时，会影响式（1.4.35）的收敛性，故参考半径 R_f 应该尽量小，一般取布里渊球为连续体的外接球。

引力场系数 C_{nm} 和 S_{nm} 共同描述了连续体内部的质量分布关系。$m=0$ 的引力场系数称为带谐项系数，它们描述了不依赖经度的位势部分。根据式（1.4.37），$S_{n0}=0$，另外，一般定义

$$J_n = -C_{n0} \tag{1.4.38}$$

来表示带谐项。

由于天体的质量分布不可能预先知晓，因此，引力场系数通常由探测器在天体附近的飞行数据来间接得到。目前为止，主要的引力场测量技术有：基于卫星轨道摄动理论的卫星跟踪技术、卫星测高技术，以及表面重力测量技术。关于引力场的测量技术不是本书的主要内容，这里不再赘述。

1.5 轨道的数值积分方法

探测器沿飞行轨道运动所构成的动力系统随着时间的延续而不断变化，在数学上，可用常微分方程来描述这种连续变化。求解常微分方程主要分为解析方法和数值方法。解析方法只能用来求解一些特殊类型的方程，对于描述探测器运动的常微分方程，通常需要依赖数值方法进行求解。下面将简单介绍探测器轨道的数值积分方法。

考虑如下一阶常微分方程的初值问题，描述为

$$\begin{cases}\dot{x}=f(t,\ x),\ t\in[t_0,\ t_f]\\ x(t_0)=x_0\end{cases} \tag{1.5.1}$$

如果存在实数 $L>0$，使得

$$|f(t,\ x_1)-f(t,\ x_2)|\leqslant L|x_1-x_2|,\ \forall x_1,\ x_2\in\mathbb{R} \tag{1.5.2}$$

则称 f 关于 x 满足利普希茨（Lipschitz）条件，L 称为 f 的利普希茨常数。

数值积分解法就是求解 $x(t)$ 在一系列离散节点

$$t_1<t_2<\cdots<t_n<t_{n+1}=t_f \tag{1.5.3}$$

上的近似值 x_1，x_2，…，x_n，x_{n+1}，其中 $t_1\geqslant t_0$。

相邻两个节点的间距 $h_i=t_{i+1}-t_i$ 称为积分步长。数值积分方法通过对常微分方程（1.5.1）进行离散化处理，建立数值近似解的递推公式。下面将首先介绍简单的一阶数值

积分方法——欧拉方法。

1.5.1　欧拉方法

常微分方程（1.5.1）的解 $x=x(t)$ 称作它的积分曲线。积分曲线上任意一点（t，x）的切线斜率即为函数$f(t, x)$的值。设积分曲线上一点 $P_0(t_0, x_0)$ 为初始点，首先从 P_0 出发，沿该点的切线方向递推到 $t=t_1$ 上一点 P_1，然后从 P_1 沿该点的切线方向递推到 $t=t_2$ 上一点 P_2，循环递推，得到一条折线$\overline{P_0P_1P_2\cdots P_{n+1}}$，如图 1.5.1 所示。

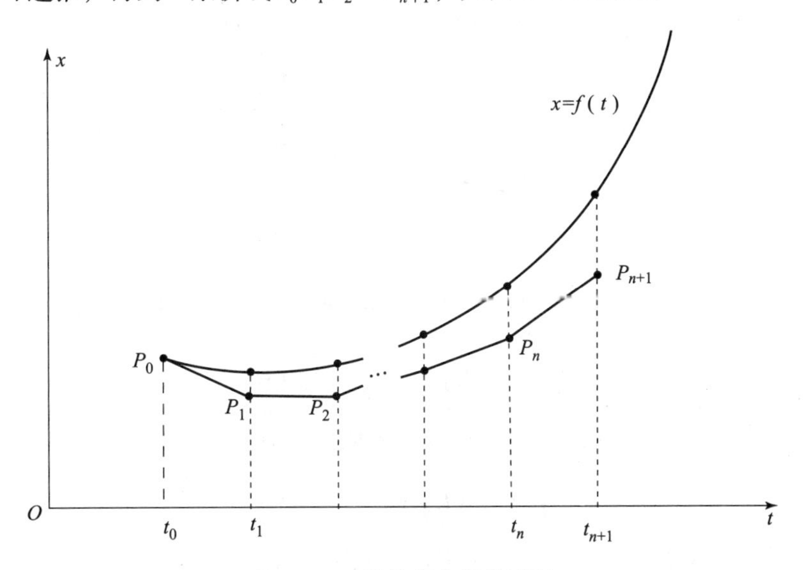

图 1.5.1　数值积分递推过程

折线上相邻的两个节点 $P_i(t_i, x_i)$ 和 $P_{i+1}(t_{i+1}, x_{i+1})$ 的坐标关系满足

$$\frac{x_{i+1}-x_i}{t_{i+1}-t_i}=f(t_i, x_i) \tag{1.5.4}$$

即

$$x_{i+1}=x_i+(t_{i+1}-t_i)f(t_i, x_i)=x_i+h_if(t_i, x_i) \tag{1.5.5}$$

若对积分曲线进行等间隔离散化，即 $h_i=h$，$i=0, 1, \cdots, n$，为常数，此时有 $t_i=t_0+ih$，$i=0, 1, \cdots, n$，则式（1.5.5）可以改写成

$$x_{i+1}=x_i+hf(t_i, x_i) \tag{1.5.6}$$

根据上面描述的过程，若初始条件 x_0 和 t_0 已知，则由式（1.5.6）可以逐步计算得到离散节点上的近似值，表示为

$$\begin{cases} x_1=x_0+hf(t_0, x_0) \\ x_2=x_1+hf(t_1, x_1) \\ \vdots \\ x_{n+1}=x_n+hf(t_n, x_n) \end{cases} \tag{1.5.7}$$

该方法称为欧拉方法。从图 1.5.1 中可以看到，折线$\overline{P_0P_1P_2\cdots P_{n+1}}$上的离散节点即为利用欧拉方法求得的常微分方程的解。折线与常微分方程的准确解之间存在偏差。下面对欧拉方法的精度进行分析。

定义 1.5.1（局部截断误差） 设 $x(t)$ 是初值问题（1.5.1）的准确解，假设在 t_i 前各步没有误差，即 $x_i=x(t_i)$，则称

$$T_{i+1}=x(t_{i+1})-x_{i+1} \tag{1.5.8}$$

为数值积分的局部截断误差。

对于欧拉方法，局部截断误差如图 1.5.2 所示。

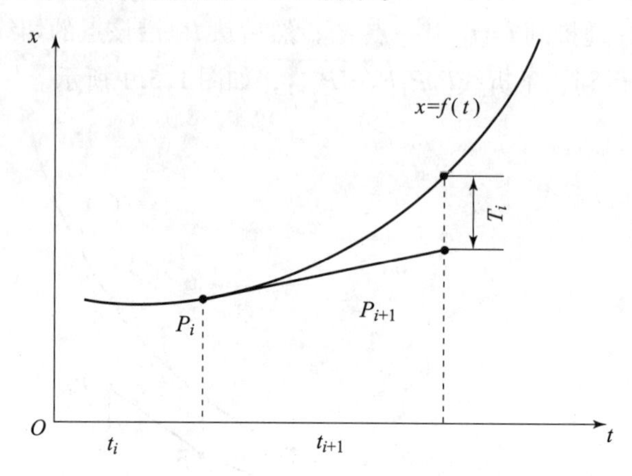

图 1.5.2 欧拉方法的局部截断误差

根据欧拉方法，x_{i+1}可由式（1.5.6）计算得到，将 $x(t_{i+1})$ 在 t_i 处进行泰勒展开，可得

$$x(t_{i+1})=x(t_i+h)=x(t_i)+x'(t_i)h+\frac{h^2}{2}x''(t_i)+O(h^3) \tag{1.5.9}$$

将式（1.5.9）代入式（1.5.8），可以得到欧拉方法的局部截断误差为

$$T_{i+1}=x(x_{i+1})-x_{i+1}=\frac{h^2}{2}x''t_i+O(h^3) \tag{1.5.10}$$

式中，$h^2x''(t_i)/2$ 称为局部截断误差的主项，有 $T_{i+1}\approx O(h^2)$。

定义 1.5.2（积分方法精度），设 $x(t)$ 是初值问题（1.5.1）的准确解，若存在最大整数 p，使某数值方法的局部截断误差满足

$$T_{i+1}=O(h^{p+1}) \tag{1.5.11}$$

则称该方法具有 p 阶精度。

显然，对于欧拉方法，$p=1$，因此欧拉方法是一阶精度的数值积分方法。欧拉方法的数值积分精度较低，其本质是欧拉方法只利用了离散弧段初始点的斜率信息，当积分步长 h 较大时，该斜率信息不能很好地反映离散段上状态 $x(t)$ 的变化趋势。为了提高欧拉方法的精度，一种可行的方法是减小积分步长，但这样会降低数值积分方法的效率。在实际应用中，通常采用具有更高阶精度的数值积分方法，例如龙格－库塔方法。

1.5.2 龙格－库塔方法

从原理上讲，数值积分方法分为多步方法和单步方法。龙格－库塔方法是一类单步数值积分方法的统称。单步数值积分方法在计算 $x(t_{i+1})$ 时只利用 $x(t_i)$ 的信息，而不需要 t_i 时刻以前的状态信息 $x(t_{i-1})$，$x(t_{i-2})$，…。龙格－库塔方法的一般递推公式可以表示为

$$x_{i+1}=x_i+h\sum_{j=1}^{s}\beta_jk_j \tag{1.5.12}$$

其中，

$$k_j = f[(t_i + \rho_j h), (x_i + h\sum_{l=1}^{s}\alpha_{jl}k_l)], \quad j = 1, 2, \cdots, s \tag{1.5.13}$$

其中，β_j、α_{jl}和ρ_j为常数，且有$0 \leqslant \rho_1 \leqslant \rho_2 \leqslant \cdots \leqslant 1$；$s$称为级数，表示在每个离散段上利用斜率信息的节点数。一般来说，s越大，则数值积分方法的精度越高。对于不同的数值积分方法，β_j、α_{jl}和ρ_j是不同的，可以采用 Butcher 图表进行表述，如图 1.5.3 所示。

$$\begin{array}{c|ccc} \rho_{11} & \alpha_{11} & \cdots & \alpha_{1s} \\ \vdots & \vdots & & \vdots \\ \rho_s & \alpha_{s1} & \cdots & \alpha_{ss} \\ \hline & \beta_1 & \cdots & \beta_s \end{array}$$

图 1.5.3　龙格 – 库塔类方法 Butcher 图表

在 Butcher 图表中，当$\alpha_{jl}=0$对所有的$l \geqslant j$都成立时，对应的数值积分方法称为显式方法，否则称为隐式方法。根据式（1.5.12）和式（1.5.13）看到，对于显式数值积分方法，给定t_i时刻的状态x_i，可以直接计算得到时刻t_{i+1}的状态x_{i+1}；对于隐式数值积分方法，式（1.5.12）右端将包括未知状态x_{i+1}的函数项，因此需要通过求解方程获得时刻t_{i+1}的状态x_{i+1}。例如后向欧拉方法，对应的 Butcher 图表如图 1.5.4 所示。

$$\begin{array}{c|c} 1 & 1 \\ \hline & 1 \end{array}$$

图 1.5.4　后向欧拉方法 Butcher 图表

根据 Butcher 图表，式（1.5.12）可以写成

$$x_{i+1} = x_i + hk_1 \tag{1.5.14}$$

式（1.5.13）可以写成

$$k_1 = f(t_i + h,\ x_i + hk_1) \tag{1.5.15}$$

结合式（1.5.14）和式（1.5.15）可以得到后向欧拉方法的递推公式为

$$x_{i+1} = x_i + hf(t_i + h,\ x_{i+1}) \tag{1.5.16}$$

可见，若要获得t_{i+1}时刻的状态x_{i+1}，后向欧拉方法需要求解方程（1.5.16）。因此，后向欧拉方法为隐式数值积分方法。

下面分别给出几种常见的龙格 – 库塔数值积分方法的 Butcher 图表。

对于显式欧拉方法，有$s=1$，对应的 Butcher 图表如图 1.5.5 所示。

$$\begin{array}{c|c} 0 & 0 \\ \hline & 1 \end{array}$$

图 1.5.5　显式欧拉方法 Butcher 图表

对于梯形方法，有$s=2$，对应的 Butcher 图表如图 1.5.6 所示。

0	0	0
1	1/2	1/2
	1/2	1/2

图 1.5.6　梯形方法 Butcher 图表

可以看到，梯形方法为隐式数值积分方法。

对于埃尔米特-辛普森方法，其也是隐式数值积分方法，有 $s=3$，对应的 Butcher 图表如图 1.5.7 所示。

0	0	0	0
1/2	5/24	1/3	-1/24
1	1/6	2/3	1/6
	1/6	2/3	1/6

图 1.5.7　埃尔米特-辛普森方法 Butcher 图表

在行星际探测器轨道计算与分析中，一种普遍采用的数值积分方法为显式的四阶龙格-库塔方法，该方法的 Butcher 图表如图 1.5.8 所示。

0	0	0	0	0
1/2	1/2	0	0	0
1/2	0	1/2	0	0
1	0	0	1	0
	1/6	1/3	1/3	1/6

图 1.5.8　显式的四阶龙格-库塔方法 Butcher 图表

显式的四阶龙格-库塔方法具有较高的数值积分精度，结合式（1.5.12）、式（1.5.13）和 Butcher 图表，该方法的递推公式可以写成

$$x_{i+1}=x_i+\frac{1}{6}(k_1+2k_2+2k_3+k_4) \tag{1.5.17}$$

其中，

$$\begin{cases}k_1=hf(t_i,\ x_i)\\ k_2=hf(t_i+h/2,\ x_i+k_1/2)\\ k_3=hf(t_i+h/2,\ x_i+k_2/2)\\ k_4=hf(t_i+h,\ x_i+k_3)\end{cases} \tag{1.5.18}$$

根据式（1.5.17）和式（1.5.18），利用显式四阶龙格-库塔方法对 t_{i+1} 时刻的状态 x_{i+1} 进行计算时，不需要求解方程。四阶龙格-库塔方法的本质是利用了离散段上多个点的斜率信息，因此能够更真实地反映状态的变化过程。其中，显式四阶龙格-库塔方法的示意

图如图 1.5.9 所示。

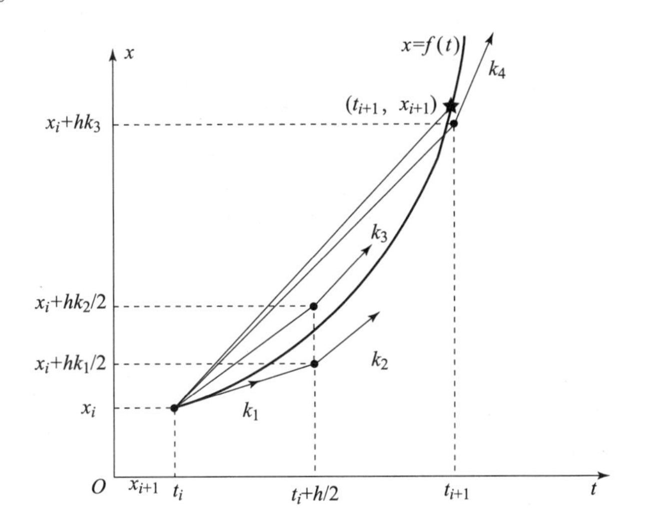

图 1.5.9　显式四阶龙格－库塔方法的示意图

以上介绍的方法均为定步长积分方法。在实际应用中，应该根据具体问题选择合适的积分步长。减小积分步长尽管可以减小每一步积分的局部截断误差，但会增加积分的步数，导致计算量增大。为了避免积分步长的选择困难，还可以采用自适应变步长数值积分方法，例如自适应的四五阶龙格－库塔－费尔贝格方法等。这类方法可以根据要求的积分精度，自适应地决定数值积分过程中的步长，具体方法不再赘述。

参考文献

[1] Wakker K F. Fundamentals of Astrodynamics [M]. Delft: Institutional Repository Library, 2015.

[2] Л. д. 朗道, E. M. 栗弗席兹. 力学 [M]. 五版. 北京: 高等教育出版社, 2007.

[3] Oliver Montenbruck, Eberhard Gill. 卫星轨道——模型、方法和应用 [M]. 北京: 国防工业出版社, 2012.

[4] Crampin M. Lagrangian Submanifolds and the Euler-Lagrange Equations in Higher-Order Mechanics [J]. Letters in Mathematical Physics, 1990, 19 (1): 53 -58.

[5] Baleanu D, Muslih S I, Rabei E M. On fractional Euler-Lagrange and Hamilton equations and the fractional generalization of total time derivative [J]. Nonlinear Dynamics, 2008, 53 (1 - 2): 67 -74.

[6] 李庆杨, 王能超, 易大义. 数值分析 [M]. 五版. 北京: 清华大学出版社, 2008.

[7] Betts J T. Survey of Numerical Methods for Trajectory Optimization [J]. Journal of Guidance Control and Dynamics, 1998, 21 (2): 193 -207.

[8] Yong E M, Lei C, Tang G J. A Survey of Numerical Methods for Trajectory Optimization of Spacecraft [J]. Journal of Astronautics, 2008, 29 (2): 397 -406.

第 2 章

二 体 问 题

2.1 N 体问题

2.1.1 N 体问题的动力学

考虑 N 个质点在空间的运动，每个质点只受到其他质点的引力作用。在某一惯性坐标系中，定义 $\boldsymbol{q}_i$ 和 m_i 分别为第 i 个质点的位置矢量和质量，则根据牛顿第二定律，由 N 个质点组成的 N 体系统的运动方程可以写成

$$m_i\ddot{\boldsymbol{q}}_i = \sum_{j=1,\,j\neq i}^{N} \frac{Gm_jm_i(\boldsymbol{q}_j - \boldsymbol{q}_i)}{\|\boldsymbol{q}_j - \boldsymbol{q}_i\|^3} = -\frac{\partial U}{\partial \boldsymbol{q}_i},\ i = 1,\ \cdots,\ N \tag{2.1.1}$$

其中，G 为万有引力常数；U 为引力势能，表示为

$$U = -\sum_{j=1,\,j\neq i}^{N} \frac{Gm_jm_i}{\|\boldsymbol{q}_j - \boldsymbol{q}_i\|} \tag{2.1.2}$$

式（2.1.1）共由 $3N$ 个二阶微分方程组成。N 体问题示意图如图 2.1.1 所示。

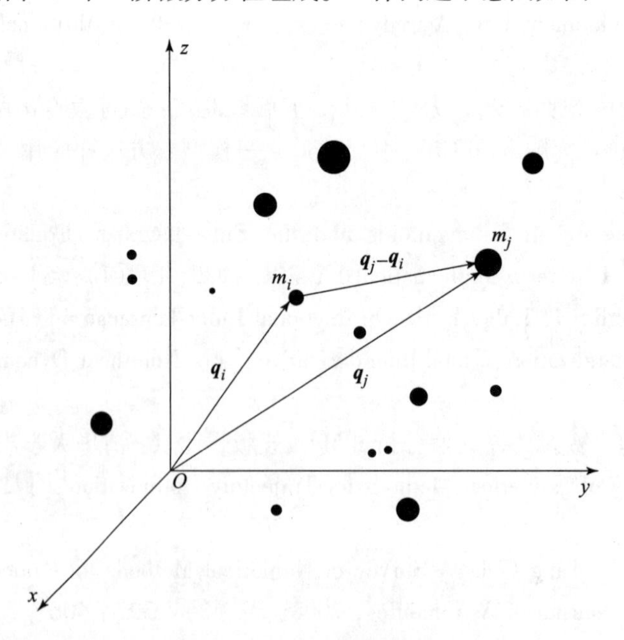

图 2.1.1　N 体问题示意图

定义 N 体系统的广义坐标为 $\boldsymbol{q}=[\boldsymbol{q}_1^{\mathrm{T}}, \boldsymbol{q}_2^{\mathrm{T}}\cdots, \boldsymbol{q}_N^{\mathrm{T}}]^{\mathrm{T}}$，系统的质量矩阵为 $\boldsymbol{M}=\mathrm{diag}(m_1, m_2, \cdots, m_{N-1}, m_N)$，则方程（2.1.1）可以改写为

$$\boldsymbol{M}\ddot{\boldsymbol{q}}^{\mathrm{T}}+\frac{\partial U}{\partial \boldsymbol{q}}=\boldsymbol{0} \tag{2.1.3}$$

N 体系统的动能可以写成

$$T=\frac{1}{2}\dot{\boldsymbol{q}}^{\mathrm{T}}\boldsymbol{M}\dot{\boldsymbol{q}} \tag{2.1.4}$$

该系统的拉格朗日量表示为

$$L=T-U \tag{2.1.5}$$

以拉格朗日方程的形式，式（2.1.1）可以表示为

$$\frac{\mathrm{d}}{\mathrm{d}t}\left(\frac{\partial L}{\partial \dot{\boldsymbol{q}}}\right)-\frac{\partial L}{\partial \boldsymbol{q}}=\boldsymbol{0} \tag{2.1.6}$$

若定义 N 体系统的广义动量为

$$\boldsymbol{p}=\begin{bmatrix}\boldsymbol{p}_1\\ \boldsymbol{p}_2\\ \vdots\\ \boldsymbol{p}_N\end{bmatrix}=\boldsymbol{M}\dot{\boldsymbol{q}} \tag{2.1.7}$$

则式（2.1.4）可以改写为

$$T=\frac{1}{2}\boldsymbol{p}^{\mathrm{T}}\boldsymbol{M}^{-1}\boldsymbol{p} \tag{2.1.8}$$

N 体系统的哈密顿量可以表示为

$$H=T+U \tag{2.1.9}$$

以哈密顿方程的形式，式（2.1.1）可以表示为

$$\begin{cases}\dot{\boldsymbol{q}}^{\mathrm{T}}=\dfrac{\partial H}{\partial \boldsymbol{p}}\\ \dot{\boldsymbol{p}}^{\mathrm{T}}=-\dfrac{\partial H}{\partial \boldsymbol{q}}\end{cases} \tag{2.1.10}$$

2.1.2　N 体问题的积分

根据式（2.1.10），N 体问题是自由度为 $6N$ 的一阶微分方程组，其完整的解包括 $6N-1$ 个时不变积分和一个时变积分。当 $N>2$ 时，一般无法找到完整的 $6N$ 个积分，但对于任意的 N，都存在如下 10 个积分。

1. 能量积分

由式（2.1.9）可知，N 体系统的哈密顿量 H 即为系统的总能量，H 对时间的导数可以写成

$$\frac{\mathrm{d}H}{\mathrm{d}t}=\frac{\partial H}{\partial \boldsymbol{q}}\dot{\boldsymbol{q}}+\frac{\partial H}{\partial \boldsymbol{p}}\dot{\boldsymbol{p}}=\frac{\partial H}{\partial \boldsymbol{q}}\left(\frac{\partial H}{\partial \boldsymbol{p}}\right)^{\mathrm{T}}+\frac{\partial H}{\partial \boldsymbol{p}}\left(-\frac{\partial H}{\partial \boldsymbol{q}}\right)^{\mathrm{T}}=0 \tag{2.1.11}$$

可见，N 体系统的哈密顿量 H 是不随时间 t 变化的常数，这是式（2.1.10）的首个积分常数。

2. 总线动量积分

定义系统的总线动量为

$$\boldsymbol{W} = \boldsymbol{p}_1 + \boldsymbol{p}_2 \cdots + \boldsymbol{p}_N \tag{2.1.12}$$

根据式（2.1.7）中广义动量的定义，式（2.1.1）可以写成

$$\dot{\boldsymbol{W}} = \dot{\boldsymbol{p}}_1 + \cdots + \dot{\boldsymbol{p}}_N = \sum_{i}^{N} \sum_{j=1, j\neq i}^{N} \frac{Gm_j m_i(\boldsymbol{q}_j - \boldsymbol{q}_i)}{\| \boldsymbol{q}_j - \boldsymbol{q}_i \|^3} = 0 \tag{2.1.13}$$

式（2.1.13）表明 N 体系统的总线动量是守恒的。由于总线动量 $\boldsymbol{W}$ 是三维矢量，因此，它构成了系统的 3 个积分常数。

3. 质心积分

N 体系统的质心可以表示为

$$\boldsymbol{C} = m_1 \boldsymbol{q}_1 + \cdots + m_N \boldsymbol{q}_N \tag{2.1.14}$$

由于 $\dot{\boldsymbol{C}} = \boldsymbol{W}$，且有 $\ddot{\boldsymbol{C}} = \boldsymbol{0}$，因此对式（2.1.14）积分可得

$$\boldsymbol{C} = \boldsymbol{W}t + \boldsymbol{C}_0 \tag{2.1.15}$$

$\boldsymbol{C}_0$ 是由 N 体系统初始条件决定的三维矢量常数，它们构成了 N 体系统的 3 个积分常数。

4. 总角动量积分

定义 N 体系统的总角动量为

$$\boldsymbol{A} = \boldsymbol{q}_1 \times \boldsymbol{p}_1 + \cdots + \boldsymbol{q}_N \times \boldsymbol{p}_N \tag{2.1.16}$$

总角动量对时间的导数可以写成

$$\frac{\mathrm{d}\boldsymbol{A}}{\mathrm{d}t} = \sum_{i=1}^{N} (\dot{\boldsymbol{q}}_i \times \boldsymbol{p}_i + \boldsymbol{q}_i \times \dot{\boldsymbol{p}}_i) \tag{2.1.17}$$

将式（2.1.1）和式（2.1.7）代入式（2.1.17），可得

$$\frac{\mathrm{d}\boldsymbol{A}}{\mathrm{d}t} = \sum_{i=1}^{N} \dot{\boldsymbol{q}}_i \times m_i \boldsymbol{q}_i + \sum_{i=1}^{N} \sum_{j=1, j\neq i}^{N} \boldsymbol{q}_i \times \frac{Gm_j m_i(\boldsymbol{q}_j - \boldsymbol{q}_i)}{\| \boldsymbol{q}_j - \boldsymbol{q}_i \|^3} = 0 \tag{2.1.18}$$

式（2.1.18）表明，N 体系统的总角动量是守恒的，因此构成了另外 3 个积分常数。

综上所述，系统的总能量、总线动量、质心、总角动量构成了 N 体问题的 10 个经典积分。

2.2 二体问题的运动方程

对于式（2.1.1），考虑 $N=2$ 时的情况，则系统的运动方程可以写成

$$\begin{cases} m_1 \ddot{\boldsymbol{q}}_1 = \dfrac{Gm_1 m_2(\boldsymbol{q}_2 - \boldsymbol{q}_1)}{\| \boldsymbol{q}_2 - \boldsymbol{q}_1 \|^3} \\ m_2 \ddot{\boldsymbol{q}}_2 = \dfrac{Gm_1 m_2(\boldsymbol{q}_1 - \boldsymbol{q}_2)}{\| \boldsymbol{q}_2 - \boldsymbol{q}_1 \|^3} \end{cases} \tag{2.2.1}$$

通常，我们更关心其中一个质点相对另一个质点的运动，或者两质点绕其共同质心的运动。考虑 m_2 相对于 m_1 的运动，由式（2.2.1）中第二式减去第一式可以得到二体问题的相对运动方程为

$$\ddot{\boldsymbol{r}} + \frac{\mu}{r^3}\boldsymbol{r} = 0 \tag{2.2.2}$$

其中，

$$\boldsymbol{r} = \boldsymbol{q}_2 - \boldsymbol{q}_1 \tag{2.2.3}$$

$$\mu = G(m_1 + m_2) \tag{2.2.4}$$

这里用斜体 r 表示矢量 $\boldsymbol{r}$ 的模，即 $r = \|\boldsymbol{r}\|$，下文中将统一使用此记法。

在实际情况中，往往有 $m_1 \gg m_2$。例如，考虑地球相对太阳的运动时，有 $m_2/m_1 \approx 3 \times 10^{-6}$；考虑质量为 10 t 的航天器相对地球的运动时，有 $m_2/m_1 \approx 1.7 \times 10^{-21}$。因此，在这些情况下，式（2.2.4）可近似写为

$$\mu = Gm_1 \tag{2.2.5}$$

此时可以理解为 m_1 被置于坐标系的原点，且不受 m_2 的引力影响，称之为中心天体。二体问题主要讨论 m_2 相对于 m_1 的运动问题。

2.3　角动量与能量守恒

二体问题中存在两个重要的守恒定律，即角动量守恒定律和能量守恒定律，这两个守恒定律可以从二体问题的动力学方程中推导得到。

将式（2.2.2）两端都叉乘位置矢量 $\boldsymbol{r}$，可以得到

$$\boldsymbol{r} \times \ddot{\boldsymbol{r}} + \frac{\mu}{r^3}\boldsymbol{r} \times \boldsymbol{r} = 0 \tag{2.3.1}$$

由于 $\boldsymbol{r} \times \boldsymbol{r} = 0$，将式（2.3.1）两端都加上 $\dot{\boldsymbol{r}} \times \dot{\boldsymbol{r}} = 0$ 并整理可得

$$\boldsymbol{r} \times \ddot{\boldsymbol{r}} + \dot{\boldsymbol{r}} \times \dot{\boldsymbol{r}} = \frac{\mathrm{d}}{\mathrm{d}t}(\boldsymbol{r} \times \dot{\boldsymbol{r}}) = 0 \tag{2.3.2}$$

定义 $\boldsymbol{A} = \boldsymbol{r} \times \dot{\boldsymbol{r}}$ 为单位质量的角动量矢量，则由式（2.3.2）可知其对时间 t 的一阶导数为零，即角动量为常数，这表明二体问题的角动量是守恒的。

将式（2.2.2）两端点乘速度矢量 $\dot{\boldsymbol{r}}$ 可得

$$\dot{\boldsymbol{r}} \cdot \ddot{\boldsymbol{r}} + \frac{\mu}{r^3}\dot{\boldsymbol{r}} \cdot \boldsymbol{r} = \frac{1}{2}\frac{\mathrm{d}}{\mathrm{d}t}(\dot{\boldsymbol{r}} \cdot \dot{\boldsymbol{r}}) - \frac{\mathrm{d}}{\mathrm{d}t}\left(\frac{\mu}{r}\right) = \frac{\mathrm{d}H}{\mathrm{d}t} = 0 \tag{2.3.3}$$

其中，

$$H = \frac{1}{2}\dot{\boldsymbol{r}} \cdot \dot{\boldsymbol{r}} - \frac{\mu}{r} \tag{2.3.4}$$

H 为二体系统的能量或哈密顿量，其中 $\dot{\boldsymbol{r}} \cdot \dot{\boldsymbol{r}}/2$ 为系统的动能，$-\mu/r$ 为系统的势能。由式（2.3.3）可知，能量对时间 t 的一阶导数为零，因此二体系统的能量为常值，这表明二体问题的能量是守恒的。

2.4　开普勒定律

开普勒定律是二体问题的重要基础理论，开普勒有三大定律，分别为椭圆定律、面积定律和调和定律。本节将对开普勒定律进行介绍。

2.4.1　椭圆定律

开普勒第一定律为椭圆定律，它申明了太阳系中行星围绕太阳运动的轨道形状为椭圆，并且太阳位于椭圆的其中一个焦点上。实际上，椭圆只是二体问题中轨道运动形式之一。为了导出一般性的结论，用角动量矢量 $\boldsymbol{A}$ 同时叉乘式（2.2.2）两端，可以得到

$$\boldsymbol{A}\times\ddot{\boldsymbol{r}}+\frac{\mu}{r^3}\boldsymbol{A}\times\boldsymbol{r}=\boldsymbol{A}\times\ddot{\boldsymbol{r}}+\frac{\mu}{r^3}[\dot{\boldsymbol{r}}(\boldsymbol{r}\cdot\boldsymbol{r})-\boldsymbol{r}(\boldsymbol{r}\cdot\dot{\boldsymbol{r}})]=0 \tag{2.4.1}$$

由于

$$\frac{\mathrm{d}}{\mathrm{d}t}\left(\frac{\boldsymbol{r}}{r}\right)=\frac{\dot{\boldsymbol{r}}}{r}-\frac{\boldsymbol{r}\cdot\dot{\boldsymbol{r}}}{r^3}\boldsymbol{r}=\frac{1}{r^3}[\dot{\boldsymbol{r}}(\boldsymbol{r}\cdot\boldsymbol{r})-\boldsymbol{r}(\boldsymbol{r}\cdot\dot{\boldsymbol{r}})] \tag{2.4.2}$$

因此式（2.4.1）可以改写成

$$\boldsymbol{A}\times\ddot{\boldsymbol{r}}=-\mu\frac{\mathrm{d}}{\mathrm{d}t}\left(\frac{\boldsymbol{r}}{r}\right) \tag{2.4.3}$$

式（2.4.3）两端对时间积分可得

$$\boldsymbol{A}\times\dot{\boldsymbol{r}}=-\mu\frac{\boldsymbol{r}}{r}-\boldsymbol{\ell} \tag{2.4.4}$$

其中，$-\boldsymbol{\ell}$是积分常数，由轨道的初始位置和速度决定。$\boldsymbol{\ell}$是著名的拉普拉斯－龙格－楞次（Laplace-Runge-Lenz）矢量，简称为 LRL 矢量，如图 2.4.1 所示。

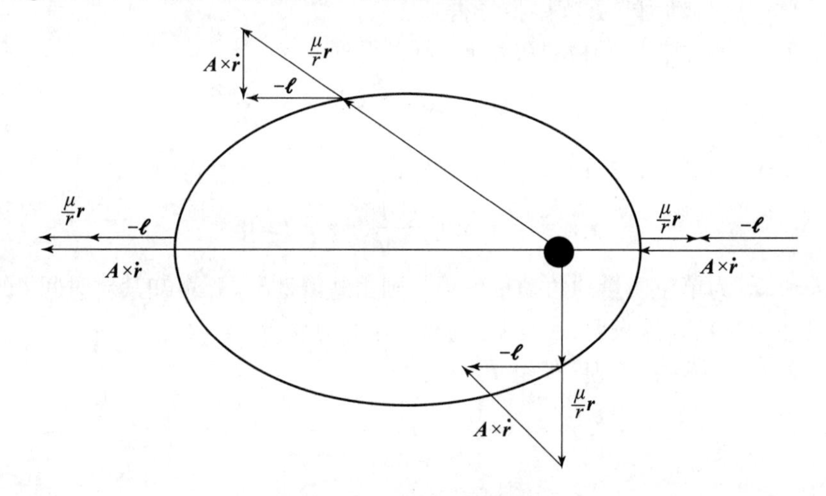

图 2.4.1　LRL 矢量示意图

因为$\boldsymbol{A}\times\dot{\boldsymbol{r}}$ 垂直于角动量矢量，所以它应该位于轨道平面内。另外，单位矢量 $\boldsymbol{r}/r$ 也位于轨道平面内，因此$\boldsymbol{\ell}$也应该始终位于轨道平面内。

式（2.4.4）两端点乘位置矢量$\boldsymbol{r}$可得

$$(\boldsymbol{A}\times\dot{\boldsymbol{r}})\cdot\boldsymbol{r}=-\mu r-\boldsymbol{\ell}\cdot\boldsymbol{r} \tag{2.4.5}$$

利用恒等式（$\boldsymbol{a}\times\boldsymbol{b}$）·$\boldsymbol{c}$＝－（$\boldsymbol{c}\times\boldsymbol{b}$）·$\boldsymbol{a}$，并引入角度参数 ν（称之为真近点角），则式（2.4.5）可以改写成

$$A^2=\mu r+\ell r\cos\nu \tag{2.4.6}$$

分别定义轨道的半通径 p 和偏心率 e 如下

$$p=\frac{A^2}{\mu},\ e=\frac{\ell}{\mu} \tag{2.4.7}$$

根据式（2.4.6）可以得到如下圆锥曲线方程

$$r=\frac{p}{1+e\cos\nu} \tag{2.4.8}$$

式（2.4.8）将二体问题中相对距离 r 与夹角 ν 联系在一起，从而确定了轨道的形状。

根据式（2.4.8），可以得到二体相对距离的最小值与最大值。

当 $\nu=0$ 时，r 取得最小值，为

$$r_{\min}=\frac{p}{1+e} \tag{2.4.9}$$

根据偏心率 e 的不同取值范围，r 的最大值可以表示为

$$r_{\max}=\begin{cases}\dfrac{p}{1-e}, & 0\leqslant e<1\\ \infty, & e\geqslant 1\end{cases} \tag{2.4.10}$$

r 取最小值时的轨道位置称为近拱点，而取最大值时的轨道位置称为远拱点。具体地，若中心天体为太阳，则近拱点称为近日点，远拱点称为远日点；同理，若中心天体为地球，则近拱点称为近地点，远拱点称为远地点。另外，半通径 p 的几何意义是从中心天体出发，沿近拱点和远拱点连线（拱线）的垂直方向到与轨道相交的线段长度。

定义轨道半长轴 a 为二体相对距离最小值和最大值的平均值：

$$a=\frac{1}{2}(r_{\min}+r_{\max})=\frac{p}{1-e^2}=\frac{A^2}{\mu(1-e^2)} \tag{2.4.11}$$

值得注意的是，将半长轴 a 定义为统一形式 $p/(1-e^2)$ 的一个优势在于：当 $e>1$ 时，半长轴 a 有确切的定义（为负值），而不会随着 $r_{\max}\to\infty$ 也趋向于无穷。

式（2.4.8）是极坐标形式描述的圆锥曲线方程，是开普勒第一定律更一般的表述。实际上，二体轨道的形状根据偏心率的取值，可分为 4 种类型：

①圆轨道：$e=0$；

②椭圆轨道：$0<e<1$；

③抛物线轨道：$e=1$；

④双曲线轨道：$e>1$。

圆轨道和椭圆轨道均为闭合轨道，并且圆轨道可以看作是椭圆轨道的一种特殊情况，抛物线轨道和双曲线轨道则为非闭合轨道。椭圆轨道、抛物线轨道和双曲线轨道的示意图如图 2.4.2 所示。

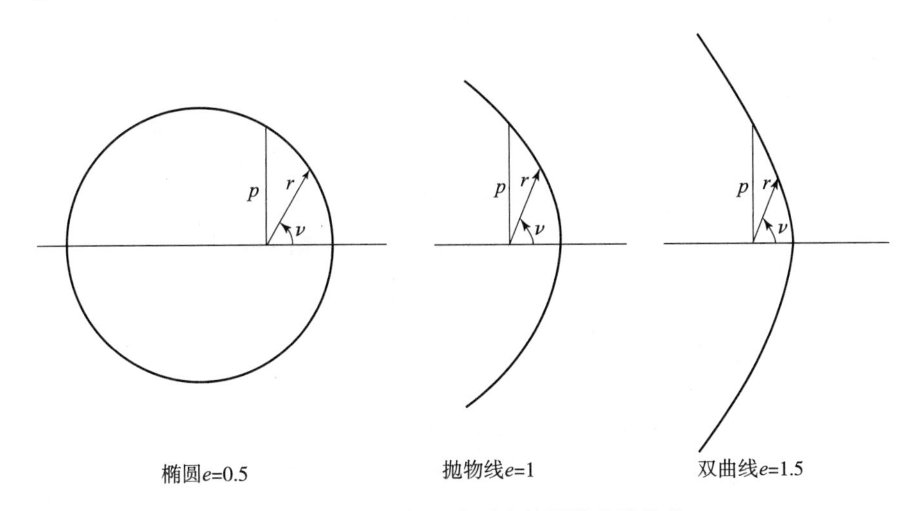

图 2.4.2　不同偏心率对应的圆锥曲线轨道

偏心率 e 是描述二体轨道形状的参数，当 e 由 0 到 1 变化时，轨道的形状越来越扁，由圆轨道逐渐变化为抛物线轨道。由式（2.4.7）可知，偏心率与 LRL 矢量线性相关，可以定义偏心率矢量来代替 LRL 矢量，表示为

$$\boldsymbol{e} = \frac{1}{\mu}\boldsymbol{\ell} = -\frac{\boldsymbol{A} \times \dot{\boldsymbol{r}}}{\mu} - \frac{\boldsymbol{r}}{r} \tag{2.4.12}$$

2.4.2 面积定律

开普勒第二和第三定律主要是针对椭圆轨道阐述的。开普勒第二定律为面积定律，它申明行星和太阳的连线在相等的时间间隔内扫过的面积相等。实际上，式（2.3.2）已经隐含了该定律。在很短的时间段 dt 内，质点 m_2 的运动可以近似看作是直线，于是 dt 时间内径向矢量 $\boldsymbol{r}$ 扫过的面积微元可以表示为

$$\mathrm{d}S = \frac{1}{2}|\boldsymbol{r} \times \dot{\boldsymbol{r}}|\mathrm{d}t = \frac{1}{2}A\mathrm{d}t \tag{2.4.13}$$

因此，在 τ 时间间隔内扫过的面积可以表示为

$$S(\tau) = \frac{1}{2}\int_{t_0}^{t_0+\tau} A\mathrm{d}t = \frac{1}{2}A\tau \tag{2.4.14}$$

由此可见，径向 $\boldsymbol{r}$ 扫过的面积 S 只随时间间隔 τ 变化，并且与 τ 成正比，这也就证明了开普勒第二定律。

2.4.3 调和定律

开普勒第三定律为调和定律，它申明所有行星绕太阳运动的周期的平方与轨道半长轴的立方成正比，该定律又称为调和定律。

考虑 m_2 相对 m_1 的运动为椭圆轨道情况，定义近拱点处的位置矢量和速度矢量分别为 $\boldsymbol{r}_\mathrm{p}$ 和 $\boldsymbol{v}_\mathrm{p}$，远拱点处的位置矢量和速度矢量分别为 $\boldsymbol{r}_\mathrm{a}$ 和 $\boldsymbol{v}_\mathrm{a}$。如图 2.4.3 所示，根据面积定律，近拱点和远拱点处的面积速度相等，即

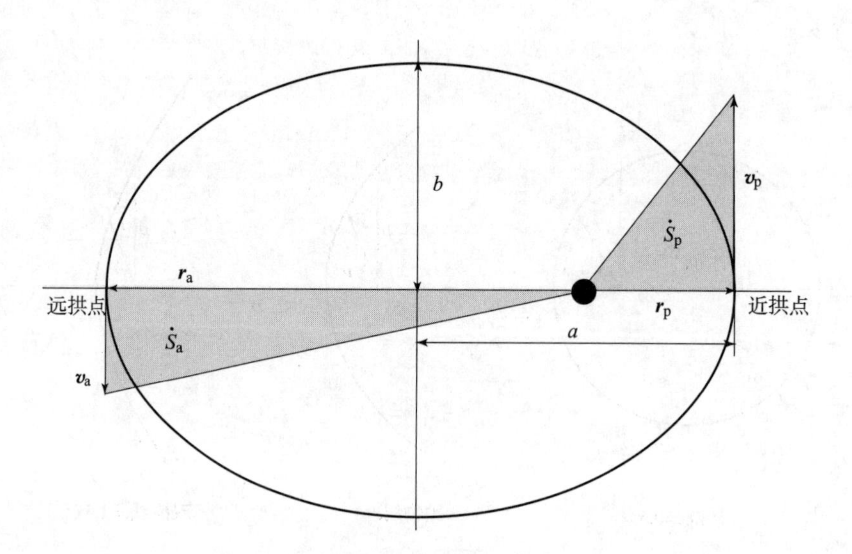

图 2.4.3　近拱点和远拱点的面积速度

$$\dot{S}_{\mathrm{p}} = \dot{S}_{\mathrm{a}} = \frac{1}{2}\|\boldsymbol{r}_{\mathrm{p}} \times \boldsymbol{v}_{\mathrm{p}}\| = \frac{1}{2}\|\boldsymbol{r}_{\mathrm{a}} \times \boldsymbol{v}_{\mathrm{a}}\| \tag{2.4.15}$$

由于在近拱点和远拱点处，轨道的位置矢量与速度矢量是垂直的，由式（2.4.15）可得

$$v_{\mathrm{a}} = \frac{r_{\mathrm{p}}}{r_{\mathrm{a}}} v_{\mathrm{p}} \tag{2.4.16}$$

根据能量守恒定律，近拱点和远拱点处的轨道能量应相同，因此有

$$H_{\mathrm{p}} = H_{\mathrm{a}} = \frac{1}{2}v_{\mathrm{p}}^2 - \frac{\mu}{r_{\mathrm{p}}} = \frac{1}{2}v_{\mathrm{a}}^2 - \frac{\mu}{r_{\mathrm{a}}} \tag{2.4.17}$$

整理式（2.4.17）可得

$$\frac{1}{2}(v_{\mathrm{p}}^2 - v_{\mathrm{a}}^2) = \mu\left(\frac{1}{r_{\mathrm{p}}} - \frac{1}{r_{\mathrm{a}}}\right) \tag{2.4.18}$$

由于 $r_{\mathrm{p}} + r_{\mathrm{a}} = 2a$，联立式（2.4.16）和式（2.4.18）可得

$$v_{\mathrm{p}}^2 = \frac{2\mu r_{\mathrm{a}}}{r_{\mathrm{p}}(r_{\mathrm{p}} + r_{\mathrm{a}})} = \frac{\mu(2a - r_{\mathrm{p}})}{r_{\mathrm{p}} a} = \mu\left(\frac{2}{r_{\mathrm{p}}} - \frac{1}{a}\right) \tag{2.4.19}$$

$$v_{\mathrm{a}}^2 = \frac{2\mu r_{\mathrm{p}}}{r_{\mathrm{a}}(r_{\mathrm{p}} + r_{\mathrm{a}})} = \frac{\mu(2a - r_{\mathrm{a}})}{r_{\mathrm{a}} a} = \mu\left(\frac{2}{r_{\mathrm{a}}} - \frac{1}{a}\right) \tag{2.4.20}$$

实际上，式（2.4.19）和式（2.4.20）有更一般的形式。将式（2.4.4）两端都取模平方可得

$$\|\boldsymbol{A} \times \dot{\boldsymbol{r}}\|^2 = \mu^2 + 2\mu\frac{\boldsymbol{r} \cdot \boldsymbol{\ell}}{r} + \ell^2 = \mu^2[2(1 + e\cos\nu) - (1 - e^2)] \tag{2.4.21}$$

因为角动量矢量 $\boldsymbol{A}$ 和速度矢量 $\dot{\boldsymbol{r}}$ 互相垂直，故式（2.4.20）左边可以写为 A^2v^2，其中 $v = \|\dot{\boldsymbol{r}}\|$，为速度的模。进一步将式（2.4.11）代入式（2.4.20）可得

$$v^2 = \mu\left(\frac{2}{r} - \frac{1}{a}\right) \tag{2.4.22}$$

式（2.4.22）称为二体问题的活力公式，该公式普遍适用于 3 种圆锥曲线轨道。将活力公式代入式（2.3.4）或者式（2.4.17），可以得到能量积分的表达式为

$$H = \frac{1}{2}v^2 - \frac{\mu}{r} = -\frac{\mu}{2a} \tag{2.4.23}$$

式（2.4.23）表明，二体系统的能量只与轨道半长轴 a 有关。值得注意的是，抛物线轨道（$a = \infty$）和双曲线轨道（$a < 0$）的能量是大于等于零的，这使得沿抛物线和双曲线轨道的质点 m_2 能够逃逸 m_1 引力的束缚到达无穷远。

将活力公式（2.4.22）代入式（2.4.15）可得

$$\dot{S} = \dot{S}_{\mathrm{p}} = \dot{S}_{\mathrm{a}} = \frac{1}{2}b\sqrt{\frac{\mu}{a}} \tag{2.4.24}$$

其中，b 为椭圆轨道的半短轴。

于是，轨道的周期可以表示为

$$T = \frac{\pi ab}{\dot{S}} = 2\pi\sqrt{\frac{a^3}{\mu}} \tag{2.4.25}$$

由式（2.4.25）可以得到开普勒第三定律为

$$\frac{T^2}{a^3} = \frac{4\pi^2}{\mu} \tag{2.4.26}$$

2.5 飞行路径角

飞行路径角是轨道分析中非常重要的参数，本节将给出其定义及性质。如图 2.5.1 所示，将轨道上某点处的速度矢量沿径向方向和垂直于径向方向分解，定义径向速度分量为 $\boldsymbol{v}_{\mathrm{r}}$，垂直于径向方向的速度分量为 $\boldsymbol{v}_{\perp}$，飞行路径角 $\boldsymbol{\gamma}$ 定义为速度矢量 $\boldsymbol{v}$ 与速度分量 $\boldsymbol{v}_{\perp}$ 之间的夹角。

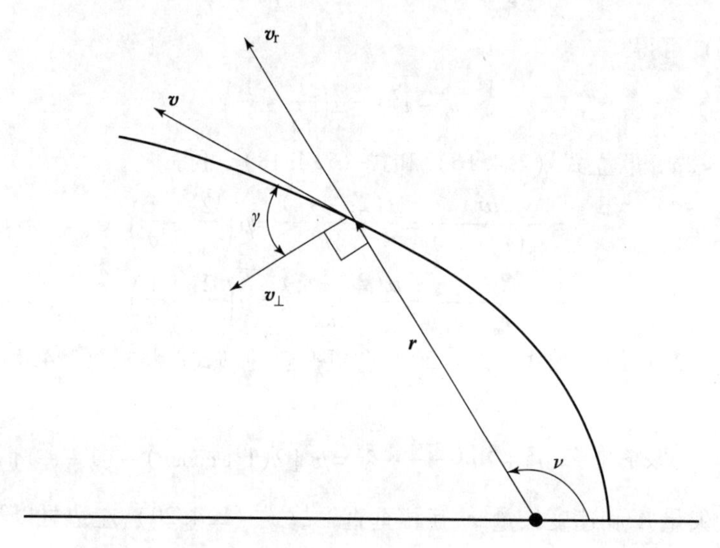

图 2.5.1 飞行路径角的定义

真近点角的角速度为 $\dot{\boldsymbol{\nu}}$，速度分量 $\boldsymbol{v}_{\perp}$ 的大小可以表示为

$$v_{\perp}=r\dot{\nu} \tag{2.5.1}$$

另外，角动量矢量的模可以表示为

$$A=rv_{\perp} \tag{2.5.2}$$

由式（2.5.1）和式（2.5.2）可以得到角动量大小、角速度和位置矢量的模之间的关系为

$$A=r^2\dot{\nu} \tag{2.5.3}$$

另外，由式（2.4.7）、式（2.4.8）和式（2.5.2）可得

$$v_{\perp}=\frac{\mu}{A}(1+e\cos\nu) \tag{2.5.4}$$

因为 $v_{\mathrm{r}}=\dot{r}$，式（2.4.8）对时间求导可得

$$v_{\mathrm{r}}=\dot{r}=p\frac{\mathrm{d}}{\mathrm{d}t}\left(\frac{1}{1+e\cos\nu}\right)=\frac{A^2}{\mu}\frac{\sin\nu}{(1+e\cos\nu)^2}\dot{\nu} \tag{2.5.5}$$

将式（2.5.3）代入式（2.5.5），则有

$$v_{\mathrm{r}}=\frac{A^3\sin\nu}{\mu r^2(1+e\cos\nu)^2} \tag{2.5.6}$$

结合式（2.4.8），径向速度分量 v_{r} 可以表示为

$$v_{\mathrm{r}}=\frac{\mu e\sin\nu}{A} \tag{2.5.7}$$

根据飞行路径角的定义，可以得到如下关系：

$$\tan\gamma = \frac{v_r}{v_\perp} = \frac{\dfrac{\mu e\sin\nu}{A}}{\dfrac{\mu}{A}(1 + e\cos\nu)} = \frac{e\sin\nu}{1 + e\cos\nu} \tag{2.5.8}$$

飞行路径角的取值范围为 $-90° \leqslant \gamma \leqslant 90°$，因此式（2.5.8）对 γ 的定义是明确的。图 2.5.2 给出了飞行路径角 γ 随偏心率 e 和真近点角 ν 的变化曲线。

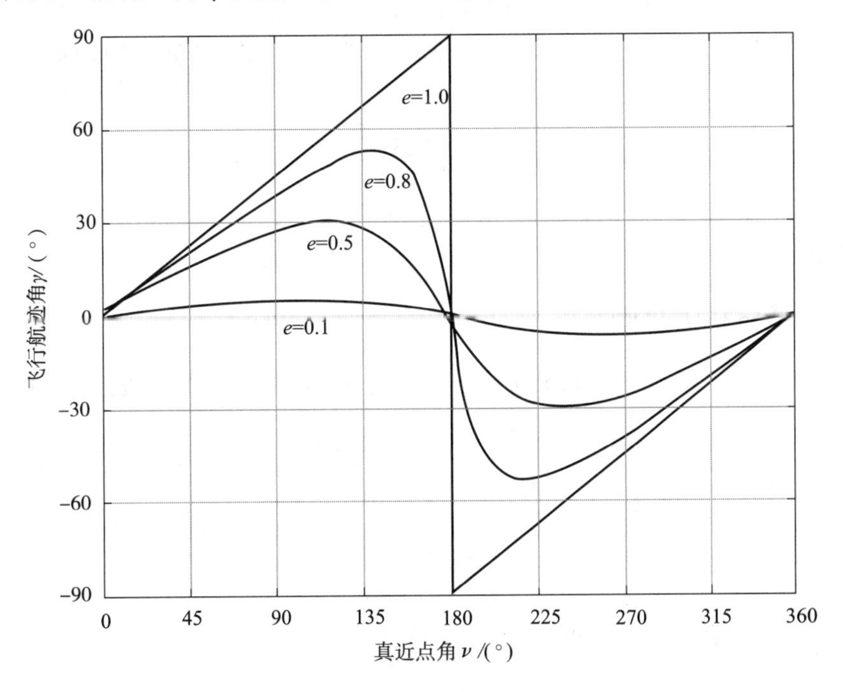

图 2.5.2　飞行路径角随真近点角的变化曲线

2.6　椭圆轨道

由开普勒第一定律可知，二体问题的解曲线为圆锥曲线。根据偏心率 e 的取值不同，圆锥曲线又分为椭圆、抛物线和双曲线，且它们都有各自的特点。本节首先讨论椭圆轨道。

2.6.1　圆轨道运动

圆轨道是椭圆轨道的一种特殊情况，当偏心率 $e = 0$ 时，则椭圆轨道退化成圆轨道。由式（2.5.8）可知，圆轨道上的飞行路径角恒等于零，即圆轨道上任意一点的位置矢量始终与速度矢量垂直。

圆轨道上任意一点的位置矢量 $\boldsymbol{r}$ 的模为常量，且有 $r = a$。根据二体轨道活力公式，可以得到圆轨道上的速度大小为

$$v_c = \sqrt{\frac{\mu}{r}} \tag{2.6.1}$$

圆轨道的周期可以表示为

$$T_c = \frac{2\pi r}{v_c} = 2\pi\sqrt{\frac{r^3}{\mu}} \tag{2.6.2}$$

由于太阳系中的行星都可近似看作是球体，所以有

$$\mu \approx GM \approx \frac{4}{3}\pi G\rho R^3 \tag{2.6.3}$$

其中，ρ 为行星的平均密度；R 为行星的参考半径。

当以较低轨道半径绕行星圆轨道飞行时，近似有 $r \approx R$，此时轨道周期可以近似表示为

$$T_c \approx \sqrt{\frac{3\pi}{G}}\sqrt{\frac{1}{\rho}} \tag{2.6.4}$$

式（2.6.4）表明绕行星的较低圆轨道的轨道周期主要由行星平均密度决定，而不随行星的参考半径变化。

2.6.2 椭圆轨道几何

椭圆轨道的几何关系如图 2.6.1 所示，根据式（2.4.8），椭圆轨道方程可以表示为

$$r = \frac{a(1-e^2)}{1+e\cos\nu}, \quad 0 \leqslant e < 1 \tag{2.6.5}$$

根据上式，近拱点和远拱点处的位置矢量的模为

$$\begin{cases} r_p = a(1-e) \\ r_a = a(1+e) \end{cases} \tag{2.6.6}$$

因此，椭圆轨道的偏心率可以表示为

$$e = \frac{r_a - r_p}{r_a + r_p} \tag{2.6.7}$$

从椭圆形心 O 到焦点 F 的距离为

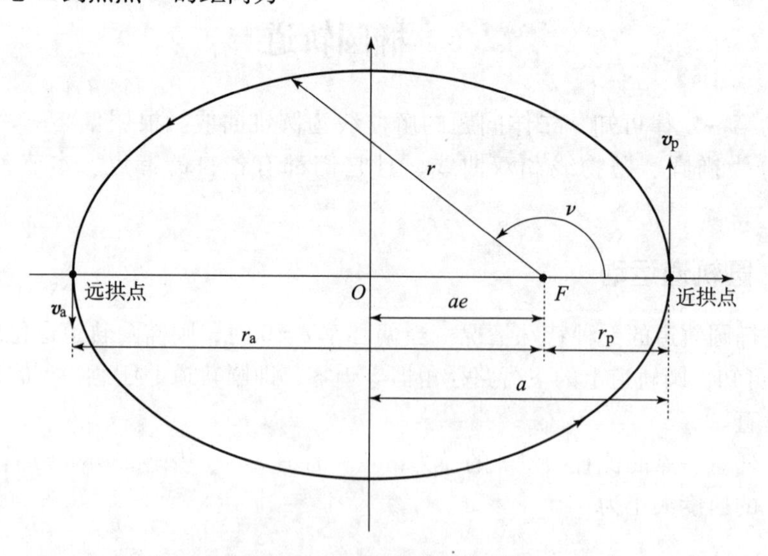

图 2.6.1 椭圆轨道几何关系

$$\overline{OF}=a-r_{\mathrm{p}}=ae \tag{2.6.8}$$

结合式（2.4.7）、式（2.4.22）和式（2.6.5），可以得到椭圆轨道偏心率与轨道能量和角动量的关系为

$$e^2=1+2\frac{A^2H}{\mu^2} \tag{2.6.9}$$

轨道的能量和角动量分别表示为

$$\begin{cases}H=\dfrac{1}{2}v^2-\dfrac{\mu}{r}\\ A=\|\boldsymbol{r}\times\dot{\boldsymbol{r}}\|=rv\cos\gamma\end{cases} \tag{2.6.10}$$

将式（2.6.10）代入式（2.6.9）可得

$$e^2=1+2\frac{r^2v^2}{\mu^2}\left(\frac{v^2}{2}-\frac{\mu}{r}\right)\cos^2\gamma \tag{2.6.11}$$

式（2.6.10）给出了椭圆轨道偏心率 e 与飞行路径角 γ 的关系。

根据二体轨道活力公式（2.4.21），椭圆轨道在近拱点处具有最大速度，可以表示为

$$v_{\mathrm{p}}^2=\mu\left[\frac{2}{a(1-e)}-\frac{1}{a}\right]=\frac{\mu}{a(1-e)}(1+e)=v_{\mathrm{cp}}^2(1+e) \tag{2.6.12}$$

其中，v_{cp}为近拱点处对应的圆轨道速度。

椭圆轨道在远拱点处有最小速度，表示为

$$v_{\mathrm{a}}^2=\mu\left[\frac{2}{a(1+e)}-\frac{1}{a}\right]=\frac{\mu}{a(1+e)}(1-e)=v_{\mathrm{ca}}^2(1-e) \tag{2.6.13}$$

其中，v_{ca}为远拱点处对应的圆轨道速度。

椭圆轨道上最大速度与最小速度之比为

$$\frac{v_{\mathrm{p}}}{v_{\mathrm{a}}}=\frac{1+e}{1-e} \tag{2.6.14}$$

式（2.6.14）表明，椭圆轨道上最大速度与最小速度之比为偏心率 e 的函数。同时，该式也反映了偏心率是如何影响椭圆轨道上的速度变化的：当椭圆轨道偏心率很小时，式（2.6.14）的比值接近 1，即椭圆轨道的速度变化很小，例如，当 $e=0.1$ 时，远拱点处的速度约为近拱点处的 82%；当偏心率增大时，速度变化也随之增大，例如，当 $e=0.9$ 时，远拱点处的速度仅为近拱点处的 5% 左右。

2.6.3　开普勒问题

轨道动力学中存在两个重要的基础问题：初值问题和边值问题。初值问题指的是已知天体（或人造天体）在 t_0 时刻的轨道状态，我们期望知道任意 t 时刻天体的轨道状态。当天体的轨道动力学模型非常复杂时，该问题可以利用数值积分方法求解。当仅考虑二体轨道运动时，则可以通过求解开普勒问题来实现。

根据式（2.5.3），椭圆轨道上真近点角对时间的导数为

$$\frac{\mathrm{d}\nu}{\mathrm{d}t}=\frac{A}{r^2}=\frac{\sqrt{p\mu}}{r^2}=\sqrt{\frac{\mu}{p^3}}(1+e\cos\nu)^2 \tag{2.6.15}$$

通过求解（2.6.15）所给一阶微分方程，可以得到真近点角与时间的关系。然而，

式（2.6.15）的解的形式比较复杂，为了便于分析，引入变量偏近点角 E，其定义如图 2.6.2 所示。

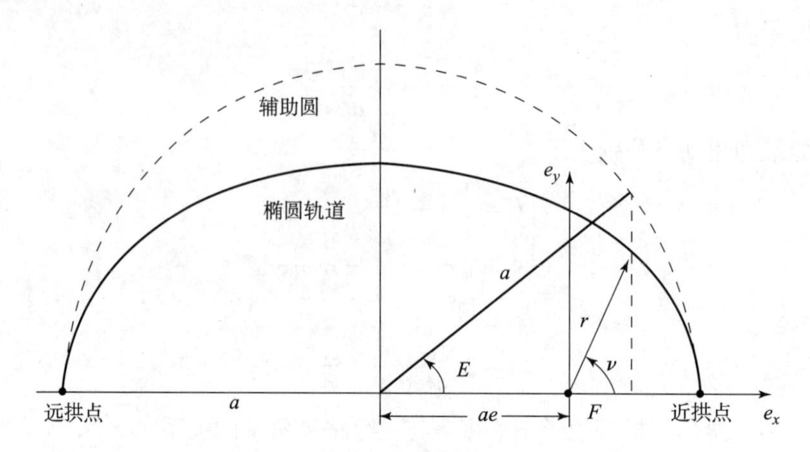

图 2.6.2　偏近点角的几何意义

利用偏近点角描述在椭圆轨道上的位置，则位置矢量的模可以表示为

$$r = a(1 - e\cos E) \tag{2.6.16}$$

由图 2.6.2，椭圆轨道上真近点角与偏近点角的关系为

$$\cos\nu = \frac{1}{e}\left(\frac{1 - e^2}{1 - e\cos E} - 1\right) \tag{2.6.17}$$

根据三角函数关系，真近点角满足

$$\tan^2\frac{\nu}{2} = \frac{1 - \cos\nu}{1 + \cos\nu} \tag{2.6.18}$$

将式（2.6.17）代入式（2.6.18），可得

$$\tan^2\frac{\nu}{2} = \frac{(1 + e)(1 - \cos E)}{(1 - e)(1 + \cos E)} \tag{2.6.19}$$

类似地，偏近点角满足

$$\tan^2\frac{E}{2} = \frac{1 - \cos E}{1 + \cos E} \tag{2.6.20}$$

结合式（2.6.19）和式（2.6.20），可以得到偏近点角与真近点角的关系为

$$\tan\frac{\nu}{2} = \sqrt{\frac{1 + e}{1 - e}}\tan\frac{E}{2} \tag{2.6.21}$$

式（2.6.16）两端对时间求导可得

$$\dot{r} = ae\dot{E}\sin E \tag{2.6.22}$$

由图 2.6.2 所示的几何关系，定义近焦点坐标系为：原点选在靠近近拱点的椭圆焦点处，$\boldsymbol{e}_x$ 轴在轨道平面内由原点指向近拱点，$\boldsymbol{e}_y$ 轴在轨道平面内指向近拱点处的速度方向，$\boldsymbol{e}_z$ 轴垂直于轨道平面，并与 $\boldsymbol{e}_x$ 轴和 $\boldsymbol{e}_y$ 轴构成右手坐标系。椭圆轨道上位置矢量 $\boldsymbol{r}$ 在近焦点坐标系中的分量表示为

$$\begin{cases} x = r\cos\nu = a\cos E - ae \\ y = r\sin\nu = a\sqrt{1 - e^2}\sin E \end{cases} \tag{2.6.23}$$

椭圆轨道的角动量大小可以表示为

$$A = x \cdot \dot{y} - y \cdot \dot{x} = a^2 \dot{E} \sqrt{1-e^2}(1 - e\cos E) \tag{2.6.24}$$

此外，角动量大小还可以表示为

$$A = \sqrt{a\mu(1-e^2)} \tag{2.6.25}$$

联立式（2.6.24）和式（2.6.25），可以得到偏近点角满足的微分方程为

$$\dot{E}(1 - e\cos E) = \sqrt{\frac{\mu}{a^3}} \tag{2.6.26}$$

方程（2.6.26）的解为

$$E - e\sin E = \sqrt{\frac{\mu}{a^3}}(t - \tau) \tag{2.6.27}$$

其中，τ 为积分常数，表示通过近拱点的时刻，有 $E(\tau) = 0$。

为了方便描述，定义椭圆轨道平均角速度为

$$n = \sqrt{\frac{\mu}{a^3}} \tag{2.6.28}$$

进一步定义轨道平近点角为

$$M = n(t - \tau) \tag{2.6.29}$$

需要指出的是，轨道平近点角 M 与时间 t 为线性关系，因此可以代替时间 t 来描述椭圆轨道上的位置。由式（2.6.27）和式（2.6.29）可以得到如下关系式

$$E - e\sin E = M \tag{2.6.30}$$

式（2.6.30）即为著名的开普勒方程。开普勒方程给出了椭圆轨道上偏近点角 E 与平近点角 M 的关系。由于平近点角 M 与时间 t 相关，因此开普勒方程实际上隐含了偏近点角 E 与时间 t 的关系。若要得到期望 t 时刻椭圆轨道上的状态，可以首先利用式（2.6.29）得到 t 时刻的平近点角 M，然后求解开普勒方程，获得 t 时刻的偏近点角 E。

开普勒方程（2.6.31）是一个超越方程，不能直接通过代数方法求得其解。开普勒方程是存在唯一解的。

定义辅助函数

$$f(E) = E - e\sin E - M \tag{2.6.31}$$

辅助函数 f 对偏近点角 E 求导可得

$$\frac{\mathrm{d}f(E)}{\mathrm{d}E} = 1 - e\cos E > 0 \tag{2.6.32}$$

式（2.6.32）表明辅助函数 f 随偏近点角 E 的变化单调递增，并且有

$$f(-\infty) \to -\infty,\ f(+\infty) \to +\infty \tag{2.6.33}$$

因此，方程 $f(E) = 0$ 必有解，并且解是唯一的。

开普勒方程可以采用牛顿－拉夫逊迭代法进求解，迭代公式为

$$E_{k+1} = E_k - \frac{f(E_k)}{\mathrm{d}f(E_k)/\mathrm{d}E_k} = E_k - \frac{E_k - e\sin E_k - M}{1 - e\cos E_k} \tag{2.6.34}$$

给定偏近点角的迭代初值 E_0，利用式（2.6.34）不断对 E_k 进行修正，直至 $|E_{k+1} - E_k| < \varepsilon$，其中 ε 是给定的收敛精度。

2.6.4　兰伯特问题

兰伯特定理是由 J. H. Lambert 于 1761 年提出的，兰伯特定理申明：沿椭圆轨道运动的

天体在椭圆弧上两点之间的飞行时间 t 只由椭圆轨道的半长轴 a、两点到焦点的距离之和 r_1+r_2，以及两点之间的弦长 c 决定，如图 2.6.3 所示。兰伯特定理在航天器定轨、行星际飞行轨道设计与分析等方面具有重要应用价值。

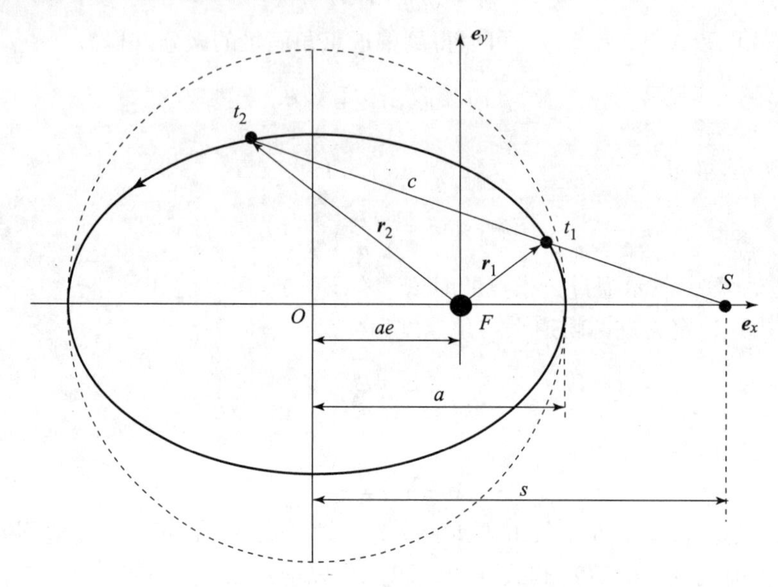

图 2.6.3　兰伯特定理的几何关系

如图 2.6.3 所示，在 t_1 时刻，椭圆轨道上的位置矢量为 $\boldsymbol{r}_1$，t_2 时刻的位置矢量为 $\boldsymbol{r}_2$，两点对应的偏近点角分别为 E_1 和 E_2，弦长 c 为两点间的距离。根据开普勒方程（2.6.30），由时刻 t_1 到 t_2 的飞行时间可以表示为

$$\begin{aligned} t &= \sqrt{\frac{a^3}{\mu}}[E_2-E_1-e(\sin E_2-\sin E_1)] \\ &= \sqrt{\frac{a^3}{\mu}}\left[E_2-E_1-2e\cos\frac{1}{2}(E_2+E_1)\sin\frac{1}{2}(E_2-E_1)\right] \end{aligned} \tag{2.6.35}$$

为便于分析，定义辅助变量 ξ 和 η，辅助变量满足

$$\begin{cases} \cos\left(\dfrac{\xi+\eta}{2}\right)=e\cos\left(\dfrac{E_1+E_2}{2}\right), & 0°\leqslant\xi+\eta\leqslant 360° \\ \xi-\eta=E_2-E_1, & 0°\leqslant\xi-\eta\leqslant 360° \end{cases} \tag{2.6.36}$$

将式（2.6.36）代入式（2.6.35）可得

$$t=\sqrt{\frac{a^3}{\mu}}\left[\xi-\eta-2\cos\left(\frac{\xi+\eta}{2}\right)\sin\left(\frac{\xi-\eta}{2}\right)\right]=\sqrt{\frac{a^3}{\mu}}[(\xi-\sin\xi)-(\eta-\sin\eta)] \tag{2.6.37}$$

式（2.6.37）称为兰伯特方程。

下面分析椭圆轨道半长轴 a、两点之间的弦长 c 和 r_1+r_2 与辅助变量 ξ 和 η 之间的关系。在近焦点坐标系中，弦长 c 可以表示为

$$c^2=\|\boldsymbol{r}_2-\boldsymbol{r}_1\|=(x_2-x_1)^2+(y_2-y_1)^2 \tag{2.6.38}$$

其中，x_1 和 y_1 分别为位置矢量 $\boldsymbol{r}_1$ 在近焦点坐标系中的分量；x_2 和 y_2 分别为位置矢量 $\boldsymbol{r}_2$ 在近焦点坐标系中的分量。

将式（2.6.23）代入式（2.6.38），并整理可得

$$c^2 = a^2 (\cos\eta - \cos\xi)^2 \tag{2.6.39}$$

另外，根据式（2.6.16），$r_1 + r_2$ 可以表示为

$$r_1 + r_2 = 2a\left[1 - \frac{1}{2}e(\cos E_1 + \cos E_2)\right] = 2a\left[1 - \frac{1}{2}(\cos\xi + \cos\eta)\right] \tag{2.6.40}$$

联立式（2.6.39）和式（2.6.40），可以解得

$$\begin{cases} \cos\xi = 1 - \dfrac{c + r_1 + r_2}{2a} \\ \cos\eta = 1 + \dfrac{c - r_1 - r_2}{2a} \end{cases} \tag{2.6.41}$$

并且有

$$\begin{cases} \sin^2\left(\dfrac{\xi}{2}\right) = \dfrac{c + r_1 + r_2}{4a} \\ \sin^2\left(\dfrac{\eta}{2}\right) = \dfrac{r_1 + r_2 - c}{4a} \end{cases} \tag{2.6.42}$$

由式（2.6.39）可以得到两点之间弦长为

$$c = a(\cos\eta - \cos\xi) \tag{2.6.43}$$

将式（2.6.40）与式（2.6.43）相加可得

$$a = \frac{r_1 + r_2 + c}{2(1 - \cos\xi)} \tag{2.6.44}$$

由式（2.6.44）可知，当 $\xi = 180°$时，通过已知两点的椭圆轨道的半长轴最短，可以表示为

$$a_{\min} = \frac{1}{4}(r_1 + r_2 + c) \tag{2.6.45}$$

定义参数 K 为

$$K = 1 - \frac{c}{2a_{\min}} = \frac{r_1 + r_2 - c}{r_1 + r_2 + c} \tag{2.6.46}$$

则式（2.6.42）可以改写成

$$\begin{cases} \sin^2\left(\dfrac{\xi}{2}\right) = \dfrac{a_{\min}}{a} \\ \sin^2\left(\dfrac{\eta}{2}\right) = K\dfrac{a_{\min}}{a} \end{cases} \tag{2.6.47}$$

当已知椭圆轨道半长轴 a、椭圆上两点的位置矢量 $\boldsymbol{r}_1$ 和 $\boldsymbol{r}_2$，以及两点之间的弦长 c 时，可以通过式（2.6.37）、式（2.6.45）及式（2.6.47）求得飞行时间 t。然而，由式（2.6.47）可知，辅助变量 ξ 和 η 存在多组可行解。

如图 2.6.3 所示，定义点 S 为椭圆轨道上两点连线与椭圆拱线的交点。从椭圆中心点 O 到两点所在直线上任意一点的矢量可以表示为

$$\boldsymbol{r} = ea\hat{\boldsymbol{e}}_x + \lambda\boldsymbol{r}_1 + (1 + \lambda)\boldsymbol{r}_2, \quad -\infty < \lambda < +\infty \tag{2.6.48}$$

其中，$\hat{\boldsymbol{e}}_x$ 为焦点坐标系 $\boldsymbol{e}_x$ 轴的单位方向矢量。

O 点到 S 点的矢量表示为

$$\boldsymbol{r}_S = s\hat{\boldsymbol{e}}_x \tag{2.6.49}$$

其中，s 为 O 点到 S 点的距离。

将式（2.6.23）代入式（2.6.47）和式（2.6.49）可得

$$\lambda = \frac{\sin E_2}{\sin E_2 - \sin E_1} \tag{2.6.50}$$

$$s = a\frac{\sin(E_2 - E_1)}{\sin E_2 - \sin E_1} = a\frac{\cos\left(\frac{E_2 - E_1}{2}\right)}{\cos\left(\frac{E_2 + E_1}{2}\right)} \tag{2.6.51}$$

因此可以得到如下关系式

$$s - ae = a\frac{\cos\left(\frac{E_2 - E_1}{2}\right) - e\cos\left(\frac{E_2 + E_1}{2}\right)}{\cos\left(\frac{E_2 + E_1}{2}\right)} \tag{2.6.52}$$

$$s + ae = a\frac{\cos\left(\frac{E_2 - E_1}{2}\right) + e\cos\left(\frac{E_2 + E_1}{2}\right)}{\cos\left(\frac{E_2 + E_1}{2}\right)} \tag{2.6.53}$$

$$s - a = a\frac{\cos\left(\frac{E_2 - E_1}{2}\right) - e\cos\left(\frac{E_2 + E_1}{2}\right)}{\cos\left(\frac{E_2 + E_1}{2}\right)} \tag{2.6.54}$$

根据式（2.6.36）可知

$$\frac{s - ae}{s - a} = \frac{\sin\frac{\xi}{2}\sin\frac{\eta}{2}}{\sin\frac{E_1}{2}\sin\frac{E_2}{2}} \tag{2.6.55}$$

$$\frac{s + ae}{s - a} = \frac{\cos\frac{\xi}{2}\cos\frac{\eta}{2}}{\sin\frac{E_1}{2}\sin\frac{E_2}{2}} \tag{2.6.56}$$

根据式（2.6.36）中辅助变量的定义，有 $0° \leqslant \xi \leqslant 360°$，$-180° \leqslant \eta \leqslant 180°$。所以 $\sin(\xi/2) \geqslant 0$，$\cos(\eta/2) \geqslant 0$。另外，当 $0° \leqslant E_1 \leqslant 360°$ 时，有 $\sin(E_1/2) \geqslant 0$。因此，根据 $\sin(\eta/2)$、$\cos(\xi/2)$ 和 $\sin(E_2/2)$ 的取值符号不同，兰伯特方程（2.6.37）可以分为4种可能的情况，如图2.6.4所示。

定义区域 Γ 为由 t_1 时刻到 t_2 时刻所经过的弧段与两点之间的弦构成的区域，则4种可能的情况分别如下。

情况（a）：区域 Γ 中不包含椭圆的两个焦点，此时有

$$\sin\frac{E_2}{2} > 0,\ \frac{s - ae}{s - a} > 0,\ \frac{s + ae}{s - a} > 0 \tag{2.6.57}$$

因此

$$\sin\frac{\eta}{2} > 0,\ \cos\frac{\xi}{2} > 0 \tag{2.6.58}$$

情况（b）：区域 Γ 中不包含 F_1，但包含 F_2，此时有

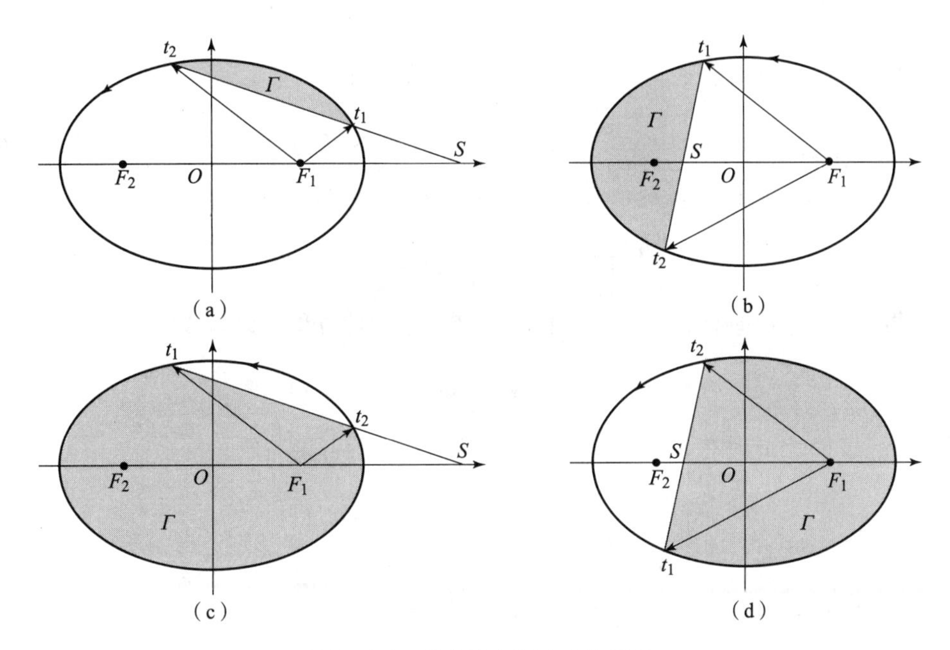

图 2.6.4　兰伯特方程的 4 种情况

$$\sin\frac{E_2}{2}>0,\ \frac{s-ae}{s-a}>0,\ \frac{s+ae}{s-a}<0 \tag{2.6.59}$$

因此

$$\sin\frac{\eta}{2}>0,\ \cos\frac{\xi}{2}<0 \tag{2.6.60}$$

情况（c）：区域 Γ 中包含 F_1 和 F_2，此时有

$$\sin\frac{E_2}{2}<0,\ \frac{s-ae}{s-a}>0,\ \frac{s+ae}{s-a}>0 \tag{2.6.61}$$

因此

$$\sin\frac{\eta}{2}<0,\ \cos\frac{\xi}{2}<0 \tag{2.6.62}$$

情况（d）：区域 Γ 中不包含 F_2，但包含 F_1，此时有

$$\sin\frac{E_2}{2}<0,\ \frac{s-ae}{s-a}>0,\ \frac{s+ae}{s-a}<0 \tag{2.6.63}$$

因此

$$\sin\frac{\eta}{2}<0,\ \cos\frac{\xi}{2}>0 \tag{2.6.64}$$

定义如下两个参数：

$$\begin{cases}\alpha=2\arcsin\sqrt{\dfrac{a_{\min}}{a}}, & 0°\leqslant\alpha\leqslant 180°\\ \beta=2\arcsin\sqrt{K\dfrac{a_{\min}}{a}}, & 0°\leqslant\alpha\leqslant 180°\end{cases} \tag{2.6.65}$$

对于不同情况，参数 α 和 β 与辅助变量 ξ 和 η 之间的关系是不同的，下面分别进行

讨论。

对于情况（a），此时有 $\xi=\alpha$ 和 $\eta=\beta$，兰伯特方程可以写成

$$t=\sqrt{\frac{a^3}{\mu}}[(\alpha-\sin\alpha)-(\beta-\sin\beta)] \tag{2.6.66}$$

对于情况（b），此时有 $\xi=2\pi-\alpha$ 和 $\eta=\beta$，兰伯特方程可以写成

$$t=\sqrt{\frac{a^3}{\mu}}[2\pi-(\alpha-\sin\alpha)-(\beta-\sin\beta)] \tag{2.6.67}$$

对于情况（c），此时有 $\xi=2\pi-\alpha$ 和 $\eta=-\beta$，兰伯特方程可以写成

$$t=\sqrt{\frac{a^3}{\mu}}[2\pi-(\alpha-\sin\alpha)+(\beta-\sin\beta)] \tag{2.6.68}$$

对于情况（d），此时有 $\xi=\alpha$ 和 $\eta=-\beta$，兰伯特方程可以写成

$$t=\sqrt{\frac{a^3}{\mu}}[(\alpha-\sin\alpha)+(\beta-\sin\beta)] \tag{2.6.69}$$

式（2.6.66）~式（2.6.69）给出了 4 种不同情况下的兰伯特方程，其中情况（a）和（b）对应的轨道转角 $\Delta\nu=\nu_2-\nu_1$ 小于 180°，情况（c）和（d）对应的轨道转角 $\Delta\nu$ 大于 180°。

兰伯特方程的求解需要利用数值迭代方法。考虑如下场景：若已知在椭圆轨道上两点处的位置矢量 $\boldsymbol{r}_1$ 和 $\boldsymbol{r}_2$，以及由 $\boldsymbol{r}_1$ 到 $\boldsymbol{r}_2$ 的飞行时间 t_f，需要求解两点处的速度矢量 $\boldsymbol{v}_1$ 和 $\boldsymbol{v}_2$。在这种情况下，由于两点位置矢量 $\boldsymbol{r}_1$ 和 $\boldsymbol{r}_2$ 是已知的，因此弦长 c 可以求出，利用式（2.6.45）和式（2.6.46）可以分别求出 a_{min} 和 K。然后将式（2.6.65）代入相应的兰伯特方程，可以将兰伯特方程转换为关于半长轴 a 的等式方程，写成

$$G(a)=0 \tag{2.6.70}$$

采用牛顿－拉夫逊迭代法求解方程（2.6.70）可以得到满足飞行时间要求的轨道半长轴，进而可以确定其他的轨道参数和两点处的速度矢量。需要指出的是，当位置矢量 $\boldsymbol{r}_1$ 和 $\boldsymbol{r}_2$ 之间的夹角为 0°或 180°时，是无法唯一确定两点处的速度矢量的，主要原因是此时轨道运动平面无法唯一确定。

2.7 抛物线轨道

对于式（2.4.8），当取偏心率 $e=1$ 时，对应的圆锥曲线轨道为抛物线轨道，方程可表示为

$$r=\frac{p}{1+\cos\nu} \tag{2.7.1}$$

在实际中，纯粹的抛物线轨道是不存在的，因为对于任意小的偏心率摄动 δe，都能够使得抛物线轨道变成椭圆轨道或双曲线轨道。尽管如此，研究抛物线轨道不仅存在理论意义，抛物线轨道作为天体逃逸和捕获轨道的临界轨道，在行星际飞行轨道设计与分析中还有着重要的应用。

2.7.1 逃逸速度

由式（2.7.1）可知，当 $\nu=180°$ 时，$r\to\infty$。因为抛物线轨道的半长轴 $a=\infty$，由

式（2.4.22）可以得到此时的速度大小为 $v=0$。

更一般地，根据二体轨道活力公式，抛物线上的位置和速度满足

$$\frac{1}{2}v^2-\frac{\mu}{r}=0 \tag{2.7.2}$$

抛物线轨道上任意一点的速度大小为

$$v=\sqrt{\frac{2\mu}{r}} \tag{2.7.3}$$

若 m_1 和 m_2 的初始距离为 r，m_2 相对 m_1 的初始速度为 $v=\sqrt{2\mu/r}$，则 m_2 将沿着抛物线轨道运动到无穷远处，并且在无穷远处速度减小为 0，m_2 将永远无法返回 m_1 附近。因此，抛物线轨道称为逃逸轨道，相应地，式（2.7.3）表示的速度大小称为逃逸速度。

若 m_2 相对 m_1 的初始运动轨道为圆轨道，其轨道半径为 r，根据二体轨道活力公式，初始速度大小为

$$v_{\mathrm{c}}=\sqrt{\frac{\mu}{r}} \tag{2.7.4}$$

那么，从该圆轨道逃逸所需要的速度为

$$v_{\mathrm{esp}}=\sqrt{2}v_{\mathrm{c}} \tag{2.7.5}$$

式（2.7.5）表明，从半径为 r 的圆轨道逃逸，至少需要 $(\sqrt{2}-1)v_{\mathrm{c}}\approx 0.41v_{\mathrm{c}}$ 的速度增量。

2.7.2　飞行路径角与真近点角

根据 2.5 节飞行路径角的定义，抛物线轨道上的飞行路径角可以表示为

$$\tan\gamma=\frac{v_{\mathrm{r}}}{v_{\perp}}=\frac{\sin\nu}{1+\cos\nu} \tag{2.7.6}$$

利用倍角公式，式（2.7.6）可以化简为

$$\tan\gamma=\tan\frac{\nu}{2} \tag{2.7.7}$$

由飞行路径角的定义可知，其取值范围为 $-90°\leqslant\gamma\leqslant 90°$。若定义真近点角的取值范围为 $-180°\leqslant\nu\leqslant 180°$，则飞行路径角与真近点角的关系表示为

$$\gamma=\frac{1}{2}\nu \tag{2.7.8}$$

式（2.7.8）表明，抛物线轨道上的飞行路径角与真近点角呈线性关系。

2.7.3　巴克方程

下面讨论沿抛物线轨道运动天体的位置与时间的关系。式（2.6.15）中取偏心率 $e=1$，可以得到抛物线轨道上真近点角的微分方程为

$$\frac{\mathrm{d}\nu}{\mathrm{d}t}=\sqrt{\frac{\mu}{p^3}}(1+\cos\nu)^2 \tag{2.7.9}$$

该方程可以通过如下方法求解。首先将式（2.7.9）改写成

$$\frac{\mathrm{d}\nu}{(1+\cos\nu)^2}=\sqrt{\frac{\mu}{p^3}}\mathrm{d}t \tag{2.7.10}$$

式（2.7.10）左端有

$$\frac{\mathrm{d}\nu}{(1+\cos\nu)^2}=\frac{\mathrm{d}(\nu/2)}{2\left(\frac{1+\cos\nu}{2}\right)^2}=\frac{\mathrm{d}(\nu/2)}{2\cos^4(\nu/2)}=\mathrm{d}\left[\frac{1}{2}\left(\tan\frac{\nu}{2}+\frac{1}{3}\tan^3\frac{\nu}{2}\right)\right] \tag{2.7.11}$$

可以得到方程（2.7.10）的解为

$$\tan\frac{\nu}{2}+\frac{1}{3}\tan^3\frac{\nu}{2}=2\sqrt{\frac{\mu}{p^3}}(t-\tau) \tag{2.7.12}$$

其中，τ 为积分常数，由初始时刻决定。

当 $t=\tau$ 时，有 $\nu=0$，也就是说，初始时刻是指 m_2 位于近拱点的时刻。式（2.7.12）称为巴克方程，它描述了抛物线轨道上真近点角与时间的关系，与之类似的是在椭圆轨道中的开普勒方程。

2.7.4 欧拉方程

为了计算彗星轨道，欧拉在 1743 年提出了类似于兰伯特定理的方程，该方程适用于抛物线轨道。如图 2.7.1 所示，m_2 在 t_1 时刻的位置矢量为 $\boldsymbol{r}_1$，在 t_2 时刻的位置矢量为 $\boldsymbol{r}_2$，对应的真近点角分别为 ν_1 和 ν_2，弦长 c 是两点间的距离，即 $c=\|\boldsymbol{r}_2-\boldsymbol{r}_1\|$。

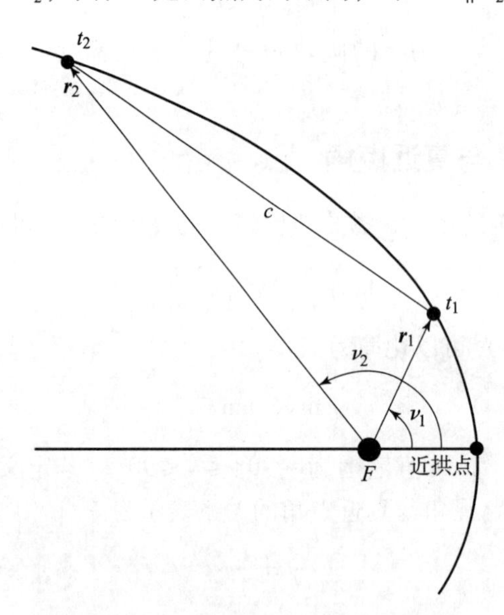

图 2.7.1　抛物线轨道上不同时刻的两点

根据巴克方程（2.7.12），由 $\boldsymbol{r}_1$ 到 $\boldsymbol{r}_2$ 的飞行时间满足

$$\begin{aligned}2t\sqrt{\frac{\mu}{p^3}}&=\tan\frac{\nu_2}{2}-\tan\frac{\nu_1}{2}+\frac{1}{3}\left(\tan^3\frac{\nu_2}{2}-\tan^3\frac{\nu_1}{2}\right)\\&=\frac{1}{3}\left(\tan\frac{\nu_2}{2}-\tan\frac{\nu_1}{2}\right)\left[3\left(1+\tan\frac{\nu_1}{2}\tan\frac{\nu_2}{2}\right)+\left(\tan\frac{\nu_2}{2}-\tan\frac{\nu_1}{2}\right)^2\right]\end{aligned} \tag{2.7.13}$$

其中，$t=t_2-t_1$。

根据余弦定理，两点之间的弦长 c 满足如下关系：

$$c^2=r_1^2+r_2^2-2r_1r_2\cos(\nu_2-\nu_1)=(r_1+r_2)^2-4r_1r_2\cos^2\frac{1}{2}(\nu_2-\nu_1) \tag{2.7.14}$$

求解式（2.7.14）可得

$$2\sqrt{r_1r_2}\cos\frac{1}{2}(\nu_2-\nu_1)=\pm\sqrt{(r_1+r_2+c)(r_1+r_2-c)} \tag{2.7.15}$$

其中，当 $\nu_2-\nu_1\leqslant180°$时，取正号；当 $\nu_2-\nu_1>180°$时，取负号。

由式（2.7.1）可知两点处的位置矢量的模分别为

$$r_1=\frac{p}{2\cos^2\frac{\nu_1}{2}},\ r_2=\frac{p}{2\cos^2\frac{\nu_2}{2}} \tag{2.7.16}$$

因此有

$$r_1+r_2=\frac{p}{2}\left[\frac{1}{\cos^2(\nu_1/2)}+\frac{1}{\cos^2(\nu_2/2)}\right] \tag{2.7.17}$$

将式（2.7.16）代入式（2.7.15）等号左端可得

$$p\left(1+\tan\frac{1}{2}\nu_1\tan\frac{1}{2}\nu_2\right)=\pm\sqrt{(r_1+r_2+c)(r_1+r_2-c)} \tag{2.7.18}$$

联立式（2.7.17）和式（2.7.18）可以得到

$$(r_1+r_2+c)+(r_1+r_2-c)\mp\sqrt{(r_1+r_2+c)(r_1+r_2-c)}=p\left[\tan\left(\frac{1}{2}\nu_2\right)-\tan\left(\frac{1}{2}\nu_2\right)\right]^2 \tag{2.7.19}$$

式（2.7.19）等号两边同时开平方可得

$$\sqrt{r_1+r_2+c}\mp\sqrt{r_1+r_2-c}=\sqrt{p}\left[\tan\left(\frac{1}{2}\nu_2\right)-\tan\left(\frac{1}{2}\nu_2\right)\right] \tag{2.7.20}$$

将式（2.7.18）和式（2.7.19）代入式（2.7.13），并经过化简可得

$$6t\sqrt{\mu}=(r_1+r_2+c)^{3/2}\mp(r_1+r_2-c)^{3/2} \tag{2.7.21}$$

式（2.7.21）即为欧拉方程。由该式可知，欧拉方程中不含半通径 p，而是直接给出了飞行时间 t 与两点位置矢量的模 r_1 和 r_2，以及两点间弦长 c 之间的关系。欧拉方程在一些利用观测数据来确定抛物线轨道参数的任务中有重要的作用。

2.8　双曲线轨道

2.8.1　双曲线轨道几何

当偏心率 $e>1$ 时，二体问题的运动轨道为双曲线轨道，轨道方程为

$$r=\frac{p}{1+e\cos\nu},\ e>1 \tag{2.8.1}$$

因为位置矢量的模 r 和半通径 p 均大于零，因此有

$$\cos\nu>-\frac{1}{e} \tag{2.8.2}$$

根据式（2.8.2）可以得到双曲线轨道的真近点角的变化范围为

$$-\arccos\left(-\frac{1}{e}\right)<\nu<\arccos\left(-\frac{1}{e}\right) \tag{2.8.3}$$

当 $r\to\infty$时，真近点角将趋向于其极限：$\nu\to\pm\arccos(-1/e)$。图 2.8.1 给出了双曲线轨

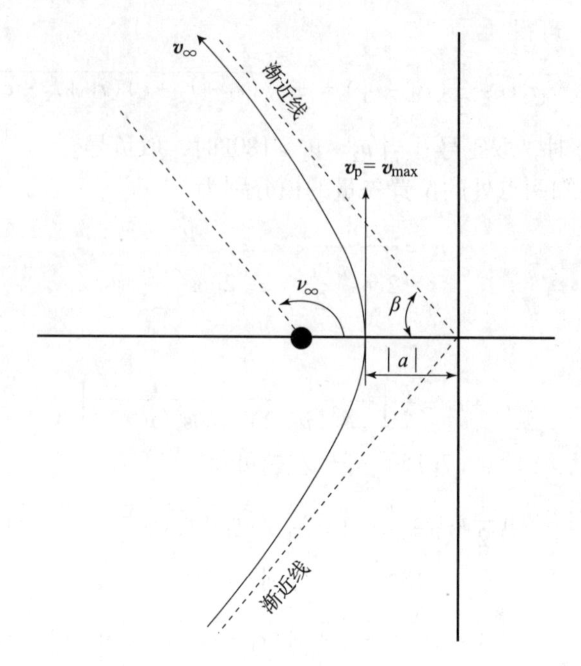

图 2.8.1　双曲线轨道示意图

道示意图。

根据真近点角的极限，可以求出双曲线轨道的渐近线与拱线的夹角为

$$\beta = 180^\circ - \nu_\infty = \arccos\left(\frac{1}{e}\right) \tag{2.8.4}$$

双曲线的轨道半长轴 a 为负值，其绝对值等于两条渐近线的交点到近拱点的距离。由式（2.4.11），双曲线轨道的半长轴可以表示为

$$a = \frac{p}{1 - e^2} = \frac{A^2}{\mu(1 - e^2)} \tag{2.8.5}$$

根据式（2.4.23）中的二体轨道能量定义，双曲线轨道的能量始终是大于零的。对于不同的圆锥曲线轨道，椭圆轨道的能量 $H_E < 0$，抛物线轨道的能量 $H_P = 0$，双曲线轨道的能量 $H_H > 0$。可见，双曲线轨道的能量在 3 种圆锥曲线轨道中是最高的。

双曲线轨道在近拱点处具有最大的速度，表示为

$$v_p^2 = v_{max}^2 = \mu\left(\frac{2}{r_p} - \frac{1}{a}\right) = \frac{\mu}{a(1 - e)}(1 + e) = v_c^2(1 + e) \tag{2.8.6}$$

其中，$v_c = \sqrt{\mu/[a(e-1)]}$，是近拱点处对应的圆轨道的速度。

在无穷远处，双曲线轨道具有最小速度，表示为

$$v_\infty = \sqrt{-\frac{\mu}{a}} \tag{2.8.7}$$

v_∞又称剩余速度或双曲线超速，是行星际飞行轨道设计与分析中的重要参数。双曲线轨道上最大速度和最小速度之比为

$$\frac{v_p}{v_\infty} = \sqrt{\frac{e + 1}{e - 1}} \tag{2.8.8}$$

将抛物线逃逸速度（2.7.3）和双曲线剩余速度（2.8.7）代入活力公式（2.4.23），可以得到如下关系式

$$v^2 = v_{\text{esc}}^2 + v_\infty^2 \tag{2.8.9}$$

式（2.8.9）给出了一个有趣的结论，即双曲线轨道上每一点的瞬时速度大小的平方为该点处的逃逸速度平方和双曲线剩余速度平方之和。该结论在行星际飞行轨道设计与分析中具有重要的意义。例如，当给定了 v_∞，在圆轨道上变轨进入双曲线轨道所需的速度增量可以直接由式（2.8.9）计算得到。

2.8.2　位置与时间关系

双曲线轨道上真近点角满足的微分方程为

$$\frac{\mathrm{d}\nu}{\mathrm{d}t} = \sqrt{\frac{\mu}{p^3}}(1 + e\cos\nu)^2 \tag{2.8.10}$$

与椭圆轨道处理方法类似，引入辅助变偏近点角 E，并使位置矢量的模 r 与偏近点角 E 满足如下关系

$$r = a(1 - e\cosh E) \tag{2.8.11}$$

根据式（2.8.1）和式（2.8.5），可以得到真近点角与偏近点角的关系为

$$\cos\nu = \frac{\cosh E - e}{1 - e\cosh E} \tag{2.8.12}$$

对式（2.8.12）进行整理可得

$$\tan^2\frac{\nu}{2} = \frac{(1+e)(1-\cosh E)}{(1-e)(1+\cosh E)} \tag{2.8.13}$$

双曲正切与双曲余弦存在如下关系

$$\tanh^2\frac{E}{2} = \frac{\cosh E - 1}{\cosh E + 1} \tag{2.8.14}$$

式（2.8.13）可进一步整理成

$$\tan\frac{\nu}{2} = \pm\sqrt{\frac{e+1}{e-1}}\tanh\frac{E}{2} \tag{2.8.15}$$

约定当 $-180° < \nu \leqslant 0°$ 时，$E \leqslant 0$；当 $0° \leqslant \nu < 180°$ 时，$E \geqslant 0$。则式（2.8.15）可以取正号，即

$$\tan\frac{\nu}{2} = \sqrt{\frac{e+1}{e-1}}\tanh\frac{E}{2} \tag{2.8.16}$$

为了导出偏近点角与时间的关系，将活力公式写成如下形式

$$\dot{r}^2 + r^2\dot{\nu}^2 = \mu\left(\frac{2}{r} - \frac{1}{a}\right) \tag{2.8.17}$$

利用式（2.5.3）可得

$$A = r^2\dot{\nu} = \sqrt{\mu p} = \sqrt{\mu a(1-e^2)} \tag{2.8.18}$$

将式（2.8.18）代入式（2.8.17），有

$$\dot{r}^2 = -\frac{\mu}{a}\left[\frac{a^2(1-e^2)}{r^2} - \frac{2a}{r} + 1\right] \tag{2.8.19}$$

另外，将式（2.8.11）两端对时间求导可得

$$\dot{r} = -ae\dot{E}\sinh E \tag{2.8.20}$$

将式（2.8.11）和式（2.8.20）代入式（2.8.18）可得

$$(e\cosh E - 1)\dot{E} = \pm\sqrt{-\frac{\mu}{a^3}} \tag{2.8.21}$$

考虑顺行双曲线轨道，有 $\dot{\nu} > 0$，根据偏近点角的定义，有 $\dot{E} > 0$。又因为 $e\cosh E > 1$，这种情况下式（2.8.21）右端应取正号，可以得到双曲线轨道上偏近点角满足的微分方程为

$$(e\cosh E - 1)\dot{E} = \sqrt{-\frac{\mu}{a^3}} \tag{2.8.22}$$

显然，方程（2.8.19）的解为

$$e\sinh E - E = M = \sqrt{-\frac{\mu}{a^3}}(t-\tau) \tag{2.8.23}$$

其中，τ 为积分常数，它表示 $E=0$ 时刻，即质点 m_2 通过近拱点的时刻。

与椭圆轨道开普勒问题类似，可以按照式（2.8.23）右端定义双曲线轨道平近点角 M。式（2.8.23）称为双曲线轨道开普勒方程，它给出了双曲线轨道上偏近点角 E 与时间 t 的关系。进一步地，结合式（2.8.11），还可以得到位置矢量的模 r 与时间 t 的关系，具体表达式不再给出。

2.9 拉格朗日系数

前面的分析中，分别针对椭圆、抛物线和双曲线轨道，讨论了轨道上位置与时间的关系。可以看到，3 种类型的轨道建立的关系各不相同。发展一种普适的方法描述圆锥曲线轨道上位置与时间的关系将更为方便，下面介绍一种拉格朗日系数方法。

2.9.1 级数形式

假设某天体沿圆锥曲线轨道运动，在 t_0 时刻天体的位置矢量和速度矢量分别为 $\boldsymbol{r}_0$ 和 $\dot{\boldsymbol{r}}_0$。将 t 时刻天体的位置矢量为 $\boldsymbol{r}(t)$ 在 t_0 处进行泰勒级数展开，可得

$$\boldsymbol{r}(t) = \boldsymbol{r}_0 + \dot{\boldsymbol{r}}_0(t-t_0) + \frac{1}{2}\ddot{\boldsymbol{r}}_0(t-t_0)^2 + \frac{1}{6}\boldsymbol{r}_0^{(3)}(t-t_0)^3 + \frac{1}{24}\boldsymbol{r}_0^{(4)}(t-t_0)^4 + \frac{1}{120}\boldsymbol{r}_0^{(5)}(t-t_0)^5 + \cdots \tag{2.9.1}$$

根据式（2.2.2）可知，二体问题中位置矢量对时间的二阶导数为

$$\ddot{\boldsymbol{r}} = -\frac{\mu}{r^3}\boldsymbol{r} \tag{2.9.2}$$

基于式（2.9.2），依次计算位置矢量 $\boldsymbol{r}$ 对时间的高阶导数，可以得到

$$\boldsymbol{r}^{(3)} = \frac{3\mu\dot{r}}{r^4}\boldsymbol{r} - \frac{\mu}{r^3}\dot{\boldsymbol{r}} \tag{2.9.3}$$

$$\boldsymbol{r}^{(4)} = -\frac{12\mu\dot{r}^2}{r^5}\boldsymbol{r} + \frac{3\mu\ddot{r}}{r^4}\boldsymbol{r} + \frac{6\mu\dot{r}}{r^4}\dot{\boldsymbol{r}} - \frac{\mu}{r^3}\ddot{\boldsymbol{r}} \tag{2.9.4}$$

$$\boldsymbol{r}^{(5)} = \frac{60\mu\dot{r}^3}{r^6}\boldsymbol{r} - \frac{36\mu\dot{r}\ddot{r}}{r^5}\boldsymbol{r} - \frac{36\mu\dot{r}^2}{r^5}\dot{\boldsymbol{r}} + \frac{3\mu r^{(3)}}{r^4}\boldsymbol{r} + \frac{9\mu\ddot{r}}{r^4}\dot{\boldsymbol{r}} + \frac{9\mu\dot{r}}{r^4}\ddot{\boldsymbol{r}} - \frac{\mu}{r^3}\boldsymbol{r}^{(3)} \tag{2.9.5}$$

其中，$\boldsymbol{r}^{(n)}$表示位置矢量 $\boldsymbol{r}$ 对时间 t 的 n 阶导数。

在近焦点坐标系中，位置矢量 $\boldsymbol{r}$ 的单位方向矢量为$\hat{\boldsymbol{n}}$，则$\hat{\boldsymbol{n}}$可以表示为

$$\hat{\boldsymbol{n}} = [\cos\nu,\ \sin\nu,\ 0]^{\mathrm{T}} \tag{2.9.6}$$

在轨道平面内，定义与$\hat{\boldsymbol{n}}$垂直且沿速度方向的单位方向矢量为$\hat{\boldsymbol{n}}_{\perp}$，则$\hat{\boldsymbol{n}}_{\perp}$可以表示为

$$\hat{\boldsymbol{n}}_{\perp} = [-\sin\nu,\ \cos\nu,\ 0]^{\mathrm{T}} \tag{2.9.7}$$

单位方向矢量$\hat{\boldsymbol{n}}$和$\hat{\boldsymbol{n}}_{\perp}$如图 2.9.1 所示。

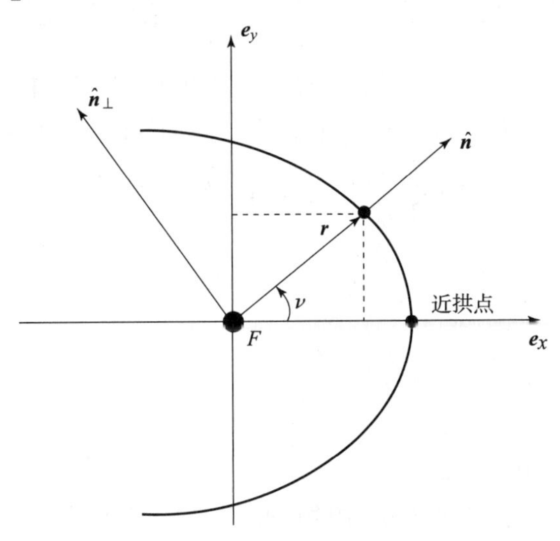

图 2.9.1　圆锥曲线轨道示意图

根据式（2.9.6），圆锥曲线轨道上的位置矢量可以表示为

$$\boldsymbol{r} = r\hat{\boldsymbol{n}} \tag{2.9.8}$$

因此，有如下关系存在

$$\dot{\boldsymbol{r}} \cdot \dot{\boldsymbol{r}} = (\dot{r}\hat{\boldsymbol{n}} + r\dot{\hat{\boldsymbol{n}}}) \cdot (\dot{r}\hat{\boldsymbol{n}} + r\dot{\hat{\boldsymbol{n}}}) = \dot{r}^2 + r^2\dot{\nu}^2 \tag{2.9.9}$$

$$\boldsymbol{r} \cdot \ddot{\boldsymbol{r}} = \frac{\mathrm{d}}{\mathrm{d}t}(\boldsymbol{r} \cdot \dot{\boldsymbol{r}}) - \dot{\boldsymbol{r}} \cdot \dot{\boldsymbol{r}} = r\ddot{r} - r^2\dot{\nu}^2 \tag{2.9.10}$$

另外，式（2.9.9）和式（2.9.10）左端可以分别表示为

$$\dot{\boldsymbol{r}} \cdot \dot{\boldsymbol{r}} = v^2 = \mu\left(\frac{2}{r} - \frac{1}{a}\right) \tag{2.9.11}$$

$$\boldsymbol{r} \cdot \ddot{\boldsymbol{r}} = -\frac{\mu}{r^3}\boldsymbol{r} \cdot \boldsymbol{r} = -\frac{\mu}{r} \tag{2.9.12}$$

联立式（2.9.19）~式（2.9.12），可得

$$\dot{r}^2 + r^2\dot{\nu}^2 = \mu\left(\frac{2}{r} - \frac{1}{a}\right) \tag{2.9.13}$$

$$\ddot{r} - r\dot{\nu}^2 = -\frac{\mu}{r^2} \tag{2.9.14}$$

由式（2.9.13）和式（2.9.14），可以得到位置矢量的模 r 对时间的二阶导数为

$$\ddot{r} = \frac{\mu}{r^2} - \frac{\mu}{ra} - \frac{\dot{r}^2}{r} \tag{2.9.15}$$

进一步地，式（2.9.15）两端对时间求导可得

$$r^{(3)} = -\frac{4\mu\dot{r}}{r^3} + \frac{3\mu\dot{r}}{r^2 a} + \frac{3\dot{r}^3}{r^2} \tag{2.9.16}$$

将式（2.9.2）、式（2.9.3）、式（2.9.15）和式（2.9.16）代入式（2.9.4）和式（2.9.5），可以得到位置矢量对时间的四阶和五阶导数分别为

$$\boldsymbol{r}^{(4)} = \left(-\frac{15\mu\dot{r}^2}{r^5} + \frac{4\mu^2}{r^6} - \frac{3\mu^2}{r^5 a}\right)\boldsymbol{r} + \frac{6\mu\dot{r}}{r^4}\dot{\boldsymbol{r}} \tag{2.9.17}$$

$$\boldsymbol{r}^{(5)} = \left(\frac{105\mu\dot{r}^3}{r^6} - \frac{60\mu^2\dot{r}}{r^7} + \frac{45\mu^2\dot{r}}{r^6 a}\right)\boldsymbol{r} + \left(-\frac{45\mu\dot{r}^2}{r^5} + \frac{10\mu^2}{r^6} - \frac{9\mu^2}{r^5 a}\right)\dot{\boldsymbol{r}} \tag{2.9.18}$$

由此可见，位置矢量 $\boldsymbol{r}$ 对时间 t 的各阶导数都可以通过矢量 $\boldsymbol{r}$ 和 $\dot{\boldsymbol{r}}$ 来表示。因此，根据式（2.9.1），t 时刻天体的位置矢量 $\boldsymbol{r}(t)$ 可以由 t_0 时刻的位置矢量 $\boldsymbol{r}_0$ 和速度矢量 $\dot{\boldsymbol{r}}_0$ 表示为

$$\begin{aligned}\boldsymbol{r}(t) = &\Big[1 - \frac{1}{2}\frac{\mu}{r_0^3}(t-t_0)^2 + \frac{1}{2}\frac{\mu\dot{r}_0}{r_0^4}(t-t_0)^3 + \frac{1}{2}\frac{\mu^2}{r_0^6}\left(\frac{1}{3} - \frac{1}{4}\frac{r_0}{a} - \frac{5}{4}\frac{r_0\dot{r}_0^2}{\mu}\right)(t-t_0)^4 - \\ &\frac{1}{2}\frac{\mu^2\dot{r}_0}{r_0^7}\left(1 - \frac{3}{4}\frac{r_0}{a} - \frac{7}{4}\frac{r_0\dot{r}_0^2}{\mu}\right)(t-t_0)^5 + O((t-t_0)^6)\Big]\boldsymbol{r}_0 + \\ &\Big[(t-t_0) - \frac{1}{6}\frac{\mu}{r_0^3}(t-t_0)^3 + \frac{1}{4}\frac{\mu\dot{r}_0}{r_0^3}(t-t_0)^4 + \\ &\frac{1}{4}\frac{\mu^2}{r_0^6}\left(\frac{1}{3} - \frac{3}{10}\frac{r_0}{a} - \frac{3}{2}\frac{r_0\dot{r}_0^2}{\mu}\right)(t-t_0)^5 + O((t-t_0)^6)\Big]\dot{\boldsymbol{r}}_0\end{aligned} \tag{2.9.19}$$

根据二体轨道活力公式，式（2.9.19）中的轨道半长轴 a 可以表示为

$$a = \frac{\|\boldsymbol{r}_0\|\mu}{2\mu - \|\boldsymbol{r}_0\|\,\|\dot{\boldsymbol{r}}_0\|^2} \tag{2.9.20}$$

式（2.9.19）可以简写成如下形式

$$\boldsymbol{r}(t) = f(t)\boldsymbol{r}_0 + g(t)\dot{\boldsymbol{r}}_0 \tag{2.9.21}$$

其中，级数 $f(t)$ 和 $g(t)$ 分别可以表示为

$$\begin{cases} f(t) = \sum\limits_{n=0}^{\infty} f_n (t-t_0)^n \\ g(t) = \sum\limits_{n=0}^{\infty} g_n (t-t_0)^n \end{cases} \tag{2.9.22}$$

各阶系数 f_n 和 g_n 分别为

$$\begin{cases} f_0 = g_1 = 1,\ f_1 = g_0 = g_2 = 0,\ f_2 = -\dfrac{1}{2}\dfrac{\mu}{r_0^3} \\ f_3 = \dfrac{1}{2}\dfrac{\mu\dot{r}_0}{r_0^4},\ f_4 = \dfrac{1}{2}\dfrac{\mu^2}{r_0^6}\left(\dfrac{1}{3} - \dfrac{1}{4}\dfrac{r_0}{a} - \dfrac{5}{4}\dfrac{r_0\dot{r}_0^2}{\mu}\right) \\ f_5 = -\dfrac{1}{2}\dfrac{\mu^2\dot{r}_0}{r_0^7}\left(1 - \dfrac{3}{4}\dfrac{r_0}{a} - \dfrac{7}{4}\dfrac{r_0\dot{r}_0^2}{\mu}\right) \\ g_3 = \dfrac{1}{3}f_2 = -\dfrac{1}{6}\dfrac{\mu}{r_0^3},\ g_4 = \dfrac{1}{2}f_3 = \dfrac{1}{4}\dfrac{\mu\dot{r}_0}{r_0^4} \\ g_5 = \dfrac{3}{5}\left(f_4 - \dfrac{1}{9}f_2^2\right) = \dfrac{1}{4}\dfrac{\mu^2}{r_0^6}\left(\dfrac{1}{3} - \dfrac{3}{10}\dfrac{r_0}{a} - \dfrac{3}{2}\dfrac{r_0\dot{r}_0^2}{\mu}\right) \end{cases} \tag{2.9.23}$$

式（2.9.22）及其 5 阶系数是首先由拉格朗日在 1869 年推导出的，故 $f(t)$ 和 $g(t)$ 称为拉格朗日系数。注意到，系数 g_3、g_4 和 g_5 都能用 f_2、f_3 和 f_4 表示，该结论可以推广到更一般的情况，拉格朗日系数满足如下递归公式：

$$\begin{cases} f_{n+1} = \dfrac{1}{n+1}\left(\dfrac{\mathrm{d}f_n}{\mathrm{d}t} - \dfrac{\mu}{r^3}g_n\right) \\ g_{n+1} = \dfrac{1}{n+1}\left(\dfrac{\mathrm{d}g_n}{\mathrm{d}t} + f_n\right) \end{cases} \tag{2.9.24}$$

将式（2.9.22）两端对时间求导，可以得到圆锥曲线轨道上的速度矢量为

$$\dot{\boldsymbol{r}}(t) = \dot{f}(t)\boldsymbol{r}_0 + \dot{g}(t)\dot{\boldsymbol{r}}_0 \tag{2.9.25}$$

其中，

$$\begin{cases} \dot{f}(t) = \sum\limits_{n=1}^{\infty} nf_n(t-t_0)^{n-1} \\ \dot{g}(t) = \sum\limits_{n=1}^{\infty} ng_n(t-t_0)^{n-1} \end{cases} \tag{2.9.26}$$

由于高于五阶的系数项十分复杂，在实际中一般不使用。采用前五阶 f 和 g 级数时，当满足如下条件时，可以实现较高的逼近精度：

$$\frac{\mu}{r_0^3}(t-t_0)^2 < 10^{-2} \tag{2.9.27}$$

需要指出的是，拉格朗日级数方法适用于任何类型的圆锥曲线轨道。

2.9.2　闭合形式

2.9.1 节中拉格朗日系数 $f(t)$ 和 $g(t)$ 的级数形式是通过泰勒展开推导得到的。实际上，拉格朗日系数存在闭合形式，下面对其进行讨论。

在近焦点坐标系中，圆锥曲线轨道上的位置矢量和速度矢量可以分别表示为

$$\boldsymbol{r} = x\hat{\boldsymbol{e}}_x + y\hat{\boldsymbol{e}}_y \tag{2.9.28}$$

$$\dot{\boldsymbol{r}} = \dot{x}\hat{\boldsymbol{e}}_x + \dot{y}\hat{\boldsymbol{e}}_y \tag{2.9.29}$$

其中，$\hat{\boldsymbol{e}}_x$ 和 $\hat{\boldsymbol{e}}_y$ 分别为近焦点坐标系 $\boldsymbol{e}_x$ 轴和 $\boldsymbol{e}_y$ 轴的单位方向矢量。

在 t_0 时刻，轨道的角动量矢量可以表示为

$$\boldsymbol{A} = \boldsymbol{r}_0 \times \dot{\boldsymbol{r}}_0 = (x_0\dot{y}_0 - y_0\dot{x}_0)\hat{\boldsymbol{e}}_z \tag{2.9.30}$$

其中，下标“0”表示 t_0 时刻；$\hat{\boldsymbol{e}}_z$ 为近焦点坐标系 $\boldsymbol{e}_z$ 轴的单位方向矢量。

由式（2.9.28）可得

$$\hat{\boldsymbol{e}}_y = \frac{1}{y_0}\boldsymbol{r}_0 - \frac{x_0}{\hat{y}_0}\hat{\boldsymbol{e}}_x \tag{2.9.31}$$

将式（2.9.31）代入式（2.9.29），并结合式（2.9.30）可得

$$\dot{\boldsymbol{r}}_0 = \dot{x}_0\hat{\boldsymbol{e}}_x + \dot{y}_0\left(\frac{1}{y_0}\boldsymbol{r}_0 - \frac{x_0}{\hat{y}_0}\hat{\boldsymbol{e}}_x\right) = -\frac{A}{y_0}\hat{\boldsymbol{e}}_x + \frac{\dot{y}_0}{\hat{y}_0}\boldsymbol{r}_0 \tag{2.9.32}$$

由式（2.9.25）可以解得 $\hat{\boldsymbol{e}}_x$ 为

$$\hat{\boldsymbol{e}}_x = \frac{\dot{y}_0}{A}\boldsymbol{r}_0 - \frac{y_0}{A}\dot{\boldsymbol{r}}_0 \tag{2.9.33}$$

将式（2.9.33）代回式（2.9.31）可以解得 $\hat{\boldsymbol{e}}_y$ 为

$$\hat{\boldsymbol{e}}_y=\frac{A-x_0\dot{y}_0}{\hat{y}_0}\boldsymbol{r}_0+\frac{x_0}{A}\dot{\boldsymbol{r}}_0=-\frac{\dot{x}_0}{A}\boldsymbol{r}_0+\frac{x_0}{A}\dot{\boldsymbol{r}}_0 \tag{2.9.34}$$

联立式（2.9.28）、式（2.9.29）、式（2.9.33）和式（2.9.34），位置矢量及其微分可以表示为

$$\boldsymbol{r}=\frac{x\dot{y}_0-y\dot{x}_0}{A}\boldsymbol{r}_0+\frac{-xy_0+yx_0}{A}\dot{\boldsymbol{r}}_0 \tag{2.9.35}$$

$$\dot{\boldsymbol{r}}=\frac{\dot{x}\dot{y}_0-\dot{y}\dot{x}_0}{A}\boldsymbol{r}_0+\frac{-\dot{x}y_0+\dot{y}x_0}{A}\dot{\boldsymbol{r}}_0 \tag{2.9.36}$$

可以发现，式（2.9.35）和式（2.9.36）与式（2.9.21）和式（2.9.25）形式类似。式（2.9.35）和式（2.9.36）可以改写成如下形式

$$\begin{cases}\boldsymbol{r}=f(t)\boldsymbol{r}_0+g(t)\dot{\boldsymbol{r}}_0\\ \dot{\boldsymbol{r}}=\dot{f}(t)\boldsymbol{r}_0+\dot{g}(t)\dot{\boldsymbol{r}}_0\end{cases} \tag{2.9.37}$$

其中，拉格朗日系数分别为

$$\begin{cases}f(t)=\dfrac{x\dot{y}_0-y\dot{x}_0}{A}\\ g(t)=\dfrac{-xy_0+yx_0}{A}\\ \dot{f}(t)=\dfrac{\dot{x}\dot{y}_0-\dot{y}\dot{x}_0}{A}\\ \dot{g}(t)=\dfrac{-\dot{x}y_0+\dot{y}x_0}{A}\end{cases} \tag{2.9.38}$$

由式（2.9.38）可以看到，拉格朗日系数仍然是 t 时刻位置矢量 $\boldsymbol{r}(t)$ 和速度矢量 $\dot{\boldsymbol{r}}(t)$ 的函数。下面将利用二体轨道动力学知识，建立拉格朗日系数与 t 和 t_0 时刻真近点角差的关系。

任意 t 时刻轨道的角动量矢量可以表示为

$$\boldsymbol{A}=\boldsymbol{r}\times\dot{\boldsymbol{r}}=(f\boldsymbol{r}_0+g\dot{\boldsymbol{r}}_0)\times(\dot{f}\boldsymbol{r}_0+\dot{g}\dot{\boldsymbol{r}}_0)=(f\dot{g}-g\dot{f})\boldsymbol{A}_0 \tag{2.9.39}$$

根据角动量守恒定律可知

$$[f,\ g]=f\dot{g}-g\dot{f}=1 \tag{2.9.40}$$

其中，运算符[·,·]是按式（2.9.40）定义的对易子。

可见，拉格朗日系数的一个重要性质是它们的对易子恒等于 1。下面将拉格朗日系数与真近点角 ν 建立起联系。在近焦点坐标系中，任意 t 时刻的位置矢量和速度矢量在 $\boldsymbol{e}_x$ 轴和 $\boldsymbol{e}_y$ 轴的分量分别为

$$\begin{cases}x=r\cos\nu\\ y=r\sin\nu\end{cases} \tag{2.9.41}$$

$$\begin{cases}\dot{x}=\dot{r}\cos\nu-r\dot{\nu}\sin\nu\\ \dot{y}=\dot{r}\sin\nu+r\dot{\nu}\cos\nu\end{cases} \tag{2.9.42}$$

利用式（2.5.4）和式（2.5.7），式（2.9.42）可以改写成

$$\begin{cases} \dot{x} = -\dfrac{\mu}{A}\sin\nu \\ \dot{y} = \dfrac{\mu}{A}(e+\cos\nu) \end{cases} \tag{2.9.43}$$

将式（2.9.41）和式（2.9.43）代入式（2.9.38）中的拉格朗日系数 $f(t)$ 的表达式，可以得到

$$f(t) = \frac{1}{A}\left[r\cos\nu \cdot \frac{\mu}{A}(e+\cos\nu_0) + r\sin\nu \cdot \frac{\mu}{A}\sin\nu_0\right] = 1 - \frac{\mu r}{A^2}(1-\cos\Delta\nu) \tag{2.9.44}$$

其中，ν 和 ν_0 分别为 t 和 t_0 时刻的真近点角，且有 $\Delta\nu = \nu - \nu_0$。

注意到式（2.9.44）中仍含有 r 项，根据圆锥曲线方程，r 可以表示为

$$r = \frac{A^2}{\mu}\frac{1}{1+e\cos(\nu_0+\Delta\nu)} = \frac{A^2}{\mu}\frac{1}{1+\left(\dfrac{A^2}{\mu r_0}-1\right)\cos\Delta\nu - \dfrac{A\dot{r}_0}{\mu}\sin\Delta\nu} \tag{2.9.45}$$

将式（2.9.45）代入式（2.9.44）可以得到 $f(t)$ 的表达式为

$$f(t) = 1 - \frac{(1-\cos\Delta\nu)}{1+\left(\dfrac{A^2}{\mu r_0}-1\right)\cos\Delta\nu - \dfrac{A\dot{r}_0}{\mu}\sin\Delta\nu} \tag{2.9.46}$$

同理，可以分别求得拉格朗日系数 $g(t)$ 和 $\dot{g}(t)$ 的表达式为

$$g(t) = \frac{1}{\mu}\frac{Ar_0\sin\Delta\nu}{1+\left(\dfrac{A^2}{\mu r_0}-1\right)\cos\Delta\nu - \dfrac{A\dot{r}_0}{\mu}\sin\Delta\nu} \tag{2.9.47}$$

$$\dot{g}(t) = 1 - \frac{\mu r_0}{A^2}(1-\cos\Delta\nu) \tag{2.9.48}$$

拉格朗日系数 $\dot{f}(t)$ 可以根据式（2.9.40）得到

$$\dot{f} = \frac{1}{g}(f\dot{g}-1) \tag{2.9.49}$$

$\dot{f}(t)$ 可以表示为

$$\dot{f} = \frac{\mu}{A}\frac{1-\cos\Delta\nu}{\sin\Delta\nu}\left\{\frac{\mu}{A^2}(1-\cos\Delta\nu) - \frac{1}{r_0} - \frac{\mu}{A^2}\left[1+\left(\frac{A^2}{\mu r_0}-1\right)\cos\Delta\nu - \frac{A\dot{r}_0}{\mu}\sin\Delta\nu\right]\right\} \tag{2.9.50}$$

式（2.9.46）、式（2.9.47）、式（2.9.48）和式（2.9.50）给出了拉格朗日系数的闭合形式。与式（2.9.22）和式（2.9.26）的级数形式相比，闭合形式中利用真近点角的变化量 $\Delta\nu$ 代替了时间的变化量 $\Delta t = t - t_0$。在实际应用中，真近点角变化量 $\Delta\nu$ 可以根据已知时间变化量 Δt，通过求解开普勒方程获得。

需要注意的是，真近点角变化量 $\Delta\nu$ 的范围对于 3 种不同的圆锥曲线是不同的。对于椭圆轨道和抛物线轨道，有 $-180° \leqslant \nu + \Delta\nu \leqslant 180°$；对于双曲线，则有 $-\arccos(-1/e) \leqslant \nu + \Delta\nu \leqslant \arccos(-1/e)$。因此，在使用闭合形式的拉格朗日系数进行轨道计算时，真近点角的变化量不宜取得过大。

2.10 经典轨道根数

本章前面几节中重点在轨道平面内讨论了圆锥曲线轨道的性质，其中 3 个描述圆锥曲线轨道的参数已经被定义，分别是：轨道半长轴 a，它描述了圆锥曲线轨道的大小；轨道偏心率 e，它描述了轨道的形状；平近点角 M（或真近点角 ν），它建立了时间与轨道上位置之间的关系。对于实际的空间轨道，仅利用这 3 个参数是无法完整描述的。因为除了轨道大小、形状和轨道上的位置外，还需要知道轨道在空间中的方位等信息，这就需要引入新的轨道描述参数。

2.10.1 轨道根数的定义

经典轨道根数是描述二体轨道最常用的参数，轨道半长轴 a、偏心率 e 和平近点角 M 都属于经典轨道根数。为了引入新的轨道描述参数，首先介绍参考坐标系和参考平面。若地球为中心天体，则可以选取地球赤道惯性坐标系为参考坐标系，赤道面为参考平面；对于其他天体为中心天体的情况，可以选取以中心天体质心 O 为原点的惯性坐标系 $Oxyz$ 为参考坐标系，坐标系的 Oxy 平面为参考平面。

如图 2.10.1 所示，轨道平面与参考平面的交线称为交点线，轨道由下向上经过交点线的点称为升交点，天体 m_1 指向升交点的单位方向矢量为 $\hat{\boldsymbol{N}}$。

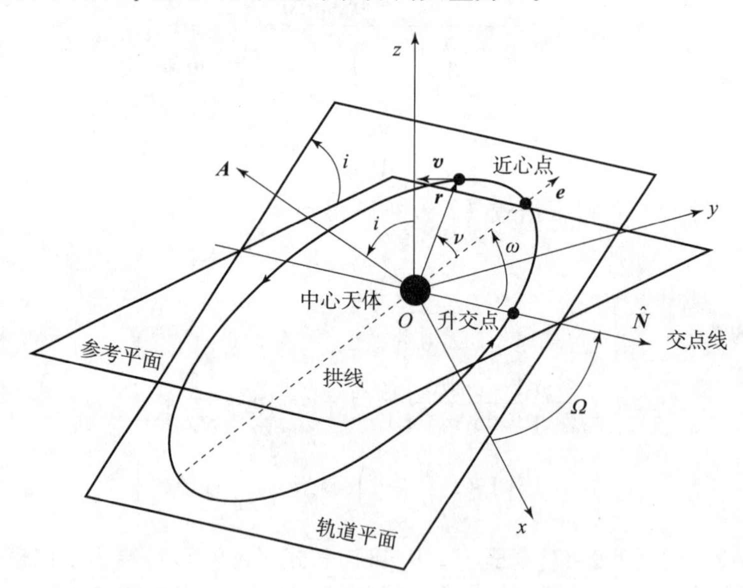

图 2.10.1 升交点赤经、近心点辐角和轨道倾角

引入 3 个轨道参数：升交点赤经 Ω、近心点幅角 ω 和轨道倾角 i。

惯性坐标系 x 轴与单位矢量 $\hat{\boldsymbol{N}}$ 之间的夹角 Ω 称为升交点赤经，其取值范围为 $0° \leqslant \Omega \leqslant 360°$。轨道平面与参考平面的二面角为 i，称为轨道倾角，其取值范围为 $0° \leqslant i \leqslant 180°$。轨道倾角 i 也可以用轨道的角动量 $\boldsymbol{A}$ 与 z 轴方向的夹角表示。从 m_1 沿拱线指向近心点的矢量为 $\boldsymbol{e}$，即偏心率矢量的单位方向矢量，矢量 $\boldsymbol{e}$ 与单位矢量 $\hat{\boldsymbol{N}}$ 之间的夹角 ω 称为近心点辐角，其

取值范围为 $0° \leqslant \omega \leqslant 360°$。这样，升交点赤经 Ω、轨道倾角 i 和近心点辐角 ω 共同描述了轨道平面的方向和近心点位置。

综上所述，完整描述二体问题轨道的经典轨道六根数概括如下：

a—轨道半长轴，描述轨道的大小；

e—偏心率，描述轨道的形状；

M—平近点角，描述了轨道上的位置；

Ω—升交点赤经，参考惯性坐标系 x 轴方向到中心天体指向升交点方向的夹角，描述了轨道平面的方位角；

i—轨道倾角，轨道角动量矢量 $\boldsymbol{A}$ 与参考惯性坐标系 z 轴方向的夹角，描述了轨道平面的俯仰角；

ω—近心点辐角，中心天体指向升交点方向与中心天体指向轨道近心点方向的夹角，描述了近心点的空间位置。

轨道六根数与位置速度矢量都是描述空间中轨道运动的参量，它们各自有自己的特点。在实际的应用中，这两种描述方式通常是联合使用的，这就涉及它们之间的转换方法。

2.10.2　轨道根数确定位置和速度

首先讨论已知传统轨道六根数，求解位置和速度矢量。

首先由平近点角 M，通过求解开普勒方程（2.6.30）或方程（2.8.23）可以得到偏近点角 E，并进一步得到真近点角 ν。在近焦点坐标系中，位置矢量 $\boldsymbol{r}_e$ 可以表示为

$$\boldsymbol{r}_e = \begin{bmatrix} x_e \\ y_e \\ z_e \end{bmatrix} = r\begin{bmatrix} \cos\nu \\ \sin\nu \\ 0 \end{bmatrix} \tag{2.10.1}$$

其中，半径 r 可以通过方程 $r = a(1 - e\cos E)$ 或 $r = a(1 - e\cosh E)$ 求出。

根据轨道根数的定义，近焦点坐标系到参考惯性坐标系的转换矩阵可以表示为

$$\boldsymbol{M}_e = \boldsymbol{R}_z(-\Omega)\boldsymbol{R}_x(-i)\boldsymbol{R}_z(-\omega) \tag{2.10.2}$$

其中，

$$\boldsymbol{R}_x(\phi) = \begin{bmatrix} 1 & 0 & 0 \\ 0 & \cos\phi & \sin\phi \\ 0 & -\sin\phi & \cos\phi \end{bmatrix} \tag{2.10.3}$$

$$\boldsymbol{R}_z(\phi) = \begin{bmatrix} \cos\phi & \sin\phi & 0 \\ -\sin\phi & \cos\phi & 0 \\ 0 & 0 & 1 \end{bmatrix} \tag{2.10.4}$$

根据坐标转换矩阵 $\boldsymbol{M}_e$，参考惯性坐标系中的位置矢量 $\boldsymbol{r}$ 可以表示为

$$\boldsymbol{r} = \boldsymbol{M}_e \boldsymbol{r}_e \tag{2.10.5}$$

将式（2.10.5）展开并整理可得

$$\boldsymbol{r} = r\cos\nu\hat{\boldsymbol{s}}_x + r\sin\nu\hat{\boldsymbol{s}}_y \tag{2.10.6}$$

其中，$\hat{\boldsymbol{s}}_x$ 和 $\hat{\boldsymbol{s}}_y$ 分别为近焦点坐标系的 $\boldsymbol{e}_x$ 轴和 $\boldsymbol{e}_y$ 轴单位方向矢量在参考坐标系中的投影，表示为

$$\hat{\boldsymbol{s}}_x = R_z(-\Omega)R_x(-i)R_z(-\omega)\begin{bmatrix}1\\0\\0\end{bmatrix} = \begin{bmatrix}\cos\omega\cos\Omega - \sin\omega\cos i\sin\Omega\\ \cos\omega\sin\Omega + \sin\omega\cos i\cos\Omega\\ \sin\omega\sin i\end{bmatrix} \tag{2.10.7}$$

$$\hat{\boldsymbol{s}}_y = R_z(-\Omega)R_x(-i)R_z(-\omega)\begin{bmatrix}0\\1\\0\end{bmatrix} = \begin{bmatrix}-\sin\omega\cos\Omega - \cos\omega\cos i\sin\Omega\\ -\sin\omega\sin\Omega + \cos\omega\cos i\cos\Omega\\ \cos\omega\sin i\end{bmatrix} \tag{2.10.8}$$

式（2.10.6）对时间求导可得

$$\boldsymbol{v} = \dot{\boldsymbol{r}} = (\dot{r}\cos\nu - r\dot{\nu}\sin\nu)\hat{\boldsymbol{s}}_x + (\dot{r}\sin\nu + r\dot{\nu}\cos\nu)\hat{\boldsymbol{s}}_y \tag{2.10.9}$$

由于 $\dot{r} = v_r$，$r\dot{\nu} = v_\perp$，根据式（2.5.4）和式（2.5.7），式（2.10.9）可以改写成

$$\boldsymbol{v} = -\frac{\mu}{A}\sin\nu\hat{\boldsymbol{s}}_x + \frac{\mu}{A}(e + \cos\nu)\hat{\boldsymbol{s}}_y \tag{2.10.10}$$

其中，角动量大小 A 可以表示为

$$A = \sqrt{\frac{\mu}{a(1 - e^2)}} \tag{2.10.11}$$

特别地，若为椭圆轨道，则式（2.10.10）可以改写为

$$\boldsymbol{v} = \frac{\sqrt{\mu a}}{r}\left[-\sin E\hat{\boldsymbol{s}}_x + \sqrt{1 - e^2}\cos E\hat{\boldsymbol{s}}_y\right] \tag{2.10.12}$$

相应地，位置矢量 $\boldsymbol{r}$ 用偏近点角可以表示为

$$\boldsymbol{r} = a(\cos E - e)\hat{\boldsymbol{s}}_x + a\sqrt{1 - e^2}\sin E\hat{\boldsymbol{s}}_y \tag{2.10.13}$$

若为双曲线轨道，则式（2.10.10）可以改写为

$$\boldsymbol{v} = \frac{\sqrt{-\mu a}}{r}\left[-\sinh E\hat{\boldsymbol{s}}_x + \sqrt{e^2 - 1}\cosh E\hat{\boldsymbol{s}}_y\right] \tag{2.10.14}$$

相应地，位置矢量可以表示为

$$\boldsymbol{r} = a(\cosh E - e)\hat{\boldsymbol{s}}_x + a\sqrt{e^2 - 1}\sinh E\hat{\boldsymbol{s}}_y \tag{2.10.15}$$

2.10.3 位置和速度确定轨道根数

若已知轨道位置矢量 $\boldsymbol{r}$ 和速度矢量 $\boldsymbol{v}$，也可以唯一地确定轨道六根数。

在参考惯性坐标系中，定义轨道位置矢量为 $\boldsymbol{r} = [x, y, z]^{\mathrm{T}}$，速度矢量为 $\boldsymbol{v} = [\dot{x}, \dot{y}, \dot{z}]^{\mathrm{T}}$，则角动量矢量可以表示为

$$\boldsymbol{A} = \begin{bmatrix}A_x\\A_y\\A_z\end{bmatrix} = \boldsymbol{r}\times\boldsymbol{v} = \begin{bmatrix}y\dot{z} - z\dot{y}\\ z\dot{x} - x\dot{z}\\ x\dot{y} - y\dot{x}\end{bmatrix} \tag{2.10.16}$$

根据轨道根数的定义，角动量矢量还可以表示为如下形式

$$\boldsymbol{A} = \begin{bmatrix}A_x\\A_y\\A_z\end{bmatrix} = A\begin{bmatrix}\sin i\sin\Omega\\ -\sin i\cos\Omega\\ \cos i\end{bmatrix} \tag{2.10.17}$$

联立式（2.10.16）和式（2.10.17），可以得到轨道倾角和升交点赤经分别为

$$i = \arctan \frac{\sqrt{A_x^2 + A_y^2}}{A_z} \tag{2.10.18}$$

$$\Omega = \arctan\left(-\frac{A_x}{A_y}\right) \tag{2.10.19}$$

根据二体轨道活力公式，轨道半长轴可以表示为

$$a = \left(\frac{2}{r} - \frac{v^2}{\mu}\right)^{-1} \tag{2.10.20}$$

轨道半通径可以表示为

$$p = \frac{A^2}{\mu} = a(1 - e^2) \tag{2.10.21}$$

由式（2.10.21）可以得到轨道偏心率为

$$e = \sqrt{1 - \frac{p}{a}} \tag{2.10.22}$$

圆锥曲线轨道的平均角速度可以表示为

$$n = \sqrt{\frac{\mu}{|a|^3}} \tag{2.10.23}$$

当为椭圆轨道时，根据关系（2.10.12）和式（2.10.13），有

$$\boldsymbol{r} \cdot \boldsymbol{v} = \sqrt{\mu a}\ \frac{ae\sin E}{r}(1 - e\cos E) \tag{2.10.24}$$

将式（2.6.16）代入式（2.10.24）可得

$$\boldsymbol{r} \cdot \dot{\boldsymbol{r}} = a^2 ne\sin E \tag{2.10.25}$$

由式（2.10.25）可以解得

$$\sin E = \frac{\boldsymbol{r} \cdot \boldsymbol{v}}{a^2 ne} \tag{2.10.26}$$

由式（2.6.24）可得

$$\cos E = \frac{a - r}{ae} \tag{2.10.27}$$

因此，联立根据式（2.10.26）和式（2.10.27），可以得到四象限的偏近点角为

$$E = \arctan\left[\frac{\boldsymbol{r} \cdot \boldsymbol{v}}{an(a - r)}\right] \tag{2.10.28}$$

若为双曲线轨道时，同理可以得到偏近点角为

$$E = \operatorname{arctanh}\left[\frac{\boldsymbol{r} \cdot \boldsymbol{v}}{an(r - a)}\right] \tag{2.10.29}$$

相应地，根据偏近点角 E 可以通过开普勒方程（2.6.31）或式（2.8.23）得到椭圆轨道或双曲线轨道的平近点角 M。

为了求解近心点角距 ω，首先定义纬度幅角为 $u = \omega + \nu$。如图 2.10.1 所示，纬度幅角 u 为位置矢量 $\boldsymbol{r}$ 与交线方向矢量 $\hat{\boldsymbol{N}}$ 的夹角，由于 $\hat{\boldsymbol{N}}$ 位于参考平面与轨道平面的交线上，因此有

$$\begin{cases} r\cos u = x\cos\Omega + y\sin\Omega \\ r\sin u = z/\sin i \end{cases} \tag{2.10.30}$$

因此，纬度幅角可以表示为

$$u = \arctan\left[\frac{z}{\sin i(x\cos\Omega + y\sin\Omega)}\right] = \arctan\left(\frac{z}{yA_x - xA_y}\right) \tag{2.10.31}$$

若为椭圆轨道，根据偏近点角可得真近点角为

$$\nu = \arctan\frac{\sqrt{1-e^2}\sin E}{\cos E - e} = \arctan\frac{\boldsymbol{r}\cdot\boldsymbol{v}\sqrt{1-e^2}}{an(a-r-ae^2)} \tag{2.10.32}$$

若为双曲线轨道，真近点角为

$$\nu = \arctan\frac{\sqrt{e^2-1}\sinh E}{\cosh E - e} = \arctan\frac{\boldsymbol{r}\cdot\boldsymbol{v}\sqrt{e^2-1}}{an(a-r-ae^2)} \tag{2.10.33}$$

因此，结合式（2.10.31）可得近心点角距为

$$\omega = u - \nu \tag{2.10.34}$$

参考文献

[1] Wakker K F. Fundamentals of Astrodynamics [M]. Delft: Institutional Repository Library, 2015.

[2] Curtis H D. Orbital Mechanics for Engineering Students [M]. Second Edition. Amsterdam: Elsevier Ltd, 2010.

[3] Roy A E. Orbital Motion [M]. Fourth Edition. Bristol and Philadelphia: IOP Publishing Ltd, 2005.

[4] Oliver M, Eberhard G. Satellite Orbits Models, Methods, Applications [M]. New York: Springer Publishing Company, 2000.

[5] 杨嘉墀，范剑峰，等. 航天器轨道动力学（上）[M]. 北京：宇航出版社，1995.

[6] 杨嘉墀，范剑峰，等. 航天器轨道动力学（下）[M]. 北京：宇航出版社，1995.

[7] 崔平远，乔栋，等. 深空探测轨道设计与优化 [M]. 北京：科学出版社，2013.

第3章
三 体 问 题

3.1　三体问题运动方程

3.1.1　三体运动方程

二体问题中讨论的是两个质点组成的系统的运动。很多时候，我们更关心其中一个质点相对另一个质点的运动，例如探测器绕地球的运动。当探测器距离地球较近时，地球引力在探测器运动过程中（不考虑探测器主动控制情况）起到了主导作用，其他天体的引力则可以看作是量级较小的摄动力。这种情况下，可以采用圆锥曲线对探测器的运动轨道进行近似。然而，当探测器距离地球较远时，例如与地球距离达百万千米，太阳的引力作用也将成为影响探测器运动的主要作用力之一，研究其运动需要同时考虑太阳和地球的引力作用，这就涉及太阳、地球和卫星构成的三体系统。研究三体系统的运动问题称为三体问题。近年来，对三体问题的研究逐步深入，并取得了丰硕的研究成果。

根据2.1节的讨论，当$N=3$时，由3个质点构成的三体系统的运动方程可以写成

$$\begin{cases} m_1\ddot{\boldsymbol{q}}_1 = \dfrac{Gm_1m_2(\boldsymbol{q}_2-\boldsymbol{q}_1)}{\|\boldsymbol{q}_2-\boldsymbol{q}_1\|^3} + \dfrac{Gm_1m_3(\boldsymbol{q}_3-\boldsymbol{q}_1)}{\|\boldsymbol{q}_3-\boldsymbol{q}_1\|^3} \\ m_2\ddot{\boldsymbol{q}}_2 = \dfrac{Gm_2m_1(\boldsymbol{q}_1-\boldsymbol{q}_2)}{\|\boldsymbol{q}_1-\boldsymbol{q}_2\|^3} + \dfrac{Gm_2m_3(\boldsymbol{q}_3-\boldsymbol{q}_2)}{\|\boldsymbol{q}_3-\boldsymbol{q}_2\|^3} \\ m_3\ddot{\boldsymbol{q}}_3 = \dfrac{Gm_3m_1(\boldsymbol{q}_1-\boldsymbol{q}_3)}{\|\boldsymbol{q}_1-\boldsymbol{q}_3\|^3} + \dfrac{Gm_3m_2(\boldsymbol{q}_2-\boldsymbol{q}_3)}{\|\boldsymbol{q}_2-\boldsymbol{q}_3\|^3} \end{cases} \tag{3.1.1}$$

其中，m_1、m_2和m_3分别为3个质点的质量。

如图3.1.1所示，以三体系统的质心O为原点建立惯性坐标系$O\xi\eta\zeta$，分别定义$\boldsymbol{r}_1$、$\boldsymbol{r}_2$和$\boldsymbol{r}_3$为3个质点在惯性坐标系中的位置矢量，则运动方程（3.1.1）可以改写成

$$\begin{cases} \ddot{r}_1 = G\dfrac{m_2}{r_{12}^3}\boldsymbol{r}_{12} + G\dfrac{m_3}{r_{13}^3}\boldsymbol{r}_{13} \\ \ddot{\boldsymbol{r}}_2 = G\dfrac{m_1}{r_{21}^3}\boldsymbol{r}_{21} + G\dfrac{m_3}{r_{23}^3}\boldsymbol{r}_{23} \\ \ddot{\boldsymbol{r}}_3 = G\dfrac{m_1}{r_{31}^3}\boldsymbol{r}_{31} + G\dfrac{m_2}{r_{32}^3}\boldsymbol{r}_{32} \end{cases} \tag{3.1.2}$$

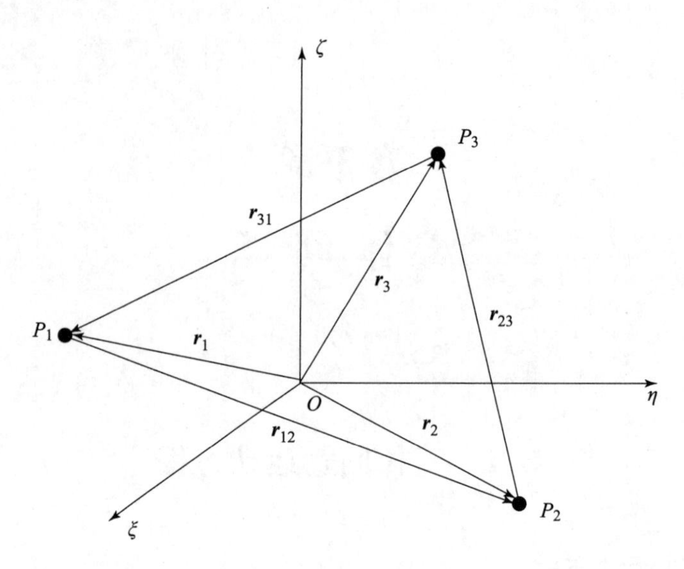

图 3.1.1　三体系统示意图

其中，$\boldsymbol{r}_{ij}=\boldsymbol{r}_j-\boldsymbol{r}_i$, $i\neq j$, $i=1$，2，3，表示第 i 个质点 P_i 指向第 j 个质点 P_j 的位置矢量，且有 $r_{ij}=\|\boldsymbol{r}_{ij}\|$。

式（3.1.2）为欧拉形式三体问题运动方程，描述的是 3 个质点相对于它们共同质心的运动。基于欧拉形式运动方程，容易得到如下形式运动方程

$$\begin{cases}\ddot{\boldsymbol{r}}_{12}=G\left[m_3\left(\dfrac{\boldsymbol{r}_{23}}{r_{23}^3}+\dfrac{\boldsymbol{r}_{31}}{r_{31}^3}\right)-(m_1+m_2)\dfrac{\boldsymbol{r}_{12}}{r_{12}^3}\right]\\ \ddot{\boldsymbol{r}}_{23}=G\left[m_1\left(\dfrac{\boldsymbol{r}_{31}}{r_{31}^3}+\dfrac{\boldsymbol{r}_{12}}{r_{12}^3}\right)-(m_2+m_3)\dfrac{\boldsymbol{r}_{23}}{r_{23}^3}\right]\\ \ddot{\boldsymbol{r}}_{31}=G\left[m_2\left(\dfrac{\boldsymbol{r}_{12}}{r_{12}^3}+\dfrac{\boldsymbol{r}_{23}}{r_{23}^3}\right)-(m_3+m_1)\dfrac{\boldsymbol{r}_{31}}{r_{31}^3}\right]\end{cases}\tag{3.1.3}$$

式（3.1.3）为拉格朗日形式的三体问题运动方程，拉格朗日形式的运动方程描述了质点之间的相对运动。

与欧拉和拉格朗日不同，雅可比在研究三体问题时，采用$\boldsymbol{r}_{12}$和由质点 P_1 与 P_2 共同质心指向 P_3 的矢量 $\boldsymbol{R}$ 来描述质点之间的相对运动，如图 3.1.2 所示。雅可比形式的三体问题运动方程可以描述为

$$\begin{cases}\ddot{\boldsymbol{R}}=-GM\left[\alpha\dfrac{\boldsymbol{r}_{13}}{r_{13}^3}+(1-\alpha)\dfrac{\boldsymbol{r}_{23}}{r_{23}^3}\right]\\ \ddot{\boldsymbol{r}}_{12}=-G\left[(m_1+m_2)\dfrac{\boldsymbol{r}_{12}}{r_{12}^3}+m_3\left(\dfrac{\boldsymbol{r}_{13}}{r_{13}^3}-\dfrac{\boldsymbol{r}_{23}}{r_{23}^3}\right)\right]\end{cases}\tag{3.1.4}$$

其中，$M=m_1+m_2+m_3$，为 3 个质点的总质量；α 表示为

$$\alpha=\frac{m_1}{m_1+m_2}\tag{3.1.5}$$

假定 P_1 为地球，P_2 为探测器，P_3 为太阳。由于 $m_2\ll m_1$，因此 $\alpha\approx1$，并且有$\boldsymbol{r}_{13}\approx\boldsymbol{R}$，此时式（3.1.4）可以简化为

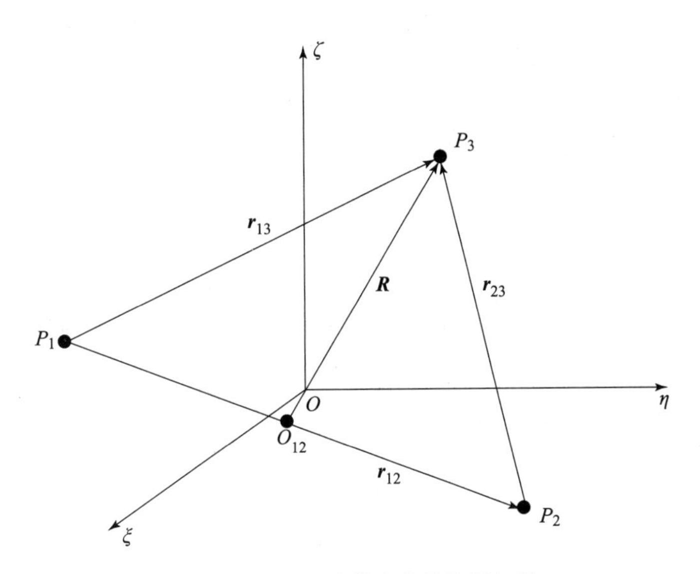

图 3.1.2　雅可比描述中的位置矢量

$$
\begin{cases}
\ddot{\boldsymbol{R}} = -GM\dfrac{\boldsymbol{R}}{R^3} \\
\ddot{\boldsymbol{r}}_{12} = -G\left[(m_1+m_2)\dfrac{\boldsymbol{r}_{12}}{r_{12}^3} + m_3\left(\dfrac{\boldsymbol{r}_{13}}{r_{13}^3} - \dfrac{\boldsymbol{R}}{R^3}\right)\right]
\end{cases}
\tag{3.1.6}
$$

进一步，当探测器在地球附近运动时，由于地球与太阳的距离遥远，可以近似认为 $\boldsymbol{r}_{13} \approx \boldsymbol{r}_{23} \approx \boldsymbol{R}$，此时三体运动方程可以简化为

$$
\begin{cases}
\ddot{\boldsymbol{R}} = -GM\dfrac{\boldsymbol{R}}{R^3} \\
\ddot{\boldsymbol{r}}_{12} = -G(m_1+m_2)\dfrac{\boldsymbol{r}_{12}}{r_{12}^3}
\end{cases}
\tag{3.1.7}
$$

式（3.1.7）中第一个方程描述了 P_3 相对 P_1 和 P_2 共同质心 O_{12} 的运动，第二个方程则描述了 P_1 和 P_2 之间的相对运动。需要指出的是，欧拉和拉格朗日形式运动方程均包含 18 个一阶常微分方程，而雅可比形式的运动方程只包含 12 个一阶常微分方程，这是因为雅可比形式运动方程只包含了 P_1 和 P_2 的相对运动信息，没有给出 P_1 和 P_2 相对惯性坐标系的绝对运动信息。

3.1.2　三体系统特解

三体问题运动方程不存在通解，但在一些特殊的条件下可以得到特解。拉格朗日研究发现，当 3 个质点相互之间的距离保持恒定时，系统运动方程存在特解。随后，欧拉进一步研究发现，当 3 个质点相互之间的距离的比例保持恒定时，也存在特解。这两种情况的共性是，3 个质点组成的几何构型不会随时间发生变化（可以随时间旋转）。总的来讲，对于任意质量的 3 个质点，三体系统运动方程存在特解的条件为：

①每个质点受到的合力矢量所在直线通过三体系统的质心。

②每个质点受到的合力矢量大小与该质点到系统质心的距离成正比。

③每个质点的初始速度矢量大小与该质点到系统质心的距离成正比，且速度矢量与位置

矢量的夹角相等（位置矢量是由系统质心指向质点）。

在惯性坐标系 $O\xi\eta\zeta$ 中，根据三体系统质心积分，有

$$m_1\boldsymbol{r}_1+m_2\boldsymbol{r}_2+m_3\boldsymbol{r}_3=0 \tag{3.1.8}$$

式（3.1.8）可以改写成如下形式

$$M\boldsymbol{r}_1=-m_2(\boldsymbol{r}_2-\boldsymbol{r}_1)-m_3(\boldsymbol{r}_3-\boldsymbol{r}_1) \tag{3.1.9}$$

对式（3.1.9）两端求平方可得

$$M^2\boldsymbol{r}_1^2=m_2^2\boldsymbol{r}_{12}^2+m_3^2\boldsymbol{r}_{13}^2+2m_2m_3\boldsymbol{r}_{12}^{\mathrm{T}}\boldsymbol{r}_{13} \tag{3.1.10}$$

当 3 个质点的构型不发生改变时，则它们之间的相对距离应满足如下关系

$$\frac{r_{12}(t)}{r_{12}(t_0)}=\frac{r_{23}(t)}{r_{23}(t_0)}=\frac{r_{31}(t)}{r_{31}(t_0)}=\beta(t) \tag{3.1.11}$$

其中，t_0 为初始时刻。

若矢量 $\boldsymbol{r}_{12}$ 和 $\boldsymbol{r}_{13}$ 之间的夹角不随时间发生变化，恒定为 ϑ，则每个质点绕系统质心的角速度应满足

$$\omega_1=\omega_2=\omega_3=\omega(t) \tag{3.1.12}$$

根据式（3.1.10）和式（3.1.11）可以得到

$$M^2r_1^2=\beta^2(t)\{m_2^2\,[r_{12}(t_0)]^2+m_3^2\,[r_{13}(t_0)]^2+2m_2m_3r_{13}(t_0)r_{13}(t_0)\cos\vartheta\} \tag{3.1.13}$$

定义式（3.1.13）中常数项为

$$c_1=\frac{1}{M}\sqrt{m_2^2\,[r_{12}(t_0)]^2+m_3^2\,[r_{13}(t_0)]^2+2m_2m_3r_{13}(t_0)r_{13}(t_0)\cos\vartheta} \tag{3.1.14}$$

则式（3.1.13）可以改写为

$$r_1(t)=c_1\beta(t) \tag{3.1.15}$$

对于质点 P_2 和 P_3，同样存在类似关系式，一般表达式为

$$r_i(t)=c_i\beta(t),\ i=1,\ 2,\ 3 \tag{3.1.16}$$

三体系统的总角动量矢量可以表示为

$$\boldsymbol{A}=m_1\boldsymbol{r}_1\times\dot{\boldsymbol{r}}_1+m_2\boldsymbol{r}_2\times\dot{\boldsymbol{r}}_2+m_3\boldsymbol{r}_3\times\dot{\boldsymbol{r}}_3 \tag{3.1.17}$$

总角动量的大小可以表示为

$$A=m_1r_1^2\omega_1+m_2r_2^2\omega_2+m_3r_3^2\omega_3 \tag{3.1.18}$$

将式（3.1.12）和式（3.1.16）代入式（3.1.18），可得

$$A=(m_1c_1^2+m_2c_2^2+m_3c_3^2)\beta^2(t)\omega(t) \tag{3.1.19}$$

由第 2 章 N 体系统讨论可知，三体系统的总角动量是守恒的，而式（3.1.19）右端第一项为常值，因此 $\beta^2(t)\omega(t)$ 也为常数。每个质点相对系统质心的角动量可以表示为

$$A_i=m_ic_i^2\beta^2(t)\omega(t),\quad i=1,\ 2,\ 3 \tag{3.1.20}$$

可见，每个质点相对系统质心的角动量也是恒定不变的，这表明每个质点受到的引力合力矢量必定通过三体系统的质心。

假定质点 P_i 受到的引力合力加速度为 g_i，根据牛顿第二定律，质点 P_i 受到的引力合力可以表示为

$$F_i=m_ig_i=m_i(\ddot{r}_i-r_i\omega_i^2) \tag{3.1.21}$$

将式（3.1.12）和式（3.1.16）代入式（3.1.21）可得

$$F_i=m_ig_i=m_i[c_i\ddot{\beta}(t)-c_i\beta(t)\omega^2(t)]=m_ir_i\left[\frac{\ddot{\beta}(t)}{\beta(t)}-\omega^2(t)\right] \tag{3.1.22}$$

式（3.1.22）表明，每个质点受到的引力合力 F_i 与由该质点到系统质心的距离 r_i 成正比。同时，根据式（3.1.22）可以得到

$$\frac{g_1}{r_1}=\frac{g_2}{r_2}=\frac{g_3}{r_3}=\frac{\ddot{\beta}(t)}{\beta(t)}-\omega^2(t) \tag{3.1.23}$$

根据特解存在条件①，由于每个质点受到的合力矢量应通过系统质心，因此有

$$\boldsymbol{r}_i\times\boldsymbol{g}_i=0 \tag{3.1.24}$$

利用位置矢量 $\boldsymbol{r}_1$ 叉乘式（3.1.2）中第一个方程两端可得

$$\boldsymbol{r}_1\times\ddot{\boldsymbol{r}}_1=\boldsymbol{r}_1\times\left(G\frac{m_2}{r_{12}^3}\boldsymbol{r}_{12}+G\frac{m_3}{r_{13}^3}\boldsymbol{r}_{13}\right)=G\boldsymbol{r}_1\times\left(\frac{m_2}{r_{12}^3}\boldsymbol{r}_2+\frac{m_3}{r_{13}^3}\boldsymbol{r}_3\right)=0 \tag{3.1.25}$$

因此有

$$\boldsymbol{r}_1\times\left(\frac{m_2}{r_{12}^3}\boldsymbol{r}_2+\frac{m_3}{r_{13}^3}\boldsymbol{r}_3\right)=0 \tag{3.1.26}$$

根据式（3.1.8）可得

$$m_3\boldsymbol{r}_3=-(m_1\boldsymbol{r}_1+m_2\boldsymbol{r}_2) \tag{3.1.27}$$

将式（3.1.27）代入式（3.1.26）可得

$$m_2\boldsymbol{r}_1\times\boldsymbol{r}_2\left(\frac{1}{r_{12}^3}-\frac{1}{r_{13}^3}\right)=0 \tag{3.1.28}$$

同理可得

$$m_3\boldsymbol{r}_2\times\boldsymbol{r}_3\left(\frac{1}{r_{23}^3}-\frac{1}{r_{12}^3}\right)=0 \tag{3.1.29}$$

$$m_1\boldsymbol{r}_3\times\boldsymbol{r}_1\left(\frac{1}{r_{13}^3}-\frac{1}{r_{23}^3}\right)=0 \tag{3.1.30}$$

式（3.1.28）~式（3.1.30）构成的方程组存在两组可能的解，分别是等边三角形解

$$r_{12}=r_{23}=r_{31}=r(t) \tag{3.1.31}$$

和共线解

$$\boldsymbol{r}_1\times\boldsymbol{r}_2=\boldsymbol{r}_2\times\boldsymbol{r}_3=\boldsymbol{r}_3\times\boldsymbol{r}_1=0 \tag{3.1.32}$$

等边三角形解也称为拉格朗日特解，由拉格朗日在 1772 年发表，表明 3 个质点始终构成一个等边三角形；共线解称为欧拉特解，由欧拉在 1767 年发表，表明 3 个质点始终位于同一条直线上。

对于拉格朗日特解情况，式（3.1.2）中的第一个方程可以改写成

$$\ddot{\boldsymbol{r}}_1=\frac{G}{r^3}(m_2\boldsymbol{r}_{12}+m_3\boldsymbol{r}_{13}) \tag{3.1.33}$$

式（3.1.10）可以改写成

$$M^2\boldsymbol{r}_1^2=(m_2^2+m_3^2+m_2m_3)r^2 \tag{3.1.34}$$

联立式（3.1.33）和式（3.1.34）可得

$$\ddot{\boldsymbol{r}}_1+\frac{GM_1\boldsymbol{r}_1}{r_1^3}=0 \tag{3.1.35}$$

其中，

$$M_1=\frac{(m_2^2+m_3^2+m_2m_3)^{3/2}}{(m_1+m_2+m_3)^2} \tag{3.1.36}$$

显然，式（3.1.35）为二体运动方程，也就是说，质点 P_1 会绕三体系统质心做圆锥曲线运动，等效于在三体系统的质心安放了一个质量为 M_1 的虚拟质点，该质点与 P_1 构成二体系统。该结论对另外两个质点同样成立。只要三体系统的初始条件满足拉格朗日解，3 个质点将一直保持等边三角形的形状，但等边三角形的大小可能会变化，也可能会在惯性空间中旋转，如图 3.1.3 所示。

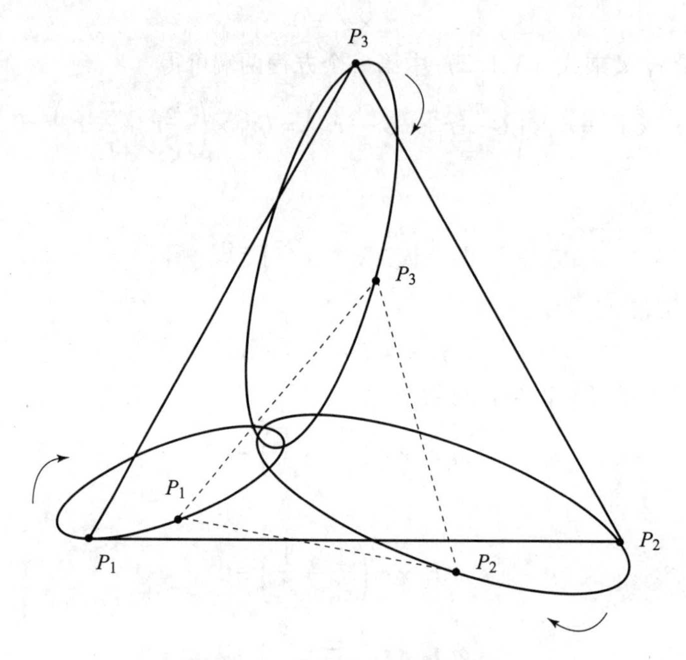

图 3.1.3　拉格朗日特解示意图

在以三体系统质心为原点的惯性空间中，3 个质点围绕着同一个中心以相同的偏心率在开普勒轨道上运动。需要注意的是，对于每个质点而言，对应的三体系统质心处的虚拟质点的质量各不相同，因此其开普勒轨道的半长轴并不相同。

式（3.1.35）的一般形式为

$$\ddot{\boldsymbol{r}}_i + \frac{GM_i\boldsymbol{r}_i}{r_i^3} = 0, \quad i = 1,\ 2,\ 3 \tag{3.1.37}$$

其中，M_i 为安放于三体系统质心处的虚拟质点质量。

对于欧拉特解情况，3 个质点在同一条直线上，质点 P_1 受到的引力为

$$F_1 = m_1 g_1 = G\frac{m_1 m_2}{r_{12}^2} + G\frac{m_1 m_3}{r_{13}^2} \tag{3.1.38}$$

根据式（3.1.11）和式（3.1.15），式（3.1.38）可以写成

$$F_1 = \frac{G}{\beta^2(t)}\left\{\frac{m_1 m_2}{[r_{12}(t_0)]^2} + \frac{m_1 m_3}{[r_{13}(t_0)]^2}\right\} = \frac{d_1}{\beta^2(t)} = \frac{d_1 c_1^2}{r_1^2(t)} \tag{3.1.39}$$

其中，d_1 为常数。

式（3.1.39）中 $d_1 c_1^2$ 为常数，因此质点 P_1 受到的引力大小与 P_1 到三体系统质心的距离平方成反比。根据二体轨道理论，质点 P_1 的运动轨道为圆锥曲线，该结论对另外两个质点同样成立。因此，与拉格朗日特解情况类似，欧拉特解中的 3 个质点轨道也为相对三体系

统质心的开普勒轨道，其偏心率相同，但周期不同。

假定3个质点连成的直线以角速度 ω 围着系统质心旋转，这种情况下三体问题的解应满足

$$\begin{cases}\omega^2 r_1 = G\left(\dfrac{m_2}{r_{12}^2}+\dfrac{m_3}{r_{13}^2}\right)\\ \omega^2 r_2 = G\left(\dfrac{m_1}{r_{23}^2}-\dfrac{m_3}{r_{12}^2}\right)\\ \omega^2 r_3 = -G\left(\dfrac{m_1}{r_{13}^2}+\dfrac{m_2}{r_{23}^2}\right)\end{cases} \tag{3.1.40}$$

其中，角速度 ω 恒定为常值，其大小取决于系统的初始状态。

实际上，3个质点在直线上的排列顺序包括3种可能的情况，即3－2－1、2－3－1和2－1－3。这里考虑第一种情况，如图3.1.4所示。

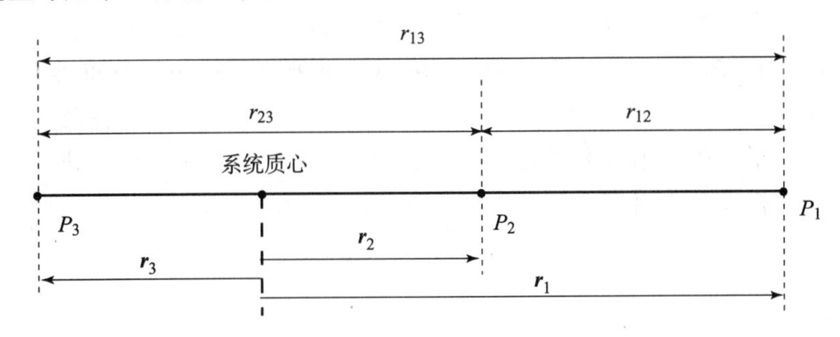

图3.1.4　质点3－2－1排序示意图

定义

$$\rho = \frac{r_{23}}{r_{12}},\ 1+\rho = \frac{r_{13}}{r_{12}} \tag{3.1.41}$$

其中，ρ 为常数。

式（3.1.40）中前两个方程相减可得

$$\frac{\omega^2}{G}r_{12} = -\frac{m_1+m_2}{r_{12}^2}+m_3\left(\frac{1}{r_{23}^2}-\frac{1}{r_{13}^2}\right) \tag{3.1.42}$$

式（3.1.40）中后两个方程相减可得

$$\frac{\omega^2}{G}r_{23} = -\frac{m_1+m_2}{r_{23}^2}+m_3\left(\frac{1}{r_{12}^2}-\frac{1}{r_{13}^2}\right) \tag{3.1.43}$$

联立式（3.1.42）和式（3.1.43），消掉 $\omega^2 r_{12}/G$ 项并整理可得

$$\begin{aligned}&(m_1+m_2)\rho^5+(3m_1+2m_2)\rho^4+(3m_1+m_2)\rho^3-\\&(m_2+3m_3)\rho^2-(2m_2+3m_3)\rho-(m_2+m_3)=0\end{aligned} \tag{3.1.44}$$

方程（3.1.44）只有一个正实数根，这表明对于3－2－1排列顺序，3个质点在直线上的分布位置是唯一确定的。同理，对于2－3－1和2－1－3排列顺序，3个质点在直线上的分布位置也是唯一确定的，并且满足共线解的3个质点的相对位置取决于这3个质点的质量。欧拉特解示意图如图3.1.5所示。

拉格朗日特解和欧拉特解在发表后的很长时间内都仅被看作是三体问题理论上的研究成

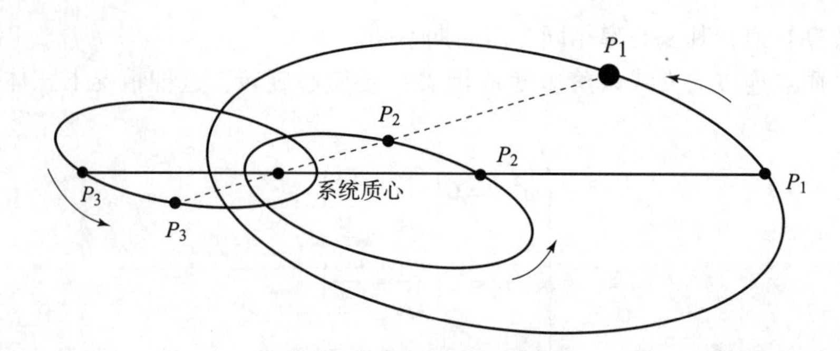

图 3.1.5　欧拉特解示意图

果，并没有人将其与实际的天体运动联系起来。实际上，这两种特解都真实存在于太阳系中。假定质点 P_1 和 P_2 已知，那么根据三体系统特解，质点 P_3 可能稳定的位置有 5 个，如图3.1.6 所示。其中在 P_1 和 P_2 连线上有 3 个可能位置，与 P_1 和 P_2 构成等边三角形的可能位置有两个，这 5 个位置点称为拉格朗日点，定义为 L_i，$i=1$，2，3，4，5。在太阳系中，若将 P_1 看作是太阳，P_2 看作是木星，则特洛伊小行星带位于拉格朗日点 L_4 和 L_5 附近。另一个典型的例子，若将 P_1 看作是太阳，P_2 看作是地球，“嫦娥二号”探测器在完成绕月探测任务后，又飞到了太阳、地球和质点 P_3 构成的三体系统的 L_2 点附近，进行了长达半年的深空探测。关于拉格朗日点将在 3.3 节中做更详细的讨论。

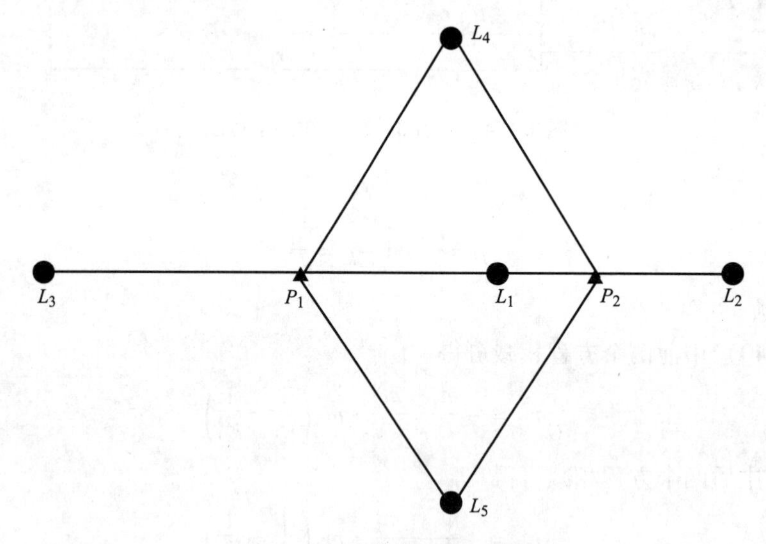

图 3.1.6　拉格朗日点示意图

3.2　圆形限制性三体问题

3.2.1　基本假设与近似

一般的三体问题是复杂的，难以探寻其一般性的规律。庞加莱、希尔等人对三体问题的研究主要集中于一种简化情况，即圆形限制性三体问题。圆形限制性三体问题基于以下两个假设：

①3 个质点中，质点 P_3 的质量相比 P_1 和 P_2 很小，P_3 在两个大质量质点引力作用下运动，而 P_3 对 P_1 和 P_2 的引力作用可以忽略。

②质点 P_1 和 P_2 绕它们的共同质心做圆周运动。

由于 P_3 的质量可以忽略不计，因此 P_1 和 P_2 的共同质心即为三体系统的质心，并且 P_1 和 P_2 的运动将始终保持在同一个平面内。在圆形限制性三体问题中，研究的对象是质点 P_3。换言之，是研究 P_3 在两个大质量质点 P_1 和 P_2 的引力作用下的运动问题。因此，圆形限制性三体问题中的运动方程仅包含关于质点 P_3 运动的 3 个二阶微分方程。

需要注意的是，圆形限制性三体问题中角动量积分和能量积分不复存在。这是因为，两个大质量质点的运动若要始终保持在同一个平面内，质点 P_3 的质量应严格为零，这样质点 P_3 的角动量和总能量将为零，这种情况在实际中不存在。当然，质点 P_3 的质量足够小时，是可以近似认为 P_1 和 P_2 运动在同一平面内的，但三体系统角动量和能量的保守性将被破坏。下文中，质点 P_3 将统一用符号 P 表示。

3.2.2　会合坐标运动方程

在讨论三体问题运动方程时，已经建立了以系统质心为原点的惯性坐标系 $O\xi\eta\zeta$。根据上一节的假设条件，对惯性坐标系重新进行定义：原点位于两个大质量质点 P_1 和 P_2 的共同质心处，$\xi\eta$ 平面为 P_1 和 P_2 的运动平面。研究发现，在惯性坐标系 $O\xi\eta\zeta$ 中研究第三个质点 P 的运动并不方便。为此，引入会合坐标系 $Oxyz$，该坐标系的定义为：原点位于 P_1 和 P_2 的共同质心处，x 轴沿由 P_1 指向 P_2 的方向，y 轴在 P_1 和 P_2 的运动平面内指向 P_2 的运动方向，z 轴构成右手坐标系。显然，z 轴与 ζ 轴重合。会合坐标系又称为质心旋转坐标系，惯性坐标系 $O\xi\eta\zeta$ 与会合坐标系 $Oxyz$ 的关系如图 3.2.1 所示。

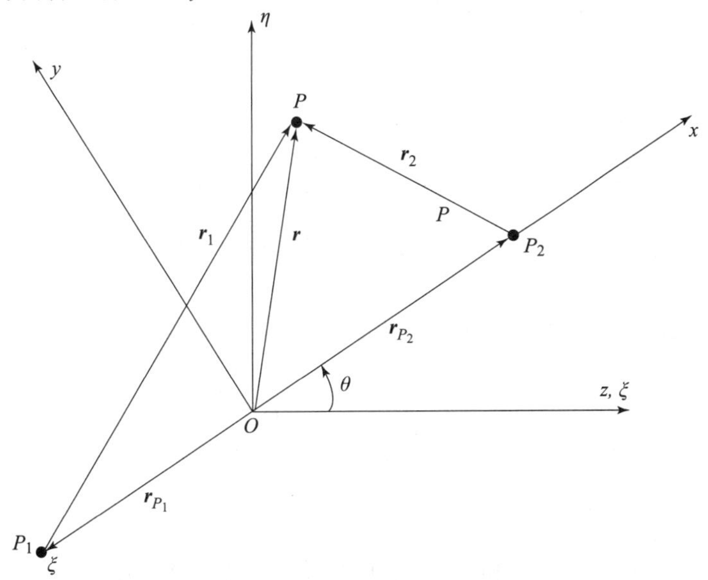

图 3.2.1　惯性坐标系与会合坐标系

根据式（3.1.2）中第一个方程，质点 P 在惯性坐标系中的运动方程可以写成

$$\ddot{\boldsymbol{r}} = -G\frac{m_1}{r_1^3}\boldsymbol{r}_1 - G\frac{m_2}{r_2^3}\boldsymbol{r}_2 \tag{3.2.1}$$

其中，$\boldsymbol{r}_1$ 和 $\boldsymbol{r}_2$ 分别为由质点 P_1 和 P_2 指向 P 的位置矢量。

定义质点 P_1、P_2 和 P 在惯性坐标系中的位置矢量分别为

$$\boldsymbol{r}_{P_1}=\begin{bmatrix}\xi_1\\ \eta_1\\ 0\end{bmatrix},\ \boldsymbol{r}_{P_2}=\begin{bmatrix}\xi_2\\ \eta_2\\ 0\end{bmatrix},\ \boldsymbol{r}=\begin{bmatrix}\xi\\ \eta\\ \zeta\end{bmatrix} \tag{3.2.2}$$

则式（3.2.1）中 r_1 和 r_2 可以分别表示为

$$\begin{cases}r_1=\sqrt{(\xi-\xi_1)^2+(\eta-\eta_1)^2+\zeta^2}\\ r_2=\sqrt{(\xi-\xi_2)^2+(\eta-\eta_2)^2+\zeta^2}\end{cases} \tag{3.2.3}$$

由于 P_1 和 P_2 绕 ζ 轴做圆周运动，定义圆周运动角速度为 ω，且 ω 恒定不变。根据会合坐标系的定义，会合坐标系 $Oxyz$ 也将绕 ζ 轴以角速度 ω 旋转，即会合坐标系相对惯性坐标系做旋转运动。根据力学知识，质点 P 在两个坐标系中的位置矢量的导数满足如下关系

$$\frac{\mathrm{d}\boldsymbol{r}}{\mathrm{d}t}=\frac{\delta\boldsymbol{r}}{\delta t}+\boldsymbol{\omega}\times\boldsymbol{r} \tag{3.2.4}$$

其中，左端 $\mathrm{d}\boldsymbol{r}/\mathrm{d}t$ 项表示质点 P 在惯性坐标系下的速度；右端 $\delta\boldsymbol{r}/\delta t$ 项表示质点 P 在会合坐标系下的速度。角速度矢量表示为

$$\boldsymbol{\omega}=[0,\ 0,\ \omega]^{\mathrm{T}} \tag{3.2.5}$$

由于角速度 ω 大小恒定且方向不变，式（3.2.4）对时间求导可得

$$\frac{\mathrm{d}^2\boldsymbol{r}}{\mathrm{d}t^2}=\frac{\delta^2\boldsymbol{r}}{\delta t^2}+2\boldsymbol{\omega}\times\frac{\delta\boldsymbol{r}}{\delta t}+\boldsymbol{\omega}\times(\boldsymbol{\omega}\times\boldsymbol{r}) \tag{3.2.6}$$

式（3.2.6）右边的第二项和第三项分别为科氏加速度和离心加速度。根据式（3.2.6）可以得到质点 P 在会合坐标系中的运动方程为

$$\frac{\delta^2\boldsymbol{r}}{\delta t^2}=\frac{\mathrm{d}^2\boldsymbol{r}}{\mathrm{d}t^2}-2\boldsymbol{\omega}\times\frac{\delta\boldsymbol{r}}{\delta t}-\boldsymbol{\omega}\times(\boldsymbol{\omega}\times\boldsymbol{r}) \tag{3.2.7}$$

将式（3.2.1）代入式（3.2.7）中可得

$$\frac{\delta^2\boldsymbol{r}}{\delta t^2}=-G\frac{m_1}{r_1^3}\boldsymbol{r}_1-G\frac{m_2}{r_2^3}\boldsymbol{r}_2-2\boldsymbol{\omega}\times\frac{\delta\boldsymbol{r}}{\delta t}-\boldsymbol{\omega}\times(\boldsymbol{\omega}\times\boldsymbol{r}) \tag{3.2.8}$$

为了便于问题分析，引入新的质量、长度和时间单位，对式（3.2.8）中的参数进行量纲归一化处理。

新的质量单位选取为 m_1+m_2，则质点 P_1 和 P_2 的归一化质量为

$$m_1^*=\frac{m_1}{m_1+m_2},\ m_2^*=\frac{m_2}{m_1+m_2} \tag{3.2.9}$$

其中，上标（*）表示归一化参数。

若定义 $\mu=m_2^*$，则有 $m_1^*=1-\mu$。为不失一般性，这里认为 $m_1>m_2$，那么必然有 $0<\mu<1/2$。

选取新的长度单位为质点 P_1 和 P_2 之间的距离，定义为 R，则有

$$\boldsymbol{r}^*=\frac{\boldsymbol{r}}{R},\ r_1^*=\frac{r_1}{R},\ r_2^*=\frac{r_2}{R} \tag{3.2.10}$$

并且有

$$r_{P_1}^*=\mu,\ r_{P_2}^*=1-\mu \tag{3.2.11}$$

选取新的时间单位为 $1/\omega$，则归一化的时间为

$$t^* = t\omega \tag{3.2.12}$$

归一化的角速度矢量为

$$\boldsymbol{\omega}^* = [0,\ 0,\ 1]^{\mathrm{T}} \tag{3.2.13}$$

根据新的单位定义，式（3.2.8）可以改写成

$$\frac{\delta^2 \boldsymbol{r}^*}{\delta t^{*2}} = -\frac{G}{\omega^2}\left(\frac{1-\mu}{r_1^{*3}}\boldsymbol{r}_1^* + \frac{\mu}{r_2^{*3}}\boldsymbol{r}_2^*\right) - 2\boldsymbol{\omega}^* \times \frac{\delta \boldsymbol{r}^*}{\delta t^*} - \boldsymbol{\omega}^* \times (\boldsymbol{\omega}^* \times \boldsymbol{r}^*) \tag{3.2.14}$$

质点 P_2 在质点 P_1 引力作用下绕共同质心做二体圆周运动，因此满足

$$m_2 \omega^2 r_{P_2} = G\frac{m_1 m_2}{r_{12}^2} \tag{3.2.15}$$

根据式（3.2.15），有

$$\frac{G}{\omega^2} = \frac{m_1}{r_{P_2} r_{12}^2} = \frac{m_1^*}{r_{P_2}^*} \tag{3.2.16}$$

由于 $m_1^* = r_{P_2}^* = 1-\mu$，因此有

$$\frac{G}{\omega^2} = 1 \tag{3.2.17}$$

将式（3.2.17）代入式（3.2.14），可以得到

$$\frac{\delta^2 \boldsymbol{r}^*}{\delta t^{*2}} = -\left(\frac{1-\mu}{r_1^{*3}}\boldsymbol{r}_1^* + \frac{\mu}{r_2^{*3}}\boldsymbol{r}_2^*\right) - 2\boldsymbol{\omega}^* \times \frac{\delta \boldsymbol{r}^*}{\delta t^*} - \boldsymbol{\omega}^* \times (\boldsymbol{\omega}^* \times \boldsymbol{r}^*) \tag{3.2.18}$$

定义质点 P 在会合坐标系中的归一化位置矢量和速度矢量分别为

$$\boldsymbol{r}^* = [x,\ y,\ z]^{\mathrm{T}},\ \dot{\boldsymbol{r}}^* = [\dot{x},\ \dot{y},\ \dot{z}]^{\mathrm{T}} \tag{3.2.19}$$

根据式（3.2.11），质点 P_1 和 P_2 在会合坐标系中归一化的位置矢量为

$$\boldsymbol{r}_{P_1}^* = [-\mu,\ 0,\ 0]^{\mathrm{T}},\ \boldsymbol{r}_{P_2}^* = [1-\mu,\ 0,\ 0]^{\mathrm{T}} \tag{3.2.20}$$

则有

$$\begin{cases} \boldsymbol{r}_1^* = \boldsymbol{r}^* - \boldsymbol{r}_{P_1}^* = [x+\mu,\ y,\ z]^{\mathrm{T}} \\ \boldsymbol{r}_2^* = \boldsymbol{r}^* - \boldsymbol{r}_{P_2}^* = [x-1+\mu,\ y,\ z]^{\mathrm{T}} \end{cases} \tag{3.2.21}$$

将式（3.2.13）、式（3.2.20）和式（3.2.21）代入式（3.2.18），省略上标（*），并展开为标量形式，可得

$$\begin{cases} \ddot{x} - 2\dot{y} = x - \dfrac{1-\mu}{r_1^3}(\mu + x) + \dfrac{\mu}{r_2^3}(1-\mu-x) \\ \ddot{y} + 2\dot{x} = y - \dfrac{1-\mu}{r_1^3}y - \dfrac{\mu}{r_2^3}y \\ \ddot{z} = -\dfrac{1-\mu}{r_1^3}z - \dfrac{\mu}{r_2^3}z \end{cases} \tag{3.2.22}$$

其中，r_1 和 r_2 分别为

$$\begin{cases} r_1 = \sqrt{(\mu+x)^2 + y^2 + z^2} \\ r_2 = \sqrt{(1-\mu-x)^2 + y^2 + z^2} \end{cases} \tag{3.2.23}$$

至此，得到了圆形限制性三体问题中质点 P 在会合坐标系下的归一化运动方程。该方

程是研究圆形限制性三体问题的重要基础。

如果定义一个标量函数 U 为

$$U=\frac{1}{2}(x^2+y^2)+\frac{1-\mu}{r_1}+\frac{\mu}{r_2} \tag{3.2.24}$$

该标量函数对位置矢量 $\boldsymbol{r}$ 的偏导数为

$$\frac{\partial U}{\partial \boldsymbol{r}}=\begin{bmatrix}\dfrac{\partial U}{\partial x}\\ \dfrac{\partial U}{\partial y}\\ \dfrac{\partial U}{\partial z}\end{bmatrix}=\begin{bmatrix}x-\dfrac{1-\mu}{r_1^3}(\mu+x)+\dfrac{\mu}{r_2^3}(1-\mu-x)\\ y-\dfrac{1-\mu}{r_1^3}y-\dfrac{\mu}{r_2^3}y\\ -\dfrac{1-\mu}{r_1^3}z-\dfrac{\mu}{r_2^3}z\end{bmatrix} \tag{3.2.25}$$

可以看到，式（3.2.25）右端和（3.2.22）右端形式一致。因此，式（3.2.22）可以改写成如下紧凑形式

$$\begin{cases}\ddot{x}-2\dot{y}=\dfrac{\partial U}{\partial x}\\ \ddot{y}+2\dot{x}=\dfrac{\partial U}{\partial y}\\ \ddot{z}=\dfrac{\partial U}{\partial z}\end{cases} \tag{3.2.26}$$

除上面的推导方法外，还可以利用拉格朗日方程得到质点 P 在会合坐标系中的运动方程，具体不再赘述。

对标量函数 U 进行简单说明。由式（3.2.24），U 可以看作是一个既包含引力项又包含离心力的势能函数。由于科氏力是一个与速度分量相关的函数，因此，势能函数 U 中并不包含科氏力。显然，由势能函数 U 描述的力场是非中心力场。势能函数 U 中不显含时间 t，因此所描述的力场具有保守性。图 3.2.2 给出了势能函数随会合坐标系中 x 轴和 y 轴位置分量的变化。

图 3.2.2 中标注出的 5 个点是拉格朗日点，下一节中将对拉格朗日点进行详细的讨论。

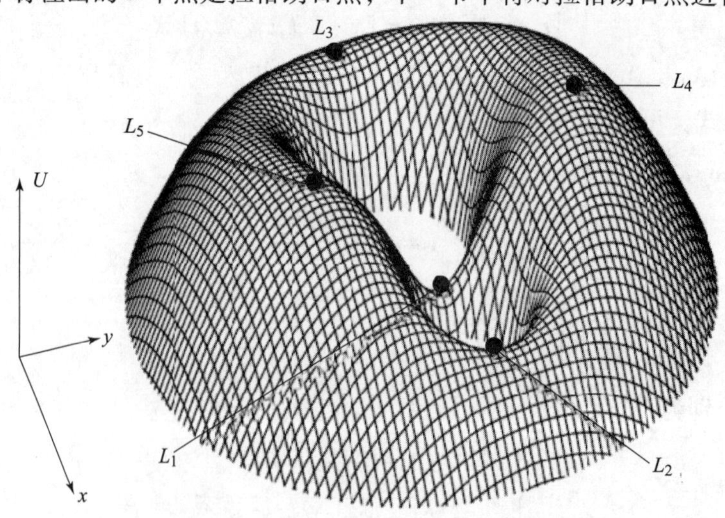

图 3.2.2　会合坐标系中的势能函数

3.3　拉格朗日平动点

3.3.1　平动点的计算

作为三体问题的一种简化情况，圆形限制性三体问题中同样存在5个拉格朗日点L_i，$i=1, 2, 3, 4, 5$，又称为平动点。每一个平动点L_i与质点P_1和P_2构成了中心构型，即三体系统的特解。在圆形限制性三体问题中，质点P_1和P_2之间的距离始终保存不变，即$r_{12}(t)=r_{12}(t_0)$。根据式（3.1.11），比例系数β始终为

$$\beta(t)=\frac{r_{12}(t)}{r_{12}(t_0)}=\frac{r_{23}(t)}{r_{23}(t_0)}=\frac{r_{31}(t)}{r_{31}(t_0)}=1 \tag{3.3.1}$$

式（3.3.1）表明，圆形限制性三体系统中，平动点L_i与两个质量较大质点P_1和P_2组成的几何构型不仅相对尺度不发生变化，绝对尺度也不发生变化。由于P_1和P_2在会合坐标系中静止，因此平动点在会合坐标系中也是静止的，即满足

$$\boldsymbol{r}(t)=\begin{bmatrix}x(t)\\y(t)\\z(t)\end{bmatrix}=\begin{bmatrix}x_0\\y_0\\z_0\end{bmatrix} \tag{3.3.2}$$

其中，$\boldsymbol{r}$为平动点在会合坐标系中的位置矢量，下标“0”表示初始t_0时刻。

平动点在会合坐标系中的速度矢量和加速度矢量应为零，因此有

$$\dot{x}=\dot{y}=\dot{z}=\ddot{x}=\ddot{y}=\ddot{z}=0 \tag{3.3.3}$$

根据式（3.2.26）可知

$$\frac{\partial U}{\partial x}=\frac{\partial U}{\partial y}=\frac{\partial U}{\partial z}=0 \tag{3.3.4}$$

观察式（3.2.25），由于r_1和r_2都是正数，μ和$1-\mu$均大于零，因此必定有$z=0$，这表明5个平动点都在xy平面内。

首先讨论3个共线平动点L_i，$i=1, 2, 3$。共线平动点位于质点P_1和P_2的连线上，即会合坐标系的x轴上，因此有$y=0$。将式（3.2.23）和式（3.3.3）代入式（3.2.22）中的第一个等式，可以得到

$$x-(1-\mu)\frac{\mu+x}{|\mu+x|^3}+\mu\frac{1-\mu-x}{|1-\mu-x|^3}=0 \tag{3.3.5}$$

方程（3.3.5）是关于x的五次多项式，无法通过解析方法求解。实际上，该方程存在着3个实根，分别对应3个共线平动点的x轴坐标，如图3.3.1所示。平动点L_1位于P_1和P_2之间，L_2位于P_2的右侧，L_3则位于P_1的左侧。

分别定义P_1和P_2之间的距离为R，L_1和P_2之间的距离为$\gamma_1 R$，L_2和P_2之间的距离为$\gamma_2 R$，L_3和P_1之间的距离为$\gamma_3 R$，其中γ_1，γ_2和γ_3为量纲归一化距离。

定义

$$\kappa=\frac{\mu}{1-\mu},\ \sigma=\left(\frac{\kappa}{3}\right)^{1/3} \tag{3.3.6}$$

式（3.3.5）存在解析的级数解为

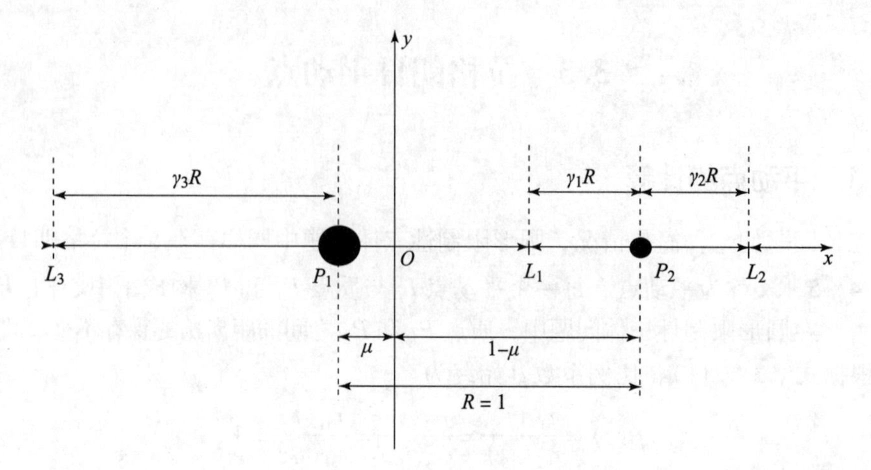

图 3.3.1　共线平动点示意图

$$\begin{cases}\gamma_1=\sigma-\dfrac{1}{3}\sigma^2-\dfrac{1}{9}\sigma^3-\dfrac{23}{81}\sigma^4+o(\sigma^5)\\ \gamma_2=\sigma+\dfrac{1}{3}\sigma^2-\dfrac{1}{9}\sigma^3-\dfrac{31}{81}\sigma^4+o(\sigma^5)\\ \gamma_3=1-\dfrac{7}{12}\kappa+\dfrac{7}{12}\kappa^2-\dfrac{13\ 223}{20\ 736}\kappa^3+o(\kappa^4)\end{cases}\tag{3.3.7}$$

因此，可以得到 3 个共线平动点在会合坐标系中的 x 轴坐标分别为

$$\begin{cases}x_{L_1}=1-\mu-\gamma_1\\ x_{L_2}=1-\mu+\gamma_2\\ x_{L_3}=-\mu-\gamma_3\end{cases}\tag{3.3.8}$$

对于两个三角平动点 L_4 和 L_5，它们分别与质点 P_1 和 P_2 构成了等边三角形，如图 3.3.2 所示。

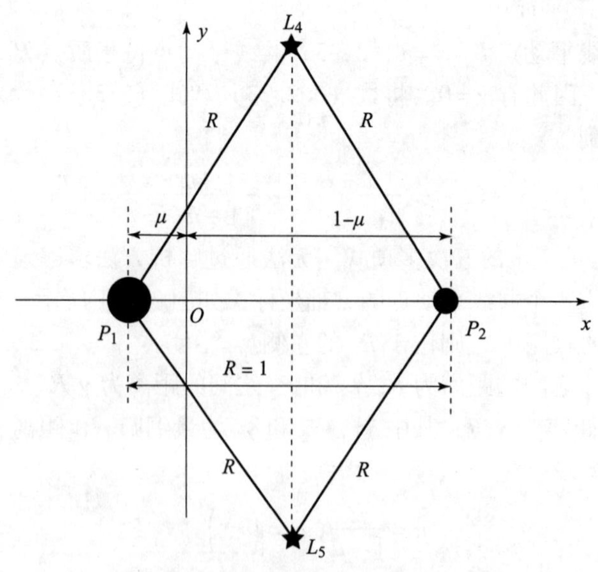

图 3.3.2　三角平动点示意图

因此，可以容易地得到它们在会合坐标系中的位置坐标：

$$\begin{cases} x_{L_4} = x_{L_5} = \dfrac{1}{2} - \mu \\ y_{L_4} = \dfrac{\sqrt{3}}{2} \\ y_{L_5} = -\dfrac{\sqrt{3}}{2} \end{cases} \tag{3.3.9}$$

显然，式（3.3.9）是如下方程组的解

$$\begin{cases} x - \dfrac{1-\mu}{r_1^3}(\mu + x) + \dfrac{\mu}{r_2^3}(1 - \mu - x) = 0 \\ y - \dfrac{1-\mu}{r_1^3}y - \dfrac{\mu}{r_2^3}y = 0 \end{cases} \tag{3.3.10}$$

在太阳系中，各大行星环绕太阳的运动轨道接近圆轨道。对于行星系统而言，很多行星的卫星绕行星的运动轨道也近似为圆轨道，例如月球绕地球的轨道。考虑一个质量可以忽略的质点，太阳－行星－质点、行星－卫星－质点分别构成了不同的圆形限制性三体系统，每个系统都存在5个平动点。图3.3.3给出了太阳－地球系统与地球－月球系统的平动点几何关系示意图。需要注意的是，地球－月球系统平动点会随月球的运动而绕太阳－地球连线整体转动。

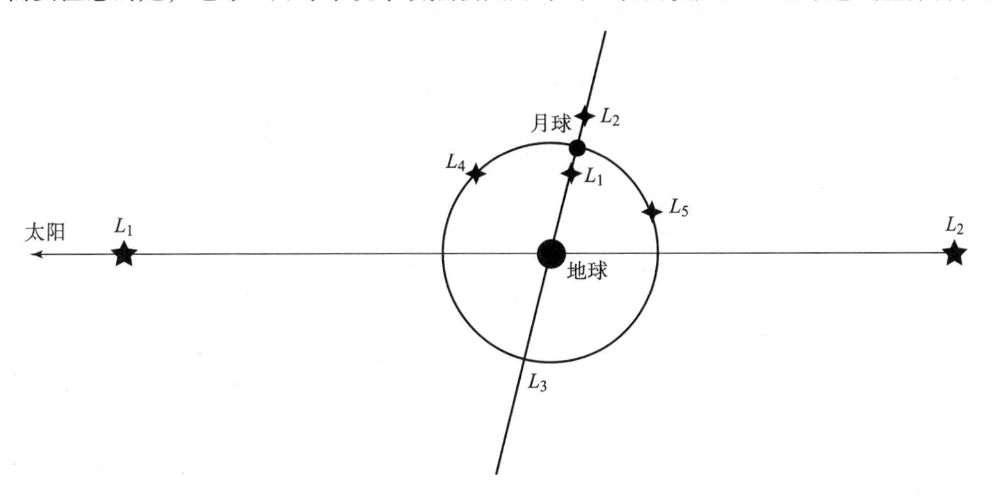

图3.3.3 太阳－地球系统和地球－月球系统平动点几何关系

表3.3.1给出了太阳系中部分三体系统的共线平动点位置参数。

表3.3.1 太阳系中部分三体系统的共线平动点位置参数

系统	μ	γ_1	γ_2	γ_3
太阳－金星	2.448×10^{-6}	9.315×10^{-3}	9.373×10^{-3}	1.000 00
太阳－地月	3.040×10^{-6}	1.001×10^{-2}	1.008×10^{-2}	1.000 00
太阳－火星	3.227×10^{-7}	4.748×10^{-3}	4.763×10^{-3}	1.000 00
太阳－木星	9.537×10^{-4}	6.668×10^{-2}	6.978×10^{-2}	0.999 44
地球－月球	1.215×10^{-2}	1.509×10^{-1}	1.679×10^{-1}	0.992 91

从表 3.3.1 中可以看到，平动点 L_1 和 L_2 非常接近小质量天体 P_2，这是因为在每一个三体系统中，天体 P_2 相比天体 P_1 的质量都小得多，即 μ 很小。μ 越小，则 L_1 点和 L_2 点越接近天体 P_2。平动点 L_3 与大质量天体 P_1 的距离则近似等于两个天体之间的距离。

3.3.2 平动点的稳定性

平动点在航天任务中具有重要的应用价值，例如，可以将探测器放置于太阳－地球系统的平动点 L_1 点处，这样探测器可以始终与太阳和地球保持较为固定的距离，这有利于太阳观测任务和对地通信任务的开展。那么，一个重要的问题是，这些平动点是否稳定？这里稳定的定义是指当一个静止于平动点的质点 P 受到小摄动之后是否会远离平动点。若施加小摄动后，质点 P 快速偏离平动点附近，则认为该平动点是不稳定的；若施加小摄动后，质点 P 只是在平动点附近振荡，则认为该平动点是稳定的。

定义 $[x_L,\ y_L,\ 0]^{\mathrm{T}}$ 和 $[x,\ y,\ z]^{\mathrm{T}}$ 分别为平动点和平动点附近质点 P 在会合坐标系中的位置矢量，则质点与平动点的位置偏差可以表示为

$$\begin{cases} x' = x - x_L \\ y' = y - y_L \\ z' = z \end{cases} \tag{3.3.11}$$

将式（3.2.26）右端以平动点为参考进行泰勒级数展开并取一阶项可得

$$\begin{cases} \ddot{x} - 2\dot{y} = \dfrac{\partial U}{\partial x} \approx x'\left(\dfrac{\partial^2 U}{\partial x \partial x}\right)\bigg|_L + y'\left(\dfrac{\partial^2 U}{\partial x \partial y}\right)\bigg|_L + z'\left(\dfrac{\partial^2 U}{\partial x \partial z}\right)\bigg|_L \\ \ddot{y} + 2\dot{x} = \dfrac{\partial U}{\partial y} \approx x'\left(\dfrac{\partial^2 U}{\partial y \partial x}\right)\bigg|_L + y'\left(\dfrac{\partial^2 U}{\partial y \partial y}\right)\bigg|_L + z'\left(\dfrac{\partial^2 U}{\partial y \partial z}\right)\bigg|_L \\ \ddot{z} = \dfrac{\partial U}{\partial z} \approx x'\left(\dfrac{\partial^2 U}{\partial z \partial x}\right)\bigg|_L + y'\left(\dfrac{\partial^2 U}{\partial z \partial y}\right)\bigg|_L + z'\left(\dfrac{\partial^2 U}{\partial z \partial z}\right)\bigg|_L \end{cases} \tag{3.3.12}$$

令

$$U_{\alpha\beta} = \left(\frac{\partial^2 U}{\partial \alpha \partial \beta}\right)\bigg|_L, \quad \alpha = x,\ y,\ z, \quad \beta = x,\ y,\ z \tag{3.3.13}$$

则有

$$U_{\alpha\beta} = U_{\beta\alpha}, \quad \alpha \neq \beta, \quad \beta = x,\ y,\ z \tag{3.3.14}$$

则式（3.3.12）可以改写成

$$\begin{cases} \ddot{x}' - 2\dot{y}' = x'U_{xx} + y'U_{xy} + z'U_{xz} \\ \ddot{y}' + 2\dot{x}' = x'U_{xy} + y'U_{yy} + z'U_{yz} \\ \ddot{z}' = x'U_{xz} + y'U_{yz} + z'U_{zz} \end{cases} \tag{3.3.15}$$

对于每一个平动点 L_i，$i=1,\ 2,\ 3,\ 4,\ 5$，二阶偏导数项 U_{xx}、U_{yy}、U_{zz}、U_{xy}、U_{xz} 和 U_{yz} 的具体数值都可以通过平动点的位置坐标计算得到。因此，式（3.3.15）是常系数线性微分方程组。由于圆形限制性三体问题中所有平动点都位于会合坐标系 xy 平面内，因此式（3.3.15）可以进一步简化。

根据式（3.2.22）和式（3.2.26）可知

$$\frac{\partial U}{\partial z} = -z\left(\frac{1-\mu}{r_1^3} + \frac{\mu}{r_2^3}\right)\bigg|_L \tag{3.3.16}$$

由于平动点的 z 轴坐标为 $z_L=0$，因此，在平动点处，有

$$U_{xz}=U_{yz}=0 \tag{3.3.17}$$

式（3.3.15）可以简化为

$$\begin{cases}\ddot{x}'-2\dot{y}'=x'U_{xx}+y'U_{xy}\\ \ddot{y}'+2\dot{x}'=x'U_{xy}+y'U_{yy}\\ \ddot{z}'=z'U_{zz}\end{cases} \tag{3.3.18}$$

可以看到，质点 P 在平动点附近，z 方向的运动与 xy 平面内的运动是解耦的。因为 $U_{zz}<0$，所以式（3.3.18）中第三个二阶微分方程的解为

$$z'(t)=C_1\cos(\sqrt{|U_{zz}|}t)+C_2\sin(\sqrt{|U_{zz}|}t) \tag{3.3.19}$$

其中，C_1 和 C_2 为常值系数。

式（3.3.19）表明，平动点附近质点 P 在 z 方向的运动为简谐振动，即无阻尼不发散的振荡运动，并且振荡周期与 xy 平面内的运动无关。换言之，平动点在 z 方向上是稳定的。

式（3.3.18）中第一和第二个方程是耦合的，由于系数定常，两个方程组成了二阶常系数齐次线性微分方程组，其通解为

$$\begin{cases}x'(t)=\sum_{i=1}^{4}A_i e^{\lambda_i t}\\ y'(t)=\sum_{i=1}^{4}B_i e^{\lambda_i t}\end{cases} \tag{3.3.20}$$

其中，A_i 和 B_i 为常值系数；λ_i 为特征方程的根。

二阶常系数齐次线性微分方程组的特征方程可以写成

$$(\lambda^2-U_{xx})(\lambda^2-U_{yy})+(2\lambda+U_{xy})(2\lambda-U_{xy})=0 \tag{3.3.21}$$

式（3.3.21）展开可得

$$\lambda^4+(4-U_{xx}-U_{yy})\lambda^2+U_{xx}U_{yy}-U_{xy}^2=0 \tag{3.3.22}$$

式（3.3.22）是关于 λ 的一元四次方程，存在有 4 个解，通常有实数也有复数。同时，该方程又可以看作是关于 λ^2 的一元二次方程，因此 λ 的 4 个解应是由两组反号数对构成的。

不妨假设 $\lambda_2=-\lambda_1$，$\lambda_4=-\lambda_3$，如果 4 个解各不相等，则二阶微分方程组的解可以写成

$$\begin{cases}x'=A_1e^{\lambda_1 t}+A_2e^{-\lambda_1 t}+A_3e^{\lambda_3 t}+A_4e^{-\lambda_3 t}\\ y'=B_1e^{\lambda_1 t}+B_2e^{-\lambda_1 t}+B_3e^{\lambda_3 t}+B_4e^{-\lambda_3 t}\end{cases} \tag{3.3.23}$$

如果 $\lambda_2=\lambda_4$，那么也有 $\lambda_1=\lambda_3$，此时解为

$$\begin{cases}x'=A_1e^{\lambda_1 t}+A_2e^{-\lambda_1 t}+A_3te^{\lambda_1 t}+A_4te^{-\lambda_1 t}\\ y'=B_1e^{\lambda_1 t}+B_2e^{-\lambda_1 t}+B_3te^{\lambda_1 t}+B_4te^{-\lambda_1 t}\end{cases} \tag{3.3.24}$$

根据式（3.3.23）和式（3.3.24）可知，只有当 λ 的 4 个解各不相等时，质点 P 在 xy 平面内的运动才可能是稳定的。

定义方程（3.3.23）解的一般形式为

$$\lambda=a+bi \tag{3.3.25}$$

则有

$$e^{\lambda t}=e^{at}e^{ibt} \tag{3.3.26}$$

式（3.3.26）中，e^{ibt}是与正弦和余弦函数有关的项，具有周期性；e^{at}则决定了$e^{\lambda t}$的运动形式。当$a=0$时，$e^{\lambda t}$描述了简谐振动；当$a<0$时，$e^{\lambda t}$描述了阻尼振荡；当$a>0$时，为发散振荡。因此，只有当$a\leqslant 0$时，式（3.3.24）中x'和y'才不会任意地增大。另外，由于λ的4个解是以反号数对的形式出现的，因此只需要所有λ_i，$i=1$，2，3，4都不相等且为纯虚数，即λ_i^2是负实数时，式（3.3.18）描述的运动在xy平面内是稳定的简谐运动。

根据上面的结论，首先讨论共线平动点L_i，$i=1$，2，3的稳定性。共线平动点位于会合坐标系的x轴上，即$y_L=z_L=0$，式（3.3.22）中的偏导数项为

$$\begin{cases} U_{xx}=1+2q \\ U_{xy}=0 \\ U_{yy}=1-q \end{cases} \tag{3.3.27}$$

其中，

$$q=\frac{1-\mu}{|\mu+x_L|^3}+\frac{\mu}{|1-\mu-x_L|^3} \tag{3.3.28}$$

将式（3.3.27）代入式（3.3.22）可得

$$\lambda^4+(2-q)\lambda^2+(1+2q)(1-q)=0 \tag{3.3.29}$$

若要式（3.3.29）关于λ^2有两个负实根，则这两个根的乘积必然为正实数。由于$q>0$，因此必须满足

$$1-q>0 \tag{3.3.30}$$

然而，共线平动点是式（3.3.5）的解，结合式（3.3.5）和式（3.3.28），有

$$1-q=\frac{\mu(1-\mu)}{x_L}\left(\frac{1}{|\mu+x_L|^3}-\frac{1}{|1-\mu-x_L|^3}\right) \tag{3.3.31}$$

根据式（3.3.31），对于共线平动点L_i，$i=1$，2，3，必然有

$$1-q<0 \tag{3.3.32}$$

因此可以得出结论：圆形限制性三体问题中的共线平动点都是不稳定的。

对于三角平动点L_i，$i=4$，5，式（3.3.22）中的偏导数项为

$$\begin{cases} U_{xx}=\dfrac{3}{4} \\ U_{xy}=\pm\dfrac{3}{4}\sqrt{3}(1-2\mu) \\ U_{yy}=\dfrac{9}{4} \end{cases} \tag{3.3.33}$$

其中，第二个方程中的正号对应平动点L_4，负号对应平动点L_5。

将式（3.3.33）代入式（3.3.22）可以得到

$$\lambda^4+\lambda^2+\frac{27}{4}\mu(1-\mu)=0 \tag{3.3.34}$$

方程（3.3.34）关于λ^2的两个根分别为

$$\lambda_{1,2}^2=\frac{-1\pm\sqrt{1-27\mu(1-\mu)}}{2} \tag{3.3.35}$$

若要L_4和L_5是稳定的，则要求这两个根不相等且均为负实数，即应满足

$$27\mu^2-27\mu+1>0 \tag{3.3.36}$$

因此，μ 应满足

$$\mu<\frac{1}{2}-\sqrt{\frac{23}{108}},\ \mu>\frac{1}{2}+\sqrt{\frac{23}{108}} \tag{3.3.37}$$

由于 $\mu<1/2$，因此使三角平动点稳定的条件是

$$\mu<\frac{1}{2}-\sqrt{\frac{23}{108}}\approx 0.038\ 52 \tag{3.3.38}$$

因此，对于圆形限制性三体系统，当 $\mu<0.038\ 52$ 时，位于三角平动点处的质点运动是稳定的，其受到小摄动后会进行简谐运动；当 $\mu>0.038\ 52$ 时，位于三角平动点处的质点运动是不稳定的，其受到小摄动后会逐渐远离三角平动点。

3.4 雅可比积分

尽管圆形限制性三体问题中不存在角动量积分和能量积分，但雅可比于1836年发现了一个与能量积分有关的运动常数，称为雅可比积分常数。随后，庞加莱于1899年证明雅可比积分是圆形限制性三体问题中唯一的运动积分。

在会合坐标系中，第三体质点 P 的运动方程（3.2.22）不显含时间 t，由分析力学的相关知识可知，该系统必定存在一个积分。将式（3.2.26）中的方程分别乘以 $\dot{x}$、$\dot{y}$ 和 $\dot{z}$ 并相加，可以得到

$$\dot{x}\ddot{x}+\dot{y}\ddot{y}+\dot{z}\ddot{z}=\dot{x}\frac{\partial U}{\partial x}+\dot{y}\frac{\partial U}{\partial y}+\dot{z}\frac{\partial U}{\partial z} \tag{3.4.1}$$

定义 $v^2=\dot{x}^2+\dot{y}^2+\dot{z}^2$，则有

$$\frac{\mathrm{d}U}{\mathrm{d}t}=\frac{1}{2}\frac{\mathrm{d}v^2}{\mathrm{d}t} \tag{3.4.2}$$

对式（3.4.2）进行积分可以得到

$$C=2U-v^2=x^2+y^2+2\left(\frac{1-\mu}{r_1}+\frac{\mu}{r_2}\right)-v^2 \tag{3.4.3}$$

上式中积分常数 C 便是著名的雅可比积分常数，由于 U 只跟质点 P 的位置有关，而 v 表示质点 P 相对于会合坐标系的速度，因此式（3.4.3）描述了会合坐标系中质点 P 的速度与位置之间的关系。在质点 P 的运动过程中，随着时间的推移，雅可比积分 C 始终保持恒定。雅可比积分在三体问题的研究中具有重要作用。

在质心惯性坐标系 $o\xi\eta\zeta$ 中，同样存在一个积分常数。将式（3.2.4）写成

$$\frac{\delta \boldsymbol{r}}{\delta t}=\frac{\mathrm{d}\boldsymbol{r}}{\mathrm{d}t}-\boldsymbol{\omega}\times\boldsymbol{r} \tag{3.4.4}$$

根据质心会合坐标系和质心惯性坐标系的定义，质点 P 的位置和速度由会合坐标系转换到惯性坐标系可以表示为

$$\begin{bmatrix}\xi\\ \eta\\ \zeta\end{bmatrix}=\begin{bmatrix}\cos\omega t & -\sin\omega t & 0\\ \sin\omega t & \cos\omega t & 0\\ 0 & 0 & 1\end{bmatrix}\begin{bmatrix}x\\ y\\ z\end{bmatrix} \tag{3.4.5}$$

$$\begin{bmatrix} \dot{\xi} \\ \dot{\eta} \\ \dot{\zeta} \end{bmatrix} = \omega \begin{bmatrix} -\sin\omega t & -\cos\omega t & 0 \\ \cos\omega t & -\sin\omega t & 0 \\ 0 & 0 & 1 \end{bmatrix} \begin{bmatrix} x \\ y \\ z \end{bmatrix} + \begin{bmatrix} \cos\omega t & -\sin\omega t & 0 \\ \sin\omega t & \cos\omega t & 0 \\ 0 & 0 & 1 \end{bmatrix} \begin{bmatrix} \dot{x} \\ \dot{y} \\ \dot{z} \end{bmatrix} \tag{3.4.6}$$

若采用量纲归一化单位，有 $\omega=1$。令 $t=0$，根据式（3.4.6），有

$$\frac{\delta \boldsymbol{r}}{\delta t} = \begin{bmatrix} \dot{\xi} - \eta \\ \dot{\eta} - \xi \\ \dot{\zeta} \end{bmatrix} \tag{3.4.7}$$

将式（3.4.7）中的 $\delta \boldsymbol{r}/\delta t$ 与自身做点乘，可以得到如下方程

$$\left(\frac{\delta r}{\delta t}\right)^2 = (\dot{\xi}^2 + \dot{\eta}^2 + \dot{\zeta}^2) - 2(\xi\dot{\eta} - \eta\dot{\xi}) + (\xi^2 + \eta^2) \tag{3.4.8}$$

另外，会合坐标系和质心惯性坐标系中位置关系满足如下

$$\xi^2 + \eta^2 = x^2 + y^2 \tag{3.4.9}$$

考虑到 $\delta r/\delta t = v$，结合式（3.2.24）、式（3.4.8）及式（3.4.9），可以得到

$$C = 2\left(\frac{1-\mu}{r_1} + \frac{\mu}{r_2}\right) + 2(\xi\dot{\eta} - \eta\dot{\xi}) - (\dot{\xi}^2 + \dot{\eta}^2 + \dot{\zeta}^2) \tag{3.4.10}$$

式（3.4.10）右端包括了质心惯性坐标系 $o\xi\eta\zeta$ 下单位质量的动能、势能和关于 ζ 轴的角动量。因此可知，在圆形限制性三体模型中，质点 P 所具有的总能量与 ζ 轴方向的角动量分量之和是一个常数。

需要注意的是，在圆形限制性三体问题的讨论中，有时会将式（3.2.24）中的势能函数 U 写成

$$U = \frac{1}{2}[x^2 + y^2 + \mu(1-\mu)] + \frac{1-\mu}{r_1} + \frac{\mu}{r_2} \tag{3.4.11}$$

这种表示方式并不会影响之前的推导过程及主要结论，差别仅在于雅可比积分常数的数值不同。此时式（3.4.10）可以改写为

$$C - \mu(1-\mu) = 2\left(\frac{1-\mu}{r_1} + \frac{\mu}{r_2}\right) + 2(\xi\dot{\eta} - \eta\dot{\xi}) - (\dot{\xi}^2 + \dot{\eta}^2 + \dot{\zeta}^2) \tag{3.4.12}$$

3.5 零速度曲面

雅可比积分是圆形限制性三体问题中仅有的一个积分，式（3.4.3）的雅可比积分表达式可以改写为

$$\dot{x}^2 + \dot{y}^2 + \dot{z}^2 = x^2 + y^2 + \frac{2(1-\mu)}{r_1} + \frac{2\mu}{r_2} - C \tag{3.5.1}$$

或者

$$v^2 = 2U - C \tag{3.5.2}$$

式（3.5.1）和式（3.5.2）左端为第三体质点 P 在会合坐标系中速度大小的平方。在式（3.5.2）中，由于 $v \geqslant 0$，并且 $v^2 \geqslant 0$，因此有

$$2U \geqslant C \tag{3.5.3}$$

势能函数 U 是位置的函数，当雅可比积分 C 固定时，式（3.5.3）描述了 $v \geqslant 0$ 的位置

空间区域，该区域是雅可比积分 C 给定时第三体质点 P 的可行运动区域，又称为希尔域。区域的边界曲面为

$$2U = C \tag{3.5.4}$$

边界曲面对应 $v=0$，因此，该边界曲面称为零速度曲面。在式（3.5.3）描述的位置空间区域以外，有 $v^2<0$，即对应的速度大小为虚数，这显然是不可行的。因此，零速度曲面是位置空间中运动可行区域与运动禁行区域的分界面。

根据式（3.5.4），零速度曲面又可以表示为

$$x^2 + y^2 + \frac{2(1-\mu)}{r_1} + \frac{2\mu}{r_2} = C \tag{3.5.5}$$

可以看到，零速度曲面是关于 xy 平面和 xz 平面对称的，并且当 $\mu=1/2$ 时，零速度曲面关于 yz 平面也是对称的。

结合式（3.5.5）和式（3.2.23），当 z 轴方向位置分量逐渐增大时，r_1 和 r_2 也随之增大，当 $z\to\pm\infty$时，式（3.5.5）将趋于极限情况

$$x^2 + y^2 \approx C \tag{3.5.6}$$

式（3.5.6）表明，零速度曲面在 z 轴方向将无限接近圆柱体，该圆柱体以 z 轴为中心轴，其半径为$\sqrt{C}$。当 z 轴方向位置分量不大时，零速度曲面的几何形态随着雅可比积分常数 C 的变化而变化。为了定性地讨论零速度曲面与雅可比积分常数 C 之间的关系，将零速度曲面投影到会合坐标系的 xy 平面上，得到零速度曲线。图 3.5.1 给出了不同雅可比积分常数 C 对应的零速度曲线，其中 $C_1>C_2>C_3>C_4>C_5$。

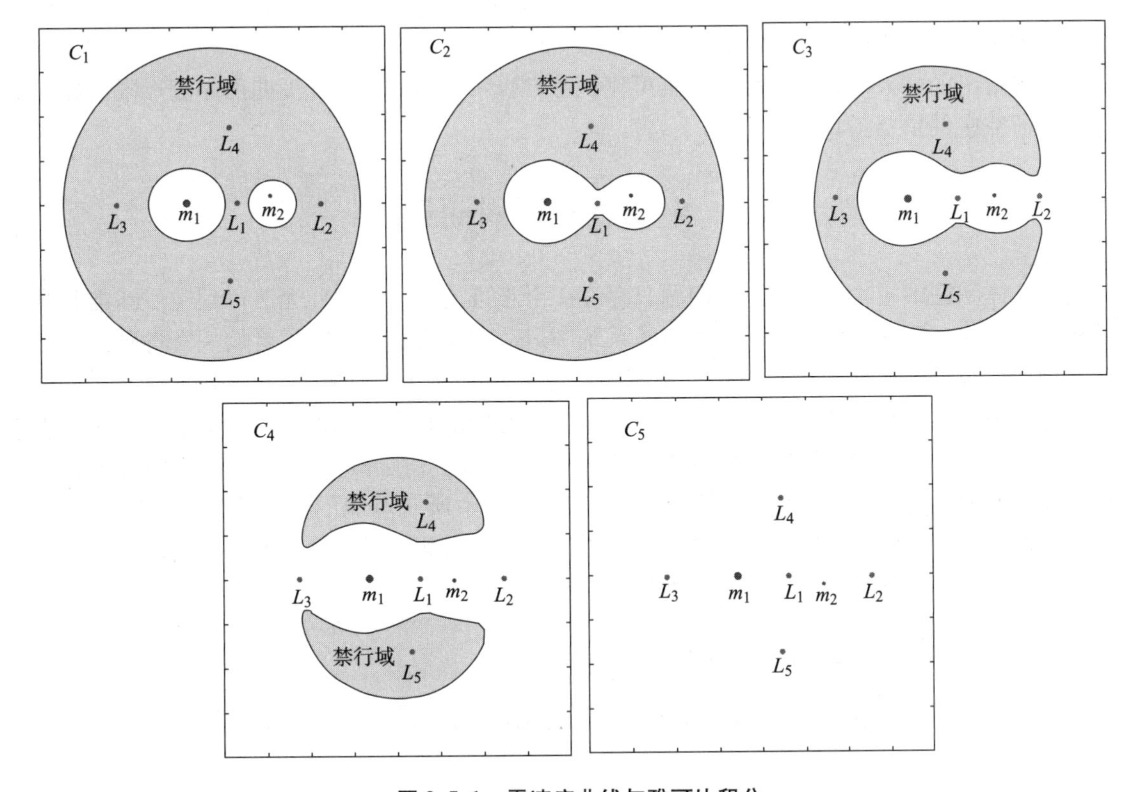

图 3.5.1　零速度曲线与雅可比积分

式（3.5.5）中，当雅可比积分常数 C 取值很大时，可能的情况有 3 种：x^2+y^2 很大、r_1 很小或者 r_2 很小。这 3 种情况对应的零速度曲线为 3 个圆，分别是：①以共同质心为圆心，半径近似为$\sqrt{C}$的大圆；②以质点 P_1 为圆心，半径为 r_1 的小圆；③以质点 P_2 为圆心，半径为 r_2 的小圆。图 3.5.1 中雅可比积分常数 C_1 对应这 3 种情况。需要注意的是，图中 C_1 对应零速度曲线并非为严格的圆，严格的圆形零速度曲线是一种极限情况。由图中可以看到，3 个近圆零速度曲线将 xy 平面分割为 4 个区域，其中大圆与小圆之间区域为禁行区域。这表明，当雅可比积分常数为 C_1 时，第三体质点 P_3 可以在两个大质量天体附近运动，也可以在禁行域的外部运动，但 3 个运动区域之间无法实现转移。

随着雅可比积分常数 C 的减小，大圆会逐渐缩小并且变形，而两个小圆将逐渐膨胀并且变形，直到两个小圆相融于平动点 L_1 点，如图 3.5.1 中 C_2 对应零速度曲线所示。相比其他平动点，L_1 点对应的雅可比积分常数最大。随着 C 的进一步减小，绕质点 P_2 的小圆会先与外圈大圆相融于平动点 L_2 点，随后绕质点 P_1 的小圆会与外圈大圆相融于平动点 L_3 点，如图中 C_3 和 C_4 对应零速度曲线所示。在这一过程中，运动禁行区域慢慢缩小，运动可行区域逐渐增大。最终，禁行区域消失于平动点 L_4 和 L_5 点处，如图中 C_5 对应零速度曲线所示。定义 C_{L_4} 和 C_{L_5} 分别为静止于 L_4 点和 L_5 点处质点 P 对应的雅可比积分常数，则根据式（3.5.5），有

$$C_{L_4}=C_{L_5}=\mu^2-\mu+3=\left(\mu-\frac{1}{2}\right)^2+2.75 \tag{3.5.7}$$

若势能函数采用式（3.4.11）的定义，则有

$$C_{L_4}=C_{L_5}=3.0 \tag{3.5.8}$$

当 $C\leqslant C_{L_4}=C_{L_5}$时，禁行区域将完全消失。

需要指出的是，零速度曲面是与雅可比积分常数一一对应，零速度曲面是圆形限制性三体问题研究中的重要工具。

3.6 平动点附近周期运动

与二体问题不同，限制性三体问题只存在一个雅可比积分，因此无法得到类似圆锥曲线的运动轨道的一般形式解。为了探索三体系统中运动的规律，多年来学者们一直将研究重点放在周期性运动（周期轨道）方面。根据庞加莱猜想，对于定义在相空间中的有界开子集的自治系统而言，其周期轨道集合在所有解组成的度量空间中是稠密的。所谓的相空间，指的是由三维位置矢量和三维速度矢量构成的六维状态空间。在理论研究方面，人们希望通过对周期轨道的发现与研究来定性刻画限制性三体系统中所有可能的解。从航天实际任务角度，三体系统中的周期轨道有着重要的应用价值，尤其是共线平动点附近的周期运动。下面主要针对共线平动点附近的周期运动进行讨论。

3.6.1 运动方程一阶近似解

对于共线平动点 L_i，$i=1, 2, 3$，平动点在 y 轴上的位置分量也为零，因此有

$$U_{xy}=0 \tag{3.6.1}$$

式（3.3.18）可以简化为

$$\begin{cases}\ddot{x}'-2\dot{y}'=x'U_{xx}\\ \ddot{y}'+2\dot{x}'=y'U_{yy}\\ \ddot{z}'=z'U_{zz}\end{cases}\tag{3.6.2}$$

式（3.6.2）为线性化的共线平动点附近运动方程，根据式（3.3.27）中的定义，式（3.6.2）可以改写成

$$\begin{cases}\ddot{x}'-2\dot{y}'-(1+2q)x'=0\\ \ddot{y}'+2\dot{x}'+(q-1)y'=0\\ \ddot{z}'+qz=0\end{cases}\tag{3.6.3}$$

根据3.3节中平动点稳定性的讨论，共线平动点附近 z 轴方向上的运动与 xy 平面内的运动是解耦的。根据式（3.3.19），z 轴方向的运动为简谐振动，解的一般形式为

$$z'(t)=C_1\cos\nu t+C_2\sin\nu t\tag{3.6.4}$$

其中，$\nu=\sqrt{q}$。

根据式（3.6.4）可知，z 方向简谐振动的周期为

$$T_z=\frac{2\pi}{\nu}=\frac{2\pi}{\sqrt{q}}\tag{3.6.5}$$

在 $t=t_0$ 时刻，z 轴方向上的位置 z_0' 和速度 $\dot{z}_0'$ 满足

$$\begin{cases}z_0'=C_1\\ \dot{z}_0'=C_2\nu\end{cases}\tag{3.6.6}$$

根据式（3.6.6），可以将常值系数 C_1 和 C_2 表示为 z 轴方向上运动初始状态的函数，代入式（3.6.4）可得

$$z'(t)=z_0'\cos\nu t+\frac{\dot{z}_0'}{\nu}\sin\nu t\tag{3.6.7}$$

对于 xy 平面内的运动，式（3.6.2）中前两个方程组成了二阶常系数齐次线性微分方程组。由于 $U_{xy}=0$，根据式（3.3.29），微分方程组的特征方程可以表示为

$$\lambda^4+(2-q)\lambda^2+(1+2q)(1-q)=0\tag{3.6.8}$$

特征方程的4个解分别为

$$\begin{cases}\lambda_1=\sqrt{\left(\sqrt{9q^2-8q}+q-2\right)/2}\\ \lambda_2=-\sqrt{\left(\sqrt{9q^2-8q}+q-2\right)/2}\\ \lambda_3=\mathrm{i}\sqrt{\left(\sqrt{9q^2-8q}-q+2\right)/2}\\ \lambda_4=-\mathrm{i}\sqrt{\left(\sqrt{9q^2-8q}-q+2\right)/2}\end{cases}\tag{3.6.9}$$

根据式（3.3.20），微分方程组的通解可以表示为

$$\begin{cases}x'(t)=\sum\limits_{i=1}^{4}A_i\mathrm{e}^{\lambda_i t}\\ y'(t)=\sum\limits_{i=1}^{4}B_i\mathrm{e}^{\lambda_i t}\end{cases}\tag{3.6.10}$$

由于 x 轴和 y 轴运动耦合，A_i 和 B_i 并非相互独立。将式（3.6.10）代回式（3.6.2），可以得到 A_i 和 B_i 的关系为

$$B_i = \frac{\lambda_i - U_{xx}}{2\lambda_i}A_i, \quad i = 1, 2, 3, 4 \tag{3.6.11}$$

式（3.6.9）对时间 t 求导，并令 $t = t_0$，可得

$$\begin{cases} x'_0 = \sum_{i=1}^{4} A_i \\ \dot{x}'_0 = \sum_{i=1}^{4} A_i\lambda_i \\ y'_0 = \sum_{i=1}^{4} \frac{\lambda_i - U_{xx}}{2\lambda_i}A_i \\ \dot{y}'_0 = \sum_{i=1}^{4} \frac{\lambda_i - U_{xx}}{2\lambda_i}A_i\lambda_i \end{cases} \tag{3.6.12}$$

式（3.6.12）是关于系数 A_i 的线性方程组，当 xy 平面内的运动初始状态 $[x'_0, \dot{x}'_0, y'_0, \dot{y}'_0]^{\mathrm{T}}$ 给定时，则可以确定系数 A_i，进而根据式（3.6.11）确定系数 B_i。换言之，初始状态唯一地决定了质点 P 的运动行为。

由式（3.6.9）看到，特征方程（3.6.8）的解中有一个正实数根、一个负实数根和两个纯虚数根。因此，绕共线平动点的运动类型可以分为：①若 $A_1 = A_2 = 0$，则运动方程仅包含周期项，质点 P 将在平动点附近做周期振动；②若 $A_1 = 0$，$A_2 \neq 0$，则随着时间趋于无穷，质点 P 将逐渐趋于在平动点附近做周期振动；③若 $A_1 \neq 0$，则随着时间趋于无穷，质点 P 将无限远离平动点；④若 $A_1 = A_3 = A_4 = 0$，$A_2 \neq 0$，则随着时间趋于无穷，质点 P 将无限趋近于平动点。

根据上面的讨论，若要在共线平动点附近形成周期运动，则两个实数根对应的系数 A_1 和 A_2 应满足

$$A_1 = A_2 = 0 \tag{3.6.13}$$

求解方程组（3.6.12），并将 A_i 和 B_i 代入式（3.6.10），可得

$$\begin{cases} x'(t) = x'_0\cos\kappa t + \dfrac{y'_0}{\chi}\sin\kappa t \\ y'(t) = y'_0\cos\kappa t + \chi x'_0\sin\kappa t \end{cases} \tag{3.6.14}$$

其中，

$$\kappa = \sqrt{\frac{\sqrt{9q^2 - 8q} - q + 2}{2}} \tag{3.6.15}$$

$$\chi = \frac{\kappa^2 + 1 + 2q}{2\kappa} \tag{3.6.16}$$

由式（3.6.14）看到，当 $A_1 = A_2 = 0$ 时，xy 平面内的运动是周期性的，运动周期为

$$T_{xy} = \frac{2\pi}{\kappa} \tag{3.6.17}$$

式（3.6.14）和式（3.6.6）分别给出了共线平动点附近线性化运动方程在 xy 平面内和 z 方向上的周期解。

3.6.2 周期与拟周期轨道

运用三角变换，式（3.6.14）和式（3.6.6）可以简化成如下形式

$$\begin{cases} x'(t) = -A_x\cos(\kappa t+\phi) \\ y'(t) = \chi A_x\cos(\kappa t+\phi) \\ z'(t) = A_z\cos(\nu t+\psi) \end{cases} \tag{3.6.18}$$

其中，A_x 和 A_z 分别为 x 轴和 z 轴方向上的振幅；ϕ 和 ψ 分别为 xy 平面内和 z 轴方向上运动的初始相角，由运动的初始状态决定。

由于 xy 平面内和 z 方向上的运动是解耦的，当特征频率之比 κ/ν 为无理数时，式（3.6.18）描述的运动在位置空间中无法形成闭合轨道，但轨道在 xy 平面内和 z 方向上的投影是周期性的，这种轨道称为 Lissajous 轨道。

以太阳－地球系统的 L_1 平动点为例进行讨论。在该系统中，$\mu = 3.040\times10^{-6}$，日地距离为 $1.495\ 978\ 700\times10^{8}$ km，对应的 xy 平面内和 z 方向运动的特征频率分别为

$$\begin{cases} \kappa = 2.086\ 394\ 2 \\ \nu = 2.015\ 149\ 9 \end{cases} \tag{3.6.19}$$

考虑 xy 平面内和 z 方向运动的初始相角分别为 $\phi = 180°$ 和 $\psi = 180°$。x 方向的运动振幅为 $A_x = 1.0\times10^{5}$ km，z 方向的运动振幅为 $A_z = 1.0\times10^{5}$ km，对应的 z 方向的轨道周期为 181.255 3 天。图 3.6.1 ~ 图 3.6.3 分别给出了 Lissajous 轨道的一阶近似解及其在 xy 平面和 xz 平面内的投影。

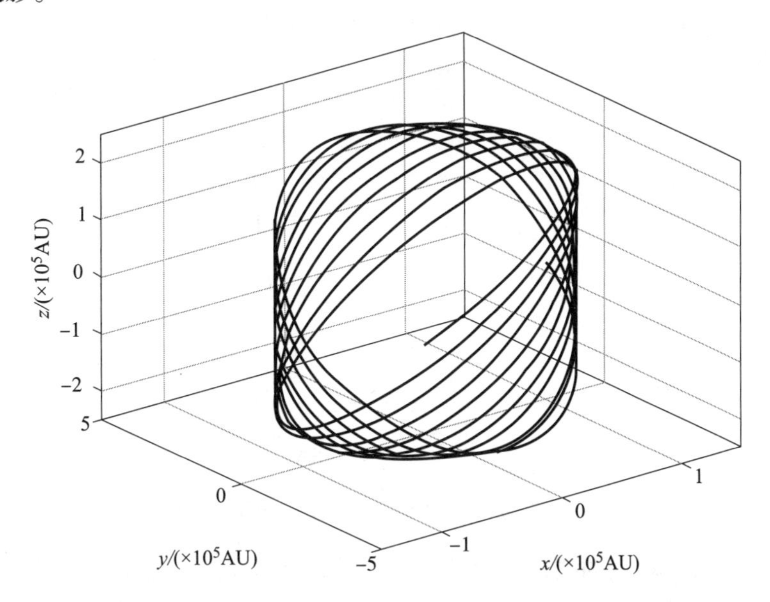

图 3.6.1　日地 L_1 点附近 Lissajous 轨道的一阶近似解

根据式（3.6.18），当特征频率之比 κ/ν 为有理数时，式（3.6.18）描述的相对共性平动点的线性运动在位置空间中闭合，形成周期轨道。具体而言，当运动的轨道能量与平动点能量相近时，存在两类典型的周期轨道：水平 Lyapunov 轨道和垂直 Lyapunov 轨道。水平 Lyapunov 轨道位于会合坐标系的 xy 平面内，而垂直 Lypaunov 轨道则关于 xy 平面对称。根据式（3.6.18），分别令 $A_z = 0$，$A_x = 1.5\times10^{5}$ km，$\phi = 180°$，图 3.6.4 给出了水平 Lyapunov 的一阶近似解。

根据前面的讨论，特征频率 κ 和 ν 是由三体系统和平动点决定的。然而，这两个特征频

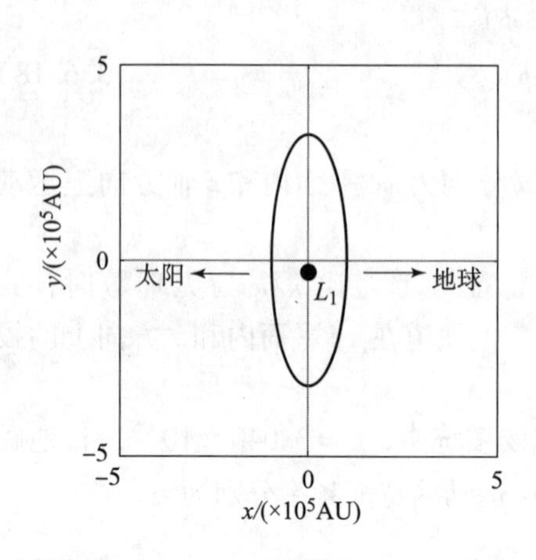

图 3.6.2　Lissajous 轨道在 *xy* 平面投影

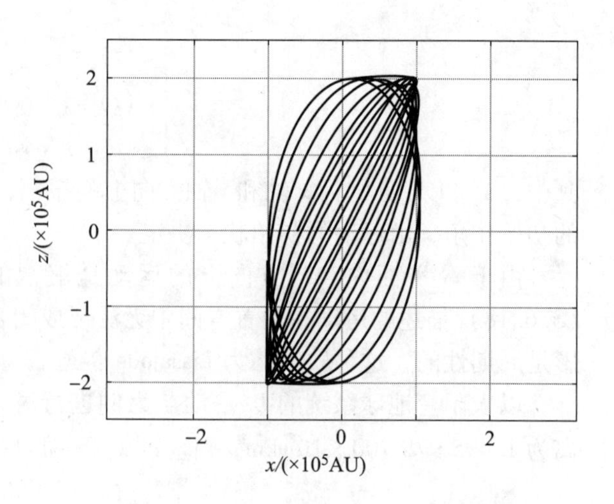

图 3.6.3　Lissajous 轨道在 *xz* 平面投影

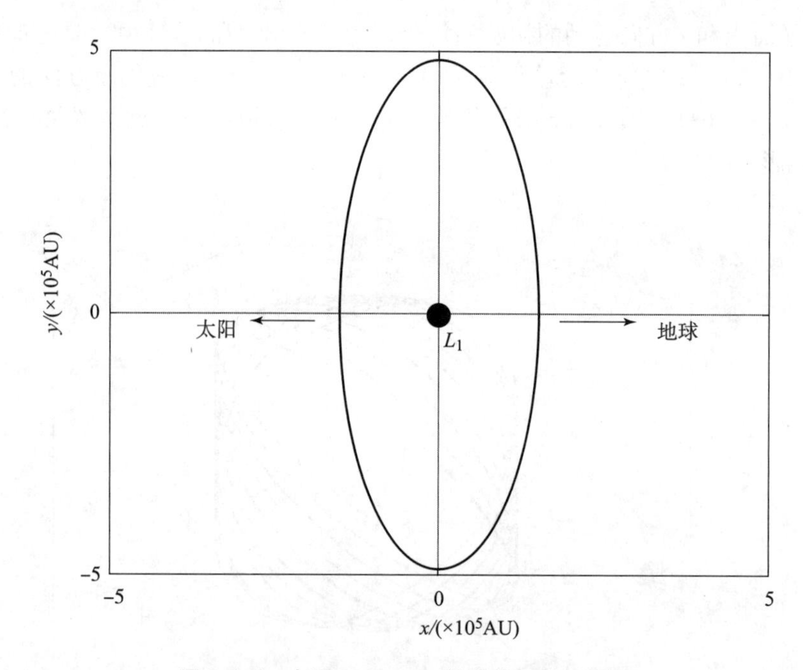

图 3.6.4　水平 Lyapunov 轨道的一阶近似解

率对应的是关于共线平动点的线性化运动方程。根据摄动理论，随着轨道能量的增加，非线性项对运动的影响逐渐增强，此时这些特征频率不再固定，而是变成运动轨道振幅的函数，会随振幅的变化而发生变化。对于给定的运动轨道能量，当轨道振幅满足一定关系时，特征频率之比 κ/ν 会成为有理数，从而形成非线性模型下的周期轨道。特别地，当 $\kappa/\nu=2$ 时，即 z 方向的运动周期为 xy 平面内运动周期的两倍时，会形成垂直 Lyapunov 轨道。垂直 Lypaunov 轨道在 yz 平面内的投影像数字 8，因此又称为 8 形 Lissajous 轨道，如图 3.6.5 所示；当 $\kappa/\nu=1$ 时，即 z 方向的运动周期与 xy 平面内运动周期相等，会形成 Halo 轨道，如图 3.6.6 所示。Halo 轨道关于 xz 平面是对称的，同时，Halo 轨道又分为南向和北向两个类型，这两类轨道关于 xy 平面是对称的。

需要强调的是，利用线性化运动方程（3.6.18）仅能给出这些周期和拟周期轨道的一

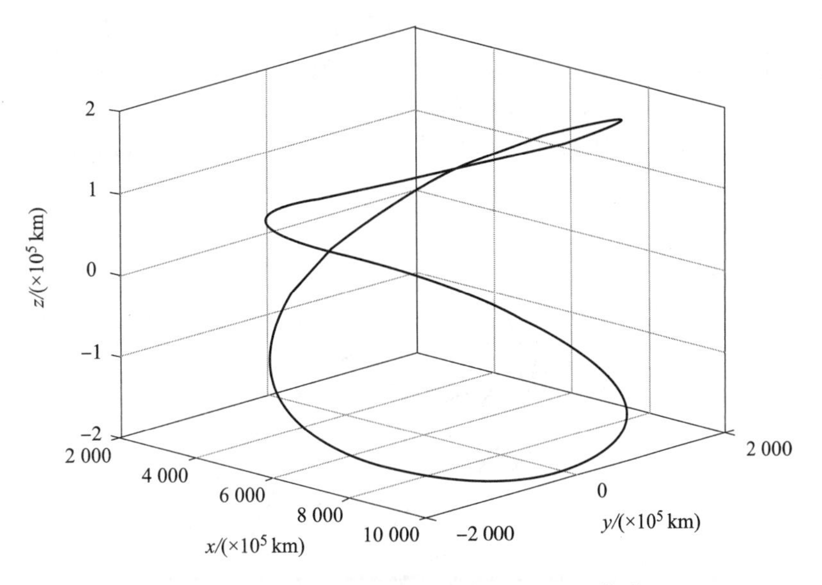

图 3.6.5　日地 L_1 点附近垂直 Lyapunov 轨道

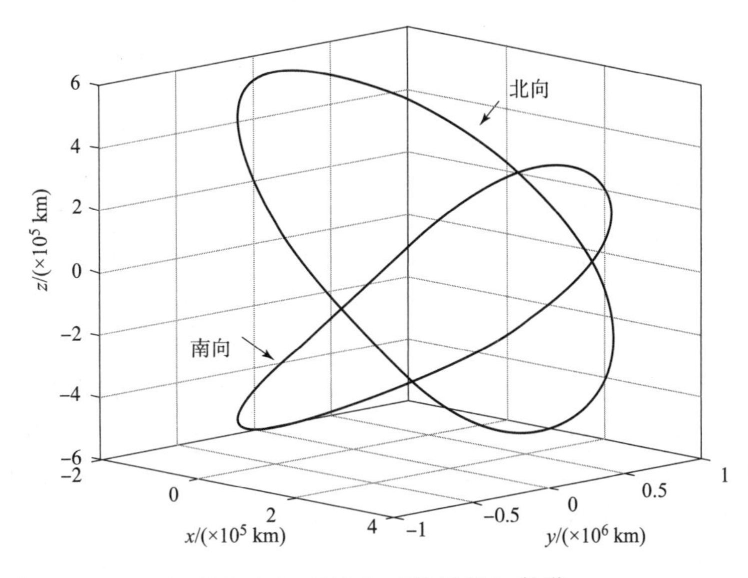

图 3.6.6　日地 L_1 点附近 Halo 轨道

阶近似解，若要获得非线性模型下的周期轨道解，则需要利用数值迭代方法，具体方法将在第 7 章中进行介绍。对于水平 Lyapunov 轨道，以一阶线性近似解为初始值，利用数值迭代方法可以较为容易地获得非线性模型下的精确解。然而，对于 Halo 轨道和垂直 Lyapunov 轨道，一般需要高阶近似解为作为迭代初值。高阶近似解可以通过 Lindstedt-Poincaré 方法获得，具体这里不再赘述。

总体而言，圆形限制性三体系统中共线平动点附近共存在三类典型的周期轨道：水平 Lyapunov 轨道、垂直 Lyapunov 轨道和 Halo 轨道。这些周期轨道是与雅可比积分常数 C 密切相关的，不同的雅可比积分常数对应不同幅值的周期轨道。因此，对于每一类型的周期轨道，对应不同雅可比积分常数的周期轨道构成了轨道族。图 3.6.7 给出了日地系统 L_1 点附近北向 Halo 轨道族，其中的每一条 Halo 轨道的雅可比积分常数是不同的。需要指出的是，对于每一类型周期轨道，仅在一定的雅可比积分常数范围内存在。3.6.2 节的讨论已经指出，共线平动点附近存在拟周期 Lissajous 轨道，除此以外，共线平动点附近还存在一类拟周期轨道，即拟 Halo 轨道。拟 Halo 轨道包围于同雅可比积分常数的 Halo 轨道外面。

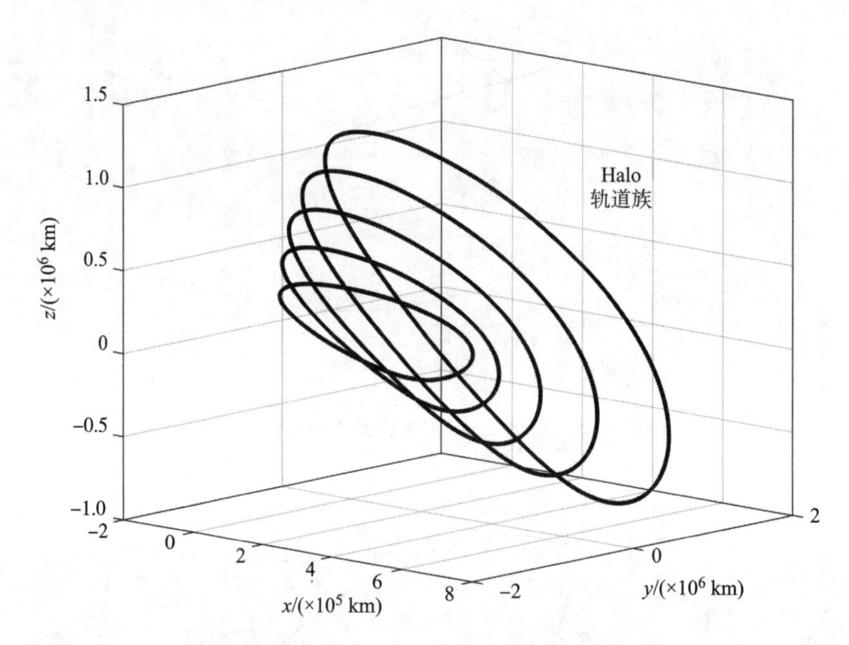

图 3.6.7　日地 L_1 点附近北向 Halo 轨道族

共线平动点附近的三类周期轨道和两类拟周期轨道之间存在千丝万缕的关系，为了形象化地展示这些轨道，将具有相同雅可比积分常数的五类轨道投影到 Poincaré 截面上。下面首先给出 Poincaré 映射的定义。

定义 3.6.1（Poincaré 映射）　Poincaré 映射在相平面 $\mathbb{R}^n$ 上的动力系统 $\dot{\boldsymbol{x}}=\boldsymbol{f}(\boldsymbol{x})$，$\boldsymbol{x}\in\mathbb{R}^n$，并假设该系统有一个周期解（记为 Γ）。令 x^* 是周期轨道上一点，Σ 为一个 $n-1$ 维超平面，将轨道 Γ 在 x^* 点处截断。考虑到对初值的连续性，在 x^* 的足够小的邻域内，从 x 出发的轨迹将再一次穿过截面 Σ，于是由动力系统定义的流，连同这个特殊的截面，定义了一个 Σ 上的映射 Q，表示为

$$Q:\ x\in N_\delta(x^*)\subset\Sigma\mapsto Q(x)\in\Sigma \tag{3.6.20}$$

其中，$N_\delta(x^*)=\{x\in\Sigma:\ \|x-x^*\|\leqslant\delta\}$，$\delta$ 为任意小的正数，这个映射就称为 Poincaré 映射，而截面 Σ 称为 Poincaré 截面。

由于映射只能被定义在截面 Σ 上，因此离散后的动力系统也被降到 $n-1$ 维。在映射过程中，原动力系统的周期轨道 Γ 与映射的不动点 x^* 相对应，即

$$\{\Gamma\}\Leftrightarrow\{x^*:\ x^*=Q(x^*)\} \tag{3.6.21}$$

在圆形限制性三体问题中，考虑到会合坐标系下动力系统的对称性，截面 Σ 可以选为平面 $z=0$。选取同一个雅可比积分常数，在相空间的一个不变环面上选取足够多的点作为初值进行积分，当轨道穿过 Σ 时，便记录下轨道与 Σ 的交点，并且每条轨道记录的交点足够多。最终在对应雅可比积分常数的水平 Lyapunov 轨道内部形成如图 3.6.8 所示的图案。

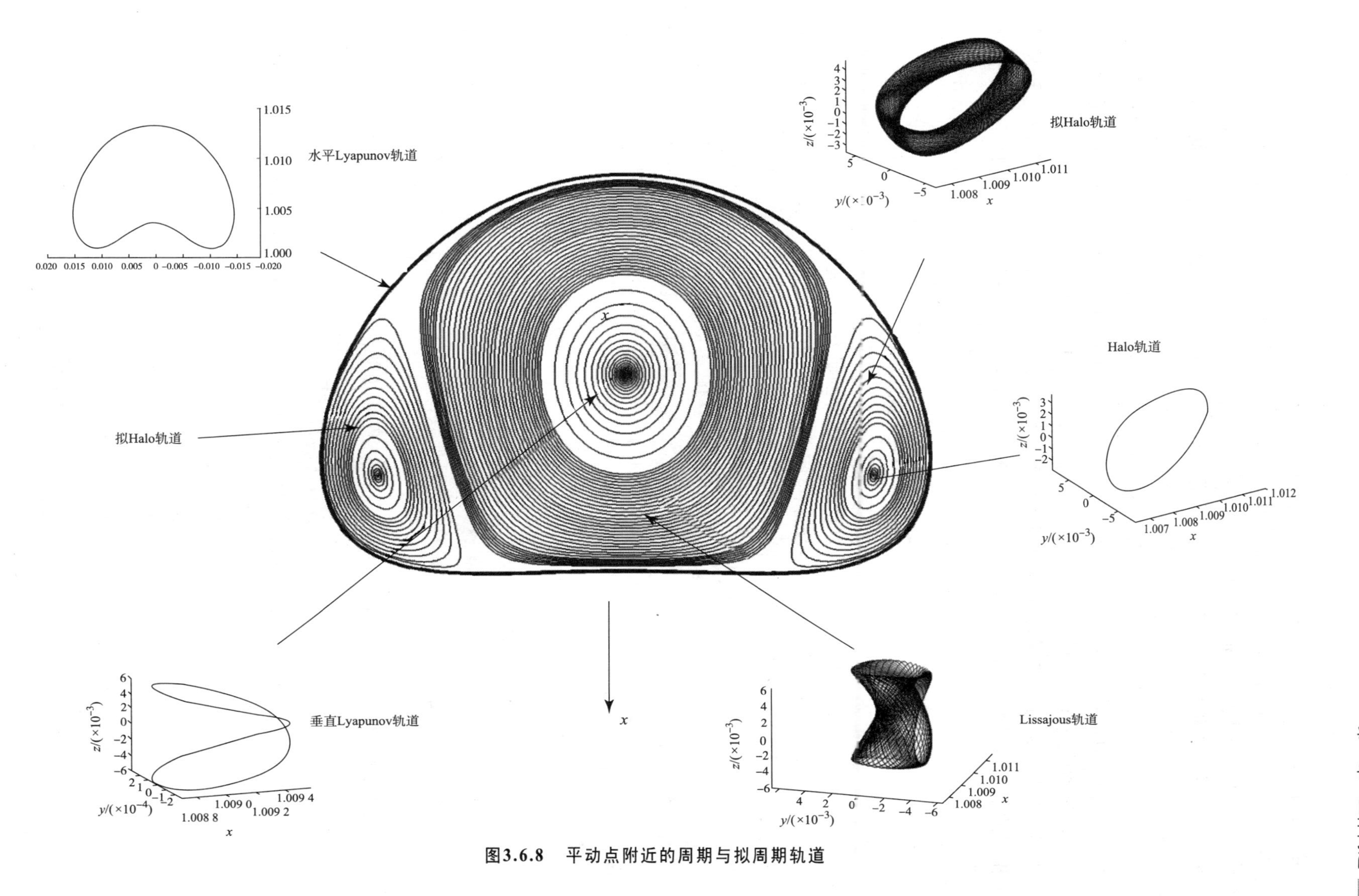

图3.6.8　平动点附近的周期与拟周期轨道

Poincaré 截面上的图案关于 x 轴对称，且被划分为 3 个不同的区域。左右两个呈现同心环结构的区域为拟 Halo 轨道族，其中心为 Halo 轨道。中间的同心环结构区域是 Lissajous 轨道族，其中心是垂直 Lyapunov 轨道。这些轨道的共同特点是随着时间的推移，它们不会远离平动点附近。从动力学角度来说，它们不存在双曲运动分量，仅仅保留了一些简谐振动，所以称这类轨道构成的流形为中心流形。

这些周期与拟周期轨道在航天任务中具有重要的应用价值。一方面，它们可以作为探测器进行科学探测的停泊轨道，例如，将探测器停泊于日地系统 L_1 点的 Halo 轨道上，可以不受遮挡地进行太阳观测探测任务。若将探测器停泊于地月系统 L_2 点的周期轨道或拟周期轨道上，则可以实现月球背面探测任务。另一方面，这些周期和拟周期轨道及与之相连的不变流形构成了行星际低能量通道，可实现探测器在行星际间的低能量转移飞行。

3.7 不变流形

在 19 世纪晚期，庞加莱在对动力学系统稳定性的研究中发展了动力学系统理论，该理论从几何角度讨论了动力学系统在六维相空间中所有可能的运动状态。在对圆形限制性三体问题的研究过程中，他提出了流形的概念。庞加莱发现，如果质点 P 的（不稳定）运动是周期性的，那么在相空间中会存在一个与之相关的特殊超曲面，质点 P 可能的运动轨道均位于该曲面上，称之为不变流形。不变流形是指一种状态量的集合，集合中的点随着时间的演化始终停留在该集合内。换言之，如果质点 P 运动的初始状态位于某个不变流形超曲面上，那么除非其受到外力的影响，否则它将永远运动于该超曲面上。下面将从动力学系统角度对不变流形进行介绍。

3.7.1 基本概念与结论

考虑一类自治系统，动力学方程可以表示为

$$\dot{\boldsymbol{x}} = \boldsymbol{f}(\boldsymbol{x}) \tag{3.7.1}$$

其中，系统状态 $\boldsymbol{x} \in \mathbb{R}^{2N}$，即相空间的维度是偶数；$\boldsymbol{f} \in C^r(\Omega;\ \mathbb{R}^{2N})$，$r \geqslant 1$，$\Omega \subset \mathbb{R}^{2N}$，且为开集。

在集合 Ω 中任意一点 $\boldsymbol{x}_0$ 处，系统线性化方程可以表示为

$$\delta\dot{\boldsymbol{x}} = \left(\frac{\partial \boldsymbol{f}}{\partial \boldsymbol{x}}\right)\bigg|_{\boldsymbol{x}_0} \delta\boldsymbol{x} \tag{3.7.2}$$

其中，下标 $\boldsymbol{x}_0$ 表示导数值在 $\boldsymbol{x}_0$ 处取得，称 $\mathrm{D}\boldsymbol{f} = \partial\boldsymbol{f}/\partial\boldsymbol{x}$ 为向量场 $\boldsymbol{f}$ 的雅可比矩阵，表示为

$$\mathrm{D}\boldsymbol{f} = \begin{bmatrix} \dfrac{\partial f_1}{\partial x_1} & \dfrac{\partial f_1}{\partial x_2} & \cdots & \dfrac{\partial f_1}{\partial x_{2N}} \\ \dfrac{\partial f_2}{\partial x_1} & \dfrac{\partial f_2}{\partial x_2} & \cdots & \dfrac{\partial f_2}{\partial x_{2N}} \\ \vdots & \vdots & & \vdots \\ \dfrac{\partial f_{2N}}{\partial x_1} & \dfrac{\partial f_{2N}}{\partial x_2} & \cdots & \dfrac{\partial f_{2N}}{\partial x_{2N}} \end{bmatrix} \tag{3.7.3}$$

对于圆形限制性三体问题，将式（3.2.26）描述的运动方程写成如下一阶微分方程形式

$$\dot{\boldsymbol{x}}=\begin{bmatrix}\dot{r}_x\\ \dot{r}_y\\ \dot{r}_z\\ \dot{v}_x\\ \dot{v}_y\\ \dot{v}_z\end{bmatrix}=\boldsymbol{f}(\boldsymbol{x})=\begin{bmatrix}v_x\\ v_y\\ v_z\\ 2v_y+\dfrac{\partial U}{\partial x}\\ -2v_x+\dfrac{\partial U}{\partial y}\\ \dfrac{\partial U}{\partial z}\end{bmatrix}\tag{3.7.4}$$

为避免符号混淆，式（3.7.4）中用 $\boldsymbol{r}$ 和 $\boldsymbol{v}$ 分别表示质点 P 的位置和速度。$\boldsymbol{x}=[r_x, r_y, r_z, v_x, v_y, v_z]^{\mathrm{T}}$，构成了圆形限制性三体问题的六维相空间。根据式（3.7.2），系统的线性化运动方程可以写成

$$\delta\dot{\boldsymbol{x}}=\begin{bmatrix}\boldsymbol{O}_{3\times3} & \boldsymbol{I}_{3\times3}\\ \boldsymbol{G}_{3\times3} & \boldsymbol{K}_{3\times3}\end{bmatrix}\delta\boldsymbol{x}\tag{3.7.5}$$

其中，$\boldsymbol{I}_{3\times3}$为 3×3 的单位阵；矩阵 $\boldsymbol{G}_{3\times3}$和 $\boldsymbol{K}_{3\times3}$分别为

$$\boldsymbol{G}_{3\times3}=\begin{bmatrix}U_{xx} & U_{xy} & U_{xz}\\ U_{xy} & U_{yy} & U_{yz}\\ U_{xz} & U_{yz} & U_{zz}\end{bmatrix},\ \boldsymbol{K}_{3\times3}=\begin{bmatrix}0 & 2 & 0\\ -2 & 0 & 0\\ 0 & 0 & 0\end{bmatrix}\tag{3.7.6}$$

不难发现，方程（3.3.15）的根就是雅可比矩阵 $\mathrm{D}\boldsymbol{f}$ 的特征值。根据常微分方程理论，方程（3.7.2）的 $2N$ 个线性无关的基本解为

$$\boldsymbol{v}_i\exp(\lambda_i t),\ i=1, 2, \cdots, 2N\tag{3.7.7}$$

其中，λ_i 为雅可比矩阵 $\mathrm{D}\boldsymbol{f}$ 的特征值；$\boldsymbol{v}_i$ 是与之对应的特征向量。

定义基本解矩阵为

$$\boldsymbol{\Psi}(t)=[\boldsymbol{v}_1\exp(\lambda_1 t)\ \ \cdots\ \ \boldsymbol{v}_{2N}\exp(\lambda_{2N}t)]\tag{3.7.8}$$

则方程（3.7.2）的解可以表示为

$$\delta\boldsymbol{x}(t)=\boldsymbol{\Psi}(t)\boldsymbol{c}\tag{3.7.9}$$

其中，$\boldsymbol{c}$ 为与初始运动状态有关的常值向量。

若令 $\boldsymbol{\Phi}(t, t_0)=\boldsymbol{\Psi}(t)\boldsymbol{\Psi}^{-1}(t_0)$，则式（3.7.9）可以改写为

$$\delta\boldsymbol{x}(t)=\boldsymbol{\Phi}(t, t_0)\delta\boldsymbol{x}_0\tag{3.7.10}$$

其中，t_0 为运动的初始时刻；$\delta\boldsymbol{x}_0$ 为初始状态。

矩阵 $\boldsymbol{\Phi}(t, t_0)$表示了运动的初始状态经过 t 时间的线性变换算子，显然有 $\boldsymbol{\Phi}(t_0, t_0)=\boldsymbol{I}_{2N\times2N}$，其中 $\boldsymbol{I}_{2N\times2N}$为单位阵。称矩阵 $\boldsymbol{\Phi}(t, t_0)$为系统的状态转移矩阵。

将式（3.7.10）对时间 t 求导，并结合式（3.7.2），有

$$\dot{\boldsymbol{\Phi}}(t, t_0)=\mathrm{D}\boldsymbol{f}\boldsymbol{\Phi}(t, t_0)\tag{3.7.11}$$

式（3.7.11）是状态转移矩阵满足的微分方程，因为 $\boldsymbol{\Phi}(t_0, t_0)=\boldsymbol{I}$，故状态转移矩阵可以通过求解以下初值问题得到

$$\begin{cases}\dot{\boldsymbol{\Phi}}(t,\ t_0)=\mathrm{D}\boldsymbol{f}\boldsymbol{\Phi}(t,\ t_0)\\ \boldsymbol{\Phi}(t_0,\ t_0)=\boldsymbol{I}\end{cases} \tag{3.7.12}$$

另外，将形如 $\dot{x}=ax(t)$ 的常微分方程的解 $x(t)=C\exp(at)$ 拓展到矩阵的微分方程中，则式（3.7.11）的解可以表示为

$$\boldsymbol{\Phi}(t,\ t_0)=\exp[(t-t_0)\mathrm{D}\boldsymbol{f}] \tag{3.7.13}$$

其中，$\exp[(t-t_0)\mathrm{D}\boldsymbol{f}]$ 可以展开为

$$\exp[(t-t_0)\mathrm{D}\boldsymbol{f}]=\boldsymbol{I}+\sum_{n=1}^{\infty}\frac{(t-t_0)^n}{n!}(\mathrm{D}\boldsymbol{f})^n \tag{3.7.14}$$

因此，状态转移矩阵也能通过截取式（3.7.14）的有限项来获得近似值。

若 $\tilde{\boldsymbol{x}}(t,\tilde{\boldsymbol{x}}_0)$ 是以 $\tilde{\boldsymbol{x}}_0$ 为初值的系统（3.7.1）的一个周期解，其周期为 T。对该周期轨道的运动初值施加摄动 $\tilde{\boldsymbol{x}}_0+\delta\boldsymbol{x}_0$，则摄动后轨道随时间的演化可由式（3.7.10）描述。特别地，摄动后的轨道在 T 时刻后与周期轨道 $\tilde{\boldsymbol{x}}(T,\ \tilde{\boldsymbol{x}}_0)$ 的偏差可以表示为

$$\delta\boldsymbol{x}(T)=\boldsymbol{\Phi}(T,\ t_0)\delta x_0 \tag{3.7.15}$$

定义 3.7.1（单值矩阵）　给定一个周期轨道 $\tilde{\boldsymbol{x}}(t;\ \tilde{\boldsymbol{x}}_0)$，其周期为 T，一个周期后的状态转移矩阵 $\boldsymbol{M}=\boldsymbol{\Phi}(T,\ t_0)$ 称为该周期轨道的单值矩阵。

为了探究单值矩阵 $\boldsymbol{M}$ 的性质，将系统（3.7.1）写成哈密顿形式

$$\dot{z}=\boldsymbol{J}(\nabla H)^{\mathrm{T}} \tag{3.7.16}$$

其中，$\boldsymbol{z}^{\mathrm{T}}=[\boldsymbol{q}^{\mathrm{T}},\ \boldsymbol{p}^{\mathrm{T}}]$，$\boldsymbol{q}$ 和 $\boldsymbol{p}$ 分别为广义坐标与广义动量；矩阵 $\boldsymbol{J}$ 为

$$\boldsymbol{J}=\begin{bmatrix}\boldsymbol{O} & \boldsymbol{I}_{n\times n}\\ -\boldsymbol{I}_{n\times n} & \boldsymbol{O}\end{bmatrix} \tag{3.7.17}$$

线性化的系统方程可以表示为

$$\delta\dot{z}=\boldsymbol{J}\nabla(\nabla H)\delta z \tag{3.7.18}$$

其中，$\nabla(\nabla H)$ 表示哈密顿函数的海森矩阵。

因此，系统的状态转移矩阵满足

$$\dot{\boldsymbol{\Phi}}(t,\ t_0)=\boldsymbol{J}\nabla(\nabla H)\boldsymbol{\Phi}(t,\ t_0) \tag{3.7.19}$$

考察如下关系式

$$\begin{aligned}&\frac{\mathrm{d}}{\mathrm{d}t}(\boldsymbol{\Phi}(t,\ t_0)^{\mathrm{T}}\boldsymbol{J}\boldsymbol{\Phi}(t,\ t_0))\\ &=\dot{\boldsymbol{\Phi}}(t,\ t_0)^{\mathrm{T}}\boldsymbol{J}\boldsymbol{\Phi}(t,\ t_0)+\boldsymbol{\Phi}(t,\ t_0)^{\mathrm{T}}\boldsymbol{J}\dot{\boldsymbol{\Phi}}(t,\ t_0)\\ &=\boldsymbol{\Phi}(t,\ t_0)^{\mathrm{T}}\nabla(\nabla H)\boldsymbol{J}^{\mathrm{T}}\boldsymbol{J}\boldsymbol{\Phi}(t,\ t_0)+\boldsymbol{\Phi}(t,\ t_0)^{\mathrm{T}}\boldsymbol{J}\boldsymbol{J}\nabla(\nabla H)\boldsymbol{\Phi}(t,\ t_0)\\ &=\boldsymbol{\Phi}(t,\ t_0)^{\mathrm{T}}[\nabla(\nabla H)-\nabla(\nabla H)]\boldsymbol{\Phi}(t,\ t_0)\\ &=0\end{aligned} \tag{3.7.20}$$

另外，由于 $\boldsymbol{\Phi}(t_0,\ t_0)=\boldsymbol{I}_{6\times 6}$，所以有

$$\boldsymbol{\Phi}(t,\ t_0)^{\mathrm{T}}\boldsymbol{J}\boldsymbol{\Phi}(t,\ t_0)=\boldsymbol{J} \tag{3.7.21}$$

满足式（3.7.19）的矩阵称为辛矩阵，故状态转移矩阵 $\boldsymbol{\Phi}(t,\ t_0)$ 和单值矩阵 $\boldsymbol{M}$ 都是辛矩阵。可以证明，所有辛矩阵的行列式值都等于 1，即

$$\det[\boldsymbol{\Phi}(t,\ t_0)]=\det(\boldsymbol{M})=1 \tag{3.7.22}$$

下面考察单值矩阵 $\boldsymbol{M}$ 的特征多项式

$$P(\lambda)=\det(\boldsymbol{M}-\lambda\boldsymbol{I})$$

$$
\begin{aligned}
&= \det[\boldsymbol{J}(\boldsymbol{M} - \lambda\boldsymbol{I})\boldsymbol{J}^{-1}] \\
&= \det[(\boldsymbol{M}^{\mathrm{T}})^{-1}\boldsymbol{M}^{\mathrm{T}}\boldsymbol{JMJ}^{-1} - \lambda\boldsymbol{JIJ}^{-1}] \\
&= \det[(\boldsymbol{M}^{\mathrm{T}})^{-1} - \lambda\boldsymbol{I}] \\
&= \det(\boldsymbol{M}^{-1})\det(\boldsymbol{I} - \lambda\boldsymbol{M}) \\
&= \det\left[-\lambda\left(\boldsymbol{M} - \frac{1}{\lambda}\boldsymbol{I}\right)\right] \\
&= \lambda^{2n}P\left(\frac{1}{\lambda}\right)
\end{aligned} \tag{3.7.23}
$$

由上面的关系可以得出结论：若 λ 是单值矩阵 $\boldsymbol{M}$ 的特征值，那么 λ^{-1} 也应是 $\boldsymbol{M}$ 的特征值。若特征值为复数，则一定存在另一个与之共轭的复数特征值，且它们的模都应该为 1。

若初始摄动满足

$$
\delta\tilde{\boldsymbol{x}}_0 = \tilde{\boldsymbol{x}}(\varepsilon t_0; \tilde{\boldsymbol{x}}_0) - \tilde{\boldsymbol{x}}_0 \tag{3.7.24}
$$

其中，ε 为任意小的正数。对于自治系统，该摄动沿周期轨道的切线方向，故摄动后的轨道仍然为 $\tilde{\boldsymbol{x}}(t; \tilde{\boldsymbol{x}}_0)$，因此有

$$
\boldsymbol{M}\delta\tilde{\boldsymbol{x}}_0 = \delta\tilde{\boldsymbol{x}}_0 \tag{3.7.25}
$$

可见 1 也为单值矩阵 $\boldsymbol{M}$ 的特征值。综上所述，单值矩阵 $\boldsymbol{M}$ 特征值的组成为：

①互为倒数的数对

$$
\lambda_1 = \frac{1}{\lambda_2}, \ \cdots \tag{3.7.26}
$$

②值为 1 的数对

$$
\lambda_3 = \lambda_4 = 1, \ 2, \ \cdots \tag{3.7.27}
$$

③模为 1 的共轭复数对

$$
\lambda_5 = \bar{\lambda}_6, \ |\lambda_5| = 1, \ 2, \ \cdots \tag{3.7.28}
$$

3.7.2　周期轨道的稳定性

讨论与周期轨道相关的不变流形结构时，首先分析周期轨道的稳定性。分析周期轨道稳定性的一个方法是 Poincaré 映射，利用它可以将连续的动态流进行离散，将周期轨道稳定性的分析问题转化为对映射的不动点的稳定性的分析问题。可以证明，相空间中周期轨道附近的相流与映射的不动点具有相同的定性结构。例如，如果由映射定义的不动点是渐近稳定的，其特征值都落在单位圆内，那么相应的周期轨道也是渐近稳定的。也就是说，任何从周期轨道附近出发的轨迹都渐近收敛并最终同步于周期轨道。因此，有关周期轨道的稳定性信息，可以通过研究 Poincaré 映射定义的不动点的稳定性获得。

下面以共线平动点附近的 Halo 轨道为例进行讨论。圆形限制性三体问题中，Halo 轨道是关于 xz 平面对称的，所以 Poincaré 截面 $\boldsymbol{\Sigma}$ 可以选为 xz 平面，即 $y=0$ 平面。Halo 轨道在这个平面上的 Poincaré 映射为两个不动点，将 Poincaré 映射在不动点处进行线性化，通过对特征值或特征向量的分析，便可以给出 Halo 轨道附近动态流的稳定性信息。

定义上述的 Poincaré 映射为

$$
Q: \ \boldsymbol{x}_0 \in \boldsymbol{\Sigma} \mapsto \boldsymbol{x}(\tau, \ \boldsymbol{x}_0) \in \boldsymbol{\Sigma} \tag{3.7.29}
$$

其中，$\boldsymbol{x}(\tau,\ \boldsymbol{x}_0)$为以$\boldsymbol{x}_0$为初值的相流，$\tau$为从$\boldsymbol{x}_0$开始直到再次以同样的方向穿过$\boldsymbol{\Sigma}$所需要的时间。

Poincaré 映射Q的不动点可以认为是 Halo 轨道的初值$\tilde{\boldsymbol{x}}_0$，则Q在$\tilde{\boldsymbol{x}}_0$处的线性化映射为

$$L(Q)=\left.\frac{\partial Q}{\partial \boldsymbol{x}_0}\right|_{x_0=\tilde{x}_0}=\left.\frac{\partial \boldsymbol{x}(T,\ \boldsymbol{x}_0)}{\partial \boldsymbol{x}_0}\right|_{x_0=\tilde{x}_0} \tag{3.7.30}$$

Halo 轨道的稳定性可以由不动点$\tilde{\boldsymbol{x}}_0$的稳定性得到，这里定义映射$L(Q)$的特征值和特征向量为

$$L(Q)(\delta\boldsymbol{x}_0)=\lambda\delta\boldsymbol{x}_0 \tag{3.7.31}$$

其中，$\delta\boldsymbol{x}_0\in\Sigma$；$\lambda$为映射$L(Q)$的特征值；向量$\delta\boldsymbol{x}_0$为特征向量。

如果所有特征值的模都小于1，则不动点$\tilde{\boldsymbol{x}}_0$是稳定的；如果至少有一个特征值的模大于1，则不动点$\tilde{\boldsymbol{x}}_0$是不稳定的。

下面分析映射$L(Q)$的特征值。

若不对$\boldsymbol{x}_0$加以限制，则有

$$\frac{\mathrm{d}}{\mathrm{d}t}\left(\frac{\partial \boldsymbol{x}(t,\ \boldsymbol{x}_0)}{\partial \boldsymbol{x}_0}\right)=\frac{\partial}{\partial \boldsymbol{x}_0}\boldsymbol{f}(\boldsymbol{x})=\mathrm{D}\boldsymbol{f}\frac{\partial \boldsymbol{x}(t,\ \boldsymbol{x}_0)}{\partial \boldsymbol{x}_0} \tag{3.7.32}$$

对比式（3.7.11），可见相流$\boldsymbol{x}(t,\ \boldsymbol{x}_0)$对初值的雅可比矩阵与状态转移矩阵$\boldsymbol{\Phi}(t,\ t_0)$是相等的，因此，$L(Q)$的特征值与单值矩阵$\boldsymbol{M}$的特征值是相关的。由于线性化映射的原像都在超平面$\Sigma$内，故1不是$L(Q)$的特征值。因为若1是$L(P)$的特征值，则对应的特征向量应垂直于$\Sigma$，这与原像在$\Sigma$内是矛盾的。因此，可以得到结论：单值矩阵$\boldsymbol{M}$的特征值，除了1以外，其余都是$L(Q)$的特征值。

通过数值计算得知，Halo 轨道的单值矩阵具有一对值为1的特征值、一对互为倒数且为实数的特征值，以及一对模为1的共轭复特征值，分别为

$$\lambda_1\gg 1,\ \lambda_2=\frac{1}{\lambda_1},\ \lambda_3=\lambda_4=1,\ \lambda_5=\bar{\lambda}_6,\ |\lambda_5|=1 \tag{3.7.33}$$

由此可见，Halo 轨道对应的映射$L(Q)$的特征值具有模大于1的特征值，故其不动点是不稳定的，因此 Halo 轨道是不稳定的周期轨道。

3.7.3 平动点的不变流形

假设该动力系统（3.7.1）在开子集Ω中有一个双曲不动点$\boldsymbol{x}_e$。所谓双曲不动点，是指具有如下性质的平动点：雅可比矩阵$\mathrm{D}\boldsymbol{f}$在该点处的取值$\mathrm{D}\boldsymbol{f}(\boldsymbol{x}_e)$只具有实部大于0和实部小于0的特征值。对于双曲不动点，存在稳定流形定理。

定理 3.7.1（不动点稳定流形定理） 设动力系统（3.7.1）中开子集Ω包含不动点$\boldsymbol{x}_e$，$\boldsymbol{x}(t,\ \boldsymbol{x}_0)$为穿过初值$\boldsymbol{x}_0$的相流。若在不动点$\boldsymbol{x}_e$处，$\mathrm{D}\boldsymbol{f}(\boldsymbol{x}_e)$有$k$个具有正实部的特征值，$j=2N-k$个具有负实部的特征值，那么存在一个$k$维的可微流形$\boldsymbol{W}^{\mathrm{U}}_{\mathrm{loc}}(\boldsymbol{x}_e)$与线性系统不稳定子空间$\boldsymbol{E}^{\mathrm{U}}$在不动点处相切，即

$$\begin{gathered}\boldsymbol{x}[t,\ \boldsymbol{W}^{\mathrm{U}}_{\mathrm{loc}}(\boldsymbol{x}_e)]\subset\boldsymbol{W}^{\mathrm{U}}_{\mathrm{loc}}(\boldsymbol{x}_e),\ \forall t\leqslant 0\\ \lim_{t\to-\infty}\boldsymbol{x}(t,\ \boldsymbol{x}_0)=\boldsymbol{x}_e,\ \forall \boldsymbol{x}_0\in\boldsymbol{W}^{\mathrm{U}}_{\mathrm{loc}}(\boldsymbol{x}_e)\end{gathered} \tag{3.7.34}$$

同时存在一个j维的可微流形$\boldsymbol{W}^{\mathrm{S}}_{\mathrm{loc}}(\boldsymbol{x}_e)$与线性系统稳定子空间$\boldsymbol{E}^{\mathrm{S}}$在不动点处相切，即

$$\boldsymbol{x}[t,\ \boldsymbol{W}^{\mathrm{S}}_{\mathrm{loc}}(\boldsymbol{x}_e)]\subset\boldsymbol{W}^{\mathrm{S}}_{\mathrm{loc}}(\boldsymbol{x}_e),\ \forall t\geqslant 0$$

$$\lim_{t\to+\infty}\boldsymbol{x}(t,\ \boldsymbol{x}_0)=\boldsymbol{x}_e,\quad \forall\boldsymbol{x}_0\in\boldsymbol{W}^{\mathrm{S}}_{\mathrm{loc}}(\boldsymbol{x}_e) \tag{3.7.35}$$

不稳定子空间 $\boldsymbol{E}^{\mathrm{U}}$ 是指 $\mathrm{D}\boldsymbol{f}(\boldsymbol{x}_e)$ 的 k 个具有正实部特征值所对应的特征向量所张成的子空间，而稳定子空间 $\boldsymbol{E}^{\mathrm{S}}$ 是指 $\mathrm{D}\boldsymbol{f}(\boldsymbol{x}_e)$ 的 j 个具有负实部特征值对应的特征向量所张成的子空间。双曲不动点附近的稳定与不稳定流形如图 3.7.1 所示。

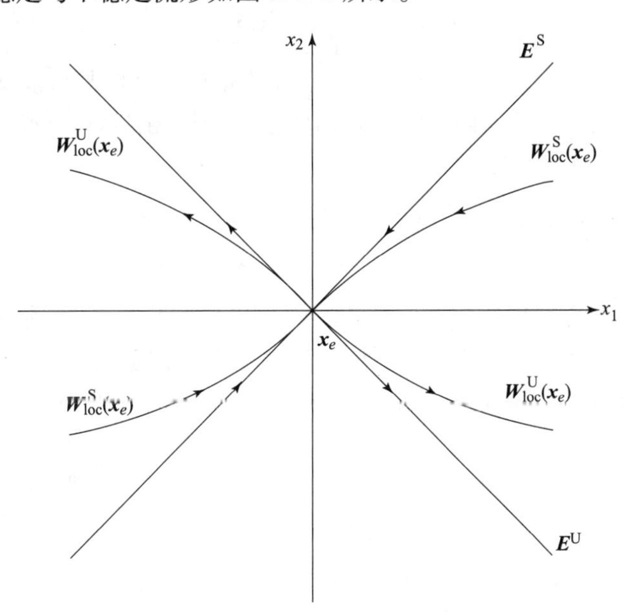

图 3.7.1　双曲不动点附近的稳定和不稳定流形

不动点的稳定流形定理确定了图 3.7.1 中不动点 $\boldsymbol{x}_e$ 附近局部存在稳定和不稳定流形，分别记作 $\boldsymbol{W}^{\mathrm{S}}_{\mathrm{loc}}(\boldsymbol{x}_e)$ 和 $\boldsymbol{W}^{\mathrm{U}}_{\mathrm{loc}}(\boldsymbol{x}_e)$，稳定和不稳定流形分别与线性子空间 $\boldsymbol{E}^{\mathrm{S}}$ 和 $\boldsymbol{E}^{\mathrm{U}}$ 在不动点相切，并且与这些子空间同维，因此有

$$\begin{cases}\boldsymbol{x}[t,\ \boldsymbol{W}^{\mathrm{U}}_{\mathrm{loc}}(\boldsymbol{x}_e)]\subset\boldsymbol{W}^{\mathrm{U}}_{\mathrm{loc}}(\boldsymbol{x}_e),\quad \forall t\leqslant 0\\ \boldsymbol{x}[t,\ \boldsymbol{W}^{\mathrm{U}}_{\mathrm{loc}}(\boldsymbol{x}_e)]\subset\boldsymbol{W}^{\mathrm{S}}_{\mathrm{loc}}(\boldsymbol{x}_e),\quad \forall t\geqslant 0\end{cases} \tag{3.7.36}$$

由不动点的稳定流形定理可知，开始于一个流形上的轨道在整个动力学演化过程中，随时间前向或后向递推都将始终保持在该流形上，即具有收敛性。

$$\begin{cases}\lim\limits_{t\to-\infty}\boldsymbol{x}(t,\ \boldsymbol{x}_0)=\boldsymbol{x}_e,\quad \forall\boldsymbol{x}_0\in\boldsymbol{W}^{\mathrm{U}}_{\mathrm{loc}}(\boldsymbol{x}_e)\\ \lim\limits_{t\to+\infty}\boldsymbol{x}(t,\ \boldsymbol{x}_0)=\boldsymbol{x}_e,\quad \forall x_0\in\boldsymbol{W}^{\mathrm{S}}_{\mathrm{loc}}(\boldsymbol{x}_e)\end{cases} \tag{3.7.37}$$

收敛性表明，任意一条从一个局部不稳定或稳定流形上的某点 $\boldsymbol{x}_0$ 出发的任意轨道，随着时间趋于负无穷（不稳定流形）或趋于正无穷（稳定流形），最终将收敛于不动点 $\boldsymbol{x}_e$。值得注意的是，不动点稳定流形定理中并未明确给出局部不稳定和稳定流形的定义。

定义 3.7.2（局部不稳定和稳定流形）　设 $\boldsymbol{x}(t,\ \boldsymbol{x}_1)$ 为动力系统中的相流，则不动点 $\boldsymbol{x}_e$ 的局部稳定和不稳定流形可以定义为

$$\boldsymbol{W}^{\mathrm{U}}_{\mathrm{loc}}(\boldsymbol{x}_e)=\{\boldsymbol{x}_1\in\boldsymbol{N}_\delta(\boldsymbol{x}_e)\,|\,\boldsymbol{x}(t,\ \boldsymbol{x}_1)\to\boldsymbol{x}_e,\ t\to-\infty\text{且}\boldsymbol{x}(t,\ \boldsymbol{x}_1)\in N_\delta(\boldsymbol{x}_e),\quad \forall t\leqslant 0\} \tag{3.7.38}$$

$$\boldsymbol{W}^{\mathrm{S}}_{\mathrm{loc}}(\boldsymbol{x}_e)=\{\boldsymbol{x}_1\in\boldsymbol{N}_\delta(\boldsymbol{x}_e)\,|\,\boldsymbol{x}(t,\ \boldsymbol{x}_1)\to\boldsymbol{x}_e,\ t\to+\infty\text{且}\boldsymbol{x}(t,\ \boldsymbol{x}_1)\in N_\delta(\boldsymbol{x}_e),\quad \forall t\geqslant 0\} \tag{3.7.39}$$

其中，$N_\delta(\boldsymbol{x}_e)=\{\boldsymbol{x}\in\mathbb{R}^n:\ \boldsymbol{x}-\boldsymbol{x}_e\leqslant\delta\}$，表示不动点 $\boldsymbol{x}_e$ 的邻域，$\delta>0$。

定义 3.7.3（全局不稳定和稳定流形）　设 $\boldsymbol{x}(t,\ \boldsymbol{x}_1)$为动力系统中的相流，则不动点 $\boldsymbol{x}_e$ 的全局稳定和不稳定流形可以定义为

$$\boldsymbol{W}^{\mathrm{U}}(\boldsymbol{x}_e)=\bigcup_{t\geqslant0}\boldsymbol{x}[t,\ \boldsymbol{W}^{\mathrm{U}}_{\mathrm{loc}}(\boldsymbol{x}_e)] \tag{3.7.40}$$

$$\boldsymbol{W}^{\mathrm{S}}(\boldsymbol{x}_e)=\bigcup_{t\leqslant0}\boldsymbol{x}[t,\ \boldsymbol{W}^{\mathrm{S}}_{\mathrm{loc}}(\boldsymbol{x}_e)] \tag{3.7.41}$$

全局流形可以看作是从任何一个局部流形上出发的轨道解的集合。从这个定义也可以得知全局不稳定和稳定流形是唯一的。需要指出的是，全局相流 $\boldsymbol{x}(t,\ \boldsymbol{x}_1)$ 的不变性也类似于局部流形，即

$$\begin{cases}\lim\limits_{t\to-\infty}\boldsymbol{x}(t,\ \boldsymbol{x}_1)=\boldsymbol{x}_e,\quad \forall\boldsymbol{x}_1\in\boldsymbol{W}^{\mathrm{U}}(\boldsymbol{x}_e)\\ \lim\limits_{t\to+\infty}\boldsymbol{x}(t,\ \boldsymbol{x}_1)=\boldsymbol{x}_e,\quad \forall\boldsymbol{x}_1\in\boldsymbol{W}^{\mathrm{S}}(\boldsymbol{x}_e)\end{cases} \tag{3.7.42}$$

总之，双曲不动点的流形是嵌入在相空间中的一个超曲面，它具有可微性、不变性和收敛性。一个流形可以看作是一个轨道族，轨道族构成了一个超曲面。流形收敛于相空间中的不动点或从该点散射出来。

定理 3.7.2（不动点的流形定理）　设动力系统（3.7.1）中开子集 $\varOmega$ 包含不动点 $\boldsymbol{x}_e$，$\mathrm{D}\boldsymbol{f}(\boldsymbol{x}_e)$ 在不动点 $\boldsymbol{x}_e$ 处有 k 个具有负实部的特征值，j 个具有正实部的特征值，$m=2N-k-j$ 个零实部的特征值。那么存在一个 m 维的 C^r 中心流形 $\boldsymbol{W}^{\mathrm{C}}(\boldsymbol{x}_e)$与中心子空间 $\boldsymbol{E}^{\mathrm{C}}$ 在 $\boldsymbol{x}_e$ 处相切，存在一个 k 维的 C^r 稳定流形 $\boldsymbol{W}^{\mathrm{S}}(\boldsymbol{x}_e)$与稳定子空间 $\boldsymbol{E}^{\mathrm{S}}$ 在 $\boldsymbol{x}_e$ 处相切，存在一个 j 维的 C^r 不稳定流形 $\boldsymbol{W}^{\mathrm{U}}(\boldsymbol{x}_e)$ 与稳定子空间 $\boldsymbol{E}^{\mathrm{U}}$ 在 $\boldsymbol{x}_e$ 处相切。对于一个相流 $\boldsymbol{x}(t,\ \boldsymbol{x}_1)$，$\boldsymbol{W}^{\mathrm{C}}(\boldsymbol{x}_e)$、$\boldsymbol{W}^{\mathrm{S}}(\boldsymbol{x}_e)$ 和 $\boldsymbol{W}^{\mathrm{U}}(\boldsymbol{x}_e)$ 是不变集。

下面将把对不动点流形的存在和性质的讨论推广到周期轨道。

3.7.4　周期轨道的不变流形

假设动力系统（3.7.1）具有周期解 $\tilde{\boldsymbol{x}}(t;\ \tilde{\boldsymbol{x}}_0)$，那么可以给出周期轨道的稳定流形定理。

定理 3.7.3（周期轨道的稳定流形定理）　设动力系统（3.7.1）中开子集 $\varOmega$ 包含周期轨道 $\tilde{\boldsymbol{x}}(t,\ \tilde{\boldsymbol{x}}_0)$，其周期为 T，$\boldsymbol{x}(t,\ \boldsymbol{x}_1)$是系统某相流。如果 $\tilde{\boldsymbol{x}}(t,\ \tilde{\boldsymbol{x}}_0)$的单值矩阵中有 k 个模小于 1 的特征值，这里 $0\leqslant k\leqslant 2N-2$，且有 $j=2N-2-k$ 个模大于 1 的特征值。将周期轨道 $\tilde{\boldsymbol{x}}(t,\ \tilde{\boldsymbol{x}}_0)$上的点集 $\varGamma$ 定义为

$$\varGamma=\{\boldsymbol{x}\in\mathbb{R}^{2N}\,|\,\boldsymbol{x}=\tilde{\boldsymbol{x}}(t;\ \tilde{\boldsymbol{x}}_0),\ t\in[0,\ T]\} \tag{3.7.43}$$

定义空间任意一点到 $\varGamma$ 的距离为

$$d(\boldsymbol{y},\ \varGamma)=\inf_{x\in\varGamma}(\ \|\boldsymbol{y}-\boldsymbol{x}\|\ ),\ \boldsymbol{y}\in\mathbb{R}^{2N} \tag{3.7.44}$$

定义 $\varGamma$ 的领域为

$$N_\delta(\varGamma)=\{\boldsymbol{y}\in\mathbb{R}^{2N}\,|\,d(\boldsymbol{y},\ \varGamma)<\delta\},\ \delta>0 \tag{3.7.45}$$

那么 $\exists\delta>0$，使得 $\tilde{\boldsymbol{x}}(t;\ \tilde{\boldsymbol{x}}_0)$的稳定流形

$$\boldsymbol{W}^{\mathrm{S}}_{\mathrm{loc}}(\varGamma)=\{\boldsymbol{x}_1\in\boldsymbol{N}_\delta(\varGamma)\,|\,d[\boldsymbol{x}(t,\ \boldsymbol{x}_1),\ \varGamma]\to0\ ,\ t\to+\infty\text{且}\boldsymbol{x}(t,\ \boldsymbol{x}_1)\in\boldsymbol{N}_\delta(\varGamma),\ \ \forall t\geqslant0\}$$

是一个 $k+1$ 维的可微流形，对于相流 $\boldsymbol{x}(t,\ \boldsymbol{x}_1)$ 它是正不变集。

使得 $\tilde{\boldsymbol{x}}(t;\ \tilde{\boldsymbol{x}}_0)$的不稳定流形

$$\boldsymbol{W}_{\mathrm{loc}}^{\mathrm{U}}(\Gamma)=\{\boldsymbol{x}_1\in\boldsymbol{N}_\delta(\Gamma)\mid d[\boldsymbol{x}(t,\ \boldsymbol{x}_1),\ \Gamma]\to0,\ t\to-\infty\text{且}\boldsymbol{x}(t,\ \boldsymbol{x}_1)\in\boldsymbol{N}_\delta(\Gamma),\ \ \forall t\leqslant0\}$$

是一个 $j+1$ 维的可微流形。对于相流 $\boldsymbol{x}(t,\ \boldsymbol{x}_1)$，它是负不变集，$\boldsymbol{x}(t,\ \boldsymbol{x}_1)$ 的稳定和不稳定流形相交于 Γ，如图 3.7.2 所示。

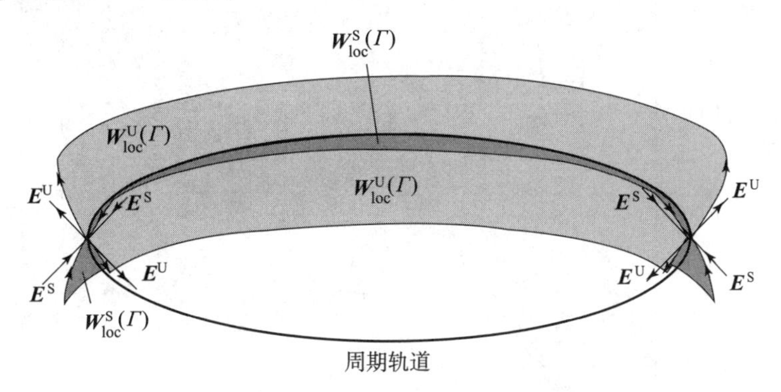

图 3.7.2　双曲周期轨道附近的不变流形

如果周期轨道上的任意点都有双曲不动点的特性，那么周期轨道可以看作是双曲不动点的集合。因此，有零实部指数的周期轨道可以称为双曲周期轨道。

定义 3.7.4（周期轨道的全局流形）　设 $\boldsymbol{x}(t,\ \boldsymbol{x}_1)$ 为动力系统的相流，周期轨道 $\tilde{\boldsymbol{x}}(t;\ \tilde{\boldsymbol{x}}_0)$ 的全局不稳定流形 $\boldsymbol{W}^{\mathrm{U}}(\Gamma)$ 和稳定流形 $\boldsymbol{W}^{\mathrm{S}}(\Gamma)$ 定义为

$$\boldsymbol{W}^{\mathrm{U}}(\Gamma)=\bigcup_{t\geqslant0}\boldsymbol{x}[t,\ \boldsymbol{W}_{\mathrm{loc}}^{\mathrm{U}}(\Gamma)]\tag{3.7.46}$$

$$\boldsymbol{W}^{\mathrm{S}}(\Gamma)=\bigcup_{t\leqslant0}\boldsymbol{x}[t,\ \boldsymbol{W}_{\mathrm{loc}}^{\mathrm{S}}(\Gamma)]\tag{3.7.47}$$

全局流形继承了所有局部流形的性质，这一点类似于不动点的流形。全局稳定和不稳定流形是唯一的、不变的，并且与局部流形 $\boldsymbol{W}_{\mathrm{loc}}^{\mathrm{U}}(\Gamma)$ 和 $\boldsymbol{W}_{\mathrm{loc}}^{\mathrm{S}}(\Gamma)$ 有同样的维数。除了不稳定和稳定流形以外，周期轨道也有中心流形 $\boldsymbol{W}^{\mathrm{C}}(\Gamma)$。下面给出周期轨道的中心流形定理。

定理 3.7.4（周期轨道的中心流形定理）　设动力系统（3.7.1）中开子集 Ω 包含周期轨道 $\tilde{\boldsymbol{x}}(t;\ \tilde{\boldsymbol{x}}_0)$，其周期为 T。如果 $\tilde{\boldsymbol{x}}(t;\ \tilde{\boldsymbol{x}}_0)$ 的单值矩阵中有 k 个模小于 1 的特征值，j 个模大于 1 的特征值和 $m=2N-k-j$ 个模等于 1 的特征值，则存在一个周期轨道 $\tilde{\boldsymbol{x}}(t;\ \tilde{\boldsymbol{x}}_0)$ 的 m 维 C^{r-1} 中心流形 $\boldsymbol{W}^{\mathrm{C}}(\Gamma)$，$\boldsymbol{W}^{\mathrm{S}}(\Gamma)$、$\boldsymbol{W}^{\mathrm{U}}(\Gamma)$ 和 $\boldsymbol{W}^{\mathrm{C}}(\Gamma)$ 相交于 Γ。

为了形象地展示圆形限制性三体问题中周期轨道的不变流形，图 3.7.3 给出了日地系统 L_2 点附近 Halo 轨道的流形结构。

在图 3.7.3 中，束状曲线表示了稳定和不稳定流形，即 $\boldsymbol{W}^{\mathrm{U}}(\Gamma)$ 和 $\boldsymbol{W}^{\mathrm{S}}(\Gamma)$。这些不变流形由到 Halo 轨道的渐近线轨道构成，数学上定义为一个由 Halo 轨道上的点按时间进行前向或后向递推而形成的双曲线轨线的集合。

为了更准确地描述这些流形，这里定义 Γ 为周期轨道上的点集，$\boldsymbol{x}(t,\ \boldsymbol{x}_1)$ 为从 $\boldsymbol{x}_1$ 出发的相流。根据周期轨道的流形原理，存在周期轨道 Γ 的邻域，即 $\boldsymbol{N}_\delta(\Gamma)$。在 $\boldsymbol{x}_1\in\boldsymbol{N}_\delta(\Gamma)$ 中的所有相流 $\boldsymbol{x}(t,\ \boldsymbol{x}_1)$ 随时间前向或后向递推收敛于 Γ。一个流形可以描述为从相关局部流形的任何点散射出来的轨道解的集合。

另外一个值得强调的性质是不变流形的收敛性，有 $\boldsymbol{x}(t,\ \boldsymbol{x}_1)\to\Gamma$，当 $t\to-\infty$ 时，$\forall\boldsymbol{x}_1\in\boldsymbol{W}^{\mathrm{U}}(\Gamma)$；$\boldsymbol{x}(t,\ \boldsymbol{x}_1)\to\Gamma$，当 $t\to+\infty$ 时，$\forall\boldsymbol{x}_1\in\boldsymbol{W}^{\mathrm{S}}(\Gamma)$。该性质表明：对于不稳定流形而言，当时间趋近于负无穷时，从流形表面上的一个初始点 $\boldsymbol{x}_1$ 出发的任何轨道都收敛于该周期轨

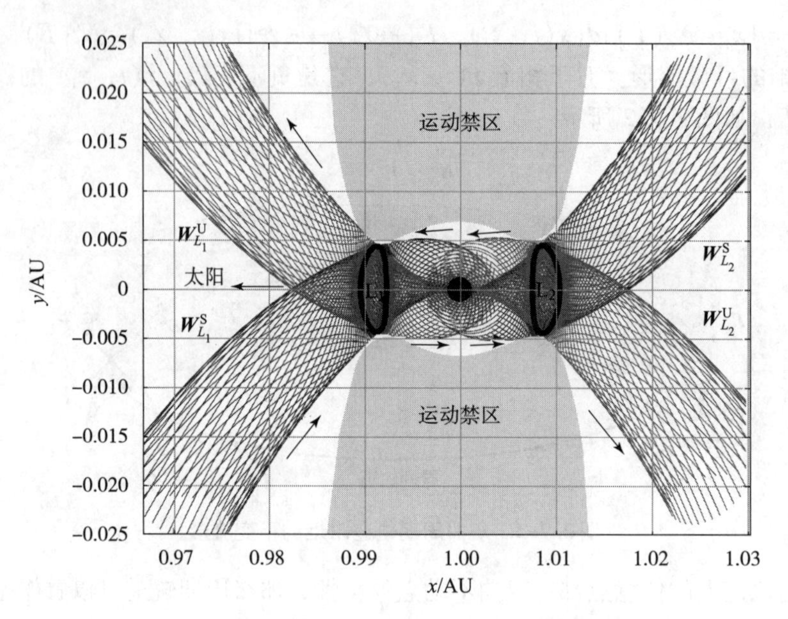

图 3.7.3　日地系统 L_1 和 L_2 附近 Halo 轨道的流形结构

道；对于稳定流形而言，当时间趋近于正无穷时，从流形表面上的一个初始点 $\boldsymbol{x}_1$ 出发的任何轨道都收敛于该周期轨道。

稳定流形和不稳定流形在周期轨道处相交。实际上，Halo 轨道位于这些流形的相交处。需要指出的是，图 3.7.3 给出的是不变流形在 xy 平面上的投影，可以看到不变流形的投影形状是较为规则的管道，但实际上这些不变流形在六维相空间中是扭曲的、蜿蜒的、折叠的通道。

从流形的定义和上面提到的性质还可以得到另一个重要的结论，即所有在流形管道表面上的轨道和 Halo 轨道在理论上具有相等的雅可比积分常数。反过来说，在圆形限制性三体模型中，状态空间中的不变流形结构是由雅可比积分常数唯一确定的。

参考文献

[1] Gomez G, Simo C, Masdemont J. Quasihalo Orbits Associated With Libration Points [J]. Journal of the Astronautical Sciences, 1998, 46 (2): 135 - 176.

[2] Koon W S, Lo M W, Marsden J E, et al. Dynamical Systems, The Three-Body Problem and Space Mission Design [M]. Free online Copy: Marsden Books, 2008.

[3] Wakker K F. Fundamentals of Astrodynamics [M]. Delft University of Technology, 2015.

[4] Roy A E, Orbital Motion [M]. Fourth Edition. Bristol and Philadelphia: IOP Publishing Ltd, 2005.

[5] Richard F. Newtonian Dynamics [M]. Austin, Tex: The University of Texas, 2011.

[6] 袁建平. 航天器深空飞行轨道设计 [M]. 北京：中国宇航出版社，2014.

[7] 刘林，侯锡云. 深空探测器轨道力学 [M]. 北京：电子工业出版社，2012.

[8] Kolemen E, Gurfil P. Multiple Poincaré sections method for finding the quasiperiodic orbits of

the restricted three body problem [J]. Celestial Mechanics & Dynamical Astronomy, 2012, 112 (1): 47 - 74.

[9] Szebehely V. Theory of Orbit [M]. New York and London: Academic Press, 1967.

[10] Gómez G, Llibre J, Martínez R, et al. Dynamics and Mission Design near Libration Points [M]. World Scientific, 2001.

[11] Howell K, Pernicka H. Numerical Determination of Lissajous Trajectories in the Restricted Three-Body Problem [C]. Astrodynamics Conference. 1987: 107 - 124.

[12] Grebow D J. Generating Periodic Orbits in the Circular Restricted Three-Body Problem with Applications to Lunar South Pole Coverage [D]. USA: Purdue University, 2006.

[13] 尚海滨，崔平远，等. 行星际 Halo 轨道转移的多目标优化设计 [J]. 宇航学报，2014，35 (11): 1302 - 1310.

第 4 章

行星际直接转移轨道

4.1　圆锥曲线拼接原理

探测器从地球出发抵达期望探测的目标天体需要经历复杂的飞行过程。以行星际交会任务为例，探测器的直接飞行过程可以简单描述为：探测器首先由运载火箭从地面发射升空，然后加速进入双曲线轨道逃逸地球。随着探测器逐渐远离地球，太阳的引力作用也逐渐变得重要，并最终成为主要的引力作用，此时探测器进入日心转移轨道。在漫长行星际飞行过程中，探测器逐渐接近目标天体，当到达目标天体引力影响球边界时，探测器将沿双曲线轨道进入引力影响球。到达目标天体附近后，探测器要进行减速制动，以形成环绕天体的闭合轨道或着陆到天体表面，开展相关的科学探测任务。

为了精确计算探测器的行星际飞行轨道，必须同时考虑各大天体（各大行星、小行星、彗星等）和各种摄动力（天体的非球形摄动、大气摄动、太阳光压摄动等）对探测器运动的影响，这将涉及非常烦琐复杂的计算。在实际的探测任务初步设计中，采用复杂的探测器受力模型会增加问题研究的难度，也是没有必要的。若暂不考虑探测器从地面的发射过程，认为探测器是从地球附近的轨道飞行至目标天体附近的轨道，则整个飞行过程主要包括 3 个阶段：地球附近飞行段、日心飞行段和目标天体附近飞行段。地球和目标天体的引力影响球边缘是划分 3 个飞行阶段的合理界限。根据天体引力影响球概念，3 个不同的飞行段都有唯一的中心引力天体。在每一阶段的飞行过程中，相比其他天体的引力和各种摄动力，中心天体的引力作用是影响探测器运动最主要的作用力。为了便于分析问题，通常忽略其他天体的引力和各种摄动力的影响，中心引力天体和探测器构成了二体问题。根据二体轨道理论，探测器绕中心引力天体的运动轨道为圆锥曲线。在脉冲推力假设下，探测器每个阶段的飞行轨道都可以看作是圆锥曲线轨道或者圆锥曲线轨道的组合。

通过上述假设和简化，我们对各个飞行阶段轨道分别进行分析，然后将它们在地球和目标天体的引力影响球边缘处进行拼接，这种方法称为圆锥曲线拼接法。圆锥曲线拼接方法是行星际飞行轨道研究的重要工具。

行星际飞行的圆锥曲线拼接原理示意图如图 4.1.1 所示。

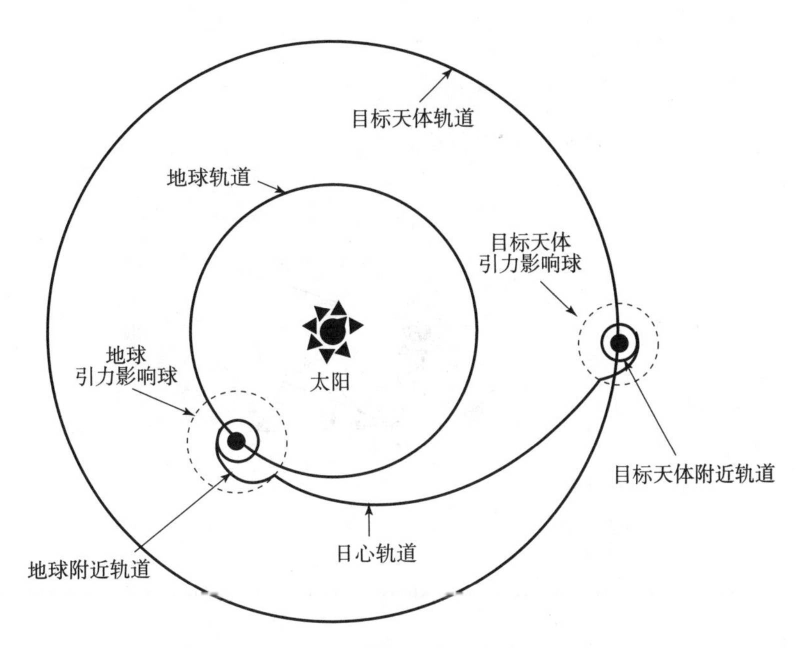

图 4.1.1 圆锥曲线拼接原理示意图

4.2 霍曼转移轨道

对于行星际探测器而言，日心飞行阶段是转移过程的主要部分，也是行星际探测任务首要关注的飞行阶段。

众所周知，太阳系中的天体大都绕太阳做椭圆轨道运动。对于八大行星，它们的运动平面与黄道面的夹角都很小，即轨道倾角 i 很小。这些行星中具有最大轨道倾角的是水星，其运动平面与黄道面的夹角为7.005°，其他行星的轨道倾角则都小于3.5°。对于小天体（小行星和彗星等），轨道倾角较小的目标也是行星际探测任务关注的重点。探测这些轨道倾角较小的目标所需要的燃料消耗是相对较少的。在讨论行星际飞行轨道时，通常假设地球和这些天体绕太阳的运动轨道在同一平面内，这样便于问题的分析。霍曼转移是讨论同平面内轨道间转移的重要理论工具。下面将针对日心的不同出发轨道和目标轨道，讨论它们之间的霍曼转移。

4.2.1 两圆轨道间两脉冲转移

在日心惯性坐标系中，考虑探测器从半径为 r_1 的圆轨道 P_1 上的 A 点转移至半径为 r_2 的圆轨道 P_2 上的 B 点，这里假设 $r_2 > r_1$。探测器的转移轨道标记为 S_1，如图 4.2.1 所示。

讨论两脉冲转移情况。定义 Δv_A 和 Δv_B 分别为探测器在 A 点和 B 点施加的轨道机动速度脉冲，根据余弦定理可以推导出 Δv_A 和 Δv_B 分别为

$$\begin{cases} \Delta v_A = \sqrt{v_{C_1}^2 + v_A^2 - 2v_{C_1} v_A \cos\gamma_A} \\ \Delta v_B = \sqrt{v_{C_2}^2 + v_B^2 - 2v_{C_2} v_B \cos\gamma_B} \end{cases} \tag{4.2.1}$$

其中，v_{C_1} 和 v_{C_2} 分别为圆轨道 P_1 和 P_2 上的速度大小；v_A 和 v_B 分别为探测器从 P_1 出发时和

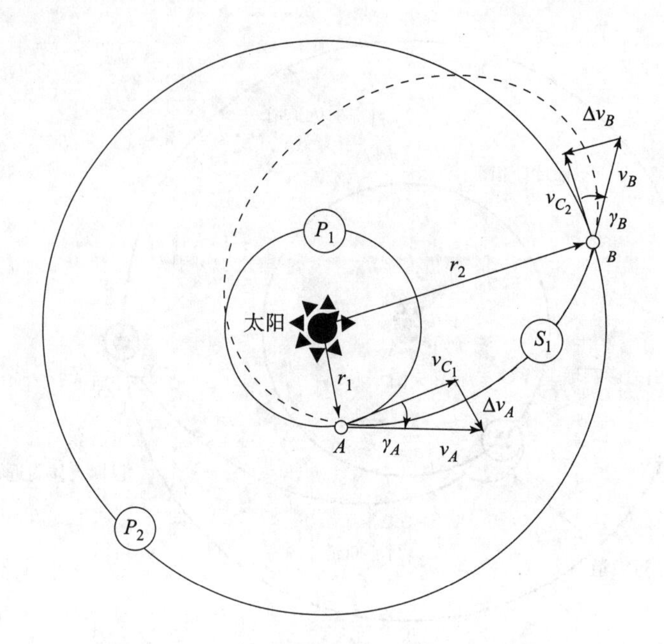

图 4.2.1　同平面圆轨道间两脉冲转移示意图

到达 P_2 时的速度大小；γ_A 和 γ_B 分别为出发时和到达时的飞行路径角。

两个圆轨道上的速度 v_{C_1} 和 v_{C_2} 可以表示为

$$v_{C_1}=\sqrt{\frac{\mu_S}{r_1}},\ v_{C_2}=\sqrt{\frac{\mu_S}{r_2}} \tag{4.2.2}$$

其中，μ_S 为太阳的引力常数。

探测器转移轨道的半通径 p 可以表示为

$$p=a(1-e^2) \tag{4.2.3}$$

其中，a 和 e 分别为转移轨道的半长轴和偏心率。

根据二体轨道能量公式，v_A 和 v_B 分别满足

$$\frac{v_A^2}{2}-\frac{\mu_S}{r_1}=-\frac{\mu_S}{2a},\ \frac{v_B^2}{2}-\frac{\mu_S}{r_2}=-\frac{\mu_S}{2a} \tag{4.2.4}$$

结合式（4.2.2）、式（4.2.3）和式（4.2.4），v_A 和 v_B 可以表示为

$$v_A^2=v_{C_1}^2\left[2-\frac{r_1}{p}(1-e^2)\right],\ v_B^2=v_{C_2}^2\left[2-\frac{r_2}{p}(1-e^2)\right] \tag{4.2.5}$$

作如下定义：

$$k=\frac{r_2}{r_1},\ q=\frac{p}{r_1} \tag{4.2.6}$$

将公式（4.2.6）代入式（4.2.5），可得

$$v_A^2=v_{C_1}^2\left(2-\frac{1-e^2}{q}\right),\ v_B^2=v_{C_1}^2\left(\frac{2}{k}-\frac{1-e^2}{q}\right) \tag{4.2.7}$$

对于圆锥曲线轨道，飞行路径角的一般表达式为

$$\cos\gamma=\frac{h}{rv}=\frac{p/r}{\sqrt{2p/r-(1-e^2)}} \tag{4.2.8}$$

结合式（4.2.6）和式（4.2.8），$\cos\gamma_A$ 和 $\cos\gamma_B$ 可以分别表示为

$$\cos\gamma_A = \frac{q}{\sqrt{2q-(1-e^2)}},\ \cos\gamma_B = \frac{q/k}{\sqrt{2q/k-(1-e^2)}} \tag{4.2.9}$$

将式（4.2.7）和式（4.2.9）代入式（4.2.1），可得

$$\begin{cases}\Delta v_A = v_{C_1}\sqrt{3-2\sqrt{q}-\dfrac{1-e^2}{q}} \\ \Delta v_B = v_{C_1}\sqrt{\dfrac{3-2\sqrt{q/k}}{k}-\dfrac{1-e^2}{q}}\end{cases} \tag{4.2.10}$$

因此，可以得到探测器实现转移所需的总的速度增量为

$$\Delta v_{\text{total}} = \Delta v_A + \Delta v_B = v_{C_1}\left(\sqrt{3-2\sqrt{q}-\frac{1-e^2}{q}}+\sqrt{\frac{3-2\sqrt{q/k}}{k}-\frac{1-e^2}{q}}\right) \tag{4.2.11}$$

燃料消耗是行星际飞行轨道关注的重要指标，我们希望探测器转移轨道所需的总的速度增量最小（消耗的燃料最少）。

注意到，探测器若要成功实现从 P_1 到 P_2 的转移，转移轨道的近日点半径 r_p 应该小于等于圆轨道 P_1 的半径 r_1，同时，其远日点半径 r_a 应该大于等于圆轨道 P_2 的半径 r_2，即应满足如下条件

$$\begin{cases}r_p = a(1-e) \leqslant r_1 \\ r_a = a(1+e) \geqslant r_2\end{cases} \tag{4.2.12}$$

结合式（4.2.3）、式（4.2.6）和式（4.2.12），可以得到

$$\begin{cases}q \leqslant 1+e \\ q \geqslant k(1-e)\end{cases} \tag{4.2.13}$$

满足式（4.2.13）的转移轨道即为探测器能够实现日心圆轨道间转移的可行轨道。图 4.2.2 给出了以 q 和 e 两个参数描述的可行转移区域，其中直线 $q=1+e$ 和 $q=k(1-e)$ 是可行转移区域和不可行转移区域的分界线。从图中可以看出，若要实现从圆轨道 P_1 到 P_2 的转移，可行的转移轨道类型应该是椭圆轨道、抛物线轨道或双曲线轨道，即转移轨道的偏心率应该大于零。

由式（4.2.11）可以看出，对于给定的参数 k 和 q，总的速度增量 Δv_{total} 会随着转移轨道偏心率 e 的减小而减小。从图 4.2.2 中可以看出，两条分界线的交点 H 处对应的偏心率是最小的，该点对应的转移轨道所需的燃料消耗最少，相应的转移轨道即为两脉冲霍曼转移轨道。

下面对两脉冲霍曼转移轨道进行讨论。不难看出，H 点对应的转移轨道类型为椭圆轨道，满足如下关系

$$q = 1+e = k(1-e) \tag{4.2.14}$$

霍曼转移轨道的偏心率 e 和 q 分别为

$$e = \frac{k-1}{k+1},\ q = \frac{2k}{k+1} \tag{4.2.15}$$

由式（4.2.6）和式（4.2.14）可以得到圆轨道半径 r_1 和 r_2 与霍曼转移轨道参数之间的关系为

$$r_1 = a(1-e),\ r_2 = a(1+e) \tag{4.2.16}$$

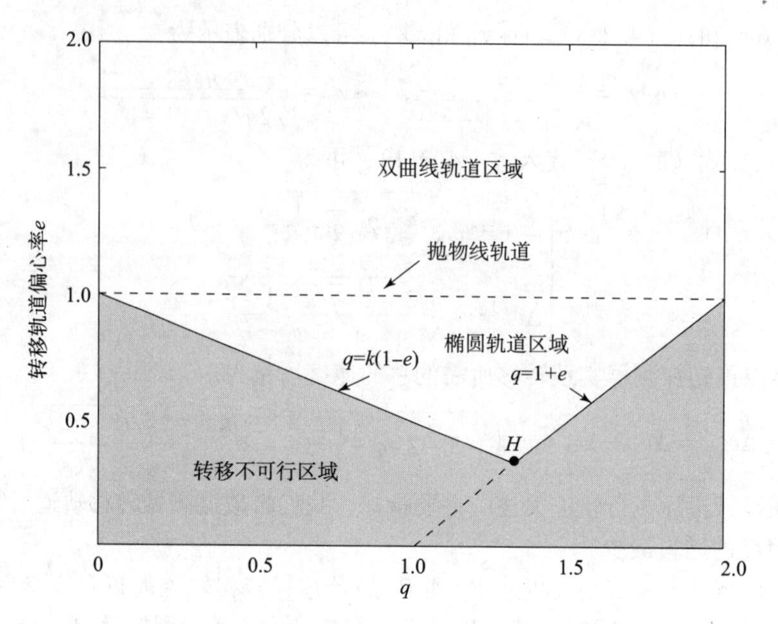

图 4.2.2　同平面圆轨道之间转移的可行区域

式（4.2.16）表明，r_1 和 r_2 分别等于霍曼转移轨道的近日点和远日点半径。因此，我们可以得到如下结论：同平面内两个圆轨道之间的两脉冲燃料消耗最少的转移轨道为霍曼转移，对应的轨道类型为椭圆轨道，并且霍曼转移轨道与两个圆轨道相切，即霍曼转移轨道的近日点半径为出发圆轨道半径，远日点半径为目标圆轨道半径。可以看出，霍曼转移轨道施加的两次轨道机动方向与两个圆轨道的速度方向相同。霍曼转移轨道示意图如图 4.2.3 所示。

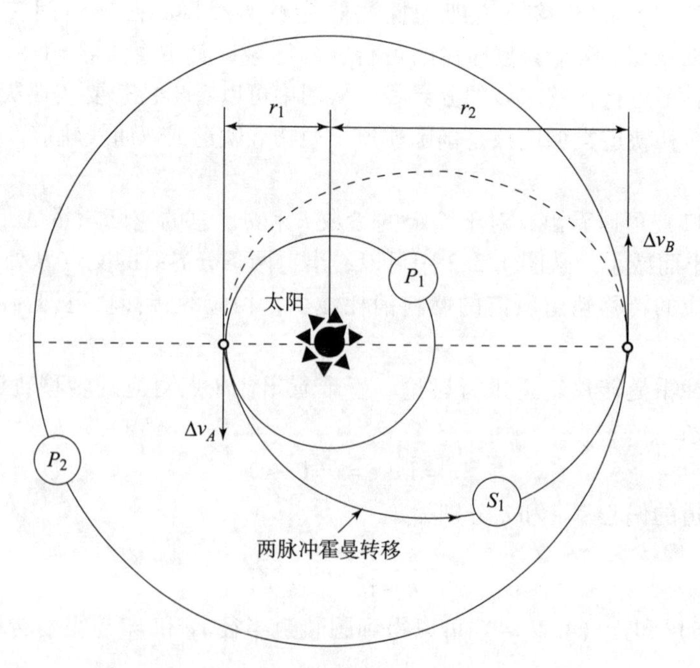

图 4.2.3　同平面圆轨道间两脉冲霍曼转移示意图

根据上面的结论，可以得出两脉冲霍曼转移轨道的半长轴和偏心率分别为

$$a=\frac{r_1+r_2}{2}, \quad e=\frac{r_2-r_1}{r_2+r_1} \tag{4.2.17}$$

近日点和远日点速度大小分别为

$$v_A=v_{C_1}\sqrt{1+e}, \quad v_B=v_{C_2}\sqrt{1-e} \tag{4.2.18}$$

施加的两次轨道机动速度增量分别为

$$\Delta v_A=v_{C_1}(\sqrt{1+e}-1), \quad \Delta v_B=v_{C_2}(1-\sqrt{1-e}) \tag{4.2.19}$$

因此，两脉冲霍曼转移所需的总的速度增量可以表示为

$$\Delta v_{\text{total}}=v_{C_1}(\sqrt{1+e}-1)+v_{C_2}(1-\sqrt{1-e}) \tag{4.2.20}$$

另外，根据式（4.2.2）和式（4.2.6）可得

$$v_{C_2}=\sqrt{\frac{r_1}{r_2}}v_{C_1}=\sqrt{\frac{1}{k}}v_{C_1} \tag{4.2.21}$$

将式（4.2.17）和式（4.2.21）代入式（4.2.20），所需总的速度增量可以表示成

$$\Delta v_{\text{total}}=v_{C_1}\left[(k-1)\sqrt{\frac{2}{k(k+1)}}+\sqrt{\frac{1}{k}}-1\right] \tag{4.2.22}$$

两脉冲霍曼转移所需的转移时间为

$$t_{\mathrm{F}}=\pi\sqrt{\frac{a^3}{\mu_{\mathrm{S}}}}=\pi\sqrt{\frac{(r_1+r_2)^3}{8\mu_{\mathrm{S}}}}=\pi\sqrt{\frac{r_1^3(1+k)^3}{8\mu_{\mathrm{S}}}} \tag{4.2.23}$$

采用正则化单位，假定探测器从半径 $r_1=1$ AU 的日心圆轨道转移至半径为 r_2 的日心目标圆轨道，转移所需的速度增量随参数 k 的变化如图 4.2.4 所示。

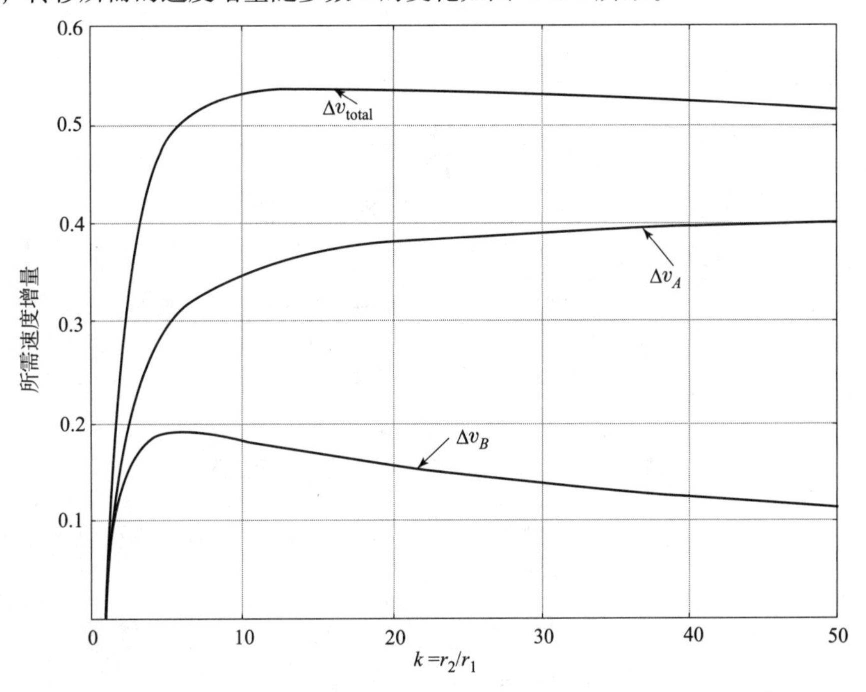

图 4.2.4　同平面圆轨道间两脉冲霍曼转移速度增量

由图 4.2.4 可以看出，随着目标圆轨道半径的增加，所需总的速度增量首先快速增大，然后逐渐减小，其减小趋势主要受到 Δv_B 的变化影响。速度增量 Δv_A 则一直增大，并逐渐接近逃逸太阳引力场所需的速度增量。

值得注意的是，采用两脉冲转移方式从半径为 r_2 圆轨道 P_2 向半径为 r_1 的圆轨道 P_1 转移时，$r_2 > r_1$，霍曼转移也是燃料最省的，并且所需总的速度增量与由 P_1 向 P_2 转移一样大。

4.2.2　两圆轨道间三脉冲转移

对于任意的出发圆轨道和目标圆轨道，两脉冲霍曼转移是否都是燃料最省的转移方式呢？下面将对利用 3 个速度脉冲的双椭圆霍曼转移进行讨论。采用双椭圆霍曼转移时，可能的情况有两种：①首次椭圆霍曼转移轨道的远日点低于目标圆轨道；②首次霍曼转移轨道的远日点高于目标圆轨道。

1. 轨道远日点低于目标圆轨道

探测器在出发圆轨道 P_1 上 A 点施加第一次切向机动速度脉冲 Δv_{A_1} 进入椭圆转移轨道 S_1，S_1 的远日点半径小于目标圆轨道半径 r_2；当探测器再次返回 A 点时，施加第二次切向机动速度脉冲 Δv_{A_2} 进入椭圆转移轨道 S_2，S_2 的远日点半径等于 r_2；当探测器到达远日点 B 点时，施加第三次切向机动速度脉冲 Δv_B，探测器进入目标圆轨道 P_2。整个转移过程示意图如图 4.2.5 所示。

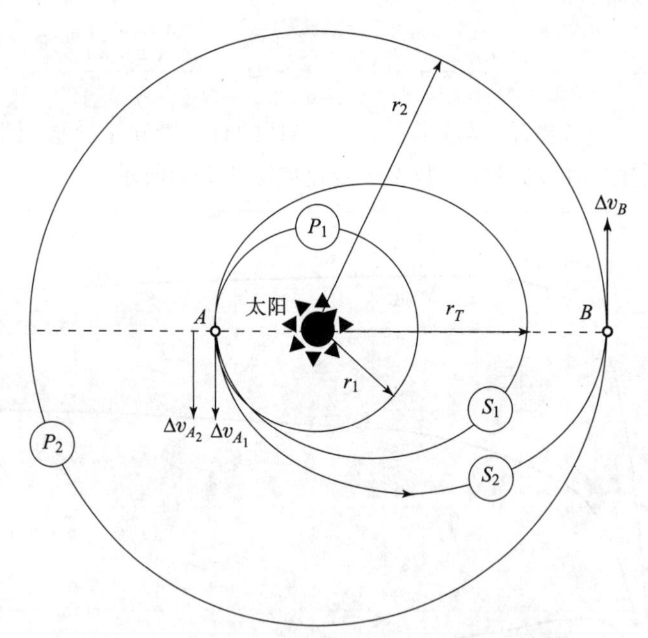

图 4.2.5　远日点低于目标圆轨道情况示意图

由公式（4.2.19）可知，探测器施加的 3 次切向机动速度增量分别为

$$\Delta v_{A_1} = v_{C_1}\sqrt{1+e_{S_1}} - v_{C_1} \tag{4.2.24}$$

$$\Delta v_{A_2} = v_{C_1}\sqrt{1+e_{S_2}} - v_T \tag{4.2.25}$$

$$\Delta v_B = v_{C_2} - v_{C_2}\sqrt{1-e_{S_2}} \tag{4.2.26}$$

其中，v_{C_1} 和 v_{C_2} 分别为圆轨道 P_1 和 P_2 上的速度大小；v_T 为探测器再次返回 A 点时速度大小；

e_{S_1}和 e_{S_2}分别是两个椭圆霍曼转移轨道的偏心率。

v_T 可以表示为

$$v_T = v_{C_1}\sqrt{\frac{2r_T}{r_T + r_1}} = v_{C_1}\sqrt{1 + e_{S_1}} \tag{4.2.27}$$

e_{S_1}和 e_{S_2}可以表示为

$$e_{S_1} = \frac{r_T - r_1}{r_T + r_1},\ e_{S_2} = \frac{r_2 - r_1}{r_2 + r_1} \tag{4.2.28}$$

因此，整个转移过程所需的总的速度增量为

$$\Delta v_{\text{total}} = \Delta v_{A_1} + \Delta v_{A_2} + \Delta v_B = v_{C_1}(\sqrt{1 + e_{S_2}} - 1) + v_{C_2}(1 - \sqrt{1 - e_{S_2}}) \tag{4.2.29}$$

结合式（4.2.6）和式（4.2.28），上式可以改写成

$$\Delta v_{\text{total}} = v_{C_1}\left[(k-1)\sqrt{\frac{2}{k(k+1)}} + \sqrt{\frac{1}{k}} - 1\right] \tag{4.2.30}$$

另外，整个转移过程所需的转移时间为

$$t_F = \pi\left(\sqrt{\frac{(r_1 + r_T)^3}{2\mu_S}} + \sqrt{\frac{(r_T + r_2)^3}{8\mu_S}}\right) \tag{4.2.31}$$

通过观察发现，式（4.2.30）和式（4.2.21）具有同样的形式。这表明，当中间过渡轨道的远日点低于目标圆轨道半径 r_2 时，三脉冲双椭圆霍曼转移所需的总的速度增量与两脉冲霍曼转移情况是一样的。依此类推，即使再增加轨道的机动次数，只要轨道机动是在近日点处实施，那么整个转移所需的总的速度增量大小仍然不变。实际上，这些轨道机动的作用主要体现在可以实现对探测器轨道相位的调整。

2. 轨道远日点高于目标圆轨道

对于这种情况，探测器首先在圆轨道 P_1 上的 A 点施加第一次切向机动后进入椭圆转移轨道 S_1，S_1 的远日点半径大于 r_2；当探测器到达远日点 B 点时，施加第二次切向机动进入椭圆转移轨道 S_2，S_2 的近日点半径等于 r_1；当探测器到达近日点 C 点时，施加第三次切向制动机动，探测器进入目标圆轨道 P_2。整个转移过程示意图如图 4.2.6 所示。

类似地，可以计算得到探测器施加的 3 次机动速度增量分别为

$$\Delta v_A = v_{C_1}\sqrt{1 + e_{S_1}} - v_{C_1} \tag{4.2.32}$$

$$\Delta v_B = v_{C_T}\sqrt{1 - e_{S_2}} - v_{C_T}\sqrt{1 - e_{S_1}} \tag{4.2.33}$$

$$\Delta v_C = v_{C_2} - v_{C_2}\sqrt{1 - e_{S_2}} \tag{4.2.34}$$

其中，v_{C_T}为半径为 r_T 圆轨道上的速度大小，表示为

$$v_{C_T} = \sqrt{\frac{\mu_S}{r_T}} \tag{4.2.35}$$

e_{S_1}和 e_{S_2}分别是两个椭圆霍曼转移轨道的偏心率，表示为

$$e_{S_1} = \frac{r_T - r_1}{r_T + r_1},\ e_{S_2} = \frac{r_T - r_2}{r_T + r_2} \tag{4.2.36}$$

因此，整个转移过程所需的总的速度增量为

$$\begin{aligned}\Delta v_{\text{total}} &= \Delta v_A + \Delta v_B + \Delta v_C \\ &= v_{C_1}(\sqrt{1 + e_{S_2}} - 1) + v_{C_T}(\sqrt{1 - e_{S_2}} - \sqrt{1 - e_{S_1}}) + v_{C_2}(1 - \sqrt{1 - e_{S_2}})\end{aligned} \tag{4.2.37}$$

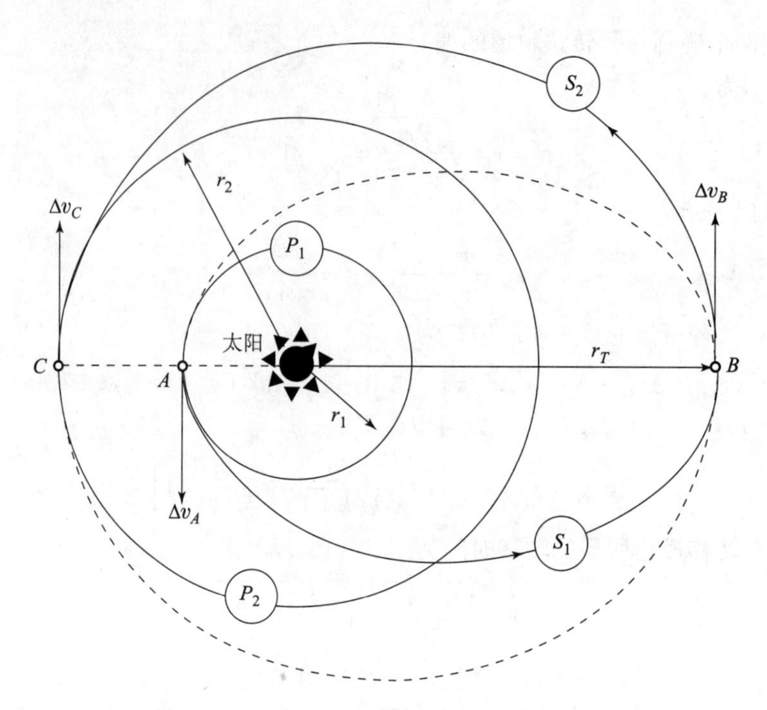

图 4.2.6　远日点高于目标圆轨道情况示意图

作如下定义

$$d = \frac{r_T}{r_1},\ k = \frac{r_2}{r_1} \tag{4.2.38}$$

则 v_{C_T} 可以改写成

$$v_{C_T} = \sqrt{\frac{\mu_S}{r_1}}\sqrt{\frac{r_1}{r_T}} = v_{C1}\sqrt{\frac{1}{d}} \tag{4.2.39}$$

e_{S_1} 和 e_{S_2} 可以改写成

$$e_{S_1} = \frac{d-1}{d+1},\ e_{S_2} = \frac{d-k}{d+k} \tag{4.2.40}$$

将式（4.2.40）代入式（4.2.37）可得

$$\Delta v_{\text{total}} = v_{C_1}\left[(d-1)\sqrt{\frac{2}{d(d+1)}} + \sqrt{\frac{2(d+k)}{dk}} - \sqrt{\frac{1}{k}} - 1\right] \tag{4.2.41}$$

下面对两脉冲霍曼转移和三脉冲霍曼转移进行比较分析。令 Δv_{T_2} 和 Δv_{T_3} 分别表示两脉冲霍曼转移和三脉冲霍曼转移所需的总的速度增量，由式（4.2.22）和式（4.2.41）可得两者之间的差为

$$\begin{aligned}\chi &= \Delta v_{T_3} - \Delta v_{T_2} \\ &= v_{C_1}\left[(d-1)\sqrt{\frac{2}{d(d+1)}} + \sqrt{\frac{2(d+k)}{dk}} - (k-1)\sqrt{\frac{2}{k(k+1)}} - 2\sqrt{\frac{1}{k}}\right]\end{aligned} \tag{4.2.42}$$

因为 $v_{C_1} > 0$，若要使 $\chi \leqslant 0$，则式（4.2.42）右端中第二项应该小于等于零，定义该项为

$$\Delta = (d-1)\sqrt{\frac{2}{d(d+1)}} + \sqrt{\frac{2(d+k)}{dk}} - (k-1)\sqrt{\frac{2}{k(k+1)}} - 2\sqrt{\frac{1}{k}} \leqslant 0 \tag{4.2.43}$$

分析式（4.2.43），当 $d=k$ 时，有 $\Delta=0$，表明此时三脉冲霍曼转移等价于两脉冲霍曼转移，这一结论由式（4.2.37）也可以看出，此时 $e_{S_1}=e_{S_2}=(k-1)/(k+1)$，因此有 $\Delta v_B=0$。因此，曲线 $\Delta(d, k)=0$ 则是两脉冲霍曼转移最优区域和三脉冲霍曼转移最优区域的分界线。另外，根据式（4.2.43），若三脉冲转移是可行的，应该有 $d>k$，这表明 $d=k$ 是三脉冲转移可行区域与不可行区域的分界线。图 4.2.7 给出了参数 k 和 d 描述的最优两脉冲和三脉冲霍曼转移区域。

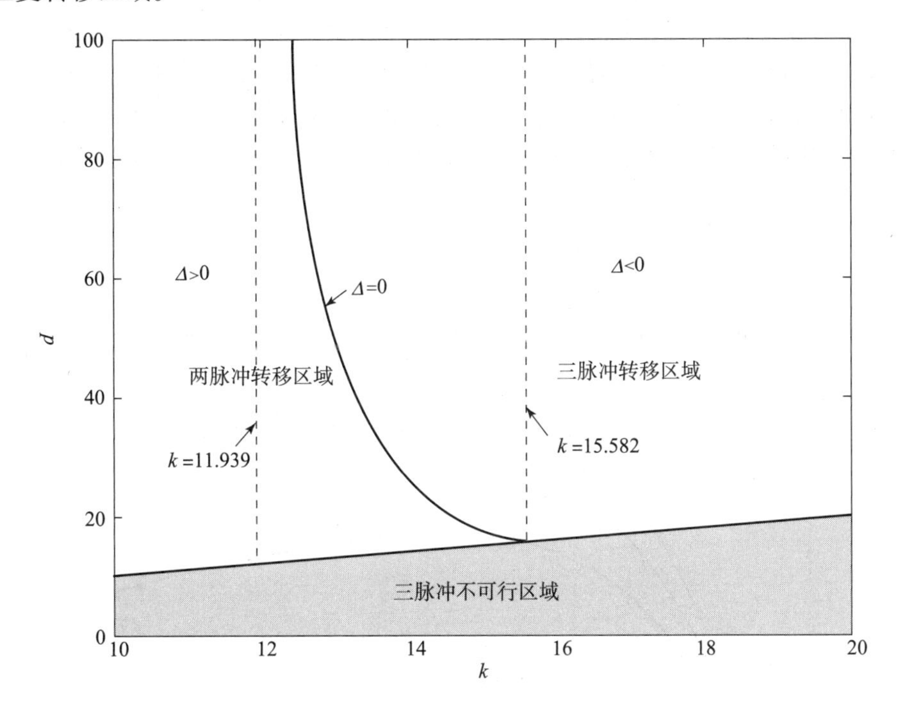

图 4.2.7　最优两脉冲和三脉冲霍曼转移区域

图 4.2.7 中，曲线 $\Delta(d, k)=0$ 与直线 $d=k$ 的交点为 $k=15.582$，由 $\Delta(d, k)>0$ 和 $d>k$ 构成的区域即为三脉冲最优转移区域。在该区域内，三脉冲霍曼转移比两脉冲霍曼转移所需的总的速度增量要小。

令 $d\to\infty$，公式（4.2.43）可以简化为

$$\Delta(k)\approx\sqrt{2}\left[1-(k-1)\sqrt{\frac{1}{k(k+1)}}-(1-\sqrt{2})\sqrt{\frac{1}{k}}\right] \tag{4.2.44}$$

求解方程 $\Delta(k)=0$ 可得 $k\approx11.939$，这表明随着 d 的增大，曲线 $\Delta(k)=0$ 向上延伸并逐渐逼近直线 $k=11.939$。

通过上面的分析，对于同平面内两个圆轨道之间的转移，在 $d>k$ 的条件下，可以得到如下结论：

①当 $k<11.939$ 时，两脉冲霍曼转移始终是最优的；

②当 $11.939<k<15.582$ 时，只有 d 取足够大时，三脉冲霍曼转移才是最优的，否则两脉冲霍曼转移是最优的；

③当 $k>15.582$ 时，三脉冲霍曼转移始终是最优的。

为了定量讨论三脉冲霍曼转移相比两脉冲霍曼转移节省的燃料，定义 Δv_{T_2} 和 Δv_{T_3} 的相对

百分比差为

$$\eta = \frac{\Delta v_{T_3} - \Delta v_{T_2}}{\Delta v_{T_2}} \times 100\% \tag{4.2.45}$$

图 4.2.8 给出了三脉冲霍曼转移相比两脉冲霍曼转移节省的燃料消耗百分比。由图中可以看出，只有当 $k > 11.939$ 时，三脉冲霍曼转移才可能是最优的转移方式，这与前面给出的结论是一致的。$d = 25$ 时，三脉冲转移相比两脉冲转移节省的燃料消耗小于 1%；当 $d = 500$ 时，三脉冲转移相比两脉冲转移节省的燃料消耗接近 7%。在太阳系的大行星中，只有天王星和海王星轨道与地球轨道的半径比 $k > 11.939$。对于这两颗行星的探测任务，从理论上讲，当 d 取值很大时，采用三脉冲直接转移轨道可以节省燃料消耗。然而，d 取值很大，意味着探测器转移时间很长。考虑到探测任务周期约束，三脉冲霍曼转移轨道对于行星系探测任务并不适用。

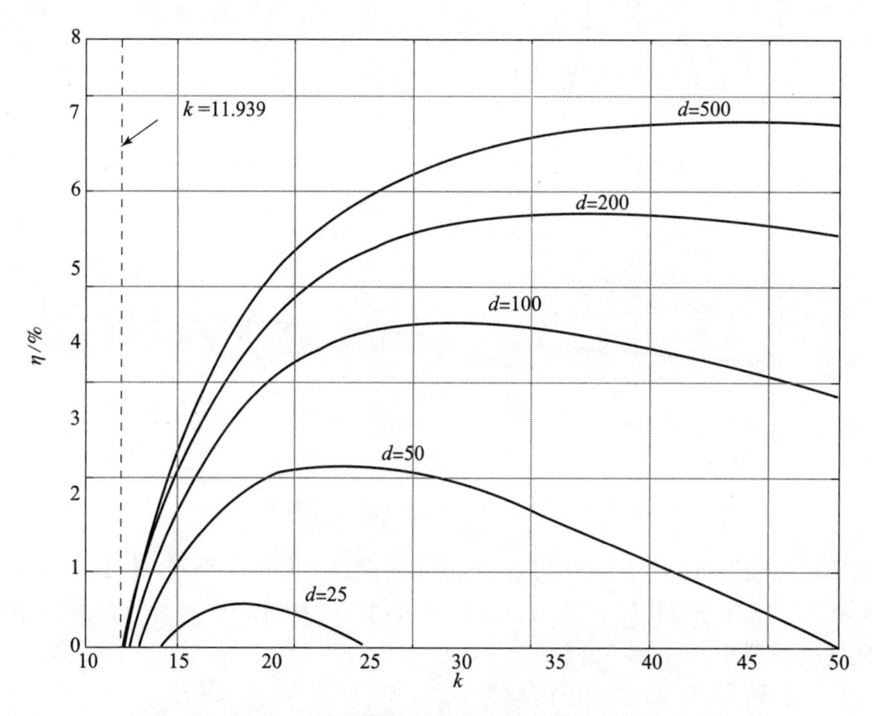

图 4.2.8　三脉冲霍曼转移节省的燃料消耗百分比

4.2.3　不相交圆与椭圆轨道间转移

除大行星外，太阳系中还存在着数目繁多的小天体（小行星和彗星），其中许多小天体的轨道都具有比较大的偏心率，无法再用圆轨道进行近似，必须将其轨道视为椭圆轨道。因此，需要讨论圆与椭圆轨道之间的转移问题。首先讨论由圆轨道出发到同平面目标椭圆轨道的转移问题，转移轨道示意图如图 4.2.9 所示。

从图 4.2.9 可以看出，同平面圆轨道到椭圆轨道的霍曼转移存在两种情况：①从圆轨道转移至椭圆轨道的远日点，即从 A 点沿轨道 S_1 转移至 B 点，定义为转移方式一；②从圆轨道转移至椭圆轨道的近日点，即从 C 点沿轨道 S_2 转移至 D 点，定义为转移方式二。下面针对这两种情况分别讨论。

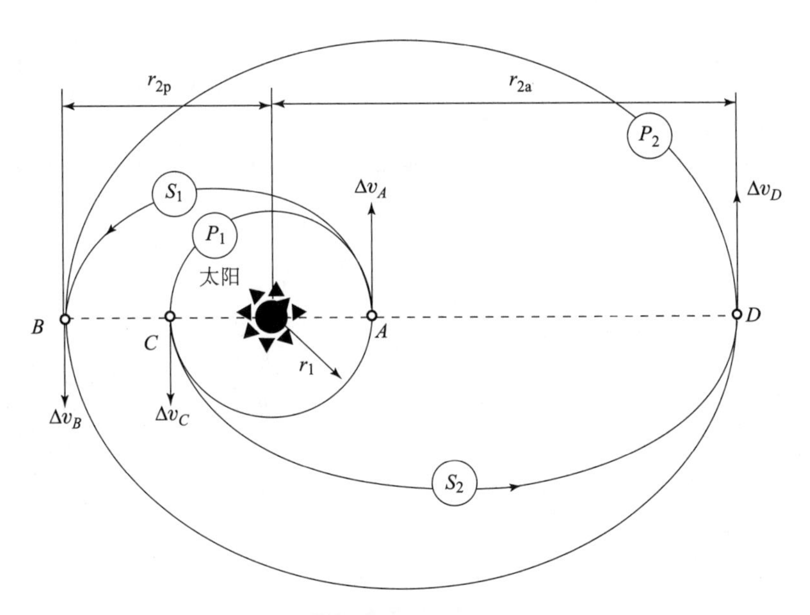

图 4.2.9 同平面圆到椭圆轨道的霍曼转移示意图

1. 从圆轨道转移至椭圆轨道近日点

探测器在圆轨道 P_1 上的 A 点和椭圆轨道 P_2 上的 B 点施加两次切向机动，速度增量分别为

$$\Delta v_A = v_{C1}\sqrt{1+e_{S_1}} - v_{C_1} \tag{4.2.46}$$

$$\Delta v_B = v_{2p} - v_{Cp}\sqrt{1-e_{S_1}} \tag{4.2.47}$$

其中，e_{S_1}是椭圆霍曼转移轨道的偏心率；v_{2p}为目标椭圆轨道的近日点速度大小；v_{Cp}为半径为 r_p 的圆轨道上的速度大小。

e_{S_1}可以表示为

$$e_{S_1} = \frac{r_{2p}-r_1}{r_{2p}+r_1} \tag{4.2.48}$$

v_{2p}和 v_{Cp}可以分别表示为

$$v_{2p} = \sqrt{\frac{\mu_S}{a_2}\left(\frac{1+e_2}{1-e_2}\right)} = v_{C_1}\sqrt{\frac{r_1}{a_2}\left(\frac{1+e_2}{1-e_2}\right)} \tag{4.2.49}$$

$$v_{Cp} = \sqrt{\frac{\mu_S}{a_2(1-e_2)}} = v_{C_1}\sqrt{\frac{r_1}{a_2(1-e_2)}} \tag{4.2.50}$$

其中，a_2 和 e_2 分别为目标椭圆轨道半长轴和偏心率。

因此，整个转移轨道所需总的速度增量可以表示为

$$\Delta v_{\text{total}} = \Delta v_A + \Delta v_B = v_{C_1}\left[\sqrt{1+e_{S_1}} - 1 + \sqrt{\frac{r_1}{a_2}\left(\frac{1+e_2}{1-e_2}\right)} - \sqrt{\frac{r_1}{a_2(1-e_2)}}\sqrt{1-e_{S_1}}\right] \tag{4.2.51}$$

由于 e_{S_1}也可以表示为

$$e_{S_1} = \frac{a_2(1-e_2)-r_1}{a_2(1-e_2)+r_1} \tag{4.2.52}$$

将公式（4.2.52）代入式（4.2.51）可得

$$\Delta v_{\text{total}} = v_{C_1}\left[\sqrt{\frac{2}{(1-e_2)(1-e_2+r_1/a_2)}}\left(1-e_2-\frac{r_1}{a_2}\right)+\sqrt{\frac{r_1}{a_2}\left(\frac{1+e_2}{1-e_2}\right)}-1\right] \tag{4.2.53}$$

2. 从圆轨道转移至椭圆轨道远日点

对于这种情况，探测器在 C 点和 D 点施加的两个切向机动速度脉冲分别为

$$\Delta v_C = v_{C1}\sqrt{1+e_{S_1}} - v_{C1} \tag{4.2.54}$$

$$\Delta v_D = v_{2p} - v_{Cp}\sqrt{1-e_{S_1}} \tag{4.2.55}$$

同理，可以推导得到转移轨道所需总的速度增量为

$$\Delta v_{\text{total}} = v_{C1}\left[\sqrt{\frac{2}{(1+e_2)(1+e_2+r_1/a_2)}}\left(1+e_2-\frac{r_1}{a_2}\right)+\sqrt{\frac{r_1}{a_2}\left(\frac{1-e_2}{1+e_2}\right)}-1\right] \tag{4.2.56}$$

假定初始的圆轨道半径 $r_1 = 1$ AU，目标椭圆轨道的半长轴为 a_2，偏心率为 e_2，利用式（4.2.51）和式（4.2.56）可以计算得到两种转移方式的总的速度增量，分别定义为 Δv_{T_1} 和 Δv_{T_2}。图 4.2.10（a）和图 4.2.10（b）给出了 Δv_{T_1} 和 Δv_{T_2} 随目标椭圆轨道半长轴 a 和偏心率 e 变化的等高线图。

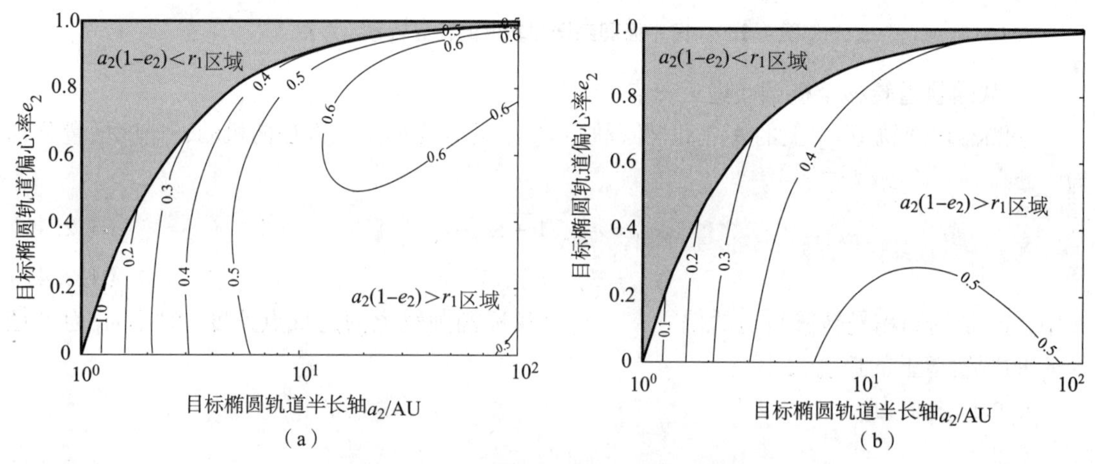

图 4.2.10　所需总的速度增量等高线图

（a）Δv_{T_1}；（b）Δv_{T_2}

由图 4.2.10 可以看出，对于给定的目标椭圆轨道，探测器转移至目标椭圆轨道的远日点比转移至近日点所需的总的速度增量更少。因此，对于行星际探测任务，从燃料消耗的角度考虑，第二种转移方式是更好的选择。当然，这种方式所需的转移时间更长。进一步分析两种转移方式的燃料消耗，定义两种方式总的速度增量相对偏差百分比为

$$\eta = \frac{\Delta v_{T_1} - \Delta v_{T_2}}{\Delta v_{T_2}} \times 100\% \tag{4.2.57}$$

图 4.2.11 给出了 η 随目标椭圆轨道半长轴 a_2 和偏心率 e_2 的变化曲线。

由图 4.2.11 可以看出，随着目标椭圆轨道的半长轴和偏心率的增大，方式二比方式一节省的燃料消耗百分比增大。当 $e_2 < 0.2$ 时，第二种转移方式可节省燃料消耗最高达 10%；当 $0.2 < e_2 < 0.5$ 时，第二种转移方式可节省燃料消耗在 10% ~25% 范围内；当 $0.5 < e_2 < 0.9$ 时，第二种转移方式可节省燃料消耗在 25% ~55% 范围内。总体而言，对于同平面圆轨道到椭圆轨道的霍曼转移问题，由圆轨道转移至椭圆轨道的远日点更省燃料。并且随着目标

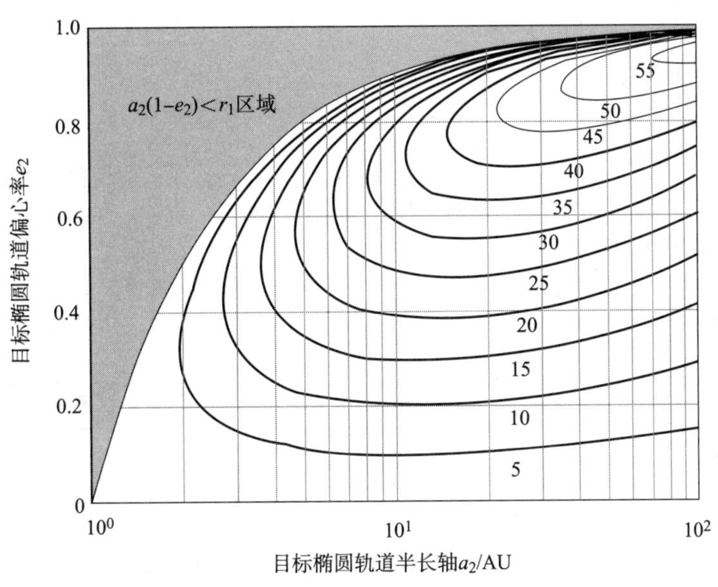

图 4.2.11　圆到椭圆转移的燃料消耗比较

轨道偏心率的增加，可节省的燃料消耗百分比逐渐增大，因此这种方式更适合探测器的行星际飞行。

下面讨论椭圆轨道到圆轨道的转移情况，转移轨道示意图如图 4.2.12 所示。

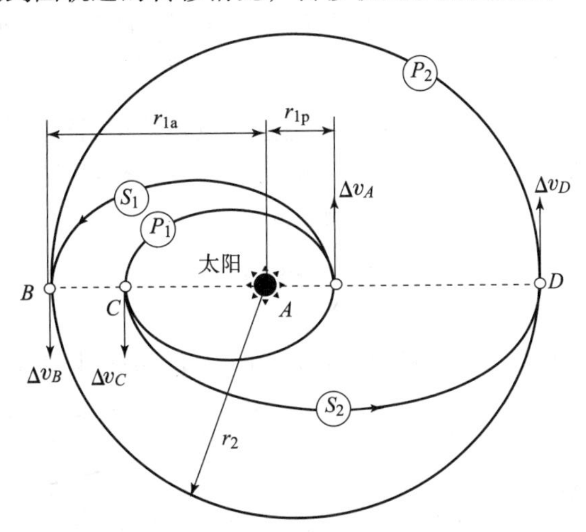

图 4.2.12　同平面椭圆轨道到圆轨道的霍曼转移示意图

同样，转移轨道存在两种可能的情况：①由椭圆轨道的近日点转移至圆轨道，即由出发椭圆轨道 P_1 上的 A 点沿转移轨道 S_1 转移至目标圆轨道 P_2 上的 B 点，定义为转移方式一；②由椭圆轨道的远日点转移至圆轨道，即由出发椭圆轨道 P_1 上的 C 点沿转移轨道 S_1 转移至目标圆轨道 P_2 上的 B 点，定义为转移方式二。

采用上面类似的分析方法，第一种转移方式所需总的速度增量为

$$\begin{aligned}\Delta v_{\text{total}} &= \Delta v_A + \Delta v_B \\ &= v_{C_2}\left[\sqrt{\frac{2}{(1-e_1)[1+(a_1/r_2)(1-e_1)]}}\left[1-\frac{a_1}{r_2}(1-e_1)\right]-\sqrt{\frac{r_2}{a_1}\left(\frac{1+e_1}{1-e_1}\right)}+1\right] \quad (4.2.58)\end{aligned}$$

其中，v_{C_2}为目标圆轨道上速度大小。

第二种转移方式所需总的速度增量为

$$\begin{aligned}\Delta v_{\text{total}} &= \Delta v_C + \Delta v_D \\ &= v_{C_2}\left[\sqrt{\frac{2}{(1+e_1)[1+(a_1/r_2)(1+e_1)]}}\left[1-\frac{a_1}{r_2}(1+e_1)\right]-\sqrt{\frac{r_2}{a_1}\left(\frac{1-e_1}{1+e_1}\right)}+1\right]\end{aligned} \tag{4.2.59}$$

假定出发椭圆轨道半长轴 $a_1=1$ AU，偏心率为 e_1，对于不同半径的目标圆轨道，利用式（4.2.56）和式（4.2.57）可以分别计算两种转移方式所需总的速度增量，总的速度增量等高线图如图 4.2.13 所示。

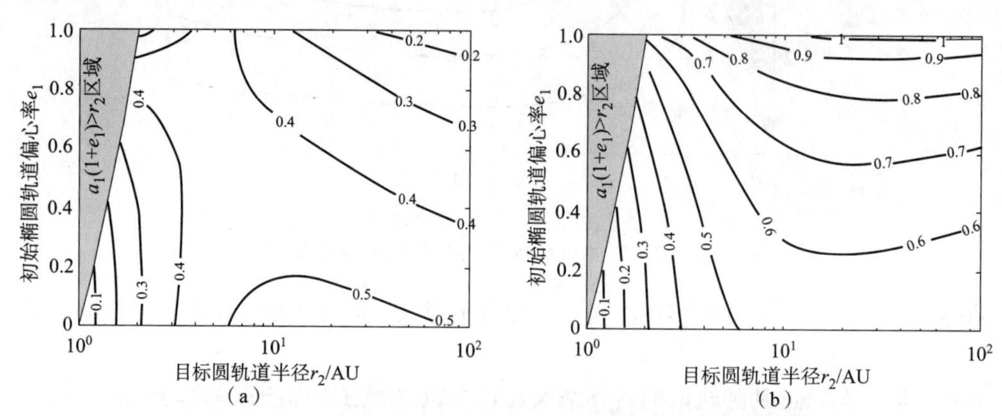

图 4.2.13　总的速度增量随目标轨道半长轴和偏心率的变化

（a）第一种转移方式；（b）第二种转移方式

由图 4.2.13 可以看出，探测器由椭圆轨道近日点转移至圆轨道所需总的速度增量更小。另外，这种转移方式所需转移时间也相对较短，因此更适合行星际探测任务。进一步分析两种转移方式的燃料消耗，定义两种方式总的速度增量相对偏差百分比为

$$\eta = \frac{\Delta v_{T_2} - \Delta v_{T_1}}{\Delta v_{T_1}} \times 100\% \tag{4.2.60}$$

图 4.2.14 给出了 η 随出发椭圆轨道半长轴 a_1 和偏心率 e_1 的变化曲线。

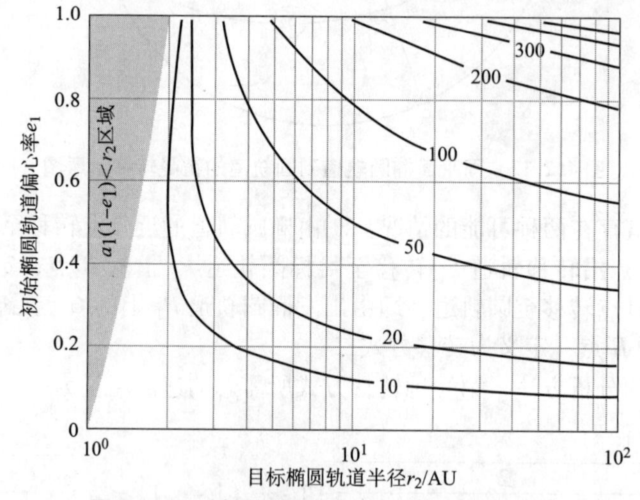

图 4.2.14　椭圆到圆轨道转移的燃料消耗比较

由图 4.2.14 可以看出，相比由椭圆远日点转移至圆轨道，由椭圆近日点转移到圆轨道的转移方式节省的燃料消耗非常显著。随着出发椭圆轨道偏心率 e_1 的增加，第一种转移方式可节省的燃料消耗越多。当 $e_1 < 0.1$ 时，这种转移方式最多可节省燃料消耗达 10%；当 $e_1 = 0.4$ 时，可节省的燃料消耗超过 50%；当 $e_1 > 0.8$ 时，可节省的燃料消耗超过 200%。相比而言，由椭圆的近日点转移至目标圆轨道所需的转移时间更短。因此，从燃料消耗和转移时间两个方面，这种转移方式都更适合行星际探测任务。

4.2.4　相交圆与椭圆轨道间转移

上面讨论的均为同平面内不相交两个轨道之间的转移问题。在太阳系中，很多天体的日心轨道与地球的日心轨道在黄道面内是相交的，例如某些阿波罗型近地小行星。下面以同平面相交圆和椭圆轨道之间的转移为例对这种情况进行讨论。转移轨道示意图如图 4.2.15 所示。

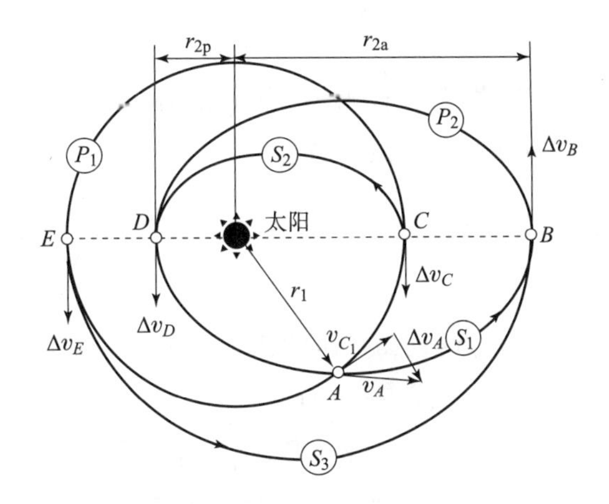

图 4.2.15　同平面相交圆与椭圆轨道之间转移轨道示意图

同平面相交圆和椭圆轨道之间的转移存在多种可能的情况，本节将重点讨论以下 3 种情况：①在圆轨道和椭圆轨道交点 A 处施加一次轨道机动完成转移，如图中转移轨道 S_1 所示，定义为转移方式一；②从圆轨道转移至椭圆轨道近日点，即从 C 点沿轨道 S_2 转移至 D 点，定义为转移方式二；③从圆轨道转移至椭圆轨道远日点，即从 E 点沿轨道 S_3 转移至 B 点，定义为转移方式三。

1. 转移方式一

对于这种情况，探测器只需要施加一次轨道机动就可以完成从圆轨道到椭圆轨道的转移，根据式（4.2.10），探测器在 A 点处施加的轨道机动速度增量为

$$\Delta v_A = v_{C1}\sqrt{3 - 2\sqrt{q} - \frac{1 - e_2^2}{q}} \tag{4.2.61}$$

其中，q 的计算公式为

$$q = \frac{p_2}{r_1} = \frac{a_2(1 - e_2^2)}{r_1} \tag{4.2.62}$$

其中，a_2、e_2 和 p_2 分别为目标椭圆轨道的半长轴、偏心率和半通径。

因此，整个转移所需总的速度增量为

$$\Delta v_{\text{total}} = \Delta v_A = v_{C1}\sqrt{3 - 2\sqrt{\frac{a_2(1-e_2^2)}{r_1}} - \frac{r_1}{a_2}} \tag{4.2.63}$$

2. 转移方式二

对于这种情况，在 C 点和 D 点施加的切向机动速度增量分别为

$$\Delta v_C = v_{C_1} - v_{C_1}\sqrt{1-e_{S_2}} \tag{4.2.64}$$

$$\Delta v_D = v_{C\text{p}}\sqrt{1+e_2} - v_{C\text{p}}\sqrt{1+e_{S_2}} \tag{4.2.65}$$

其中，$v_{C\text{p}}$为半径为 $r_{2\text{p}}$圆轨道的速度大小；e_{S_2}是椭圆霍曼转移轨道 S_2 的偏心率。

e_{S_2}可以表示为

$$e_{S_2} = \frac{r_1 - r_{2\text{p}}}{r_1 + r_{2\text{p}}} = \frac{r_1 - a_2(1-e_2)}{r_1 + a_2(1-e_2)} \tag{4.2.66}$$

$v_{C\text{p}}$可以表示为

$$v_{C\text{p}} = \sqrt{\frac{\mu_S}{a_2(1-e_2)}} = v_{C1}\sqrt{\frac{r_1}{a_2(1-e_2)}} \tag{4.2.67}$$

对于这种情况，整个转移所需总的速度增量为

$$\Delta v_{\text{total}} = \Delta v_C + \Delta v_D = v_{C_1}\left[1 - \sqrt{\frac{2(1-e_2+r_1/a_2)}{1-e_2}} + \sqrt{\frac{r_1}{a_2}\left(\frac{1+e_2}{1-e_2}\right)}\right] \tag{4.2.68}$$

3. 转移方式三

对于这种情况，在 E 点和 B 点施加的切向机动速度增量分别为

$$\Delta v_E = v_{C_1}\sqrt{1+e_{S_3}} - v_{C_1} \tag{4.2.69}$$

$$\Delta v_B = v_{C\text{a}}\sqrt{1-e_{S_3}} - v_{C\text{a}}\sqrt{1-e_2} \tag{4.2.70}$$

其中，$v_{C\text{a}}$为半径为 $r_{2\text{a}}$的圆轨道的速度大小；e_{S_3}是椭圆霍曼转移轨道 S_3 的偏心率。

e_{S_3}可以表示为

$$e_{S_3} = \frac{r_{2\text{a}} - r_1}{r_{2\text{a}} + r_1} = \frac{a_2(1+e_2) - r_1}{a_2(1-e_2) + r_1} \tag{4.2.71}$$

$v_{C\text{a}}$可以表示为

$$v_{C\text{a}} = \sqrt{\frac{\mu_{\text{S}}}{a_2(1+e_2)}} = v_{C1}\sqrt{\frac{r_1}{a_2(1-e_2)}} \tag{4.2.72}$$

因此，整个转移所需总的速度增量为

$$\Delta v_{\text{total}} = \Delta v_E + \Delta v_B = v_{C1}\left[\sqrt{\frac{2(1+e_2+r_1/a_2)}{1+e_2}} - \sqrt{\frac{r_1}{a_2}\left(\frac{1-e_2}{1+e_2}\right)} - 1\right] \tag{4.2.73}$$

令 Δv_{T_1}、Δv_{T_2}和 Δv_{T_3}分别为 3 种转移方式所需总的速度增量，以转移方式三为基准定义总的速度增量相对百分比误差为

$$\eta_1 = \frac{\Delta v_{T_1} - \Delta v_{T_3}}{\Delta v_{T_3}} \times 100\% \tag{4.2.74}$$

$$\eta_2 = \frac{\Delta v_{T_2} - \Delta v_{T_3}}{\Delta v_{T_3}} \times 100\% \tag{4.2.75}$$

假定出发的圆轨道半径为 $r_1 = 1$ AU，目标椭圆轨道半长轴和偏心率分别为 a_2 和 e_2，图 4.2.16 和图 4.2.17 分别给出了 η_1 和 η_2 随目标椭圆轨道参数变化的等高线图。

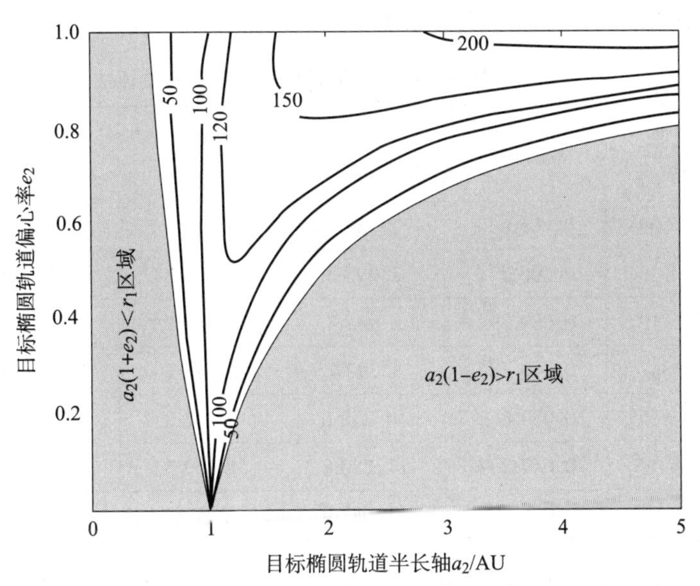

图 4.2.16　η_1 随目标椭圆轨道半长轴和偏心率变化的等高线图

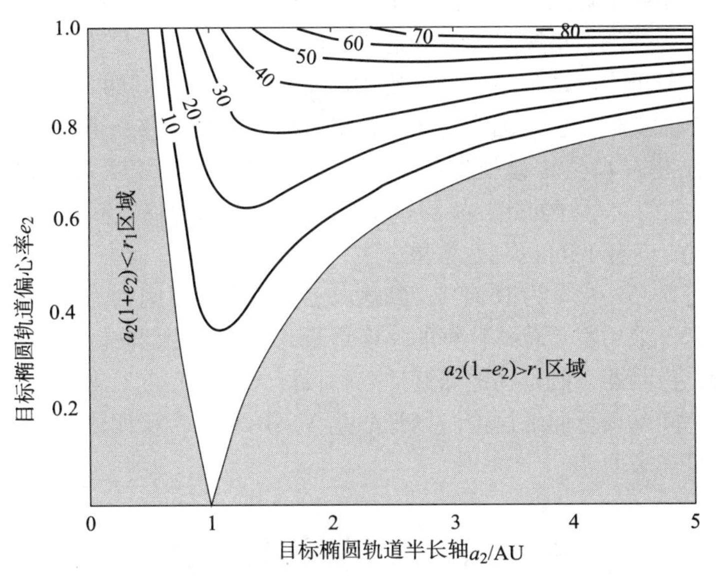

图 4.2.17　η_2 随目标椭圆轨道半长轴和偏心率变化的等高线图

由图 4.2.16 和图 4.2.17 可以看出，相比转移方式三，转移方式一和二均需要更多的燃料消耗。尤其是转移方式一，当目标轨道半长轴 a_2 和偏心率 e_2 较大时，所需总的速度增量会达到转移方式三的两倍以上。由此可见，转移方式三，即由圆轨道转移至椭圆轨道远日点是燃料消耗最省的转移方式。

4.2.5　行星际探测任务初始评估

利用霍曼转移可以对行星际探测任务的能量需求进行初始的评估。除水星外，其他行星绕太阳的轨道可以近似为圆轨道。由前面的分析可知，对于行星际探测任务，三脉冲霍曼转移并不适用，因此这里采用两脉冲转移方式。利用两脉冲霍曼转移计算得到从地球轨道出发到达目标行星轨道所需的速度增量见表4.2.1。

表4.2.1　基于霍曼转移的行星探测任务初始评估

行星名称	半长轴 /AU	偏心率	Δv_1 /(km·s^{-1})	Δv_2 /(km·s^{-1})	$\Delta v_1+\Delta v_2$ /(km·s^{-1})	飞行时间 /天
水星	0.387 099	0.205 636	7.532 9	9.611 5	17.144 4	105.484
金星	0.723 336	0.006 777	2.495 3	2.706 5	5.201 8	146.076
火星	1.523 710	0.093 394	2.944 8	2.649 0	5.593 8	258.871
木星	5.202 887	0.048 386	8.792 7	5.643 2	14.435 9	997.504
土星	9.536 676	0.053 862	10.288 6	5.442 8	15.731 4	2 208.408
天王星	19.189 165	0.047 257	11.280 8	4.659 3	15.940 1	5 857.352
海王星	30.069 923	0.008 590	11.653 8	4.053 5	15.707 3	11 182.376

由表4.2.1可以看出，对于太阳系中的各大行星，金星和火星探测所需要的能量需求是最少的，这是两颗距离地球最近的行星。采用霍曼转移评估的水星探测所需的能量需求是最大的，这主要是因为探测器沿霍曼转移到达水星轨道时，相对水星轨道的速度差非常大，约为9.611 5 km/s。对于木星、土星、天王星和海王星，尽管它们的日心轨道半径相差很大，但所需要的能量非常接近。这是因为这4颗行星对应的霍曼转移轨道的偏心率都比较大，尤其是天王星和海王星，霍曼转移轨道的能量已接近逃逸太阳引力场的轨道能量，这与图4.2.4的分析是一致的。尽管如此，探测这4颗行星所需的转移时间却相差很大。探测器飞行997.504天（约2.7年）可以到达木星，飞行2 208.408天（约6年）可以到达土星，到达天王星需要飞行5 857天（约16年），到达海王星的飞行时间则为11 182天（约30年）。

需要强调的是，采用霍曼转移计算的速度增量并非是探测器实际需要施加的。对于行星际探测任务而言，探测器一般是在地球近地点和目标天体近心点处施加轨道机动，在后面的几节中将针对这一问题进行详细讨论。尽管如此，采用霍曼转移评估的结果是可以反映行星际探测任务的能量需求的。

4.3　行星轨道的会合周期

太阳系中各天体绕太阳运行轨道的角速度互不相同，越靠近太阳的天体，角速度越大，轨道周期就越短。两个天体轨道角速度的不同，导致两者之间的几何关系随着时间不断变化。定义n_{P_1}和n_{P_2}分别为天体P_1和P_2的平均角速度，则从时刻t_0到t_f，两个天体日心轨道相位的变化量分别为

$$\theta_{P_1}=n_{P_1}(t_f-t_0),\ \theta_{P_2}=n_{P_2}(t_f-t_0) \tag{4.3.1}$$

两者之间夹角的变化量可以表示为

$$\Delta\theta=|\theta_{P_2}-\theta_{P_1}|=|n_{P_2}-n_{P_1}|(t_f-t_0) \tag{4.3.2}$$

若假定两个天体都绕太阳做圆锥曲线运动，当 $\Delta\theta = 2\pi$ 时，t_f 时刻两个天体之间的几何关系与 t_0 时刻是一致的，即两个天体经过一段时间后，再次出现同样的几何关系。因此，对于太阳系中的两个天体，它们的轨道几何关系都会在经历过一个特定周期后重复出现，这一特定周期称为两个天体之间的会合周期，定义为 T_S。根据公式（4. 3. 2），会合周期满足

$$T_S = \frac{2\pi}{|n_{P_2} - n_{P_1}|} \tag{4.3.3}$$

天体 P_1 和 P_2 的轨道平均角速度分别为 $n_{P_1} = 2\pi/T_{P_1}$ 和 $n_{P_2} = 2\pi/T_{P_2}$，其中 T_{P_1} 和 T_{P_2} 分别为天体 P_1 和 P_2 的日心运动轨道周期。

因此，式（4. 3. 3）可以改写成

$$T_S = \frac{T_{P_1} T_{P_2}}{|T_{P_1} - T_{P_2}|} \tag{4.3.4}$$

由式（4. 3. 3）可以看出，相对角速度 $|n_{P_2} - n_{P_1}|$ 越小，会合周期越长。表 4. 3. 1 给出了太阳系中各大行星之间的会合周期。在地球与其他行星之间的会合周期中，地球与两颗内行星（金星和火星）的会合周期都较长，分别为 1. 598 7 年（583. 92 天）和 2. 135 4 年（779. 94 天）。地球与天王星、海王星等的会合周期则都约为 1 年，这是因为这些行星的运行周期比地球长很多，可近似认为它们相对太阳不动，而地球绕太阳的周期为 1 年。

表 4. 3. 1 太阳系各行星之间的会合周期 年

星 体	水 星	金 星	地 球	火 星	木 星	土 星	天王星
水 星							
金 星	0. 395 8						
地 球	0. 317 3	1. 598 7					
火 星	0. 276 2	0. 914 2	2. 135 4				
木 星	0. 245 8	0. 648 8	1. 092 0	2. 235 0			
土 星	0. 242 8	0. 628 3	1. 035 1	2. 008 9	19. 861 8		
天王星	0. 241 5	0. 619 8	1. 012 1	1. 924 1	13. 832 4	45. 566 5	
海王星	0. 241 2	0. 617 5	1. 006 1	1. 902 6	12. 794 5	35. 957 6	170. 515 7

需要指出的是，经过一个会合周期后，只是两个天体的相对轨道几何关系会重复出现，但不能表明两个天体各自的绝对轨道几何也会出现。实际上，绝对轨道几何重复出现的时间间隔应该是两个天体会合周期的整数倍，并且也是天体 P_1 轨道周期的整数倍，称之为大会合周期，表示为

$$T_G = nT_S = mT_{P_1} \tag{4.3.5}$$

一般来讲，大会合周期 T_G 对应的时间很长，通常采用近似计算。例如，考虑地球和火星，它们的会合周期 $T_S = 2.1354$ 年，当 $n = 7$，$m = 15$ 时，$nT_S \approx mT_{P_1} = 15$ 年，可以认为地球和火星的绝对轨道几何出现重复的时间间隔约为 15 年。图 4. 3. 1 给出了每个会合周期 T_S 内地球和火星的最近接近距离。由图中可以看出，地球和火星的最近接近距离也呈类周期变化，周期大约为 15 年，即地球和火星之间的大会合周期。

根据行星之间的会合周期，可以大致估算出行星之间出现较好发射机会的时间间隔。例如，对于火星探测任务，大约每 2. 14 年会出现一次较好的探测机会，对于较远的外行星天

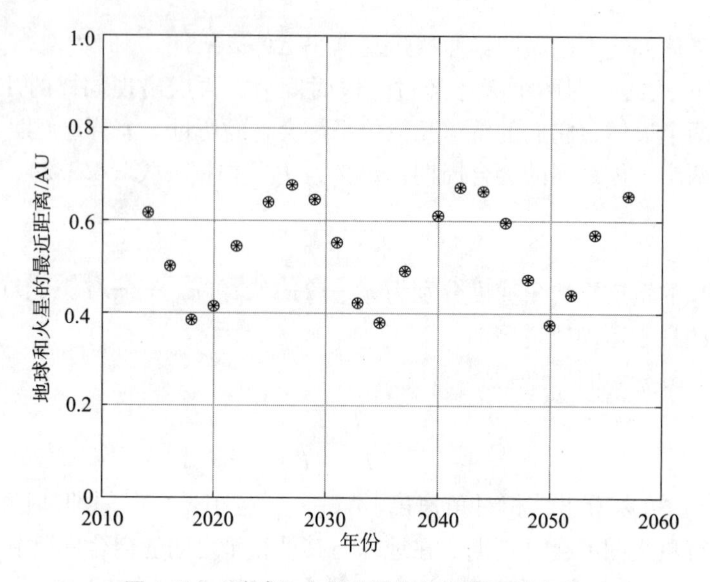

图 4.3.1 地球和火星的最近接近距离的变化

王星和海王星，每年都会出现一次较好的探测机会。当然，仅仅知道这个时间间隔是无法确定探测任务的发射机会的。各大行星绕太阳运动受到严格运动规律约束，即星历约束，进行实际的探测任务机会搜索时，必须考虑各天体实际的星历约束。

4.4 行星际转移轨道的类型

对于同平面内轨道间的转移问题，霍曼转移是燃料消耗最省的转移方式。霍曼转移轨道与出发天体和目标天体的日心轨道都相切，日心转移相角为180°，转移时间由两个天体霍曼转移轨道的半长轴决定。本质上讲，行星际探测任务的转移轨道存在 4 种基本类型，如图 4.4.1 所示。

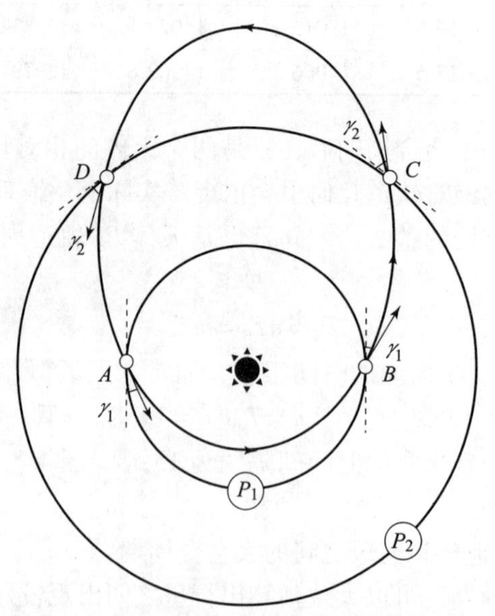

图 4.4.1 同平面两个天体间转移轨道的 4 种类型

这 4 种转移类型可以概括如下：

①从天体 P_1 轨道上的 B 点出发到达天体 P_2 轨道上的 C 点，且 $\gamma_1>0$，$\gamma_2>0$；

②从天体 P_1 轨道上的 B 点出发到达天体 P_2 轨道上的 D 点，且 $\gamma_1>0$，$\gamma_2<0$；

③从天体 P_1 轨道上的 A 点出发到达天体 P_2 轨道上的 C 点，且 $\gamma_1<0$，$\gamma_2>0$；

④从天体 P_1 轨道上的 A 点出发到达天体 P_2 轨道上的 D 点，且 $\gamma_1<0$，$\gamma_2<0$。

这 4 种类型转移轨道所需要的总的速度增量是相同的，但它们的转移时间不同。从图 4.4.1 中可以看出，第一类转移轨道的转移相角必然小于 π，所需要的转移时间是 4 类轨道中最短的。这类转移轨道可以实现两个天体之间的快速转移。当 A 点和 B 点重合，并且 C 点和 D 点重合时，这 4 种类型的转移轨道都退化为同一种转移轨道，即霍曼转移轨道。需要指出的是，若探测器是以双曲线轨道离开 P_1 轨道的，则只有第一类和第三类转移是可行的。

4.5　行星际发射机会搜索

4.5.1　等高线图搜索方法

行星际探测任务中，当探测器沿其转移轨道到达目标天体的轨道时，探测器必须与该天体近距离相遇。由于出发天体 P_1 和目标天体 P_2 的相对几何关系始终处于变化之中，探测器在不同时刻从天体 P_1 出发向天体 P_2 转移的轨道是不同的。当两天体处于合适的相对位置时，探测器实现转移所需燃料消耗、时间、光照等条件符合探测任务的要求，此时对应的转移机会称为发射机会，发射机会的集合称为发射窗口。

前面的分析已经提到，利用霍曼转移可以对行星际探测任务的燃料消耗和转移时间进行初始的评估。然而，在进行实际的任务设计与分析时，霍曼转移评估的结果不够准确，主要的原因有以下几点：

①霍曼转移只考虑了两个天体在同平面内运动的情况，实际上，太阳系中任意两个天体很少会位于同一平面内。

②霍曼转移并未考虑天体的实际星历，并且这些天体绕太阳运动的轨道参数也一直在变化，图 4.5.1 和图 4.5.2 给出了火星和木星的轨道偏心率和倾角随时间的变化曲线。

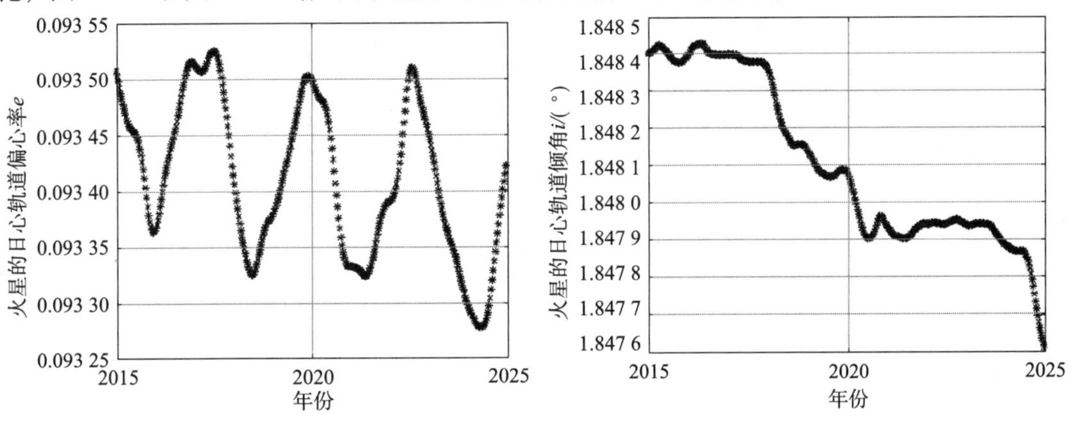

图 4.5.1　火星日心轨道偏心率和倾角随时间的变化

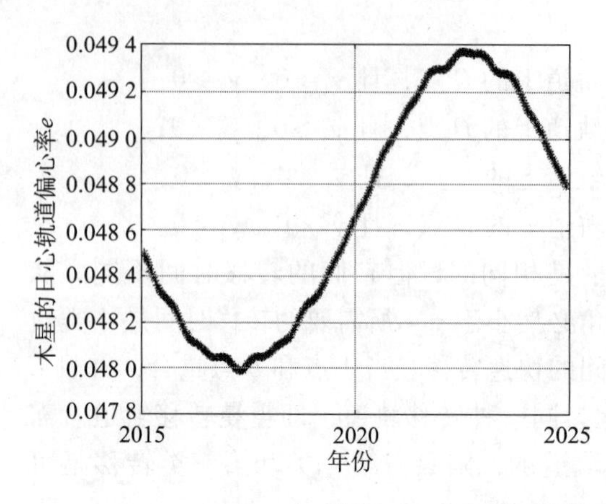

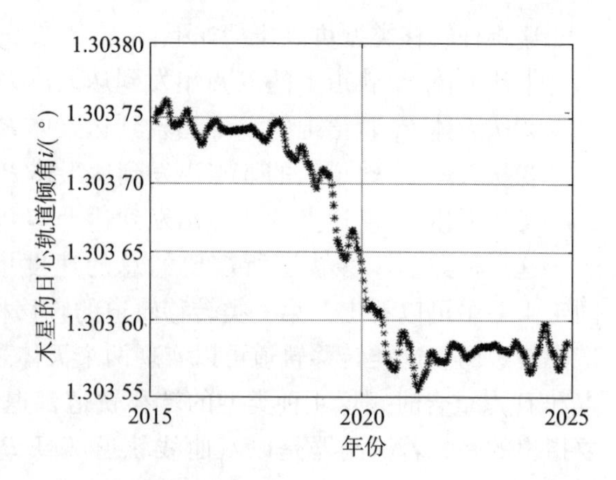

图 4.5.2　木星日心轨道偏心率和倾角随时间的变化

③实际探测任务中，由于各种各样的任务约束，在燃料消耗最省的发射机会实施探测任务往往是不现实的。例如，运载火箭程序延迟、天气异常、抵达目标天体时的状态要求等因素，都会要求发射时期不能仅是一个特定的时刻，而是一个长达几天或者数周的时间段。

因此，对于实际的行星际探测任务，必须综合考虑天体实际的运动规律和探测任务提出的具体任务约束。长期的天文观测已使我们掌握了太阳系中天体较为准确的运动规律，尤其是各大行星的运动。对天体的高精度运动模型进行数值积分或者读取天体的星历表，可以得到各天体在任一时刻的运动状态。基于天体在日心惯性坐标系中的位置和速度信息，利用圆锥曲线拼接原理和兰伯特问题求解方法，可以对给定时间段内的行星际探测任务发射机会进行搜索。

行星际日心转移轨道示意图如图 4.5.3 所示。探测器在 t_1 时刻从天体 P_1 出发，此时天体 P_1 在日心惯性坐标系中的位置和速度矢量分别为 $\boldsymbol{r}_{P_1}$ 和 $\boldsymbol{v}_{P_1}$；探测器飞行时间 t 到达天体 P_2，到达时间 t_2 可根据 t_1 和 t 计算得到，即 $t_2=t_1+t$，此时天体 P_2 的日心位置和速度矢量分别为 $\boldsymbol{r}_{P_2}$ 和 $\boldsymbol{v}_{P_2}$。为了便于分析，忽略探测器出发时和到达时与天体的距离（该距离与探测

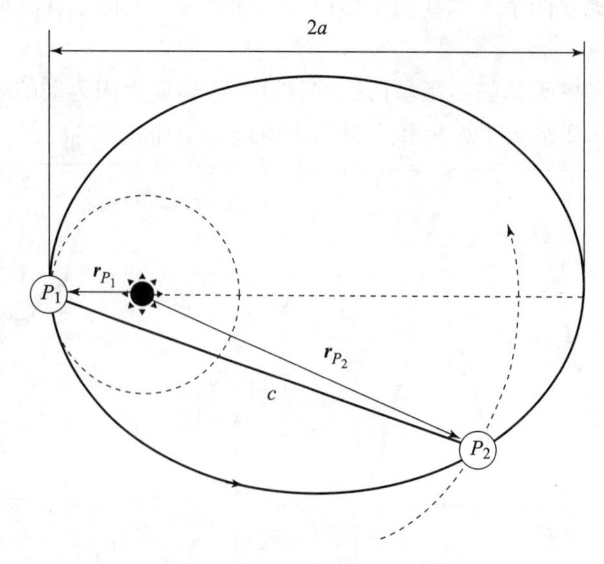

图 4.5.3　行星际转移轨道示意图

器的日心轨道飞行距离相比很小），即认为探测器日心转移轨道的初始位置矢量为 $\boldsymbol{r}_{P_1}$，终端位置矢量为 $\boldsymbol{r}_{P_2}$。基于 $\boldsymbol{r}_{P_1}$、$\boldsymbol{r}_{P_2}$ 和飞行时间 t 可以求解兰伯特问题，从而计算出探测器从天体 P_1 出发时的速度矢量 $\boldsymbol{v}_1$ 和到达天体 P_2 时的速度矢量 $\boldsymbol{v}_2$。

探测器出发时与天体 P_1 的速度矢量差可以写成

$$\boldsymbol{v}_{\infty L} = \boldsymbol{v}_1 - \boldsymbol{v}_{P_1} \tag{4.5.1}$$

$\boldsymbol{v}_{\infty L}$ 表示探测器出发时相对天体 P_1 的速度，反映了探测器从天体 P_1 出发时的能量需求。本质上，探测器是沿双曲线轨道逃逸出发天体引力影响球的，$\boldsymbol{v}_{\infty L}$ 是逃逸地球引力影响球时相对天体的速度，因此也称为双曲线超速。对于从天体 P_1 上发射的探测器而言，双曲线超速主要通过两种方式获取：一是利用运载火箭将探测器发射升空，并直接将其运送出天体的引力影响球，使探测器在脱离引力影响球时达到行星际飞行所需的双曲线超速；二是运载火箭将探测器发射升空后，探测器利用自身（或空间运输系统）携带的推进系统加速逃离天体的引力影响球，并在脱离引力影响球时达到行星际飞行所需的双曲线超速。

对于行星际探测器，定义发射能量为

$$C_3 = v_{\infty L}^2 \tag{4.5.2}$$

其中，$v_{\infty L}$ 是矢量 $\boldsymbol{v}_{\infty L}$ 的模。

由于目前运载火箭运载能力有限，行星际探测任务的发射能量 C_3 受到严格的限制。对于特定的运载火箭，若要增大发射能量 C_3，需要降低探测器的质量，这将降低探测器的有效载荷质量，影响探测任务的科学回报。

探测器到达时的速度矢量 $\boldsymbol{v}_2$ 与天体 P_2 的速度矢量差为

$$\boldsymbol{v}_{\infty A} = \boldsymbol{v}_2 - \boldsymbol{v}_{P_2} \tag{4.5.3}$$

$\boldsymbol{v}_{\infty A}$ 为到达目标天体 P_2 时相对天体的双曲线超速，反映了探测器到达目标天体后进行轨道机动的能量需求。一般而言，在目标天体附近施加的轨道机动都是由探测器自身携带的推进系统提供的。因此，进行发射机会搜索时，$\boldsymbol{v}_{\infty A}$ 也是需要考虑的重要参数。

通过上面的分析发现，当探测器出发时刻 t_1 和行星际飞行时间 t 给定时，可以计算得出探测器出发时和到达时的日心速度矢量 $\boldsymbol{v}_1$ 和 $\boldsymbol{v}_2$，这表明出发时刻 t_1 和行星际飞行时间 t 基本确定了探测器的日心转移轨道。对于不同的时间对（t_1，t），可以计算得到不同的日心转移轨道。将关注的转移轨道重要参数以等高线图的形式表示出来，就可以通过分析等高线图对转移轨道进行分析，进一步确定行星际探测任务的发射机会。

基于等高线图的行星际发射机会搜索方法可以总结如下：

①根据探测任务的需要确定发射机会搜索的目标参数，即发射日期的搜索区间和飞行时间的搜索区间；

②对发射日期和飞行时间的搜索区间进行网格划分，针对每个网点对应的发射时间和飞行时间组合，实施第③～⑤步；

③通过读取星历或数值积分轨道动力学方程，计算出发时出发天体和到达时目标天体的日心位置和速度矢量；

④基于出发天体的日心位置、目标天体的日心位置和飞行时间，求解兰伯特问题，确定探测器的转移轨道，获得转移轨道参数；

⑤基于出发天体、目标天体和转移轨道参数，计算转移轨道的目标参数；

⑥根据网点上的转移轨道数据，绘制目标参数的等高线图并进行分析。

图 4.5.4 和图 4.5.5 分别给出了 2015—2025 年 11 年间火星探测任务的发射能量 C_3 和火星到达双曲线超速 $v_{\infty A}$ 的等高线图（最长飞行时间设为 1 000 天）。由图中可以看出，发射能量 C_3 和到达火星双曲线超速 $v_{\infty A}$ 的等高线图均呈周期性变化，周期大约是地球和火星的会合周期 2.14 年。也就是说，每 2.14 年可以出现一次发射能量和到达速度较小的火星探测机会。值得注意的是，每次发射机会的发射能量和到达火星速度分布尽管类似，但不尽相同。

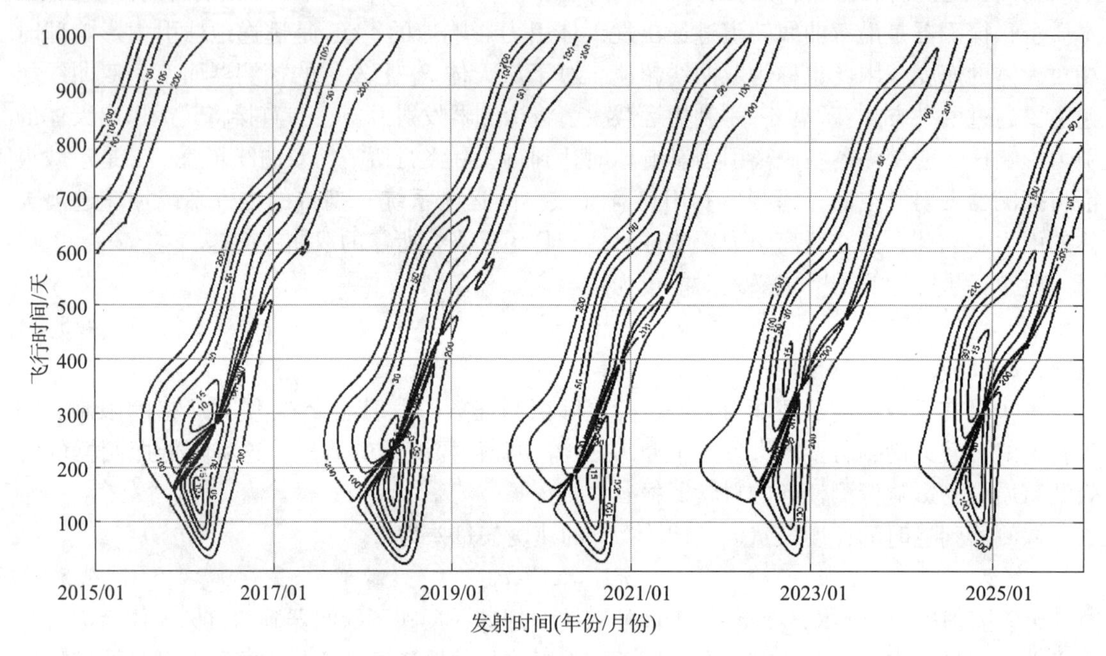

图 4.5.4　2015—2025 年火星探测发射能量 C_3 等高线图

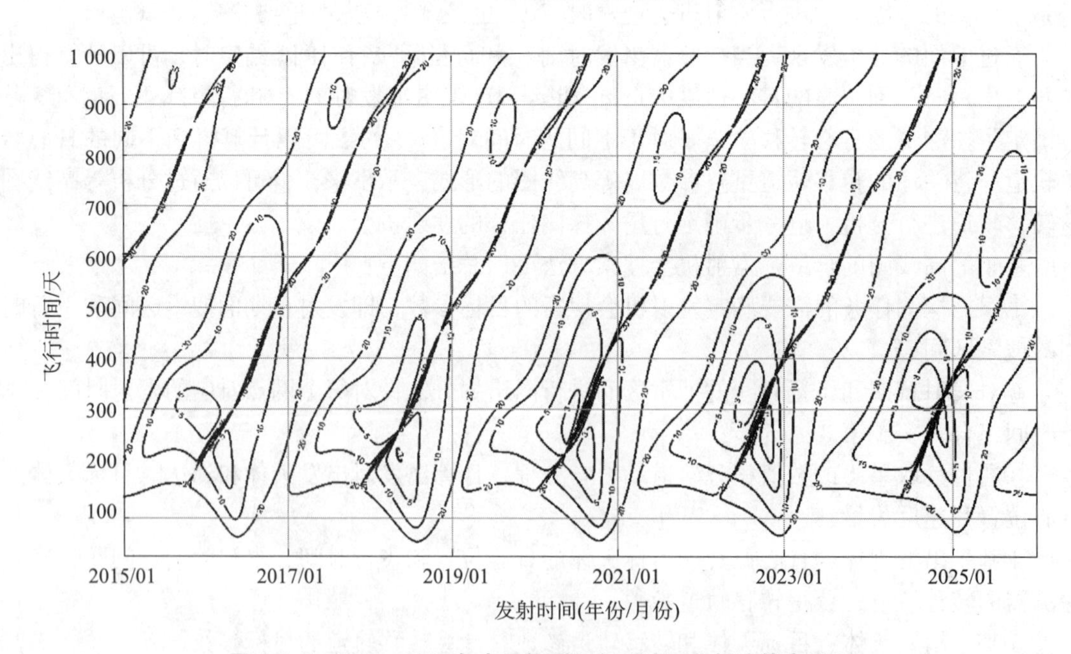

图 4.5.5　2015—2025 年火星探测任务到达双曲超速等高线图

图 4.5.6 和图 4.5.7 分别给出了 2015—2025 年 11 年间金星探测任务的发射能量 C_3 和金星到达双曲线超速 $v_{\infty A}$ 的等高线图（最长飞行时间设为 500 天）。由图中可以看出，金星探测任务的发射机会也呈周期性出现，周期为地球和金星的会合周期 1.6 年。可以发现，相比火星探测任务，金星探测任务的发射机会更为密集。

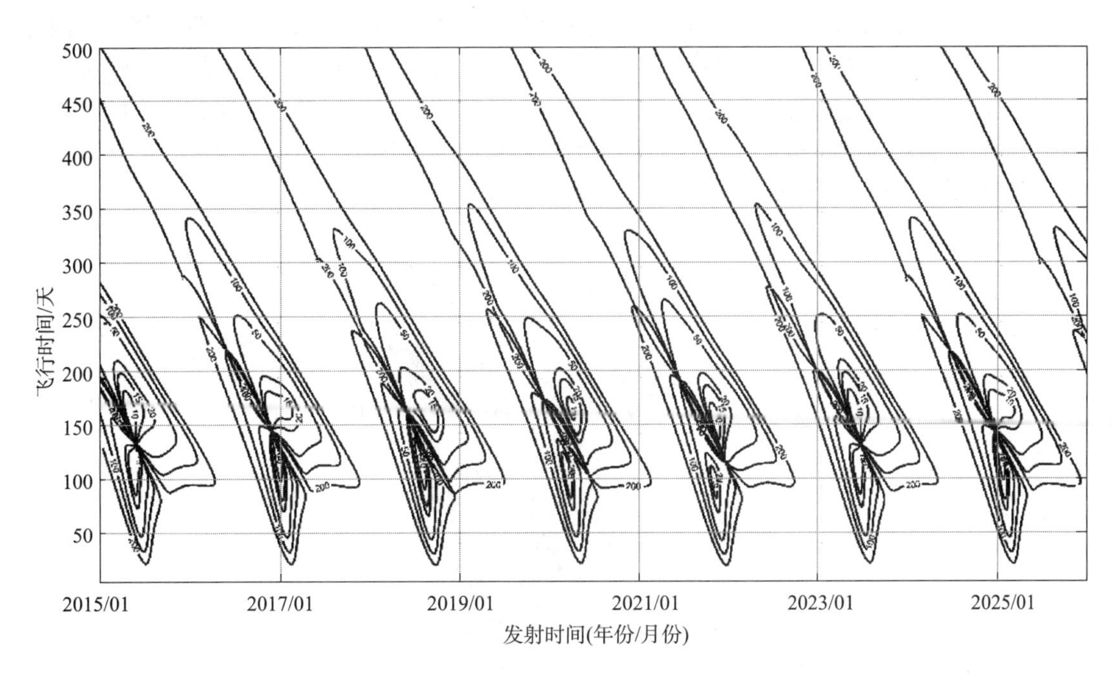

图 4.5.6　2015—2025 年金星探测任务发射能量 C_3 等高线图

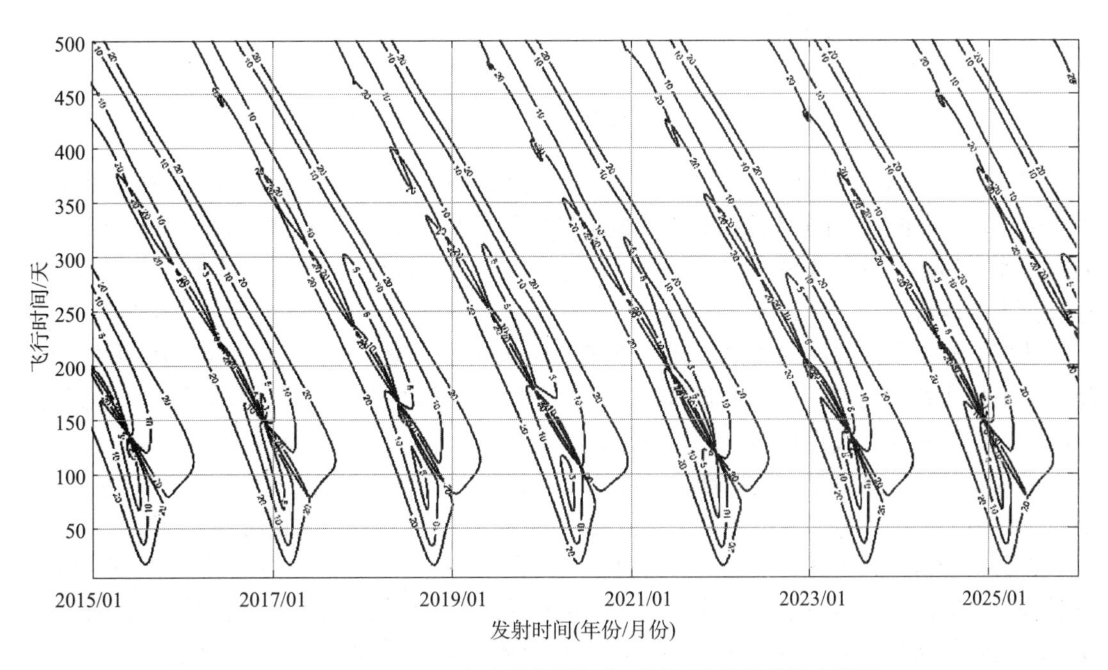

图 4.5.7　2015—2025 年金星探测任务到达双曲线超速等高线图

4.5.2 发射能量等高线图

选取2018年火星探测任务发射机会为例进行分析。图4.5.8给出了2018年火星探测任务发射能量 C_3 等高线图。

由图4.5.8可以看出，发射能量等高线图的形态复杂，其主要分成上下两个部分。两部分都存在一个局部极值区域，分别对应两个可行的发射窗口。下面区域内的转移轨道称为Ⅰ类转移，上面区域内的转移轨道称为Ⅱ类转移。Ⅰ类转移对应短程转移，转移轨道的日心转角小于180°，转移时间一般小于200天；Ⅱ类转移对应长程转移，转移轨道的日心转角大于180°，转移时间一般大于200天。

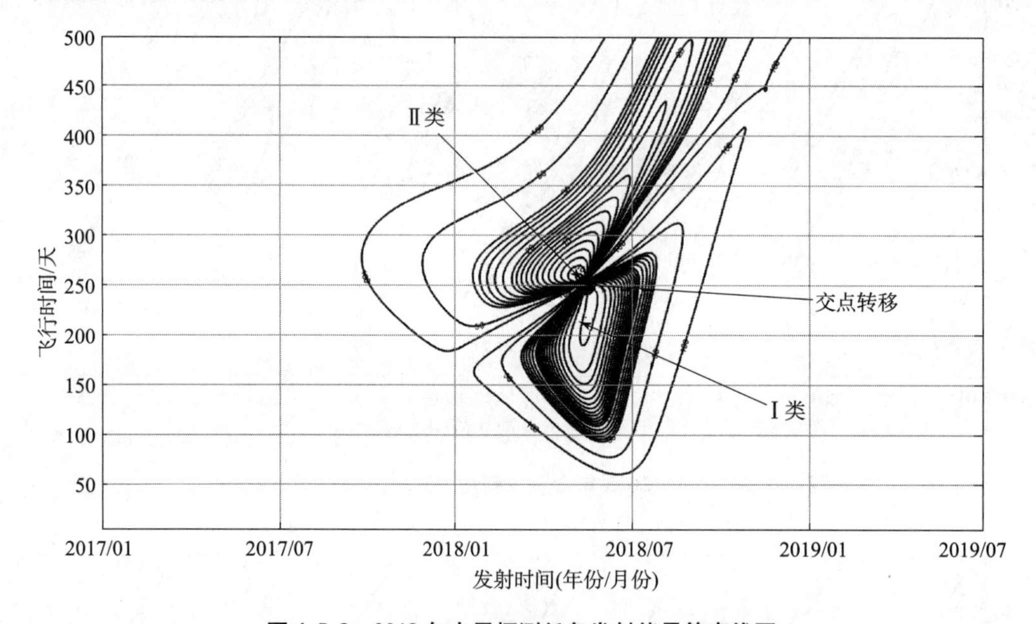

图4.5.8 2018年火星探测任务发射能量等高线图

根据发射能量等高线图，若要在2018年进行火星探测任务，最佳的发射能量 $C_3 < 10\ km^2/s^2$。Ⅰ类转移和Ⅱ类转移对应的最小发射能量都小于 $10\ km^2/s^2$，但Ⅰ类转移的发射窗口更宽。如果从发射能量、转移时间、发射窗口等多方面对比分析，Ⅰ类转移比Ⅱ类转移具有更大的优势。

从发射机会等高线图的规律看到，越接近任务空间边缘，探测任务所需的发射能量 C_3 越大。值得注意的是，在从左下方到右上方的“山脊”沿线上，所需的发射能量 C_3 变化非常剧烈，这种现象与极点转移轨道有关，如图4.5.9所示。

由霍曼转移分析可知，当地球的日心轨道与目标行星的日心轨道在同一个平面内时，从地球到目标天体的燃料最省转移轨道也应在该平面内，即转移轨道相对黄道平面的倾角为零。然而，若目标天体的日心轨道与黄道面之间存在夹角，即便这个夹角很小，也会对转移轨道相对黄道面的倾角造成很大的影响。影响的程度由转移轨道在日心黄道平面内的转角决定，随着转角从0°加到180°，转移轨道的倾角会从0°增加到90°。造成这种现象的原因是：转移轨道平面是由探测器出发时地球的位置、到达时目标天体的位置和太阳位置确定的。随着转移轨道在日心黄道面内转角的增加，所需要的发射能量也将快速增加。当目标天体在黄

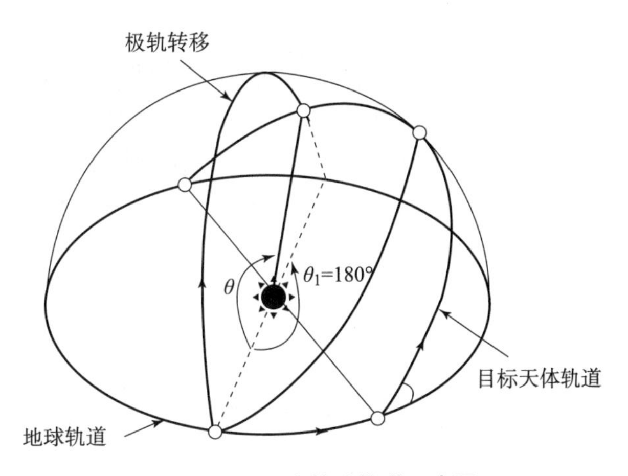

图 4. 5. 9　极点转移轨道示意图

道面内的投影位置与出发时地球的位置处于同一条直径上时，即转角为 180°时，为了满足目标天体在垂直于黄道面的方向上位置分量，一般需要通过极点转移来实现，此时所需的发射能量会非常大。

当然，并非所有转角为 180°的情况都对应极点转移。如图 4. 5. 10 所示，当转移轨道的起点正好位于地球和目标行星的轨道与黄道面的交点上时，可能的转移轨道很多，这些转移轨道对应不同的轨道倾角，称为交点转移。这些转移轨道中，倾角为零的转移轨道位于黄道面内，所需的发射能量是最省的，其对应发射能量等高线图中上下两部分交点。从探测任务工程任务角度，转移轨道倾角的选取一般采取两种策略：一是选取位于黄道面内的转移轨道，这样探测器出发时所需的燃料消耗更少；二是选取与目标天体轨道同平面的转移轨道，这样探测器到达目标天体时制动所需要的燃料消耗更少。

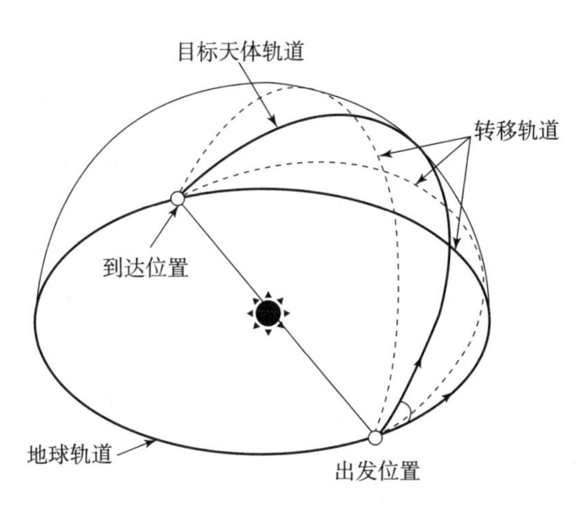

图 4. 5. 10　交点转移轨道示意图

值得注意的是，交点转移轨道抵达目标天体的日期是固定的，会出现在连续的几次发射机会中。不同发射机会中，交点转移轨道所需的能量也是不同的，其中存在一个能量最低的交点转移轨道，相当于从转移轨道的近日点转移至远日点，接近于霍曼转移。尽管这类轨道的能量很低，但由于其“奇点”的性质，导致其对轨道误差的敏感度极高，在实际的行星际探测任务中一般不采用。

在实际探测任务中，解决“山脊”处发射能量过大的问题时，可以采用“折平面”转移方案。折平面转移的原理是：探测器在转移过程中施加一次深空轨道机动，改变探测器转移轨道的倾角，从而使探测器可以到达黄道平面外的目标天体位置，这样就可以避免转移轨道相对黄道平面倾角过大的问题，如图 4.5.11 所示。施加的深空机动需要通过数值优化计算得到，在计算过程中，需要综合考虑探测器的机动能力、轨道几何约束、任务目标等因素，这里不再赘述。

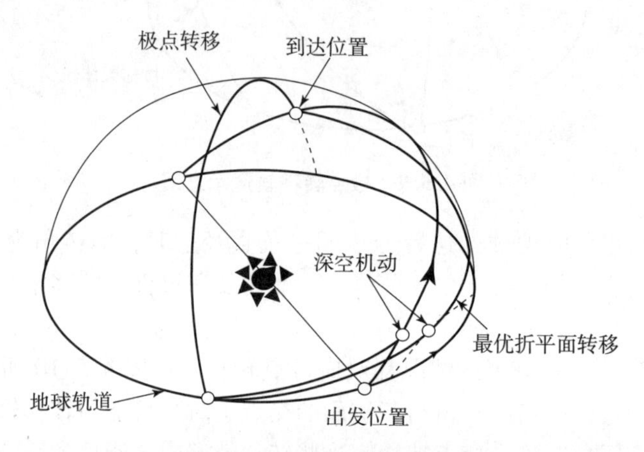

图 4.5.11　折平面转移示意图

4.5.3　火星发射机会分析

对于给定的目标天体，尽管发射机会是呈类周期出现的，但每次发射机会具体特性是不同的。只有经过一个大的会合周期后，特性非常接近的发射机会才能重复出现。以火星探测任务为例，每 2.14 年会出现一次发射机会。然而，对于实际的行星际探测任务，每次出现的发射机会并非都是合适的，这需要综合考虑整个探测任务的相关约束条件。图 4.5.12 和图 4.5.13 分别给出了 2016 年和 2018 年进行火星探测的发射能量 C_3 和火星到达双曲线超速 $v_{\infty A}$ 的等高线图。

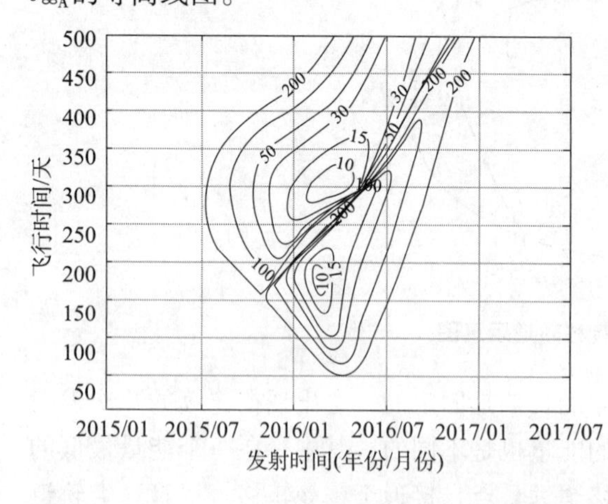

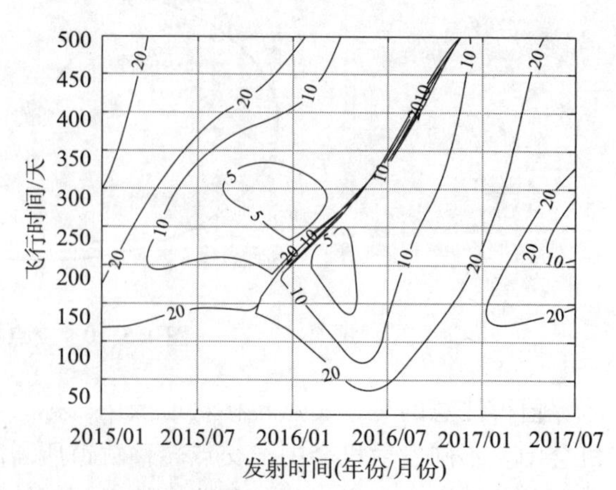

图 4.5.12　2016 年火星探测发射机会等高线图

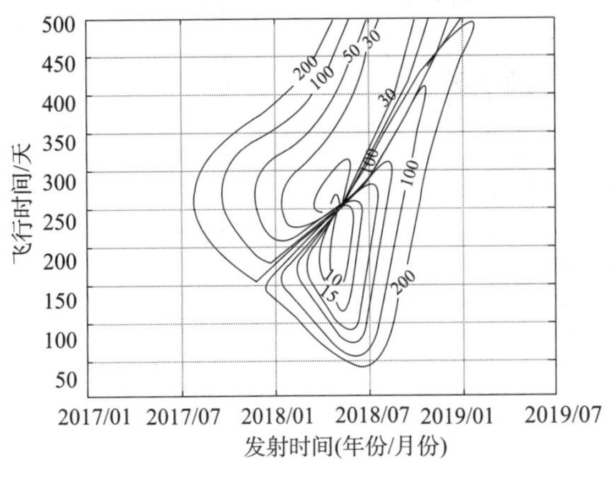

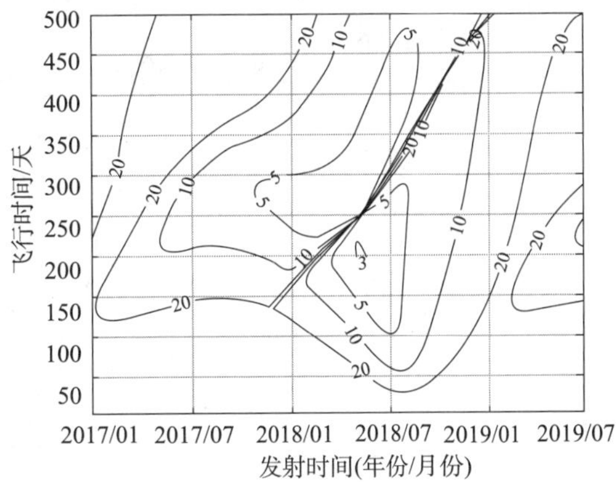

图 4. 5. 13　2018 年火星探测发射机会等高线图

发射能量 C_3 是行星际探测任务初始设计的关键参数。在探测器质量一定的情况下，发射能量越人，所需运载火箭的运载能力越强。运载火箭的运载能力是一定的，探测任务所需的发射能量越大，那么探测器的质量就应该越小。由图 4. 5. 12 和图 4. 5. 13 可以看出，两次发射机会对应的发射能量分布是不同的。对于Ⅰ类转移轨道，2016 年发射能量 $C_3 < 10\ \mathrm{km^2/s^2}$ 的区域明显小于 2018 年；相反，对于Ⅱ类转移轨道，2016 年发射能量 $C_3 < 10\ \mathrm{km^2/s^2}$ 的区域则明显大于 2018 年。考虑到Ⅰ类转移比Ⅱ类转移所需的时间更短，从发射能量的角度而言，2018 年进行火星探测任务具有一定的优势。

对于实际的火星探测任务，仅考虑发射能量是不够的。到达双曲线超速 $v_{\infty A}$ 反映了探测器到达火星时进行轨道机动的能量需要。如果到达时的 $v_{\infty A}$ 过大，则探测器需要的近火点制动速度脉冲也会很大，推进系统无法满足要求，从而使得探测器无法被火星成功俘获，导致探测任务失败。由图 4. 5. 12 和图 4. 5. 13 可以看出，2018 年发射机会中，$v_{\infty A} < 5\ \mathrm{km/s}$ 的区域明显优于 2016 年。因此，从到达双曲线超速的角度，2018 年的探测机会也有一定的优势。

采用等高线图法搜索发射机会时，为了综合考虑多个约束条件，可以将关注的多个指标参数绘制在一起，这样可以更方便地对发射机会进行讨论。图 4. 5. 14 给出了 2016 年火星探测任务发射能量 C_3 和火星到达双曲线超速 $v_{\infty A}$ 的混合等高线图，图 4. 5. 15 则给出了 2018 年的混合等高线图。由图 4. 5. 14 和图 4. 5. 15 可以看出，对于这两个年份，最佳的发射能量区域和最佳的火星到达双曲线超速区域存在部分重合。重合区域内对应的发射机会具有比较好的特性，对应的发射能量和火星到达双曲线超速都比较小。因此，可以选取重合区域内的点作为潜在的火星探测任务发射机会。

根据混合等高线图，可以初步确定 2016 年和 2018 年进行火星探测发射的机会。表 4. 5. 1 列出了 2016 年和 2018 年两个年份中 4 次较好的发射机会。

在实际的探测任务中，应当选择多个发射时机作为备选，不能仅从能量的角度确定单一的发射机会。这是因为探测任务可能会出现某些无法预测的问题，例如运载火箭无法准备就绪、天气条件无法满足发射要求等，会导致发射任务无法按照预定发射机会完成。此时，可以通过备选机会来调整发射时间，例如将“长程”Ⅱ类转移调整为“短程”Ⅰ类转移，或者将“短程”Ⅰ类转移调整为“长程”Ⅱ类转移，从而确保发射任务的顺利完成。

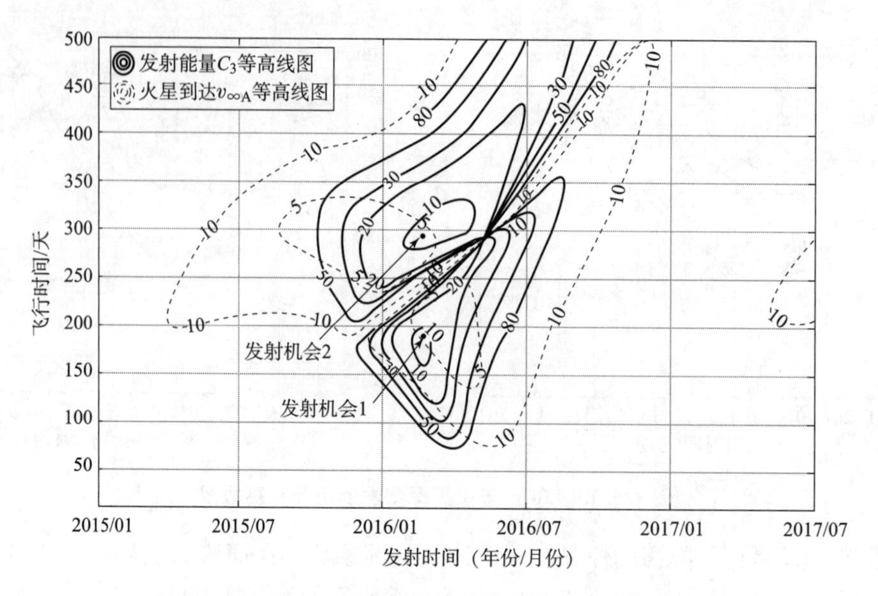

图 4.5.14　2016 年火星探测任务发射机会混合等高线图

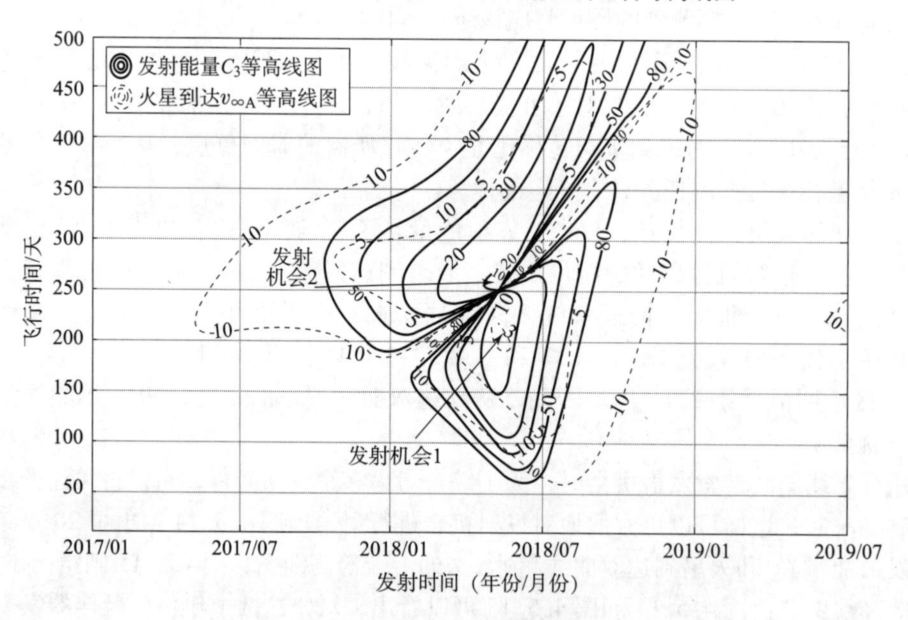

图 4.5.15　2018 年火星探测任务发射机会混合等高线图

表 4.5.1　2016 年和 2018 年火星探测任务发射机会

发射日期	发射能量 C_3 /($km^2 \cdot s^{-1}$)	到达日期	到达 $v_{\infty A}$ /($km \cdot s^{-1}$)	飞行时间 /天	转移类型
2016/02/21	8.667	2016/12/11	4.697	294	Ⅱ类
2016/02/23	9.194	2016/08/30	4.662	189	Ⅰ类
2018/05/02	9.021	2019/01/14	3.522	257	Ⅱ类
2018/05/11	7.842	2018/11/30	2.962	203	Ⅰ类

4.6　地球逃逸轨道

4.6.1　地球逃逸能量需求

通过搜索发射机会基本确定了行星际探测任务的日心转移轨道，即确定了探测器在太阳引力场中的运动。要实现探测器的日心转移，探测器离开地球时，必须具备足够的轨道能量。根据式（4.5.1），探测器是沿双曲线轨道逃离地球引力影响球的，其相对地球的双曲线超速矢量为 $\boldsymbol{v}_{\infty L}$。一般来讲，在地心惯性坐标系中讨论探测器逃逸地球的轨道更为方便。将 $\boldsymbol{v}_{\infty L}$ 由日心惯性坐标系转换至地心惯性坐标系（转换关系根据具体选择的坐标系确定），可以得到地心惯性坐标系中探测器相对地球的逃逸双曲线超速矢量，定义为 $\boldsymbol{v}_{\infty E}$，这是探测器发射和逃逸轨道分析中非常重要的参量。

假定探测器已由运载火箭发射至环绕地球的停泊轨道上（一般为圆或椭圆轨道），探测器将在停泊轨道上合适的位置进行轨道机动进入双曲线逃逸轨道。为了避免不必要的燃料消耗，停泊轨道一般应和逃逸地球双曲线轨道在同一平面内，因此可以认为探测器是沿轨道切向施加机动脉冲的。设停泊轨道为半径为 r_p 的圆轨道，则 r_p 即为双曲线逃逸轨道的近地点距离。探测器逃逸地球双曲线轨道示意图如图 4.6.1 所示。

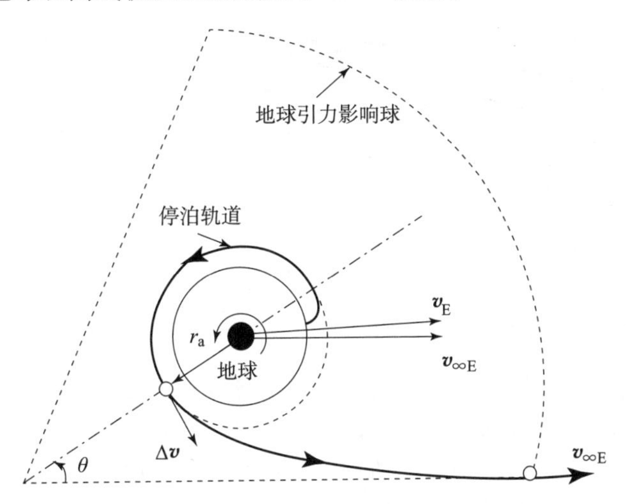

图 4.6.1　地球逃逸双曲线轨道示意图

根据二体轨道理论，探测器逃逸双曲线轨道参数满足

$$\frac{v_p^2}{2}-\frac{\mu_E}{r_p}=\frac{v_{\infty E}^2}{2}-\frac{\mu_E}{R_{\infty E}}=-\frac{\mu_E}{2a} \tag{4.6.1}$$

其中，μ_E 为地球的引力常数；v_p 为逃逸双曲线轨道近地点处速度大小；$R_{\infty E}$为地球的引力影响球半径；a 为逃逸双曲线轨道半长轴。

对于地球附近轨道，可以近似认为$\mu_E/R_{\infty E}\approx 0$，因此可得

$$v_p=\sqrt{v_{\infty E}^2+\frac{2\mu_E}{r_p}} \tag{4.6.2}$$

探测器在圆停泊轨道上的速度大小为 $v_C=\sqrt{\mu_E/r_p}$，结合式（4.6.2）可得在停泊轨道上

应施加的切向机动速度增量为

$$\Delta v = v_p - v_C = \sqrt{v_{\infty E}^2 + \frac{2\mu_E}{r_p}} - \sqrt{\frac{\mu_E}{r_p}} \tag{4.6.3}$$

利用式（4.6.3）可以对探测器从停泊轨道上逃逸地球所需速度增量进行初步的分析，图4.6.2给出了速度增量随停泊轨道高度和逃逸双曲线超速的变化情况。由图中看出，对于给定的地球逃逸双曲线超速，圆停泊轨道的高度越高，所需要的速度增量就越小，这是因为，高度越高的停泊轨道，具有更大的轨道能量。在实际的探测任务中，为了降低探测器逃逸地球所需要的燃料消耗，应尽可能地充分利用运载火箭的运载能力，将探测器送入具有更高轨道能量的停泊轨道，例如具有大偏心率的椭圆轨道。

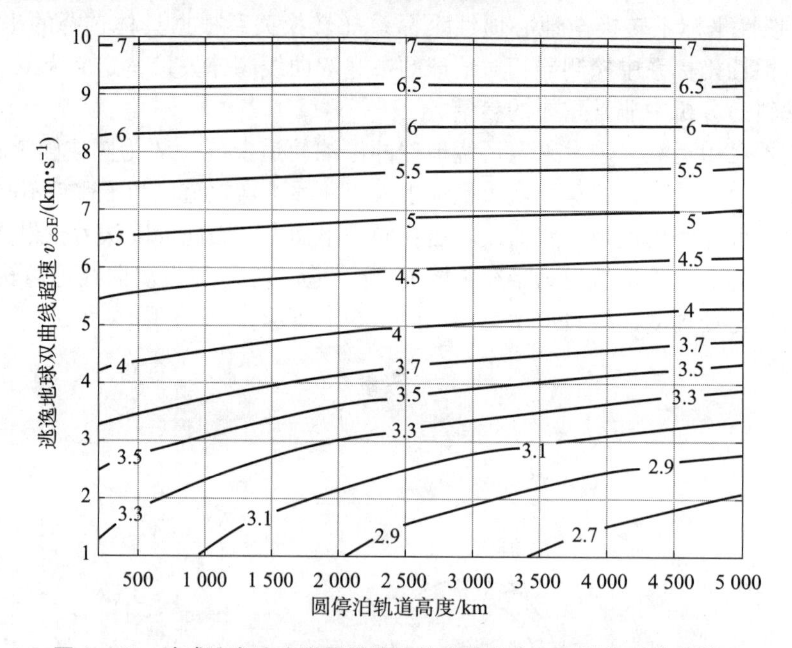

图4.6.2　地球逃逸速度增量随停泊轨道高度和双曲线超速变化情况

上面的讨论是考虑探测器利用一次轨道机动实现地球的逃逸，定义这种策略为策略一。当然，探测器从停泊轨道上逃逸地球实现行星际转移的方式有很多。另一种可能的策略是探测器在停泊轨道上首先进行一次轨道机动，使探测器进入相对地球的抛物线轨道，当探测器沿抛物线飞出地球引力影响球后，进行第二次轨道机动，使探测器进入星际转移轨道，定义这种策略为策略二。

对于策略二，探测器所需的总的速度增量可以表示为

$$\Delta v = \sqrt{\frac{2\mu_E}{r_p}} - \sqrt{\frac{\mu_E}{r_p}} + v_{\infty E} \tag{4.6.4}$$

根据式（4.6.3）和式（4.6.4）可以对两种逃逸策略的效能进行比较分析。假定圆停泊轨道的高度为200 km，图4.6.3给出了两种策略下探测器逃逸地球速度增量随双曲线超速的变化情况。

由图4.6.3可以看出，策略一所需要的速度增量明显低于策略二，其主要原因是地球的引力在探测器逃逸过程中起到了杠杆作用。

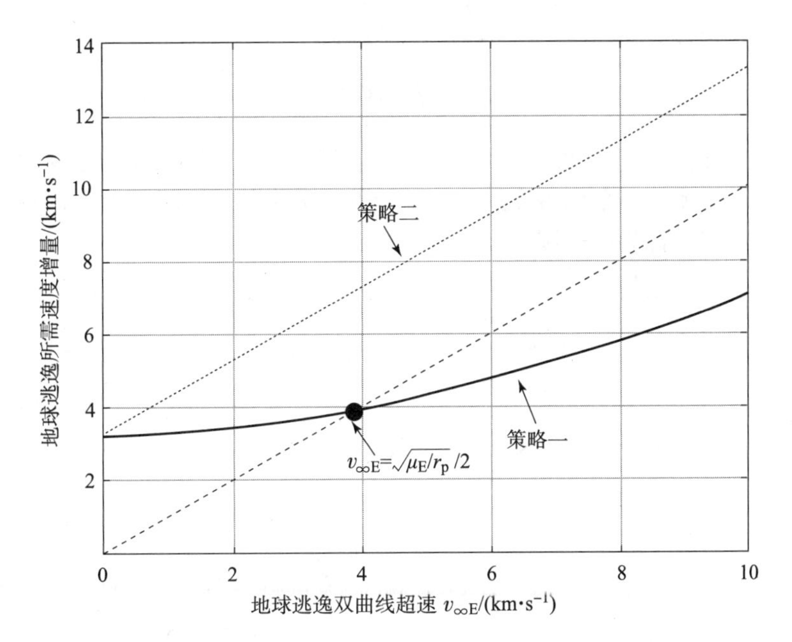

图 4.6.3　两种地球逃逸策略的比较

根据式（4.6.3），令

$$\Delta v=\sqrt{v_{\infty E}^2+\frac{2\mu_E}{r_p}}-\sqrt{\frac{\mu_E}{r_p}}=v_{\infty E} \tag{4.6.5}$$

求解上式可得

$$\Delta v=v_{\infty E}=\frac{1}{2}\sqrt{\frac{\mu_E}{r_p}} \tag{4.6.6}$$

由图 4.6.3 可以看出，所需速度增量随着逃逸双曲线超速的增大而增大。因此，根据式（4.6.6）可以得出：当探测器在停泊轨道上施加的速度增量 Δv 大于 $\sqrt{\mu_E/r_p}/2$ 时，探测器将获得大于 Δv 的地球逃逸双曲线超速，这表明地球的引力作用增强了轨道机动 Δv 的效果，这也就解释了为什么行星际探测器一般不在日心轨道飞行过程中施加主要的轨道机动。

4.6.2　逃逸双曲线发射圆

探测器逃逸地球轨道是很复杂的，不能仅从燃料消耗的角度进行分析，还必须综合考虑发射时间、发射场位置、地球逃逸双曲线超速方向等因素。探测器逃逸地球的双曲线超速矢量 $\boldsymbol{v}_{\infty E}$ 是决定逃逸轨道的关键参数，而探测器逃逸轨道与地球引力影响球交点的位置并不特别重要，这是因为探测器的日心轨道量级与地球影响球半径相比大得多，在初始分析时，可以不用考虑由于交点位置不同而引起的与太阳距离的差异。

从轨道几何上讲，如果仅给定停泊轨道的高度，不限定其轨道倾角，则存在无数条双曲线轨道可以满足双曲线超速矢量 $\boldsymbol{v}_{\infty E}$ 的要求。

根据二体轨道理论，逃逸双曲线轨道的半长轴为

$$a=-\frac{\mu_E}{v_{\infty E}^2} \tag{4.6.7}$$

逃逸双曲线轨道偏心率为

$$e = 1 + \frac{r_{\mathrm{p}} v_{\infty \mathrm{E}}^2}{\mu_{\mathrm{E}}} \tag{4.6.8}$$

在地心惯性坐标系中，不同逃逸双曲线轨道上相对地球具有相同的速度大小和方向，所有这些双曲线轨道构成了一个旋转曲面。在地球的引力影响球边缘面上，这些逃逸双曲线轨道曲面切出了一个圆，称为逃逸圆，如图 4.6.4 所示。

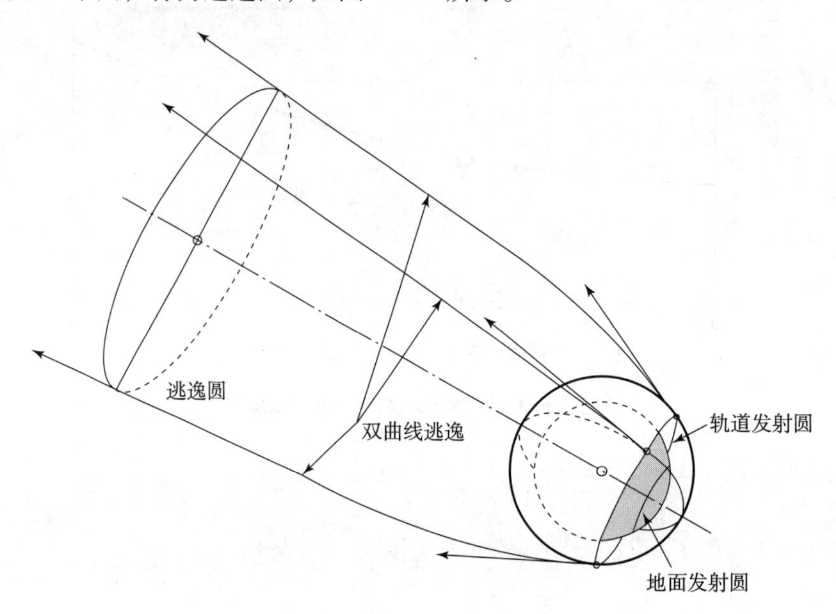

图 4.6.4　逃逸双曲线轨道构成的曲面

这些逃逸双曲线轨道的近地点组成的圆则称为轨道发射圆。若考虑在停泊轨道上施加切向轨道机动，则发射圆面与所有可能的停泊轨道面是垂直的。在发射圆上的任意一点，探测器都可以进行切向轨道机动，实现逃逸地球，并且可以满足双曲线超速矢量 $\boldsymbol{v}_{\infty \mathrm{E}}$。

根据双曲线轨道的特点，在图 4.6.1 中，逃逸双曲线轨道的拱线与其渐近线之间的夹角为

$$\theta = \arccos\left(\frac{1}{e}\right) = \arccos\left(\frac{1}{1 + r_{\mathrm{p}} v_{\infty \mathrm{E}}^2 / \mu_{\mathrm{E}}}\right) \tag{4.6.9}$$

由式（4.6.9）可以看出，在停泊轨道高度 r_{p} 一定的条件下，逃逸双曲线超速 $v_{\infty \mathrm{E}}$ 越大，则夹角 θ 越大。图 4.6.5 给出了夹角 θ 随双曲线超速 $v_{\infty \mathrm{E}}$ 的变化情况，其中地球停泊轨道高度设定为 200 km。

根据双曲线轨道的性质，夹角 θ 越大，则双曲线轨道越接近直线，这就使得轨道发射圆越大。考虑探测器的发射问题，不难想象，从地球上直接发射探测器使其能够进入逃逸双曲线超速为 $\boldsymbol{v}_{\infty \mathrm{E}}$ 的轨道的发射点将位于一个圆上，这个圆称为地面发射圆。很明显，地面发射圆要小于轨道发射圆在地面上的投影。逃逸双曲线超速矢量 $\boldsymbol{v}_{\infty \mathrm{E}}$ 主要取决于太阳、地球和目标天体的相对几何关系，其变化是较为缓慢的，可以认为在几天内近似不变。因此，也可以近似认为短时间内轨道发射圆和地面发射圆在惯性空间中是几乎不变的。

地球一天内要绕它的自转轴自转一周，在这个时间内，地球表面一定区域内的某固定点

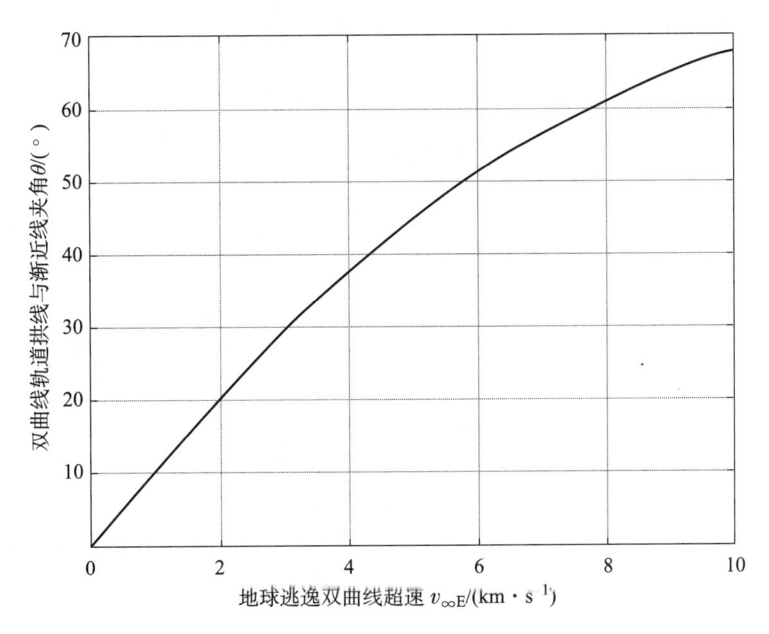

图 4.6.5　地球逃逸双曲线轨道拱线与渐近线夹角变化

会与地面发射圆相交两次。在这两个相交的时刻，可以通过运载火箭发射探测器使其直接进入满足要求的逃逸地球双曲线轨道，而无须再利用停泊轨道。然而，由于地面发射圆小于轨道发射圆在地面上的投影，更小于地球上的大圆，这就使得在地面上的大部分位置都无法与地面发射圆相交，甚至偏离很远。对于这些区域内的发射场，必须首先将探测器运送至停泊轨道，然后择机进行轨道机动，以使探测器逃逸地球。

需要注意的是，对于不同的行星际探测任务和发射机会，地球逃逸双曲线超速矢量 $\boldsymbol{v}_{\infty E}$ 是不同的，因此它们对应的轨道发射圆、地面发射圆和可行的直接发射区域也是不同的。图 4.6.6 给出了两种情况下的地球发射圆和可直接发射区域示意图。

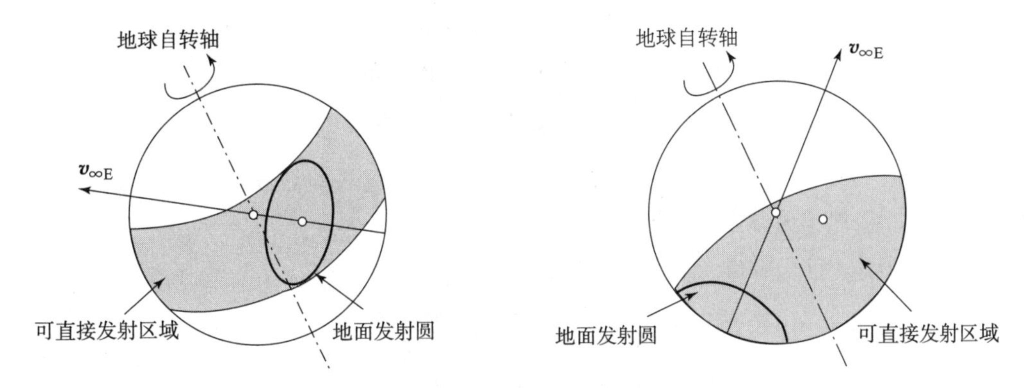

图 4.6.6　地面发射圆和可行的直接发射区域

4.6.3　地球逃逸轨道几何

从上面的分析可以看出，探测器逃逸地球轨道的一个基本要求是双曲线超速矢量 $\boldsymbol{v}_{\infty E}$ 应满足日心转移的要求。探测器逃逸地球的轨道涉及 3 个关键要素：发射场位置、逃逸双曲线轨道和双曲线超速矢量 $\boldsymbol{v}_{\infty E}$。在惯性空间中，发射时的发射场位置、地球中心和逃逸双曲线超速矢量 $\boldsymbol{v}_{\infty E}$ 应位于同一平面内。日心转移轨道已经确定了 $\boldsymbol{v}_{\infty E}$，在进行地球逃逸轨道分析时，可以近似认为是常量。下面将重点讨论探测器的发射与逃逸双曲线轨道的建立问题，图 4.6.7 给出了探测器从地球表面发射并逃逸地球的轨道示意图。

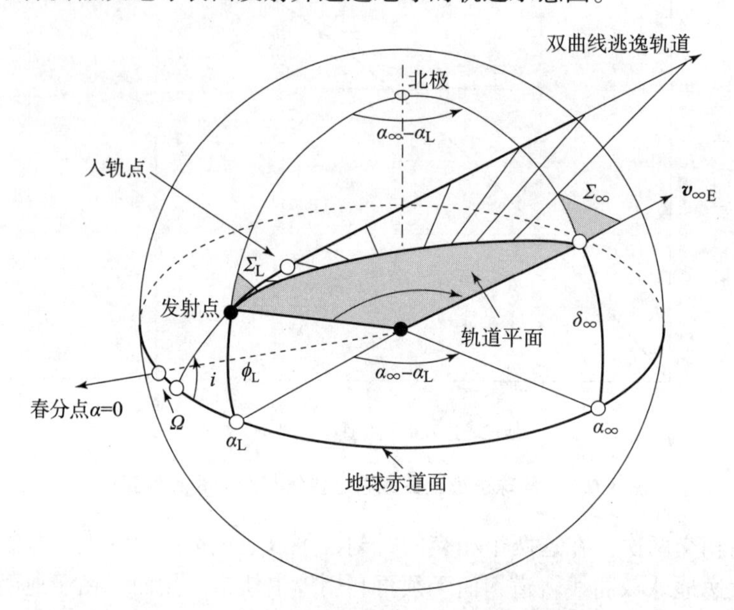

图 4.6.7　探测器的发射与逃逸地球轨道示意图

根据双曲线轨道的性质，逃逸双曲线超速矢量 $\boldsymbol{v}_{\infty E}$ 与其渐近线几乎平行，下文中将认为矢量 $\boldsymbol{v}_{\infty E}$ 即为双曲线渐近线的方向。定义 $\hat{\boldsymbol{S}}$ 为逃逸双曲线超速矢量 $\boldsymbol{v}_{\infty E}$ 的单位方向矢量，则 $\hat{\boldsymbol{S}}$ 可以表示为

$$\hat{\boldsymbol{S}} = \frac{\boldsymbol{v}_{\infty E}}{\|\boldsymbol{v}_{\infty E}\|} = \begin{bmatrix} \hat{S}_x \\ \hat{S}_y \\ \hat{S}_z \end{bmatrix} = \begin{pmatrix} \cos\delta_\infty \cos\alpha_\infty \\ \cos\delta_\infty \sin\alpha_\infty \\ \sin\delta_\infty \end{pmatrix} \tag{4.6.10}$$

其中，$\alpha_\infty \in [0, 360°]$ 和 $\delta_\infty \in [-90°, 90°]$ 分别为逃逸双曲线超速矢量的赤经和赤纬，表征了矢量 $\boldsymbol{v}_{\infty E}$ 在地心天球上的指向。

根据式（4.6.10），可得矢量 $\boldsymbol{v}_{\infty E}$ 的赤经和赤纬分别为

$$\begin{cases} \alpha_\infty = \arctan(\hat{S}_x, \hat{S}_y) \\ \delta_\infty = \arcsin(\hat{S}_z) \end{cases} \tag{4.6.11}$$

赤经 α_∞ 和赤纬 δ_∞ 是分析探测器的发射轨道和逃逸轨道的重要参数。赤经 α_∞ 影响探测器的发射时间，δ_∞ 则影响着发射方位角和逃逸轨道相关参数。

1）发射方位角约束

首先讨论发射方位角问题。定义 ϕ_L 为发射场纬度，$\boldsymbol{\Sigma}_L$ 为发射方位角，$\boldsymbol{\Sigma}_\infty$ 为逃逸地球引力影响球时的探测器飞行轨道的方位角，则发射轨道的倾角应满足

$$\cos i = \cos\phi_{\mathrm{L}}\sin\Sigma_{\mathrm{L}} = \cos\delta_{\infty}\sin\Sigma_{\infty} \tag{4.6.12}$$

由式（4.6.12）可以看出，对于给定的发射场，不同发射方位角对应的发射轨道倾角不同。实际上，发射方位角并不能自由选择，对于任务要求的逃逸双曲线超速矢量 $\boldsymbol{v}_{\infty\mathrm{E}}$，发射方位角需要满足如下关系

$$\sin^2\Sigma_{\mathrm{L}} = \frac{\cos^2\delta_{\infty}}{\cos^2\phi_{\mathrm{L}}}\sin^2\Sigma_{\infty} \leqslant \frac{\cos^2\delta_{\infty}}{\cos^2\phi_{\mathrm{L}}} \tag{4.6.13}$$

分析式（4.6.13）可以得到发射方位角的下限和上限分别为

$$\begin{cases} (\sin\Sigma_{\mathrm{L}})_{\min} = -\dfrac{\cos\delta_{\infty}}{\cos\delta_{\mathrm{L}}} \\ (\sin\Sigma_{\mathrm{L}})_{\max} = +\dfrac{\cos\delta_{\infty}}{\cos\delta_{\mathrm{L}}} \end{cases} \tag{4.6.14}$$

对于给定的发射场，其纬度 ϕ_{L} 是已知的。因此，根据式（4.6.14）和其他约束条件，可以确定可行的发射方位角范围。以我国的四川西昌发射场为例，其纬度为北纬 28.25°。那么，可行的发射方位角随逃逸双曲线超速赤纬 δ_{∞} 的分布如图 4.6.8 所示。一般来说，对于行星际探测任务，最佳的发射方位角范围为 90° ~ 115°，这样可以充分利用地球的自转能量。另外，发射方位角的选择必须充分考虑发射安全的问题。

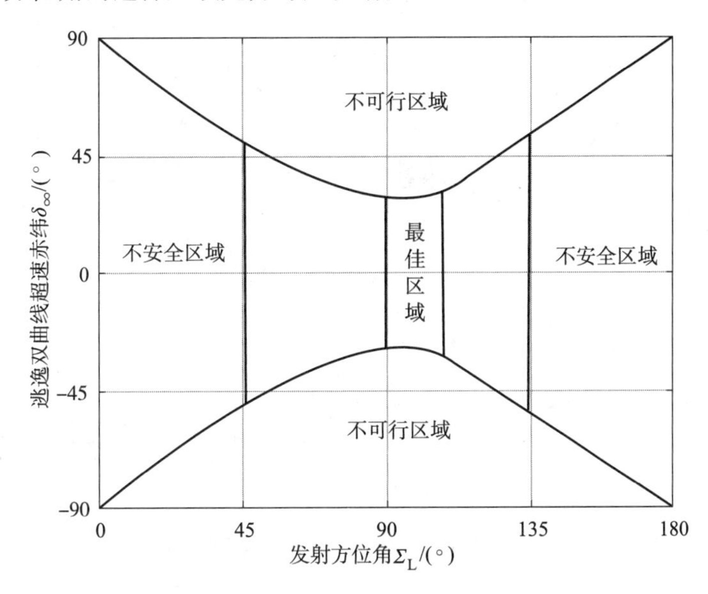

图 4.6.8　西昌发射场发射方位角可行区域

2）发射时间的确定

下面讨论发射时间的确定问题。由式（4.6.12）可以看出，若给定发射方位角 Σ_{L} 和赤纬 δ_{∞}，就可以确定发射轨道的倾角 i 和逃逸方位角 Σ_{∞}。

另外，如图 4.6.7 所示，根据球面三角法还可以得到如下关系

$$\cos(\alpha_{\mathrm{L}} - \Omega) = \frac{\cos\Sigma_{\mathrm{L}}}{\sin i},\ \sin(\alpha_{\mathrm{L}} - \Omega) = \tan\phi_{\mathrm{L}}\cot i \tag{4.6.15}$$

$$\cos(\alpha_{\infty} - \Omega) = \frac{\cos\Sigma_{\infty}}{\sin i},\ \sin(\alpha_{\infty} - \Omega) = \tan\delta_{\infty}\cot i \tag{4.6.16}$$

其中，Ω 为发射轨道的升交点赤经。

利用式（4.6.15）和式（4.6.16）可以分别计算出 $\alpha_L-\Omega$ 和 $\alpha_\infty-\Omega$，进而可以得到双曲线逃逸矢量 $\boldsymbol{v}_{\infty E}$ 与发射点之间的赤经差 $\alpha_\infty-\alpha_L$。

在天文计算中，通常采用恒星时，以简化计算。定义相对恒星时 t_R 来表征相对发射时间：

$$t_R=24.0-\frac{\alpha_\infty-\alpha_L}{15.0} \tag{4.6.17}$$

其中，15.0 表示恒星时下地球自转速度为15.0°/h。

既然矢量 $\boldsymbol{v}_{\infty E}$ 在短时间内认为近似不变，则赤经 α_∞ 可以看作是常数。t_R 表征了从发射点上一次经过赤纬 α_∞ 到真实发射时间的相对恒星时（单位为小时）。本质上，发射场的赤经 α_L 受到矢量 $\boldsymbol{v}_{\infty E}$ 赤经 α_∞ 的影响，通过引入相对发射时间 t_R，可以忽略赤经 α_∞ 的影响，方便分析赤纬 δ_∞ 和发射方位角 Σ_L 对发射时间的影响。图 4.6.9 和图 4.6.10 分别给出了发射方位角 Σ_L 和赤纬 δ_∞ 随相对发射时间 t_R 的变化曲线。

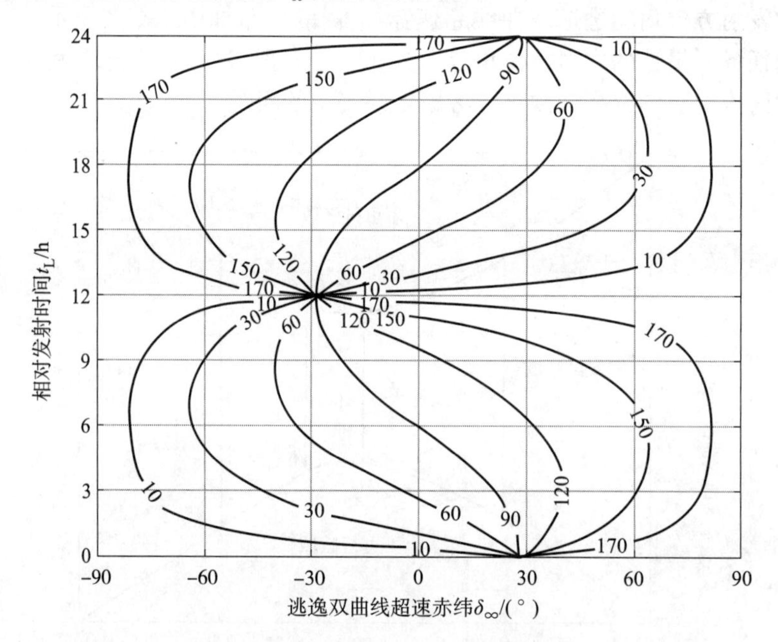

图 4.6.9　发射方位角随赤纬和相对发射时间的变化

由图 4.6.10 可以看出，对于给定的赤纬 δ_∞（例如 $\delta_\infty=15°$），一天时间内一般存在两条等高线图，一条位于上午，另一条位于下午。考虑到发射方位角 Σ_L 的可行性与安全性约束（例如 $90°\leqslant\Sigma_L\leqslant115°$），这两条等高线图将会被截断，剩余线段对应的发射时间区间即为行星际探测任务的发射窗口。当 $\delta_\infty=0°$ 时，一天内的发射方位角相等的两次发射时机严格地相差 12 小时；随着 $|\delta_\infty|$ 的增大，两次发射时间的间隔时间将越来越小，当 $|\delta_\infty|=|\phi_L|$ 时，一天内将只有一次发射窗口。

如图 4.6.11 所示的发射时间几何关系，发射时刻发射场的赤经可以表示为

$$\alpha_L=\lambda_L+\theta_G+\omega_E t_L \tag{4.6.18}$$

其中，λ_L 为发射场的东经；θ_G 为世界时 0 时刻的格林尼治恒星时；t_L 为发射时间；ω_E 为地球自转角速度。

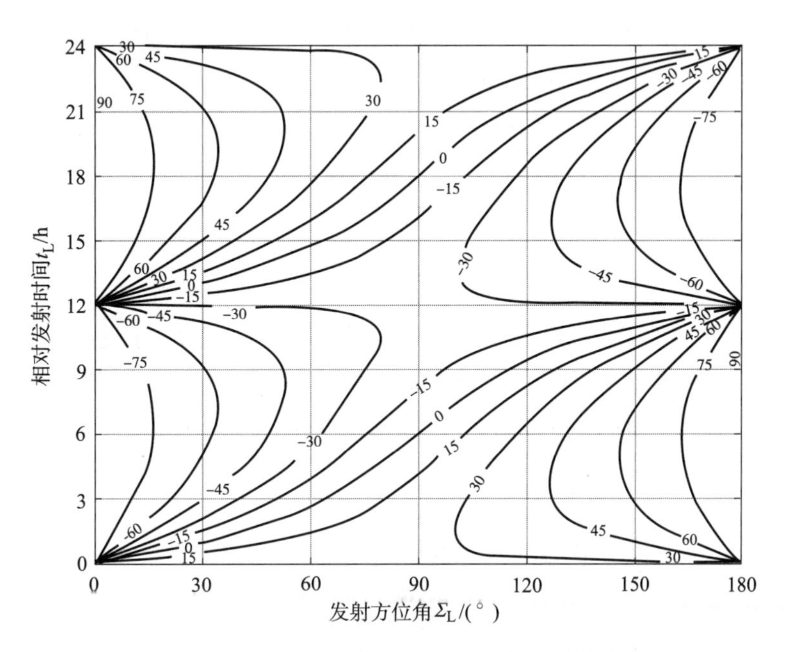

图 4.6.10　赤纬随发射方位角和相对发射时间的变化

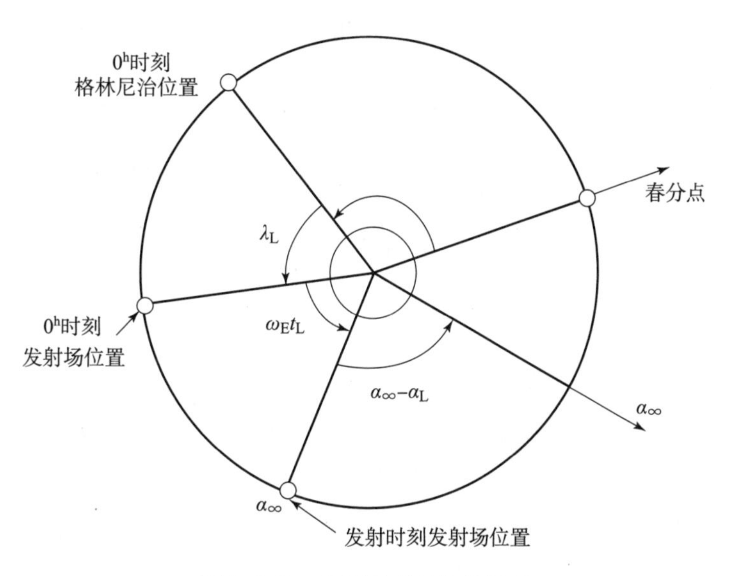

图 4.6.11　发射时间几何关系图

由式（4.6.18）可以得到真实的发射时间为

$$t_L = \frac{\alpha_L - \lambda_L - \theta_G}{\omega_E} \tag{4.6.19}$$

将式（4.6.17）代入式（4.6.19），则发射时间可以写成

$$t_L = \frac{\alpha_\infty - \lambda_L - \theta_G}{\omega_E} + \frac{15.0}{\omega_E} t_R \tag{4.6.20}$$

3）逃逸双曲线轨道参数

下面讨论逃逸双曲线轨道参数的确定问题。从节省燃料消耗角度而言，发射轨道、停泊

轨道和逃逸双曲线轨道应位于同一轨道平面内，即它们具有相同的轨道倾角。

由式（4.6.12）可知，发射轨道倾角应满足如下条件

$$-\cos\phi_{\mathrm{L}} \leqslant \cos i \leqslant \cos\phi_{\mathrm{L}} \tag{4.6.21}$$

分析式（4.6.21），可得

$$|\phi_{\mathrm{L}}| \leqslant i \leqslant 180^\circ - |\phi_{\mathrm{L}}| \tag{4.6.22}$$

同理可得

$$|\delta_\infty| \leqslant i \leqslant 180^\circ - |\delta_\infty| \tag{4.6.23}$$

式（4.6.22）和式（4.6.23）表明，发射轨道的倾角 i 必须大于发射场的纬度和逃逸双曲超速矢量 $\boldsymbol{v}_{\infty\mathrm{E}}$ 的赤纬 δ_∞ 的绝对值。在实际的发射任务中，为了充分利用地球的自转能量，同时考虑地面测控站的分布等问题，发射的轨道倾角需要满足一定的要求。对于行星际探测任务而言，对发射轨道的倾角没有特殊的要求，若不考虑发射方位角的限制，一般选取该发射场能够发射的最小倾角的顺行轨道。因此，根据式（4.6.22）和式（4.6.23）的约束，对于指定的发射场，发射轨道的倾角可以初选为

$$i = \max\{|\phi_{\mathrm{L}}|, \ |\delta_\infty|\} \tag{4.6.24}$$

地球逃逸双曲线超速矢量 $\boldsymbol{v}_{\infty\mathrm{E}}$ 的赤纬 δ_∞ 与双曲线轨道参数关系满足

$$\sin\delta_\infty = \sin i \sin(\omega + \theta) \tag{4.6.25}$$

由式（4.6.25）可以看出，若发射轨道倾角能够满足地球逃逸双曲线轨道要求，倾角为 $180^\circ - i$ 的逆行轨道同样可以满足要求。因此，对于给定的赤纬 δ_∞，存在两条可能的双曲线轨道能够满足 $\boldsymbol{v}_{\infty\mathrm{E}}$ 大小和指向要求，它们的轨道升交点赤经 Ω 和近地点角距 ω 分别为

$$\Omega_1 = \alpha_\infty + \arcsin\left(\frac{\tan\delta_\infty}{\tan i}\right) + \pi, \quad \omega_1 = \arccos\left(\frac{\sin\delta_\infty}{\sin i}\right) - \theta \tag{4.6.26}$$

$$\Omega_2 = \alpha_\infty - \arcsin\left(\frac{\tan\delta_\infty}{\tan i}\right), \quad \omega_2 = -\arccos\left(\frac{\sin\delta_\infty}{\sin i}\right) - \theta \tag{4.6.27}$$

其中，

$$\theta = \arccos\left(\frac{1}{e}\right) = \arccos\left(\frac{1}{1 + r_{\mathrm{p}} v_{\infty\mathrm{E}}^2 / \mu_{\mathrm{E}}}\right) \tag{4.6.28}$$

两条可行轨道的升交点赤经相差 180°。第一条地球逃逸双曲线轨道的近地点速度 z 方向分量小于零，表明探测器在停泊轨道的下降段机动进入逃逸双曲线轨道；第二条逃逸地球双曲线轨道的近地点速度 z 方向分量大于零，即探测器在停泊轨道的上升段机动进入逃逸双曲线轨道。

4）停泊轨道上的滑行时间

根据图 4.6.7，探测器从地面发射到逃逸双曲线轨道至地球引力影响球边缘，其在轨道平面内转过的角度可以表示为 η。由球面三角法则，该转角满足如下关系

$$\begin{cases} \sin\eta = \dfrac{\sin(\alpha_\infty - \alpha_{\mathrm{L}})\cos\delta_\infty}{\sin\Sigma_{\mathrm{L}}} \\ \cos\eta = \sin\delta_\infty \sin\phi_{\mathrm{L}} + \cos\delta_\infty \cos\phi_{\mathrm{L}} \cos(\alpha_\infty - \alpha_{\mathrm{L}}) \end{cases} \tag{4.6.29}$$

根据式（4.6.29）可以计算出转角 η 为

$$\eta = \arctan(\sin\eta, \ \cos\eta) \tag{4.6.30}$$

另外，转角 η 还可以表示成

$$\eta = \theta_L + \theta_C + \theta_I + \theta - \theta_B \tag{4.6.31}$$

其中，θ_L 为探测器从发射场发射到停泊轨道的入轨转角；θ_C 为探测器在停泊轨道上的滑行转角；θ_I 为探测器轨道机动过程中滑过的转角；θ 为探测器逃逸地球双曲线轨道渐近线的真近点角，可以由式（4.6.28）计算得到；θ_B 为探测器进入双曲线逃逸轨道时的真近点角。

若考虑脉冲机动假设，并且认为探测器是由双曲线轨道的近地点进入逃逸轨道的，则有 $\theta_I = \theta_B = 0°$。

因此，滑行转角 θ_C 可以表示为

$$\theta_C = \eta - \theta_L - \theta \tag{4.6.32}$$

假定停泊轨道为圆轨道，则探测器在停泊轨道上的滑行时间可以表示为

$$t_C = \frac{\theta_C}{n} = \frac{\eta - \theta_L - \theta}{\sqrt{\mu_E / r_p^3}} \tag{4.6.33}$$

其中，n 为圆停泊轨道的角速度；r_p 为圆停泊轨道的半径。

4.7　目标天体捕获轨道

4.7.1　目标天体捕获能量需求

探测器在漫长的日心转移过程中，将逐渐接近目标天体，并从双曲线轨道进入目标天体的引力影响球。忽略目标天体的大气影响，探测器将主要受到目标天体的引力作用。当探测器到达目标天体的引力影响球时，可以根据式（4.5.3）计算得到日心惯性坐标系中其相对目标天体的双曲线超速矢量 $\boldsymbol{v}_{\infty A}$。为了便于讨论，将 $\boldsymbol{v}_{\infty A}$ 转换至以目标天体质心为原点的惯性坐标系中（下文称为目标惯性坐标系），在该坐标系中定义到达双曲线超速矢量为 $\boldsymbol{v}_{\infty A}$。

在目标天体附近进行轨道机动所消耗的燃料都需要由探测器自身携带。因此，在保证任务顺利完成基础上，应尽量减小所需要施加的速度增量。探测器在目标天体附近进行轨道机动的基本要求是降低探测器相对目标天体的轨道能量（减速机动），使其形成环绕目标天体的闭合轨道（圆轨道或椭圆轨道）。根据二体轨道理论，在到达双曲线轨道的近心点处施加切向减速机动是最高效的。减速机动脉冲越小，则形成的椭圆轨道偏心率 e 越大。为了使探测器被目标天体成功捕获，减速机动后探测器的速度必须小于局部逃逸速度。

假定双曲线轨道近心点距离为 r_p，则根据二体轨道理论，探测器沿双曲线轨道到达近心点时的速度大小为

$$v_p = \sqrt{\frac{2\mu_A}{r_p} + v_{\infty A}^2} \tag{4.7.1}$$

其中，μ_A 为目标天体的引力常数。

探测器在近心点处实现逃逸所具备的速度为

$$v_h = \sqrt{\frac{2\mu_A}{r_p}} \tag{4.7.2}$$

因此，探测器施加的减速机动速度增量应满足

$$\Delta v > v_p - v_h = \sqrt{\frac{2\mu_A}{r_p} + v_{\infty A}^2} - \sqrt{\frac{2\mu_A}{r_p}} \tag{4.7.3}$$

若要使探测器形成环绕目标天体的圆轨道，则探测器需要施加的减速机动速度增量应为

$$\Delta v=\sqrt{\frac{2\mu_{\mathrm{A}}}{r_{\mathrm{p}}}+v_{\infty\mathrm{A}}^{2}}-\sqrt{\frac{\mu_{\mathrm{A}}}{r_{\mathrm{p}}}} \tag{4.7.4}$$

以火星探测任务为例，假定到达双曲线轨道的近火点为 300 km 高，使探测器形成环绕火星的闭合轨道和形成 300 km 高的环绕圆轨道所需要的速度增量随到达双曲线超速 $v_{\infty\mathrm{A}}$ 的变化如图 4.7.1 所示。

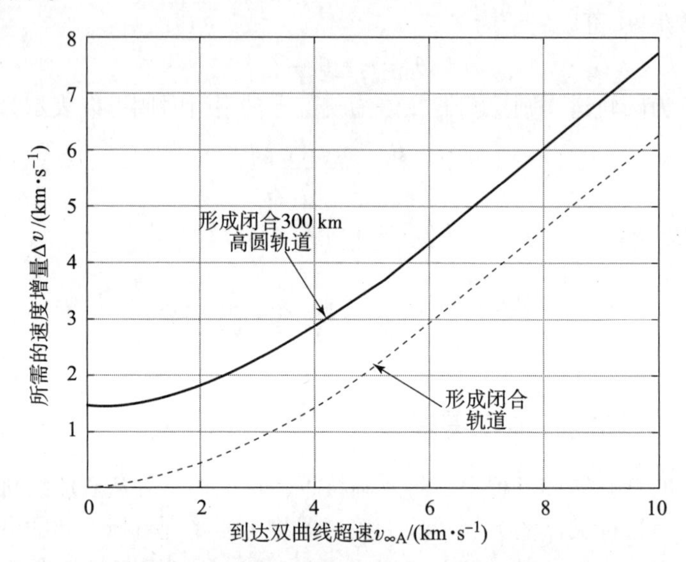

图 4.7.1 捕获速度增量随到达双曲线超速的变化

由图 4.7.1 可以看出，随着到达双曲线超速 $v_{\infty\mathrm{A}}$ 的逐渐增大，形成环绕火星闭合轨道和 300 km 高圆轨道所需的速度增量也逐渐增大。当 $v_{\infty\mathrm{A}}=10$ km/s 时，形成圆轨道所需速度增量接近 8 km/s，这将消耗非常多的燃料。一般来讲，行星际探测器自身携带的燃料能够提供的速度增量不会超过 6 km/s。因此，通过合理地设计转移轨道来降低探测器的燃料消耗是行星际任务中至关重要的问题。

4.7.2 固定轨道半长轴捕获

探测器环绕目标天体轨道的半长轴决定了环绕轨道的周期，轨道周期与目标观测任务密切相关，是行星际探测任务关注的重要参数。行星际探测任务一般都会对目标环绕轨道半长轴的大小做出要求。假定探测任务要求的目标环绕轨道半长轴为 a。根据二体轨道活力公式，探测器在目标天体近心点需要施加的速度增量为

$$\Delta v=\sqrt{\frac{2\mu_{\mathrm{A}}}{r_{\mathrm{p}}}+v_{\infty\mathrm{A}}^{2}}-\sqrt{\frac{2\mu_{\mathrm{A}}}{r_{\mathrm{p}}}-\frac{\mu_{\mathrm{A}}}{a}} \tag{4.7.5}$$

由式（4.7.5）可以看出，速度增量 Δv 是与近心点距离 r_{p} 相关的。那么，是否存在最优的近心点距离使 Δv 达到最小呢？

推导 Δv 对 r_{p} 的偏导数，可得

$$\frac{\partial\Delta v}{\partial r_{\mathrm{p}}}=\frac{\mu_{\mathrm{A}}}{r_{\mathrm{p}}^{2}}\left(\sqrt{\frac{1}{2\mu_{\mathrm{A}}/r_{\mathrm{p}}-\mu_{\mathrm{A}}/a}}-\sqrt{\frac{1}{2\mu_{\mathrm{A}}/r_{\mathrm{p}}+v_{\infty\mathrm{A}}^{2}}}\right) \tag{4.7.6}$$

由于轨道半长轴 $a>0$，则因此始终有 $\partial\Delta v/\partial r_p>0$。这表明对于给定的到达双曲线超速 $v_{\infty A}$和环绕轨道半长轴 a，近心点距离 r_p 越大，则所需要的速度增量越大。可见，为了降低探测器的燃料消耗，应降低到达双曲线轨道的近心点距离。当然，受到目标天体半径和探测任务的安全性约束，近心点距离不能无限制的小。假定探测任务允许的最小近心点距离为 $R_{\min}$，则可以得到使探测器进入半长轴为 a 的目标环绕轨道所需的最小速度增量为

$$\Delta v_{\min}=\sqrt{\frac{2\mu_A}{R_{\min}}+v_{\infty A}^2}-\sqrt{\frac{2\mu_A}{R_{\min}}-\frac{\mu_A}{a}} \tag{4.7.7}$$

4.7.3　固定轨道偏心率捕获

若探测任务要求探测器进入指定偏心率 e 的目标环绕轨道，则探测器在近心点施加轨道机动后所应具备的速度为

$$v_p=\sqrt{\frac{\mu_A}{r_p}(1+e)} \tag{4.7.8}$$

结合式（4.7.1），可得探测器应施加的速度增量为

$$\Delta v=\sqrt{\frac{2\mu_A}{r_p}+v_{\infty A}^2}-\sqrt{\frac{\mu_A}{r_p}(1+e)} \tag{4.7.9}$$

可以看出，所需速度增量 Δv 是与近心点距离 r_p 相关的。

推导 Δv 对 r_p 的偏导数，可得

$$\frac{\partial\Delta v}{\partial r_p}=\frac{1}{2}\frac{\mu_A}{r_p^2}\left[\sqrt{\frac{r_p(1+e)}{\mu_A}}-\frac{2}{\sqrt{2\mu_A/r_p+v_{\infty A}^2}}\right] \tag{4.7.10}$$

根据式（4.7.10）无法直接得出 $\partial\Delta v/\partial e$ 的趋势，令 $\partial\Delta v/\partial e=0$，可得

$$R_r=\frac{2\mu_A}{v_{\infty A}^2}\frac{1-e}{1+e} \tag{4.7.11}$$

当 $r_p<R_r$ 时，$\partial\Delta v/\partial e<0$，即 Δv 随 r_p 的增大而减小；当 $r_p>R_r$ 时，$\partial\Delta v/\partial e>0$，即 Δv 随 r_p 的增大而增大。这表明，当 $r_p=R_r$ 时，所需要的速度增量 Δv 最小。

考虑目标环绕轨道的安全性约束，应有 $R_r\geqslant R_{\min}$，$R_{\min}$为探测器距离目标天体中心的最小距离。

令 $R_r=R_{\min}$，可以得出

$$\frac{2\mu_A}{v_{\infty A}^2}\frac{1-e}{1+e}=R_{\min} \tag{4.7.12}$$

解式（4.7.12）可得

$$e\leqslant\frac{2\mu_A-R_{\min}v_{\infty A}^2}{2\mu_A+R_{\min}v_{\infty A}^2}\leqslant 1 \tag{4.7.13}$$

令

$$e_{\lim}=\frac{2\mu_A-R_{\min}v_{\infty A}^2}{2\mu_A+R_{\min}v_{\infty A}^2} \tag{4.7.14}$$

可以得到如下结论：

①当目标环绕轨道偏心率 $e<e_{\lim}$时，将探测器捕获至目标环绕轨道所需要的最小速度增量为

$$\Delta v_{\min} = \frac{\sqrt{2}}{2} v_{\infty A} \sqrt{1-e} \tag{4.7.15}$$

②当目标环绕轨道偏心率 $e \geqslant e_{\lim}$时，将探测器捕获至目标环绕轨道所需要的最小速度增量为

$$\Delta v_{\min} = \sqrt{\frac{2\mu_A}{R_{\min}} + v_{\infty A}^2} - \sqrt{\frac{\mu_A}{R_{\min}}(1+e)} \tag{4.7.16}$$

当要求的目标环绕轨道偏心率 $e=0$ 时，式（4.7.15）简化为

$$\Delta v_{\min} = \frac{\sqrt{2}}{2} v_{\infty A} \tag{4.7.17}$$

4.7.4 捕获轨道的倾角问题

在行星际探测任务中，B 平面是分析接近目标天体轨道非常有效的工具。假定探测器以双曲线超速矢量 $\boldsymbol{v}_{\infty A}$到达目标天体引力影响球，定义过目标天体中心且与矢量 $\boldsymbol{v}_{\infty A}$垂直的平面为 B 平面，如图 4.7.2 所示。

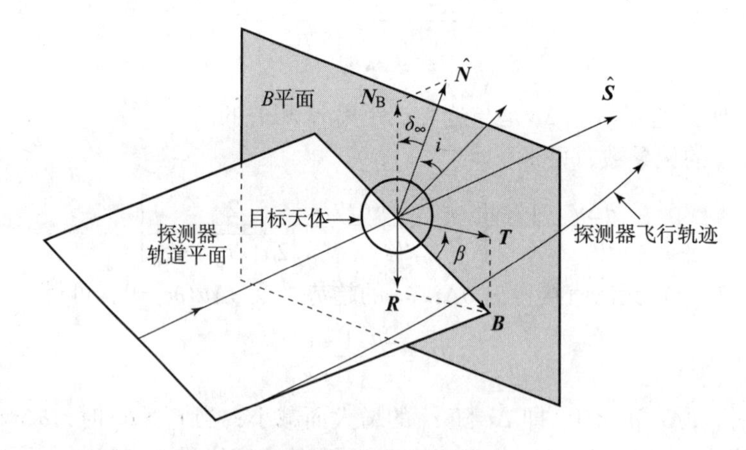

图 4.7.2　B 平面示意图

令 $\hat{\boldsymbol{S}}$ 为到达目标天体双曲线轨道超速矢量 $\boldsymbol{v}_{\infty A}$的单位矢量，可以表示成

$$\hat{\boldsymbol{S}} = \frac{\boldsymbol{v}_{\infty A}}{\| \boldsymbol{v}_{\infty A} \|} = \begin{bmatrix} S_x \\ S_y \\ S_z \end{bmatrix} = \begin{pmatrix} \cos\delta_\infty \cos\alpha_\infty \\ \cos\delta_\infty \sin\alpha_\infty \\ \sin\delta_\infty \end{pmatrix} \tag{4.7.18}$$

其中，α_∞和 δ_∞分别为到达双曲线超速矢量的赤经和赤纬。

B 平面垂直于矢量 $\hat{\boldsymbol{S}}$，B 平面的两个基本轴可以表示为

$$\boldsymbol{T} = \frac{\hat{\boldsymbol{S}} \times \hat{\boldsymbol{N}}}{\| \hat{\boldsymbol{S}} \times \hat{\boldsymbol{N}} \|},\ \boldsymbol{R} = \hat{\boldsymbol{S}} \times \mathbf{T} \tag{4.7.19}$$

其中，$\hat{\boldsymbol{N}}$ 为单位参考矢量，一般选取为以目标天体为原点的惯性坐标系的 z 方向单位矢量。

设探测器相对目标天体轨道的角动量单位矢量为 $\hat{\boldsymbol{h}}$，矢量 $\boldsymbol{B}$ 的单位方向矢量定义为

$$\hat{\boldsymbol{B}} = \hat{\boldsymbol{S}} \times \hat{\boldsymbol{h}} \tag{4.7.20}$$

定义β为矢量$\boldsymbol{T}$和$\boldsymbol{B}$之间的夹角，沿顺时针方向为正。下面讨论轨道倾角i与赤纬δ_∞和夹角β的关系。根据基本定义，轨道倾角为轨道角动量$\hat{\boldsymbol{h}}$与参考矢量$\hat{\boldsymbol{N}}$之间的夹角；根据图4.7.2，$\hat{\boldsymbol{h}}$位于B平面内，因此$\hat{\boldsymbol{h}}$与基本轴$\boldsymbol{T}$的夹角为$90°-\beta$；定义$\boldsymbol{N}_{\mathrm{B}}$为矢量$\hat{\boldsymbol{N}}$在$B$平面内的投影，则矢量$\boldsymbol{N}_{\mathrm{B}}$与基本轴$\boldsymbol{T}$垂直，可知$\hat{\boldsymbol{h}}$与$\boldsymbol{N}_{\mathrm{B}}$的夹角为$\beta$；另外，矢量$\hat{\boldsymbol{S}}$、$\hat{\boldsymbol{N}}$和$\boldsymbol{N}_{\mathrm{B}}$位于同一平面内，并且$\hat{\boldsymbol{S}}$与$\boldsymbol{N}_{\mathrm{B}}$垂直，因此$\hat{\boldsymbol{S}}$和$\boldsymbol{N}_{\mathrm{B}}$之间的夹角为赤纬$\delta_\infty$。

根据上述讨论，利用球面三角形法则可得轨道倾角为

$$\cos i=\cos\beta\cos\delta_\infty \tag{4.7.21}$$

由式（4.7.21）可以得出

$$-\cos\delta_\infty\leqslant\cos i\leqslant\cos\delta_\infty \tag{4.7.22}$$

运用三角函数法则可得

$$\sin^2 i\geqslant\cos^2\delta_\infty \tag{4.7.23}$$

因此，到达双曲线轨道倾角满足

$$i\geqslant|\delta_\infty| \tag{4.7.24}$$

在探测器到达目标天体的引力影响球前，通过较小的轨道机动可以调整到达双曲线轨道与B平面的交点，进而可以实现对角度β的调整。

图4.7.3给出了轨道倾角i与角度β和赤纬δ_∞之间的关系。需要指出的是，为了降低目标天体捕获过程中的燃料消耗，在探测器沿双曲线轨道到达目标天体近心点时，一般施加切向机动脉冲，即不改变轨道的倾角。

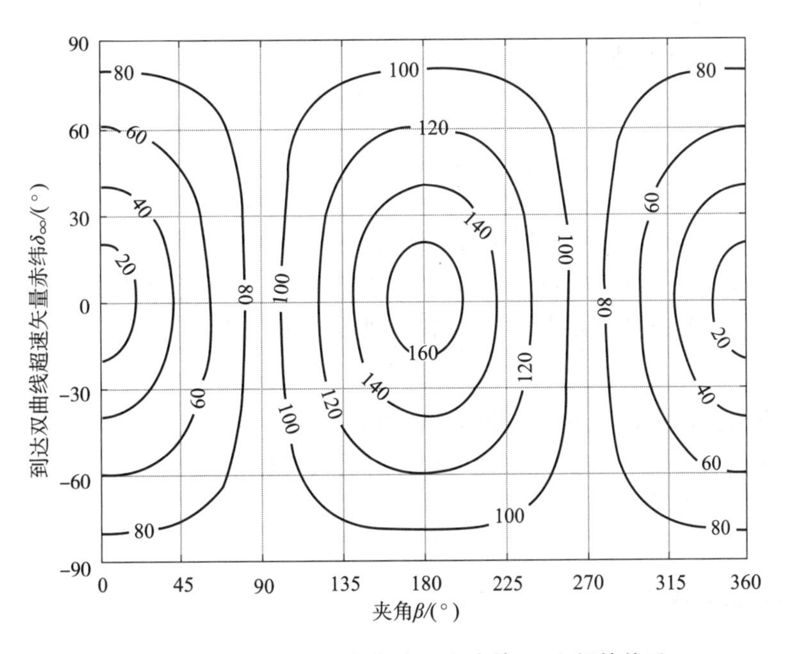

图4.7.3　轨道倾角i与角度β和赤纬δ_∞之间的关系

4.7.5　B平面参数打靶方法

前面几节分别讨论了环绕目标轨道的半长轴、偏心率和倾角与到达双曲线轨道的关系。

由分析可以看出，对于目标环绕轨道半长轴和偏心率而言，在到达双曲线超速 $v_{\infty A}$ 给定的条件下，双曲线轨道的近心点距离 r_p 是影响探测器在近心点处施加制动所需的速度增量的关键参数。为了获得探测任务要求的环绕目标轨道半长轴和偏心率，需要使到达双曲线轨道的近心点距离 r_p 满足设计要求。另外，环绕目标轨道的倾角则由到达双曲线轨道的角动量唯一确定，有 $\cos i = \hat{h}_z$，其中 $\hat{h}_z$ 为到达双曲线轨道角动量单位方向矢量 $\hat{\boldsymbol{h}}$ 在目标惯性坐标系 z 方向的分量。因此，要使探测器环绕目标轨道的半长轴、偏心率和倾角满足探测任务要求，可以通过控制到达双曲线轨道的 $[r_p,\ \hat{h}_z]$ 来实现，即探测器到达双曲线轨道应满足

$$\begin{cases} r_p - r_p^{tar} = 0 \\ \hat{h}_z - \cos(i^{tar}) = 0 \end{cases} \tag{4.7.25}$$

其中，r_p^{tar} 和 i^{tar} 分别为探测任务要求的到达双曲线轨道近心点距离和目标轨道倾角。

控制 $[r_p,\ \hat{h}_z]$ 是通过调整探测器进入目标天体影响球之前的轨道实现的。轨道调整的过程涉及复杂的迭代计算，需要迭代初值猜测。数值经验表明，在迭代初值质量较差时，采用式（4.7.25）描述的约束方程进行迭代计算时的收敛效率不高，一种较好的处理方式是采用 B 平面参数打靶方法。

定义 B 平面参数为

$$\begin{cases} B_T = \boldsymbol{B} \cdot \boldsymbol{T} = B\cos\beta \\ B_R = \boldsymbol{B} \cdot \boldsymbol{R} = B\sin\beta \end{cases} \tag{4.7.26}$$

其中，B 为 $\boldsymbol{B}$ 矢量的模。

基于 B 平面参数的到达双曲线轨道约束方程可以表示为

$$\begin{cases} B_T - B_T^{tar} = 0 \\ B_R - B_R^{tar} = 0 \end{cases} \tag{4.7.27}$$

其中，B_T 和 B_R 为真实的 B 平面参数；B_T^{tar} 和 B_R^{tar} 为期望的 B 平面参数。

本质上讲，式（4.7.27）和式（4.7.25）描述的约束方程式是等价的。

首先讨论 $\boldsymbol{B}$ 矢量的模 B 的计算问题。假定到达双曲线超速矢量 $\boldsymbol{v}_{\infty A}$ 已知，根据图 4.7.2，$\boldsymbol{B}$ 矢量的模为目标天体中心与到达双曲线轨道渐近线之间的距离，可以表示为

$$B = -a\sqrt{e^2 - 1} \tag{4.7.28}$$

其中，a 和 e 分别为到达双曲线轨道的半长轴和偏心率。

将近心点距离 $r_p = a(1-e)$ 代入式（4.7.28），可得

$$B = -a\sqrt{\left(1 - \frac{r_p}{a}\right)^2 - 1} \tag{4.7.29}$$

根据二体轨道能量公式，可得轨道半长轴为

$$a = -\frac{\mu_A}{v_{\infty A}^2} \tag{4.7.30}$$

将式（4.7.30）代入式（4.7.29），并整理可得

$$B = r_p\sqrt{1 + \frac{2\mu_A}{r_p v_{\infty A}^2}} \tag{4.7.31}$$

可以看到，$\boldsymbol{B}$ 矢量的模 B 与近心点距离密切相关。

1）真实的 B 平面参数

真实的 B 平面参数完全由真实的探测器到达双曲线轨道决定。在目标惯性坐标系中，定义 $\boldsymbol{r}$ 和 $\boldsymbol{v}$ 分别为探测器到达双曲线轨道上某点的位置和速度矢量，则双曲线轨道的角动量可以表示为

$$\boldsymbol{h} = \boldsymbol{r} \times \boldsymbol{v} \tag{4.7.32}$$

角动量的单位方向矢量为

$$\hat{\boldsymbol{h}} = \frac{\boldsymbol{r} \times \boldsymbol{v}}{\| \boldsymbol{r} \times \boldsymbol{v} \|} \tag{4.7.33}$$

根据二体轨道理论，双曲线轨道的偏心率矢量可以表示为

$$\boldsymbol{e} = \frac{1}{\mu_{\mathrm{A}}}\left[\left(v^2 - \frac{\mu_{\mathrm{A}}}{r}\right)\boldsymbol{r} - (\boldsymbol{r} \cdot \boldsymbol{v})\boldsymbol{v}\right] \tag{4.7.34}$$

双曲线轨道半长轴为

$$a = \frac{\mu_{\mathrm{A}} r}{2\mu_{\mathrm{A}} - r v^2} \tag{4.7.35}$$

根据式（4.6.9），双曲线轨道的拱线与渐近线之间的夹角为

$$\theta = \arccos\left(\frac{1}{e}\right) \tag{4.7.36}$$

由双曲线轨道的特性可知，到达双曲线轨道渐近线的单位矢量可以表示为

$$\hat{\boldsymbol{S}} = \cos\theta \frac{\boldsymbol{e}}{\| \boldsymbol{e} \|} + \sin\theta \frac{\boldsymbol{h} \times \boldsymbol{e}}{\| \boldsymbol{h} \times \boldsymbol{e} \|} \tag{4.7.37}$$

到达双曲线超速为

$$v_{\infty \mathrm{A}} = \sqrt{v^2 - \frac{2\mu_{\mathrm{A}}}{r}} \tag{4.7.38}$$

在目标惯性坐标系中，z 轴方向的单位矢量可以表示为

$$\hat{\boldsymbol{N}} = [0,\ 0,\ 1]^{\mathrm{T}} \tag{4.7.39}$$

根据式（4.7.19）和式（4.7.20），可以得到 B 平面两个基本轴 $\boldsymbol{T}$ 和 $\boldsymbol{R}$ 分别为

$$\boldsymbol{T} = \frac{\hat{\boldsymbol{S}} \times \hat{\boldsymbol{N}}}{\| \hat{\boldsymbol{S}} \times \hat{\boldsymbol{N}} \|},\ \boldsymbol{R} = \hat{\boldsymbol{S}} \times \boldsymbol{T} \tag{4.7.40}$$

另外，根据式（4.7.20），$\boldsymbol{B}$ 矢量可以表示为

$$\boldsymbol{B} = B(\hat{\boldsymbol{S}} \times \hat{\boldsymbol{h}}) \tag{4.7.41}$$

将（4.7.31）、式（4.7.33）和式（4.7.37）代入式（4.7.41）就可以得到 $\boldsymbol{B}$ 矢量的具体表达式，这里不再给出。进一步根据式（4.7.26）可以得到真实的 B 平面参数 B_{T} 和 B_{R}。

2）期望的 B 平面参数

期望的 B 平面参数由探测任务要求的近心点距离 $r_{\mathrm{p}}^{\mathrm{tar}}$、环绕目标轨道倾角 i^{tar} 和实际的到达双曲线超速矢量 $\boldsymbol{v}_{\infty \mathrm{A}}$ 决定。

由式（4.7.21）可知，在期望的 B 平面内，矢量 $\boldsymbol{T}$ 与 $\boldsymbol{B}$ 的夹角 β 满足

$$\cos\beta = \frac{\cos\delta_{\infty}}{\cos i^{\text{tar}}} \tag{4.7.42}$$

根据式（4.7.31）可以计算出到达双曲线轨道渐近线单位矢量 $\hat{\boldsymbol{S}}$，进一步利用式（4.7.18）可以得到赤纬 δ_{∞}。轨道的倾角 i^{tar} 是由探测任务决定的，因此，根据式（4.7.42）可以完全确定夹角 β。

另外，根据角度 β 的定义可知

$$\sin\beta = -\sqrt{1-\cos^2\beta} \tag{4.7.43}$$

由式（4.7.31）可知，实际到达双曲线超速的模 $v_{\infty\text{A}}$ 和任务要求的近心点距离 $r_{\text{p}}^{\text{tar}}$ 决定了期望的 $\boldsymbol{B}$ 矢量大小，其中实际的 $v_{\infty\text{A}}$ 可由式（4.7.38）计算得到。因此，基于式（4.7.26），可以得到期望的 B 平面参数为

$$\begin{cases} B_{\text{T}}^{\text{tar}} = r_{\text{p}}^{\text{tar}}\sqrt{1+\dfrac{2\mu_{\text{A}}}{r_{\text{p}}^{\text{tar}}v_{\infty\text{A}}^2}}\dfrac{\cos\delta_{\infty}}{\cos i^{\text{tar}}} \\ B_{\text{R}}^{\text{tar}} = -r_{\text{p}}^{\text{tar}}\sqrt{1+\dfrac{2\mu_{\text{A}}}{r_{\text{p}}^{\text{tar}}v_{\infty\text{A}}^2}}\sqrt{1-\left(\dfrac{\cos\delta_{\infty}}{\cos i^{\text{tar}}}\right)^2} \end{cases} \tag{4.7.44}$$

假定探测器在进入目标天体引力影响球之前的某一时刻对轨道进行调整，定义施加的机动速度脉冲矢量为

$$\Delta\boldsymbol{v} = [\Delta v_x,\ \Delta v_y,\ \Delta v_z] \tag{4.7.45}$$

根据双曲线轨道的性质，探测器到达目标近心点的相对时间可以表示为

$$\tau_{\text{TCA}} = \frac{e\sin E - E}{\sqrt{-\mu_{\text{A}}/a^3}} \tag{4.7.46}$$

其中，E 为偏近点角。

当 $\tau_{\text{TCA}}>0$ 时，表明探测器已经过了目标天体近心点；当 $\tau_{\text{TCA}}<0$ 时，表明探测器还没到达近心点。探测任务中通常要求探测器在任务要求的时间到达目标天体近心点，因此，探测器轨道还应满足约束 $\tau_{\text{TCA}}=0$。根据讨论，进行轨道机动调整的约束方程可以写成

$$\boldsymbol{f} = \begin{bmatrix} B_{\text{T}} - B_{\text{T}}^{\text{tar}} \\ B_{\text{R}} - B_{\text{R}}^{\text{tar}} \\ \tau_{\text{TCA}} \end{bmatrix} = 0 \tag{4.7.47}$$

轨道机动速度脉冲 $\Delta\boldsymbol{v}$ 决定了探测器到达双曲线轨道，因此约束方程 $\boldsymbol{f}$ 是速度脉冲 $\Delta\boldsymbol{v}$ 的函数。B 平面参数打靶问题可以转换为求解如下非线性方程组

$$\boldsymbol{f}(\Delta\boldsymbol{v}) = 0 \tag{4.7.48}$$

该方程组可以采用微分修正方法求解，具体的算法将在第 7 章中做详细介绍。

参考文献

[1] Wakker K F. Fundamentals of Astrodynamics [M]. Delft: Institutional Repository Library, 2015.

[2] Curtis H D. Orbital Mechanics for Engineering Students [M]. Second Edition. Amsterdam: Elsevier Ltd, 2010.

[3] Sergeyevsky A B, Snyder G C, Cunniff R A. Interplanetary Mission Design Handbook. Volume 1, part 2: Earth to Mars ballistic mission opportunities, 1990—2005 [R]. NASA Technical Report, 1983.

[4] [苏] 列凡托夫斯基. 宇宙飞行力学基础 [M]. 凌福根，等，译. 北京：国防工业出版社，1979.

[5] Kemble M S. Interplanetary Mission Analysis and Design [M]. Springer-Verlag Berlin Heidelberg, 2006.

[6] 杨嘉墀，范剑峰，等. 航天器轨道动力学（上）[M]. 北京：宇航出版社，1995.

[7] 崔平远，乔栋，等. 深空探测轨道设计与优化 [M]. 北京：科学出版社，2013.

[8] 李俊峰，宝音贺西，蒋方华. 深空探测动力学与控制 [M]. 北京：清华大学出版社，2014.

第 5 章

行星借力飞行轨道

5.1 借力飞行的基本原理

借力飞行（又称引力辅助或引力甩摆）是指当探测器近距离飞越一个天体时（进入并飞出天体的引力影响球），利用该天体的引力改变探测器的飞行路径的过程。借力飞行可以增大或降低探测器的运动速度，改变探测器的速度方向。合理地设计借力飞行轨道，可以有效降低行星际探测器实现转移所需的燃料消耗，降低探测任务的成本。

根据探测器相对于借力天体飞行的位置关系，借力飞行可分为前向飞越借力和后向绕飞借力两种情况，分别如图 5.1.1 和图 5.1.2 所示。

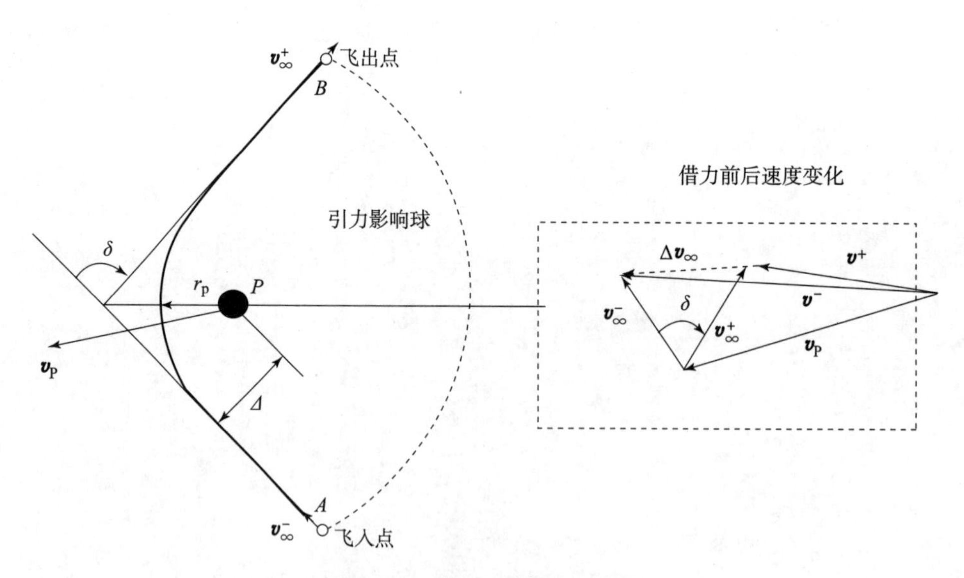

图 5.1.1　前向飞越借力示意图

在图 5.1.1 和图 5.1.2 中，P 为借力天体，它相对于中心天体的速度为 $\boldsymbol{v}_P$。假设探测器从 A 点进入借力天体 P 的引力影响球，进入时，探测器在中心引力体参考系中的速度为 $\boldsymbol{v}^-$。探测器进入 P 天体的引力影响球后，天体 P 成为主要的引力体，可以认为探测器在借力天

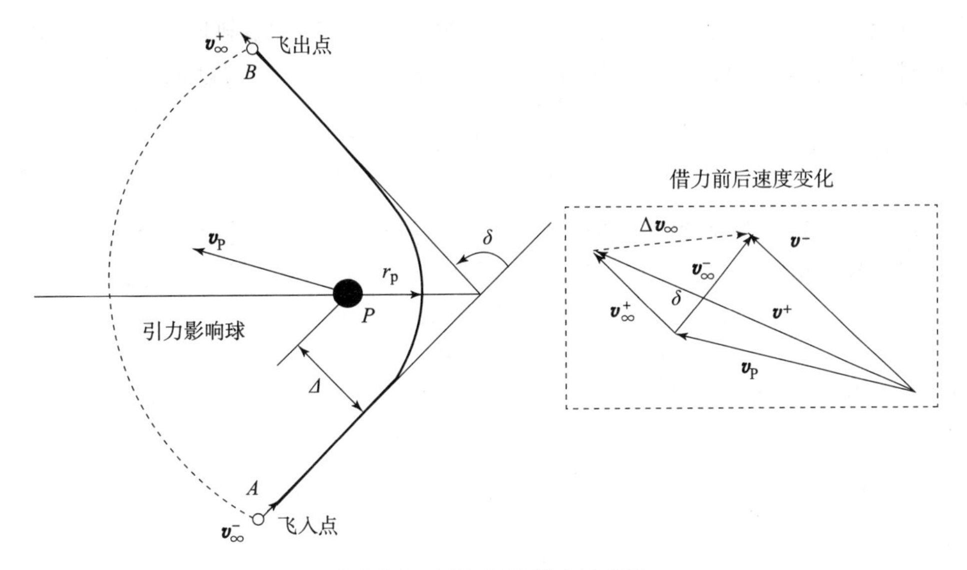

图 5.1.2　后向绕飞借力示意图

体 P 的引力作用下做二体轨道运动。根据上述假设，可以得出探测器在 A 点相对借力天体 P 的速度为

$$\boldsymbol{v}_\infty^- = \boldsymbol{v}^- - \boldsymbol{v}_P \tag{5.1.1}$$

这里，上角标“－”表示探测器飞入借力天体引力影响球时刻；下角标∞表示在引力影响球的边界。

探测器进入天体 P 的引力影响球后，以双曲线轨道相对天体 P 运动。根据双曲线轨道的对称性，探测器从 B 点处飞出天体 P 的引力影响球时，其相对 P 的速度大小与 A 点处相等，但速度方向不同，这里用 $\boldsymbol{v}_\infty^+$ 表示。$\boldsymbol{v}_\infty^+$ 和 $\boldsymbol{v}_\infty^-$ 满足如下关系

$$v_\infty = \| \boldsymbol{v}_\infty^- \| = \| \boldsymbol{v}_\infty^+ \| \tag{5.1.2}$$

只要确定了双曲线轨道，就可由 B 点处探测器相对于天体 P 的双曲线速度 $\boldsymbol{v}_\infty^+$ 和天体 P 在中心引力场中的速度 $\boldsymbol{v}_P$，求得借力后探测器相对于中心引力天体的速度 $\boldsymbol{v}^+$，表示为

$$\boldsymbol{v}^+ = \boldsymbol{v}_\infty^+ + \boldsymbol{v}_P \tag{5.1.3}$$

这里，上角标“＋”表示探测器飞出借力天体引力影响球时刻；下角标∞同样表示在影响球的边界。

根据上面的分析，探测器在穿过借力天体的引力影响球时，因受到该借力天体引力的作用，使其相对于中心引力体的速度由 v^- 变成 v^+。换言之，借力天体的引力作用改变了探测器相对中心引力体的速度矢量，从而改变了探测器的相对中心引力体的运动行为。

如果分别把图 5.1.1 和图 5.1.2 中的速度矢量三角形合并，可以看出，对于从借力天体前向飞越的情况，经借力天体引力作用后，探测器相对中心引力体的速度除了方向改变之外，其幅值也减小了；而从借力天体的后方绕飞时，探测器的速度幅值则增大了。

定义探测器借力前后双曲线超速矢量差为 $\Delta\boldsymbol{v}_\infty$，表示为

$$\Delta\boldsymbol{v}_\infty = \boldsymbol{v}_\infty^+ - \boldsymbol{v}_\infty^- \tag{5.1.4}$$

如果 $\Delta\boldsymbol{v}_\infty$ 与借力天体 P 的速度矢量 $\boldsymbol{v}_P$ 同向（夹角为锐角），则借力飞行的结果是使 $\boldsymbol{v}^+$ 的幅值较 $\boldsymbol{v}^-$ 增加；反向（夹角为钝角）时则是减少的。

下面讨论如何计算探测器借力飞行过程中相对天体 P 的双曲线轨道。

由双曲线轨道的特性可知，双曲线轨道的偏心率 e 与双曲线轨道渐近线的夹角 δ 之间的关系为

$$\sin\frac{\delta}{2} = \frac{1}{e} \tag{5.1.5}$$

根据式（5.1.5），若要使探测器在 A 点处相对借力天体 P 的速度矢量 $\boldsymbol{v}_\infty^-$ 偏转 δ 角度，双曲线轨道应具有相应的偏心率 e，而 e 又与借力天体质心至渐近线的距离 Δ 有关，表示为

$$e^2 = 1 + \frac{v_\infty^4 \Delta^2}{\mu_P^2} \tag{5.1.6}$$

其中，μ_P 为借力天体的引力常数。

在探测器速度矢量 $\boldsymbol{v}^-$ 已知的情况下，通过找到合适的进入点 A，即可求得 Δ 并计算出探测器速度转过的角度 δ。当然，借力飞行前后速度矢量的变化量与借力天体也有关系。定义借力飞行前后，探测器相对于中心引力体的速度矢量变化量为 $\Delta\boldsymbol{v}$，表示为

$$\Delta\boldsymbol{v} = \boldsymbol{v}^+ - \boldsymbol{v}^- \tag{5.1.7}$$

忽略借力飞行过程中天体 P 速度的变化，由图 5.1.1 和图 5.1.2 可以求得

$$\Delta v = \|\boldsymbol{v}^+ - \boldsymbol{v}^-\| = \|\boldsymbol{v}_\infty^+ - \boldsymbol{v}_\infty^-\| = 2v_\infty \sin\frac{\delta}{2} \tag{5.1.8}$$

另外，由双曲线轨道的特性 $r_p = a(1-e)$ 可得

$$\sin\frac{\delta}{2} = \frac{1}{1-(r_p/a)} \tag{5.1.9}$$

其中，r_p 和 a 分别是双曲线轨道的近心点半径和半长轴。

根据二体轨道活力公式可得

$$\frac{v_\infty^2}{2} + \frac{\mu_P}{R_\infty} = -\frac{\mu_P}{2a} \tag{5.1.10}$$

R_∞ 为借力天体的引力影响球半径，由于 R_∞ 很大，近似认为 $R_\infty \to \infty$，可得

$$a = -\frac{\mu_P}{v_\infty^2} \tag{5.1.11}$$

将式（5.1.11）代入式（5.1.9）可得

$$\sin\frac{\delta}{2} = \frac{1}{1+(r_p v_\infty^2/\mu_P)} \tag{5.1.12}$$

根据式（5.1.8），借力前后速度改变量为

$$\Delta v = \frac{2v_\infty}{1+(r_p v_\infty^2/\mu_P)} \tag{5.1.13}$$

可见，速度变化量 Δv 与双曲线轨道近心点半径 r_p 有关，当它与借力天体的半径 R_P（或它的大气层半径）相等时，Δv 将达到最大值，表示为

$$\Delta v_{max} = \frac{2v_\infty}{1+(R_P v_\infty^2/\mu_P)} \tag{5.1.14}$$

另外，Δv_{max} 还受到 v_∞ 的影响，如果取 $\partial\Delta v_{max}/\partial v_\infty = 0$，可以求得

$$v_\infty = \sqrt{\frac{\mu_P}{R_P}} = v_{P1} \tag{5.1.15}$$

式（5.1.15）表明，当 v_∞ 与借力天体 P 的第一宇宙速度 v_{P1} 相等时，借力前后探测器相对中心引力体的速度改变量 Δv_{max} 是最大的。

5.2　借力飞行的机理分析

5.2.1　借力飞行的基本方程

掌握借力飞行的机理是借力飞行轨道设计的基础，上一节介绍了借力飞行的基本原理，可以看到，借力飞行过程涉及中心引力体、借力天体和探测器三者之间的运动关系。下面将结合轨道动力学理论，对太阳系中行星借力飞行的借力效能进行分析。这里给出的分析方法同样可以用于其他天体的借力飞行分析，例如月球借力飞行。

考虑平面圆形限制性三体模型，如图 5.2.1 所示，其中太阳为中心主引力天体，借力行星为第二引力天体，探测器为第三体。这里忽略第三体探测器对两个主引力天体的影响，定义 m_1 和 m_2 分别为太阳和借力行星的质量。

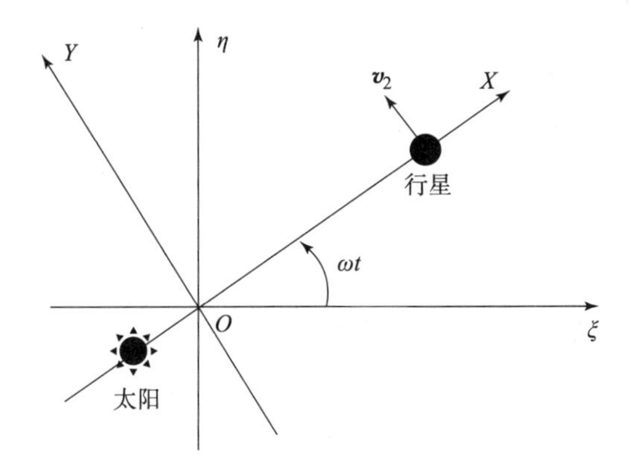

图 5.2.1　平面圆形限制性三体模型示意图

在太阳 - 行星共同质心会合坐标系中，探测器的位置和速度矢量分别为 $\boldsymbol{R}_R = [X, Y]^T$ 和 $\boldsymbol{v}_R = [\dot{X}, \dot{Y}]^T$。以 $t=0$ 时刻质心会合坐标系为基准，定义一个原点和各坐标轴指向均与之相同的惯性坐标系，称为质心惯性坐标系。在质心惯性坐标系中，探测器的位置和速度矢量分别为 $\boldsymbol{R}_I = [\xi, \eta]^T$ 和 $\boldsymbol{v}_I = [\dot{\xi}, \dot{\eta}]^T$。

质心惯性坐标系与质心会合坐标系的坐标转换关系为

$$\begin{bmatrix} \xi \\ \eta \end{bmatrix} = \begin{bmatrix} \cos\omega t & -\sin\omega t \\ \sin\omega t & \cos\omega t \end{bmatrix} \begin{bmatrix} X \\ Y \end{bmatrix} \tag{5.2.1}$$

$$\begin{bmatrix} \dot{\xi} \\ \dot{\eta} \end{bmatrix} = \omega \begin{bmatrix} -\sin\omega t & -\cos\omega t \\ \cos\omega t & -\sin\omega t \end{bmatrix} \begin{bmatrix} X \\ Y \end{bmatrix} + \begin{bmatrix} \cos\omega t & -\sin\omega t \\ \sin\omega t & \cos\omega t \end{bmatrix} \begin{bmatrix} \dot{X} \\ \dot{Y} \end{bmatrix} \tag{5.2.2}$$

其中，ω 为太阳和行星绕它们的共同质心旋转的角速度。

探测器初始在日心引力场中运动，为不失一般性，假定在 $t=0$ 时刻探测器近距离飞越借力行星，式（5.2.1）和式（5.2.2）可以简化为

$$\begin{bmatrix} X_I \\ Y_I \end{bmatrix} = \begin{bmatrix} X_R \\ Y_R \end{bmatrix} \tag{5.2.3}$$

$$\begin{bmatrix}\dot{X}_I\\ \dot{Y}_I\end{bmatrix}=\omega\begin{bmatrix}0&-1\\1&0\end{bmatrix}\begin{bmatrix}X_R\\Y_R\end{bmatrix}+\begin{bmatrix}\dot{X}_R\\ \dot{Y}_R\end{bmatrix}=\begin{bmatrix}\dot{X}_R-\omega Y_R\\ \dot{Y}_R+\omega X_R\end{bmatrix}\tag{5.2.4}$$

当探测器进入借力行星引力影响球后，只考虑行星对探测器的引力作用，探测器将沿双曲线轨道近距离飞越行星。令探测器飞入和飞出行星引力影响球时的双曲线轨道速度分别为 $\boldsymbol{v}_\infty^-$ 和 $\boldsymbol{v}_\infty^+$，双曲线轨道的近心点位置矢量与 X_R 轴的夹角为 ψ，如图 5.2.2 所示。定义探测器飞越行星双曲线轨道的近心点距离为 r_p，在近心点处探测器相对行星的速度为 v_p，则参数 r_p、v_p 和 ψ 影响了探测器相对行星的双曲线轨道，进而影响了借力飞行的效能。

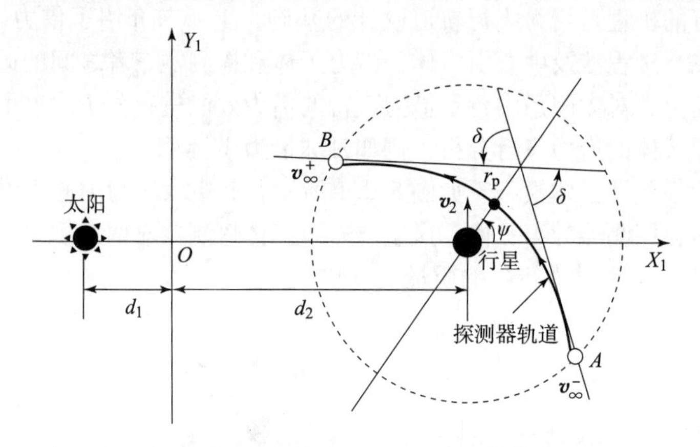

图 5.2.2　探测器近距离飞越行星示意图

根据二体轨道活力公式可知

$$v_p=\sqrt{v_\infty^2+\frac{2Gm_2}{r_p}}\tag{5.2.5}$$

可见，参数 v_p 可由探测器相对行星的双曲线超速 v_∞ 代替，因此也可以认为参数 r_p、v_∞ 和 ψ 影响了借力飞行的效能。

探测器在质心惯性坐标系中的速度是借力行星的速度与探测器相对行星速度的矢量之和。在借力行星引力影响球飞入点 A 和飞出点 B 处，探测器相对质心惯性坐标系的速度矢量可以分别表示为

$$\begin{cases}\boldsymbol{v}^-=\boldsymbol{v}_\infty^-+\boldsymbol{v}_2\\ \boldsymbol{v}^+=\boldsymbol{v}_\infty^++\boldsymbol{v}_2\end{cases}\tag{5.2.6}$$

其中，$\boldsymbol{v}_2$ 为行星在质心惯性坐标系中的速度。

由式（5.2.6）可得探测器借力飞行前后的速度改变量为

$$\Delta v=\|\boldsymbol{v}^+-\boldsymbol{v}^-\|=\|\boldsymbol{v}_\infty^+-\boldsymbol{v}_\infty^-\|\tag{5.2.7}$$

根据图 5.2.3 中的矢量几何关系，式（5.2.7）可以简化为

$$\Delta v=2v_\infty\sin\frac{\delta}{2}\tag{5.2.8}$$

借力前后探测器速度改变量 Δv 在质心惯性坐标系中的分量形式为

$$\begin{cases}\Delta\dot{X}_I=-\Delta v\cos\psi=-2v_\infty\sin\dfrac{\delta}{2}\cos\psi\\ \Delta\dot{Y}_I=-\Delta v\sin\psi=-2v_\infty\sin\dfrac{\delta}{2}\sin\psi\end{cases}\tag{5.2.9}$$

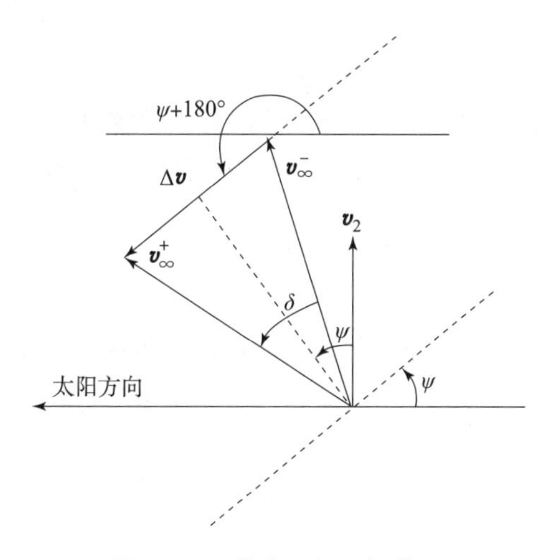

图 5.2.3　借力飞行几何关系

在质心惯性坐标系中，探测器飞入行星引力影响球时相对行星的双曲线超速矢量 $\boldsymbol{v}_\infty^-$ 写成如下分量形式

$$\begin{cases}\dot{X}_{\infty\mathrm{I}}^- = v_\infty\cos\left(\dfrac{\pi}{2}+\psi-\dfrac{\delta}{2}\right) = -v_\infty\sin\left(\psi-\dfrac{\delta}{2}\right)\\ \dot{Y}_{\infty\mathrm{I}}^- = v_\infty\sin\left(\dfrac{\pi}{2}+\psi-\dfrac{\delta}{2}\right) = v_\infty\cos\left(\psi-\dfrac{\delta}{2}\right)\end{cases} \tag{5.2.10}$$

同理，$\boldsymbol{v}_\infty^+$ 在质心惯性坐标系中的分量形式为

$$\begin{cases}\dot{X}_{\infty\mathrm{I}}^+ = -v_\infty\sin\left(\psi+\dfrac{\delta}{2}\right)\\ \dot{Y}_{\infty\mathrm{I}}^+ = v_\infty\cos\left(\psi+\dfrac{\delta}{2}\right)\end{cases} \tag{5.2.11}$$

式（5.2.10）和式（5.2.11）是借力飞行的两个基本方程，利用这两个基本方程可以对探测器借力飞行前后的角动量和能量变化进行分析。

5.2.2　角动量和能量变化量

在质心惯性坐标系中，探测器的角动量可以表示为

$$H = \|\boldsymbol{R}\times\boldsymbol{v}\| = X_\mathrm{I}\dot{Y}_\mathrm{I} - Y_\mathrm{I}\dot{X}_\mathrm{I} \tag{5.2.12}$$

角动量在借力飞行过程中的变化量可以近似表示为

$$\Delta H = \Delta X_\mathrm{I}\dot{Y}_\mathrm{I} + X_\mathrm{I}\Delta\dot{Y}_\mathrm{I} - \Delta Y_\mathrm{I}\dot{X}_\mathrm{I} - Y_\mathrm{I}\Delta\dot{X}_\mathrm{I} \tag{5.2.13}$$

在借力飞行过程中，可以近似认为探测器的位置矢量不发生变化，即 $\Delta X_\mathrm{I} = \Delta Y_\mathrm{I} \approx 0$，式（5.2.13）可以简化为

$$\Delta H = X_\mathrm{I}\Delta\dot{Y}_\mathrm{I} - Y_\mathrm{I}\Delta\dot{X}_\mathrm{I} \tag{5.2.14}$$

在 $t = 0$ 时刻，有 $X_\mathrm{I} \approx d_2$ 和 $Y_\mathrm{I} = 0$，上式可以进一步简化为

$$\Delta H = d_2\Delta\dot{Y}_\mathrm{I} \tag{5.2.15}$$

其中，$d_2 = v_2/\omega$。

将式（5.2.9）代入式（5.2.15）可得

$$\Delta H = -2\frac{v_2}{\omega}v_\infty\sin\frac{\delta}{2}\sin\psi \tag{5.2.16}$$

下面讨论探测器的能量变化问题。探测器的能量由势能和动能两部分组成，在借力飞行过程中，探测器的势能变化很小，因此可以只考虑探测器的动能变化。在借力飞行前，探测器的动能可以表示为

$$E_v^- = \frac{1}{2}(\dot{X}_\mathrm{I}^2 + \dot{Y}_\mathrm{I}^2) \tag{5.2.17}$$

根据式（5.2.9），借力飞行后探测器的动能可以表示为

$$\begin{aligned} E_v^+ &= \frac{1}{2}[(\dot{X}_\mathrm{I} + \Delta\dot{X}_\mathrm{I})^2 + (\dot{Y}_\mathrm{I} + \Delta\dot{Y}_\mathrm{I})^2] \\ &= \frac{1}{2}(\dot{X}_\mathrm{I}^2 + \dot{Y}_\mathrm{I}^2) + 2v_\infty^2\sin^2\frac{\delta}{2} - 2v_\infty\sin\frac{\delta}{2}(\dot{X}_\mathrm{I}\cos\psi + \dot{Y}_\mathrm{I}\sin\psi) \end{aligned} \tag{5.2.18}$$

由式（5.2.16）和式（5.2.17）可得探测器的能量变化量为

$$\Delta E = E_v^+ - E_v^- = 2v_\infty\sin\frac{\delta}{2}\left[v_\infty\sin\frac{\delta}{2} - \dot{X}_\mathrm{I}\cos\psi - \dot{Y}_\mathrm{I}\sin\psi\right] \tag{5.2.19}$$

根据式（5.2.4），$t=0$ 时刻有如下关系存在

$$\begin{cases} \dot{X}_\mathrm{I} = \dot{X}_\mathrm{R} \\ \dot{Y}_\mathrm{I} \approx \dot{Y}_\mathrm{R} + \omega d_2 = \dot{Y}_\mathrm{R} + v_2 \end{cases} \tag{5.2.20}$$

行星在质心会合坐标系中的速度为零。既然 $\dot{X}_\mathrm{R}$ 和 $\dot{Y}_\mathrm{R}$ 是探测器在质心会合坐标系中的速度分量，它们必然也是探测器相对于借力行星的速度在质心会合坐标系中的分量。在借力飞行前，探测器在质心会合坐标系中的速度分量为

$$\begin{cases} \dot{X}_\mathrm{R} = \dot{X}_{\infty\mathrm{I}}^- = -v_\infty\sin\left(\psi - \dfrac{\delta}{2}\right) \\ \dot{Y}_\mathrm{R} = \dot{Y}_{\infty\mathrm{I}}^- = v_\infty\cos\left(\psi - \dfrac{\delta}{2}\right) \end{cases} \tag{5.2.21}$$

由式（5.2.20）和式（5.2.21），式（5.2.19）可以简化成

$$\Delta E = -2v_2v_\infty\sin\frac{\delta}{2}\sin\psi \tag{5.2.22}$$

进一步地，根据式（5.1.12）可得质心惯性坐标系中探测器借力飞行前后的轨道能量变化量为

$$\Delta E = -\frac{2v_2v_\infty\sin\psi}{1 + (r_\mathrm{p}v_\infty^2/Gm_2)} \tag{5.2.23}$$

式（5.2.15）和式（5.2.23）分别给出了探测器在借力飞行前后轨道角动量和能量变化量的近似表达式。可以看出，除参数 r_p、v_p 和 ψ 外，借力行星的速度 v_2 也影响借力飞行的效能。

由轨道二体理论可知，探测器的轨道能量与轨道半长轴密切相关。在质心惯性坐标系中，探测器的轨道能量可以表示为

$$E = -\frac{G(m_1 + m_2)}{2a} \tag{5.2.24}$$

其中，a 为探测器轨道的半长轴。

借力前后半长轴变化量和轨道能量变化量的关系可以写成

$$\Delta E = \frac{G(m_1 + m_2)}{2}\frac{1}{a^2}\Delta a = -2v_2 v_\infty \sin\frac{\delta}{2}\sin\psi \tag{5.2.25}$$

由式（5.2.25）可得借力前后探测器轨道半长轴的变化量为

$$\Delta a = -\frac{4a^2}{G(m_1 + m_2)}v_2 v_\infty \sin\frac{\delta}{2}\sin\psi \tag{5.2.26}$$

式（5.2.15）、式（5.2.22）和式（5.2.26）分别给出了质心惯性坐标系中探测器在借力飞行前后的轨道角动量、能量和半长轴的变化量，利用这些关系可以对借力飞行效能进行初步分析。

探测器轨道能量是借力飞行轨道需要考察的重要参量，由式（5.2.22）可知，影响轨道能量变化量 ΔE 的参数主要有 v_2、v_∞、δ 和 ψ 。由于 v_2、v_∞和 $\sin(\delta/2)$ 均大于等于零，这些参数的变化并不影响 ΔE 的正负，因此下面重点讨论夹角 ψ 对 ΔE 的影响。

根据式（5.2.22），当$0° < \psi < 180°$时，$\Delta E < 0$，且$\psi = 90°$时，ΔE 达到最小；当$180° < \psi < 360°$时，$\Delta E > 0$，且$\psi = 270°$时，ΔE 达到最大；当$\psi = 0°$或$\psi = 180°$时，$\Delta E = 0$。根据以上分析，可以得到如下结论：

①$0° < \psi < 180°$时，探测器从借力行星前面实现飞越，探测器的轨道能量将减少。当$\psi = 90°$时，探测器的能量减少最多，此时探测器相对借力行星的双曲线轨道半长轴平行于借力行星的速度 $\boldsymbol{v}_2$，探测器速度改变量 $\Delta\boldsymbol{v}$ 与行星速度 $\boldsymbol{v}_2$ 方向相反。

②$180° < \psi < 360°$时，探测器从借力行星后面实现飞越，探测器的轨道能量将增大。当$\psi = 270°$时，探测器的能量增大最多，此时探测器相对借力行星的双曲线轨道半长轴平行于借力行星的速度 $\boldsymbol{v}_2$，探测器速度改变量 $\Delta\boldsymbol{v}$ 与行星速度 $\boldsymbol{v}_2$ 方向相同。

③当 $\psi = 0°$或 $\psi = 180°$时，探测器从借力行星两侧实现飞越，探测器的轨道能量不发生变化，此时探测器相对借力行星的双曲线轨道半长轴垂直于借力行星的速度 $\boldsymbol{v}_2$，并且探测器速度改变量 $\Delta\boldsymbol{v}$ 与 $\boldsymbol{v}_2$ 也垂直。

5.2.3　借力效能的数值分析

上一节给出了借力飞行前后探测器的轨道角动量和能量变化的解析表达式。下面在平面圆形限制性三体模型下，采用数值方法对借力飞行的效能进行分析。

由前面的讨论已知，对于给定的借力行星，影响借力飞行效能的主要参数有借力时相对行星的双曲线超速 V_∞、近心点距离 r_p 和借力时的相角 ψ 。这里仍然重点讨论借力前后探测器在质心惯性坐标系中轨道角动量和能量的变化。

在质心惯性坐标系中，探测器的轨道能量和角动量可以分别表示为

$$E = \frac{1}{2}(\dot{X}_1^2 + \dot{Y}_1^2) - \frac{Gm_1}{R_1} - \frac{Gm_2}{R_2} \tag{5.2.27}$$

$$H = X_1\dot{Y}_1 - Y_1\dot{X}_1 \tag{5.2.28}$$

其中，R_1 和 R_2 分别为探测器与太阳和借力行星的距离。

将式（5.2.3）和式（5.2.4）代入上面两式可得

$$E = \frac{1}{2}[(\dot{X}_R - \omega Y_R)^2 + (\dot{Y}_R + \omega X_R)^2] - \frac{Gm_1}{R_1} - \frac{Gm_2}{R_2} \tag{5.2.29}$$

$$H = X_R(\dot{Y}_R + \omega X_R) - Y_R(\dot{X}_R - \omega Y_R) \tag{5.2.30}$$

根据探测器与借力天体的几何关系，上式中借力行星近心点处探测器的位置和速度分量可以写成

$$\begin{cases} X_R = d_2 + r_p\cos\psi \\ Y_R = r_p\sin\psi \\ \dot{X}_R = -v_p\sin\psi + \omega r_p\cos\psi \\ \dot{Y}_R = v_p\cos\psi - \omega r_p\cos\psi \end{cases} \tag{5.2.31}$$

将式（5.2.5）代入式（5.2.31）可得

$$\begin{cases} X_R = d_2 + r_p\cos\psi \\ Y_R = r_p\sin\psi \\ \dot{X}_R = -\sqrt{v_\infty^2 + 2Gm_2/r_p}\sin\psi + \omega r_p\cos\psi \\ \dot{Y}_R = \sqrt{v_\infty^2 + 2Gm_2/r_p}\cos\psi - \omega r_p\cos\psi \end{cases} \tag{5.2.32}$$

为了简化问题，采用圆形限制性三体系统正则单位对系统参数进行正则化处理，定义距离、质量和时间正则单位分别为

$$\begin{cases} L^* = d_1 + d_2 \\ M^* = m_1 + m_2 \\ T^* = \{(d_1 + d_2)^3/[G(m_1 + m_2)]\}^{1/2} \end{cases} \tag{5.2.33}$$

基于正则单位，式（5.2.29）和式（5.2.30）表示的探测器轨道能量和角动量可以改写成

$$E = \frac{1}{2}[(\dot{x}_R - y_R)^2 + (\dot{y}_R + x_R)^2] - \frac{1-\mu}{r_1} - \frac{\mu}{r_2} \tag{5.2.34}$$

$$H = x_R(\dot{y}_R + x_R) - y_R(\dot{x}_R - y_R) \tag{5.2.35}$$

其中，x_R、y_R、$\dot{x}_R$ 和 $\dot{y}_R$ 为正则化后的探测器位置和速度；$\mu = m_2/(m_1 + m_2)$；r_1 和 r_2 分别表示为

$$\begin{cases} r_1 = \sqrt{(x_R + \mu)^2 + y_R^2} \\ r_2 = \sqrt{(x_R - 1 + \mu)^2 + y_R^2} \end{cases} \tag{5.2.36}$$

在质心会合坐标系下，探测器的动力学方程为

$$\begin{cases} \ddot{x}_R - 2\dot{y}_R - x_R = -\dfrac{(1-\mu)(x_R + \mu)}{r_1^3} - \dfrac{\mu[x_R - (1-\mu)]}{r_2^3} \\ \ddot{y}_R + 2\dot{x}_R - y_R = -\dfrac{(1-\mu)y_R}{r_1^3} - \dfrac{\mu y_R}{r_2^3} \end{cases} \tag{5.2.37}$$

选取不同的参数 v_∞、r_p 和 ψ，根据式（5.2.32）计算得到探测器在借力行星近心点处的轨道状态，以该轨道状态为初值，基于式（5.2.37）的轨道动力学分别进行前向和后向数值积分，直至轨道到达行星的引力影响球外。根据数值积分结果，可以分别计算出探测器借力前后轨道能量和角动量，以及它们的变化量。

下面以太阳－木星系统为例进行讨论。太阳－木星系统的引力常数为 $\mu = 9.548\ 04 \times$

10^{-4}，太阳和木星之间的平均距离为 7.7830×10^{8} km，系统的公转周期约为 3.7431×10^{8} s，木星的平均半径为 7.14935×10^{4} km。为了便于讨论，下面将采用符号 $E(-)$ 和 $E(+)$ 分别表示木星借力飞行前后探测器在质心惯性坐标系中的轨道能量，$H(-)$ 和 $H(+)$ 分别表示借力前后探测器在质心惯性坐标系中的轨道角动量。

1）v_∞ 与 ψ 对轨道能量的影响

假定探测器飞越木星时近心点高度为 $h_p=1.0\times10^4$ km，对应正则化后的高度为 1.2849×10^{-5}，认为当 $r_2>0.1$ 时，探测器实现木星引力场的逃逸。针对不同的双曲线超速 v_∞ 和相角 ψ，利用上面介绍的方法对轨道进行前向和后向数值积分，利用式（5.2.34）分别计算探测器借力前和借力后的轨道能量。图5.2.4给出了探测器轨道能量 $E(-)$ 和 $E(+)$ 随双曲线超速 v_∞ 和相角 ψ 变化的等高线图。

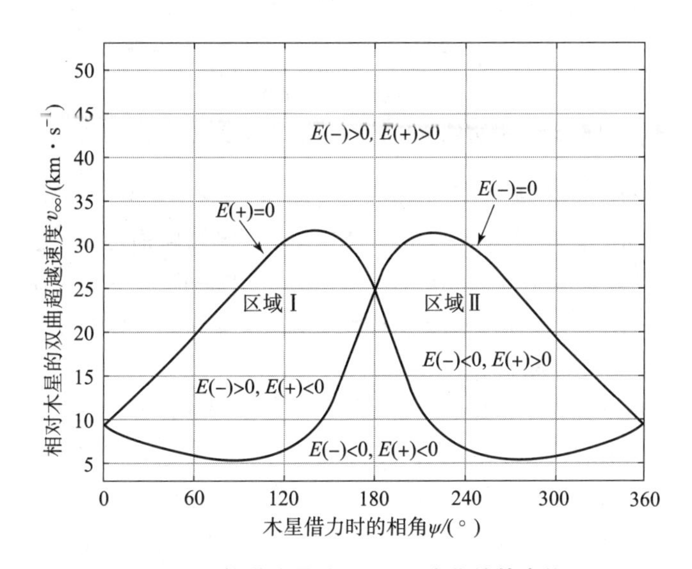

图5.2.4　轨道能量随 v_∞ 和 ψ 变化的等高线图

在图5.2.4中，借力飞行前轨道能量 $E(-)=0$ 曲线与借力飞行后轨道能量 $E(+)=0$ 曲线构成了两个封闭区域，分别位于 $0°<\psi<180°$ 和 $180°<\psi<360°$ 范围内。左侧的区域Ⅰ中有 $E(-)>0$ 和 $E(+)<0$，这表明经过木星借力后，探测器轨道由借力前的双曲线轨道变成了椭圆轨道。换言之，太阳系外的某一天体以双曲线轨道进入太阳系内，经过木星借力后，有可能被捕获成环绕太阳运动的天体。右侧区域Ⅱ中有 $E(-)<0$ 和 $E(+)>0$，这表明经过木星借力后，探测器轨道由借力前的椭圆轨道变成了双曲线轨道。其他的区域内，经过木星借力后，轨道能量的符号不会发生变化，但轨道的能量会发生改变。图5.2.5给出了借力前后轨道能量变化量随 v_∞ 和 ψ 变化的等高线图。

由图5.2.5可以看到，当相位角 $0°<\psi<180°$ 时，木星借力飞行可以使探测器的轨道能量减少，并且当 $\psi=90°$ 时，轨道能量减少量最大；当相位角 $180°<\psi<360°$ 时，木星借力飞行可以使探测器的轨道能量增大，并且当相位角 $\psi=270°$ 时，轨道能量增大量最大；当 $\psi=0°$ 或 $\psi=180°$ 时，木星借力对探测器的轨道能量几乎不发生改变。上述数值仿真结果与上一节近似解得到的结论是一致的。

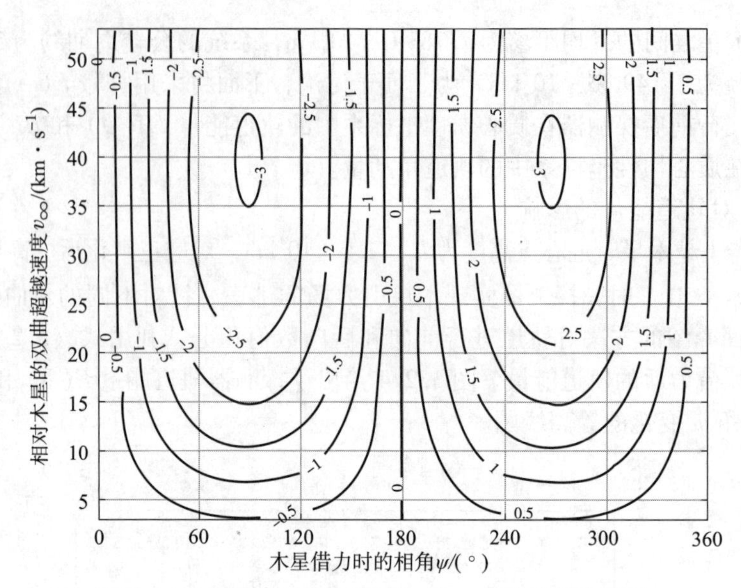

图 5.2.5　轨道能量改变量随 v_∞ 和 ψ 变化的等高线图

另外，对于给定的相位角 ψ ，不同的双曲线超速 v_∞ 也会影响木星借力对探测器轨道能量的改变能力。一般而言，随着双曲线超速的增大，探测器轨道能量的改变量的绝对值呈先增大后减小的规律。当 $v_\infty \approx 40$ km/s 且 $\psi = 90°$ 时，木星借力使探测器轨道能量减少量最大；当 $v_\infty \approx 40$ km/s 且 $\psi = 270°$ 时，木星借力使探测器轨道能量增加量最大。

2）r_p 与 ψ 对轨道能量的影响

探测器以双曲线超速 $v_\infty = 40$ km/s 飞入木星引力影响球，分析这种情况下木星借力对探测器轨道能量改变量的影响。对于其他的双曲线超速，木星借力对轨道能量改变量的影响规律是类似的。为了便于讨论，下面将以借力高度 h_p 替代近心点距离 r_p ，它们满足关系 $r_p = h_p + R_J$ ，其中 R_J 为木星的半径。图5.2.6 给出了借力前后轨道能量变化量随 h_p 和 ψ 变化的等高线图。

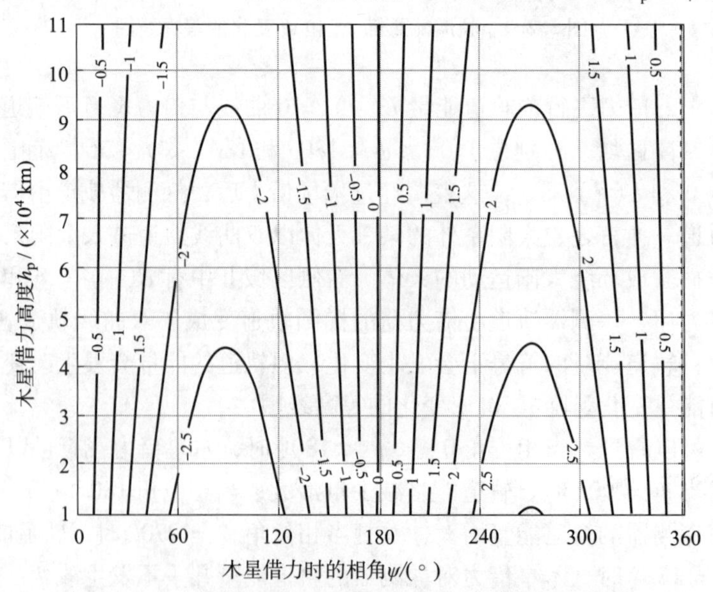

图 5.2.6　轨道能量改变量随 h_p 和 ψ 变化的等高线图

由图5.2.6可以看到，随着相角 ψ 的变化，借力前后轨道能量改变量的规律与前面的分析是一致的。对于给定的相角 ψ，随着借力高度 h_p 的增加，探测器轨道能量的改变量的绝对值呈先增大后减小的规律。这表明，若要达到期望的借力飞行效果，应当选择合理的借力高度。一般来讲，对于给定的借力行星，为了保证借力过程中的飞行安全，借力高度不能过低。另外，借力高度也不能过高，过高的借力高度会使借力飞行改变探测器轨道的效果不明显。

3）v_∞与 ψ 对轨道角动量的影响

轨道角动量是衡量探测器轨道性质的另一个非常重要的参数。这里仍假定借力高度为 $h_p = 1.0 \times 10^4$km，以近心点轨道状态为初值分别进行前向和后向数值积分，然后利用式（5.2.35）分别计算探测器借力前和借力后的轨道角能量。图5.2.7给出了木星借力前后探测器轨道角动量 $H(-)$ 和 $H(+)$ 随双曲线超速 v_∞和相角 ψ 变化的等高线图。

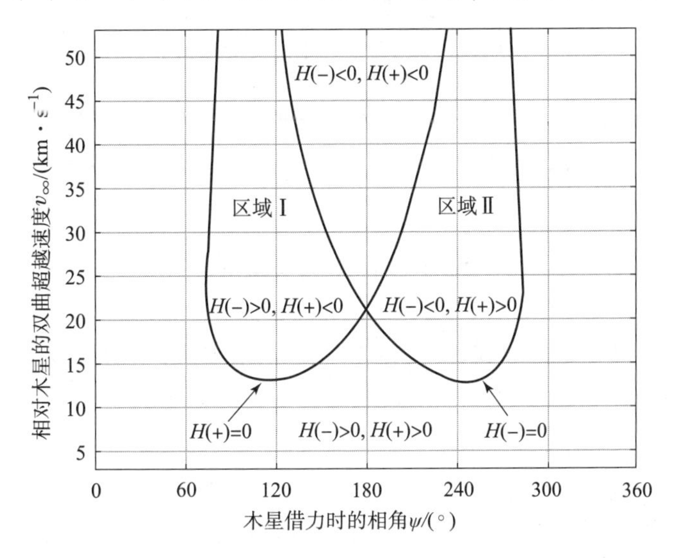

图5.2.7 轨道角动量随 v_∞和 ψ 变化的等高线图

与图5.2.4类似，图5.2.7中借力飞行前轨道角动量 $H(-) = 0$ 曲线与借力飞行后轨道角动量 $H(+) = 0$ 曲线也构成了两个的区域，分别位于 $0° < \psi < 180°$ 和 $180° < \psi < 360°$ 范围内。左侧的区域Ⅰ中，有 $H(-) > 0$ 和 $H(+) < 0$，这表明经过木星借力后，探测器轨道由借力前的角动量为负的逆行轨道变成了角动量为正的顺行轨道。右侧区域Ⅱ中有 $H(-) < 0$ 和 $H(+) > 0$，这表明经过木星借力后，探测器轨道由借力前的角动量为正的顺行轨道变成了角动量为负的逆行轨道。其他的区域内，经过木星借力后轨道角动量的符号不发生变化，但轨道的角动量大小会发生改变，图5.2.8给出了借力前后轨道角动量变化量随 v_∞和 ψ 变化的等高线图。

观察图5.2.5和图5.2.8发现，借力前后轨道角动量改变量与轨道能量改变量基本是一致的。这个现象可由式（5.2.16）和式（5.2.22）的关系来解释。两个方程中只相差了一项 $1/\omega$。在轨道参数正则化过程中，认为 $\omega = 1$。因此，采用正则化单位得到的轨道角动量改变量与轨道能量改变量是一样的。v_∞和 ψ 对轨道角动量改变量的影响规律与对能量改变量的影响规律是一样的，这里不再赘述。

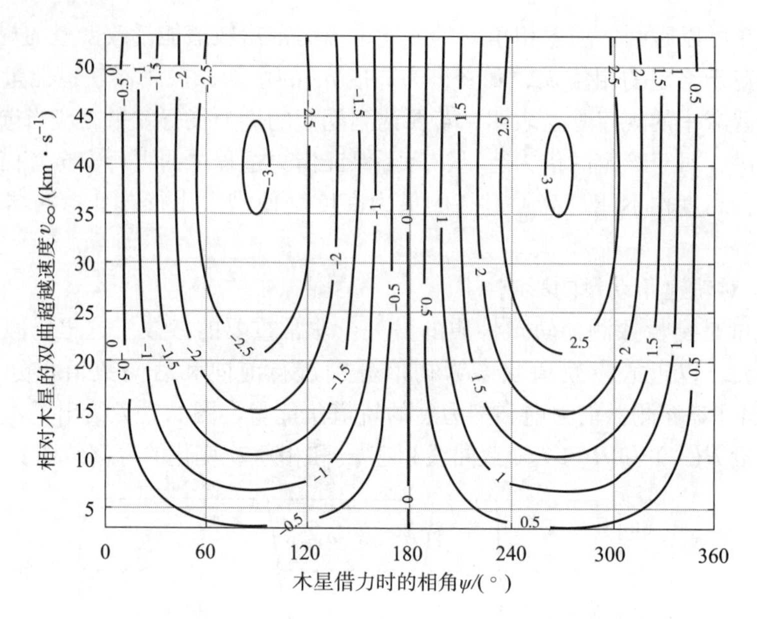

图 5.2.8 轨道能量改变量随 $\boldsymbol{v}_\infty$ 和 ψ 变化的等高线图

5.3 $\boldsymbol{v}_\infty$ 杠杆效应

由借力飞行的机理可知，参数 $\boldsymbol{v}_\infty^-$、r_p 和 ψ 是影响借力飞行效能的关键参数。实际上，双曲线轨道近心点距离 r_p 可以通过改变探测器飞入借力天体引力影响球的位置进行调整。由式（5.2.10），相角 ψ 与借力前探测器相对借力天体的双曲线超速 $\boldsymbol{v}_\infty^-$ 的方向密切相关。总的而言，可以认为探测器飞入借力天体引力影响球时，相对借力天体的双曲线超速矢量 $\boldsymbol{v}_\infty^-$ 主要决定了借力飞行的过程。对于给定的借力天体，若能改变探测器借力前的双曲线超速矢量 $\boldsymbol{v}_\infty^-$，则可以改变借力飞行的效果。实现这一目的的一种有效途径是利用 $\boldsymbol{v}_\infty$ 杠杆效应。

$\boldsymbol{v}_\infty$ 杠杆效应是由美国普渡大学的 Longuski 首次提出的，其基本原理是：在探测器飞向借力天体的轨道上的某位置施加一次相对较小的轨道机动脉冲 Δv（称为深空机动），改变探测器相对借力天体的双曲线超速矢量 $\boldsymbol{v}_\infty^-$，进而改变借力飞行的效果。$\boldsymbol{v}_\infty$ 杠杆效应能够以较小的深空机动脉冲获得数十倍于该机动的 $\boldsymbol{v}_\infty^-$ 改变量。在行星际飞行任务中，$\boldsymbol{v}_\infty$ 杠杆效应能够有效降低探测任务的发射能量和总的速度增量需求。

5.3.1 行星共振借力飞行

探测器在行星际飞行过程中，可以通过借力多个天体实现向目标的转移，飞行轨道必须满足多个天体的星历约束。这种一般性情况非常复杂，很难从轨道理论角度剖析一般性的规律，通常需要借助数值优化技术，我们将在 5.5 节中对该问题进行详细讨论。本节将主要讨论利用一个天体的借力飞行轨道，以更好地解释 $\boldsymbol{v}_\infty$ 杠杆效应。当探测器在飞行过程中只进行一次借力时，可能的借力飞行轨道主要分为两种：共振借力和非共振借力。

共振借力又称为共振跳跃，指的是借力前探测器相对中心引力体轨道的周期与借力天体相对中心引力体轨道的周期之比，即

$$\frac{T_S}{T_P} = \frac{K}{L} \tag{5.3.1}$$

其中，T_S 和 T_P 分别为借力前探测器和借力天体相对中心引力体轨道的周期；K 和 L 为正整数，且 KL 为它们的最小公倍数。

由式（5.3.1）可知，探测器沿原运行轨道绕中心引力体飞行整 L 圈时，借力天体绕中心引力体将飞行整 K 圈，称为 K:L 共振。换言之，探测器与借力天体分离后，经过 L 圈飞行后，会在同一位置与借力天体相遇。

非共振借力指的是探测器轨道和借力天体轨道周期之比无法表示成整数之比。也就是说，探测器与借力天体分离后，无法经过整数圈的飞行后与借力天体在同一位置再次相遇，但可能在其他位置与之相遇。这是一般性情况，将在 5.5 节中进行讨论。

5.3.2　地球共振杠杆类型

共振借力杠杆方法分为外部杠杆和内部杠杆两类，以地球共振借力轨道为例进行讨论，如图 5.3.1 和图 5.3.2 所示。

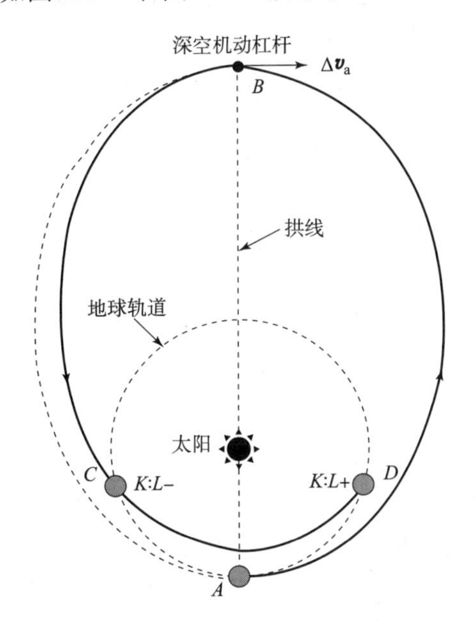

图 5.3.1　外部地球共振借力

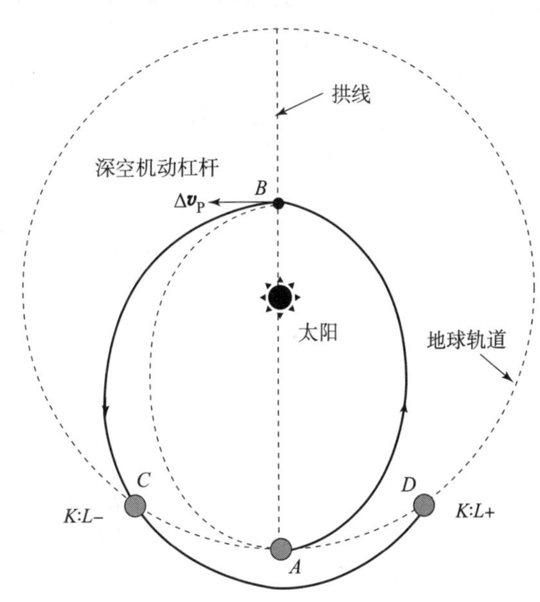

图 5.3.2　内部地球共振借力

外部杠杆的过程可以描述为：探测器在 A 点从地球逃逸出发，进入绕太阳的轨道周期为 K/L 年的大椭圆轨道（轨道半长轴大于地球轨道半长轴），这里假定 A 点为轨道的近日点，逃逸地球所需的速度增量为 v_L。探测器沿大椭圆轨道到达远日点（B 点）时，施加一次与轨道速度方向相反的机动脉冲 Δv_{ap}，机动后的探测器轨道的近日点将降低，与地球轨道相交于 C 和 D 两点，在其中一点完成地球借力后，探测器的日心轨道的远日点将发生改变。对于外部杠杆，期望的是探测器经过地球借力后日心轨道的远日点增大，这将使探测器能够到达更远的区域，实现向具有大半长轴目标的转移。这里需要说明的是，若不施加远日点处的轨道机动，则探测器将再次在 A 点处与地球相遇，由于探测器的日心速度大于地球的日心速度，此时会发生前向借力飞越，导致探测器的轨道能量减小；若施加与速度方向相同的远日点轨道机动，则探测器轨道近日点距离将增加，这会导致探测器无法再与地球相遇并实现借力飞行。外部杠杆适用于向具有大半长轴目标天体的转移。

如图 5.3.2 所示，内部杠杆的过程可以描述为：探测器在 A 点从地球逃逸出发，进入绕太阳的轨道周期为 K/L 年的小椭圆轨道（轨道半长轴小于地球轨道半长轴），这里认为 A 点为轨道的远日点。探测器沿椭圆轨道到达近日点（B 点）时，施加一次与轨道速度方向相同的机动脉冲 Δv_{p}，机动后的探测器轨道的远日点将增大，与地球轨道相交于 C 和 D 两点，在其中一点完成地球借力后，探测器的日心轨道的近日点将发生改变。与外部杠杆相反，内部杠杆期望的是探测器经过地球借力后日心轨道的近日点降低，这将使探测器能够到达距离太阳更近的区域，实现向具有小半长轴目标的转移。内部杠杆适用于向具有小半长轴的目标天体的转移。

无论对于外部杠杆还是内部杠杆，深空机动后的探测器日心轨道都会与地球轨道相交于 C 和 D 两点，这两点是可能的地球借力位置。C 点位于椭圆轨道拱线之前，采用符号“ - ”表示；D 点位于椭圆拱线之后，采用符号“ + ”表示。

另外，根据共振借力的定义，对于 K:L 地球共振轨道，远日点或近日点的深空机动可以施加于探测器日心轨道的第任意 M 圈，只要满足 $M \leqslant L$ 就行。例如，对于 2:3 外部杠杆地球共振轨道，深空机动可以施加于从地球出发后的第一圈日心轨道的远日点，也可以施加于第二圈或第三圈日心轨道的远日点。

因此，可以将地球共振杠杆轨道表示为

$$K:L(M)\pm \tag{5.3.2}$$

例如，2:3(1) + 表示共振比为 2:3，深空机动施加在探测器日心轨道第一圈上的外部杠杆借力飞行轨道。

5.3.3 地球共振杠杆效应

1. 外部杠杆效应

首先对利用外部杠杆的地球共振借力轨道进行讨论，做如下假设：

①假设地球绕太阳做圆轨道运动，轨道周期为 1 年。

②探测器与地球做共面运动，且探测器从地球出发时双曲线超速与地球轨道速度方向同向。

定义标称出发轨道为从地球出发的严格满足共振比 $K:L$ 的日心轨道，探测器实际出发轨道为地球逃逸双曲线超速略微大于标称轨道的日心轨道，则探测器出发时日心速度大小可以表示为

$$v_{\mathrm{P}} = v_{\mathrm{E}} + v_{\infty} + \Delta v_{\mathrm{L}} \tag{5.3.3}$$

其中，v_{E} 为地球的日心轨道速度；v_{∞} 为探测器标称出发轨道的地球逃逸双曲线超速；Δv_{L} 为探测器实际出发轨道与标称轨道的地球逃逸双曲线超速差值。

如图 5.3.1 所示，在出发轨道近日点处，根据二体轨道活力公式可得

$$\frac{v_{\mathrm{P}}^2}{2} - \frac{\mu_{\mathrm{S}}}{r_{\mathrm{p}}} = -\frac{\mu_{\mathrm{S}}}{2a} \tag{5.3.4}$$

其中，μ_{S} 为太阳万有引力常数；a 为探测器出发日心轨道的半长轴；r_{p} 为出发轨道近日点，有 $r_{\mathrm{p}} = r_{\mathrm{E}}$，$r_{\mathrm{E}}$ 为地球的日心圆轨道半径。

探测器轨道半长轴可以表示为

$$a = \frac{r_a + r_p}{2} \tag{5.3.5}$$

将式（5.3.5）代入式（5.3.4）可得远日点距离为

$$r_a = r_p\left(\frac{r_p v_P^2}{2\mu_S - r_p v_P^2}\right) \tag{5.3.6}$$

由二体轨道角动量守恒定律可知

$$r_a v_a = r_p v_P \tag{5.3.7}$$

因此，可得探测器在远日点施加深空机动前的速度大小为

$$v_a = v_P \frac{r_p}{r_a} \tag{5.3.8}$$

探测器出发轨道的周期可表示为

$$T_L = 2\pi\sqrt{\frac{a^3}{\mu_S}} \tag{5.3.9}$$

在探测器日心轨道远日点施加与速度方向相反的深空机动，定义为 Δv_a，则机动后探测器速度大小为

$$v_{aR} = v_a + \Delta v_a \tag{5.3.10}$$

根据活力公式，机动后探测器日心轨道的半长轴为

$$a_R = \frac{\mu_S}{2\mu_S/r_a - v_{aR}^2} \tag{5.3.11}$$

轨道偏心率可以表示为

$$e_R = \frac{r_a}{a_R} - 1 \tag{5.3.12}$$

轨道周期为

$$T_R = 2\pi\sqrt{\frac{a_R^3}{\mu_S}} \tag{5.3.13}$$

如图5.3.1所示，施加深空机动后的探测器轨道将与地球轨道相交于 C 和 D 两点，探测器在这两点处的日心距是相等的，定义为 r_e，则有 $r_e = r_E$。

由轨道角动量守恒定律可得

$$r_e v_e \cos\gamma_e = r_a v_R \tag{5.3.14}$$

其中，γ_e 为探测器飞行路径角；v_e 为探测器在 C 点和 D 点的日心轨道速度，这两点处的速度是相等的，表示为

$$v_e = \sqrt{v_R^2 - \frac{2\mu_S}{r_a} + \frac{2\mu_S}{r_e}} \tag{5.3.15}$$

根据式（5.3.14）可以得到探测器在 C 点和 D 点的飞行路径角满足

$$\cos\gamma_e = \frac{r_a v_R}{r_e v_e} \tag{5.3.16}$$

需要注意的是，C 点处飞行路径角 $\gamma_e > 0$，D 点处飞行路径角 $\gamma_e < 0$。根据二体轨道理论，C 点和 D 点处探测器轨道的真近点角满足

$$\cos\theta_e = \frac{1}{e_R}\left[\frac{a_R(1 - e_R^2)}{r_e} - 1\right] \tag{5.3.17}$$

同理，C 点处的真近点角 $\theta_e<0$，D 点处的真近点角 $\theta_e>0$。根据真近点角可以得到 C 点和 D 点处的偏近点角为

$$\tan\frac{E_e}{2}=\sqrt{\frac{1-e_R}{1+e_R}}\tan\frac{\theta_e}{2} \tag{5.3.18}$$

由开普勒方程可以得到探测器由轨道远日点到 C 点或 D 点的飞行时间为

$$t_e=\sqrt{\frac{a_R^3}{\mu_S}}(E_e-e_R\sin E_e+\pi) \tag{5.3.19}$$

若探测器是在日心轨道的第 M 圈的远日点施加深空机动，则探测器从出发到在 C 点或 D 点实现地球借力的总飞行时间为

$$T_e=\left(M-\frac{1}{2}\right)P_L+(L-M)P_R+t_e \tag{5.3.20}$$

在地球借力处，地球的真近点角表示为

$$\theta_E=2\pi\left(\frac{T_e}{T_E}-K\right) \tag{5.3.21}$$

探测器要实现地球借力飞行，必须满足

$$\Delta\theta=\theta_e-\theta_E=0 \tag{5.3.22}$$

由上面的推导可知，在出发状态已知条件下，探测器的飞行轨道是由深空机动 Δv_a 决定的，因此地球共振外部杠杆轨道通过非线性方程（5.3.22）得到，该问题可以通过牛顿迭代方法求解，这里不再赘述。

采用上标“ - ”表示地球借力前，上标“ + ”表示地球借力后，则地球借力前后探测器轨道速度与地球轨道速度的几何关系如图 5.3.3 所示。

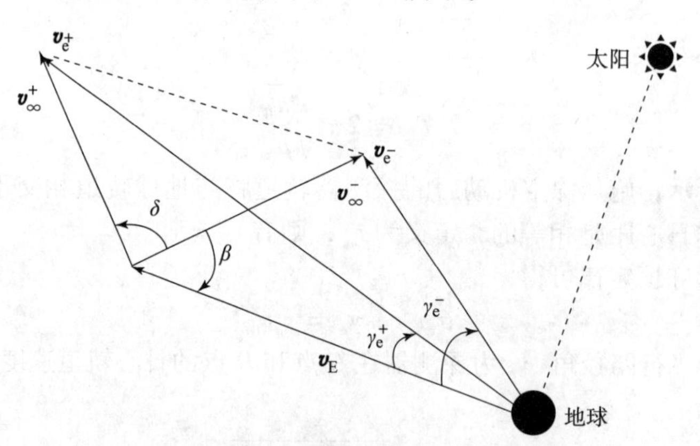

图 5.3.3　地球借力前后轨道几何关系

根据三角形余弦定理可知，地球借力前探测器的日心轨道速度可以表示为

$$(v_\infty^-)^2=(v_e^-)^2+v_E^2-2v_e^-v_E\cos\gamma_e^- \tag{5.3.23}$$

并且有

$$v_\infty^-=v_\infty^+=v_\infty \tag{5.3.24}$$

如图 5.3.3 所示，利用三角形正弦定理可得角度 β 应满足

$$\sin\beta=\frac{v_e^-}{v_\infty}\sin\gamma_e^- \tag{5.3.25}$$

地球借力后探测器的日心轨道速度可以表示为

$$(v_e^+)^2 = v_\infty^2 + v_E^2 - 2v_\infty v_E \cos(\beta + \delta) \tag{5.3.26}$$

其中，转角 δ 由地球借力双曲线轨道近地点距离决定，具体见式（5.1.12）。

地球借力后探测器日心轨道的飞行路径角满足

$$\sin\gamma_e^+ = \frac{v_\infty}{v_e^+}\sin(\beta + \delta) \tag{5.3.27}$$

根据二体轨道理论，速度 v_e^+ 和飞行路径角 γ_e^+ 已知，则探测器地球借力后的日心轨道完全确定，进而可以确定借力后探测器日心轨道的远日点距离。

利用上面介绍的方法对地球共振外部杠杆效应进行分析。图 5.3.4 给出了不同共振比地球借力轨道的远日点深空机动脉冲对双曲线超速增量的影响。

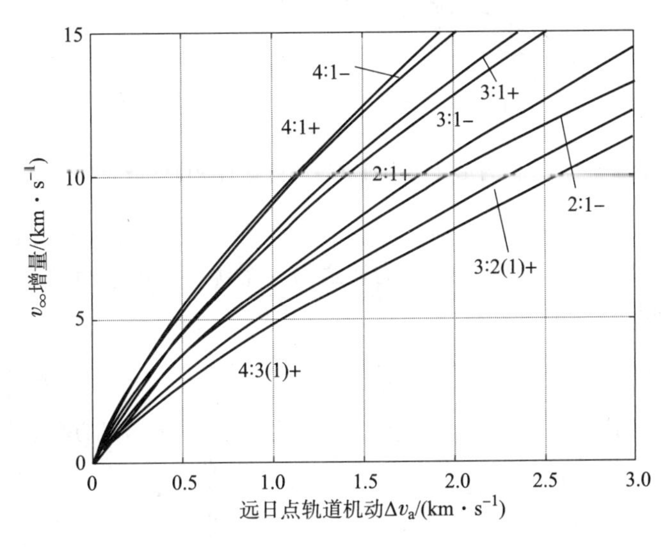

图 5.3.4　远日点深空机动对 v_∞ 的杠杆效应

双曲线超速增量定义为探测器返回地球借力时双曲线超速与从地球出发时双曲线超速之差。图 5.3.4 很好地解释了 v_∞ 杠杆效应，通过施加较小的远日点深空机动，可以使探测器相对地球的双曲线超速相比从地球出发时增大很多。例如，对于 2:1+ 地球共振借力轨道，施加 2 km/s 的深空机动可以使 v_∞ 增量超过 10 km/s，这比在地球停泊轨道多施加 2 km/s 的轨道机动所获得的 v_∞ 增量大许多。

图 5.3.5 给出了不同共振比地球借力轨道远日点距离随总的速度增量的变化，总的速度增量定义为从地球 250 km 高停泊轨道逃逸所需速度增量与远日点深空机动速度增量之和。根据图 5.3.5，可以得到如下结论：

①在相同的总的速度增量条件下，共振比大于 1 的地球借力轨道最远远日点距离均大于无借力情况；共振比越大，探测器地球借力后的日心轨道所能到达的最远远日点距离越大。

②对于相同共振比、相同类型轨道，借力后所能到达的远日点距离随总的速度增量的增加呈先增大后减小的趋势。

③对于相同的共振比，拱线后借力比拱线前借力所能到达的最远远日点距离更大。

相比无借力直接转移方式，采用地球共振借力轨道可以有效节省行星际飞行过程中的燃料消耗。以木星飞越探测任务为例说明。由图 5.3.5，采用直接转移方式实现木星飞越探测

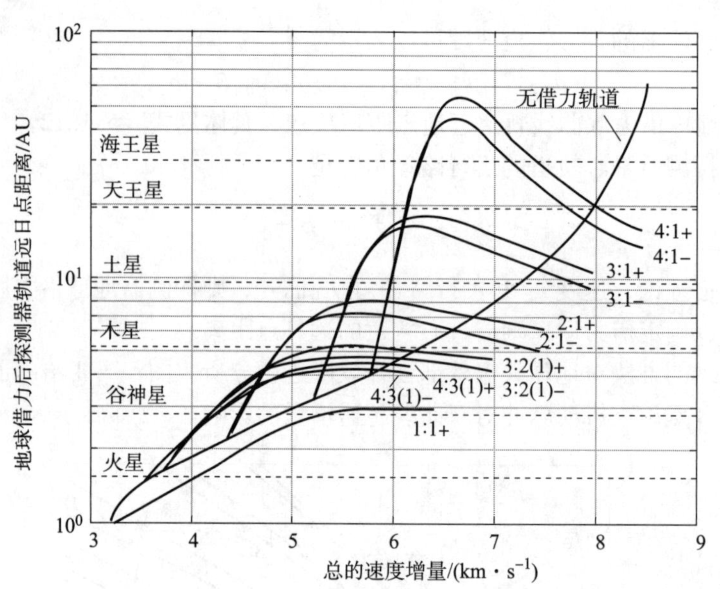

图 5.3.5　借力后轨道远日点距离随总的速度增量的变化

所需的总的速度增量约为 6.3 km/s，而采用 2:1− 地球共振借力所需的总的速度增量仅为 4.9 km/s，节省约 1.4 km/s。地球共振借力轨道另一个优势是能够有效降低行星际探测任务的发射能量需求，如图 5.3.6 所示。

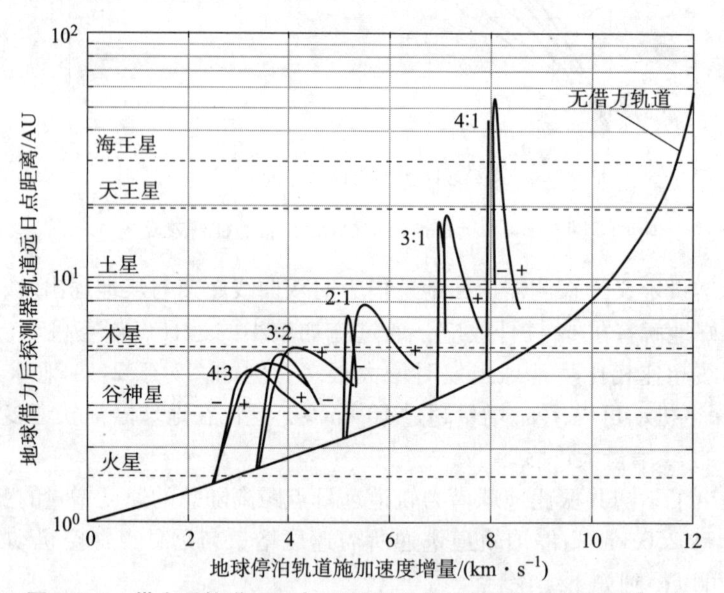

图 5.3.6　借力后轨道远日点距离随地球停泊轨道速度增量的变化

由图 5.3.6 看到，相比无借力直接转移方式，地球共振借力轨道在施加相同的地球停泊轨道速度脉冲情况下，能够到达更远的远日点。对于木星飞越探测任务而言，采用 2:1− 地球共振借力轨道所需的地球停泊轨道机动脉冲比直接转移方式节省了约 3.67 km/s。从上面的讨论可以看出，通过施加一次远日点的深空机动，可以改变探测器进行地球借力时的轨道条件，进而改变了借力后轨道的性能。图 5.3.7 给出了借力后轨道远日点距离随远日点施加的深空机动脉冲的变化曲线。

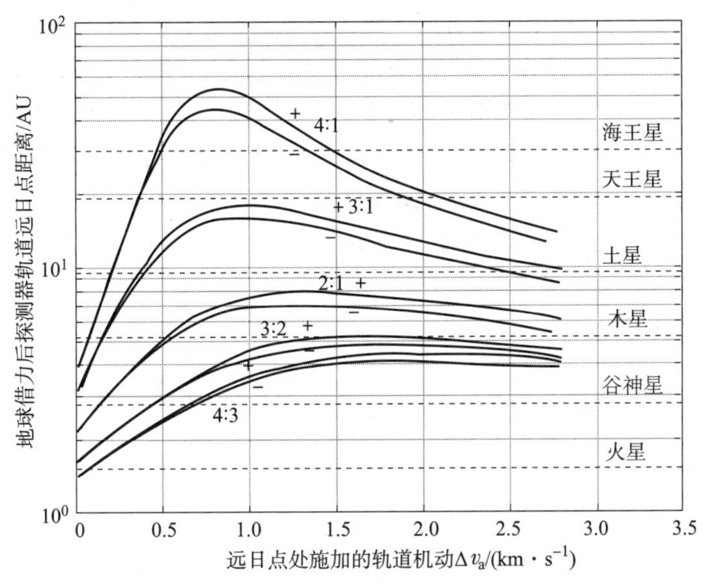

图 5.3.7　借力后轨道远日点距离随深空机动速度增量的变化

2. 内部杠杆效应

对于向半长轴小于地球半径的目标天体转移，则可以利用地球共振借力的内部杠杆效应。内部杠杆地球共振借力轨道是在近日点施加与轨道速度方向相同的深空机动脉冲，增大探测器轨道的远日点，从而实现地球借力。内部杠杆轨道的计算方法与外部杠杆情况类似，这里不再赘述。

图 5.3.8 给出了不同共振比地球借力轨道的近日点深空机动脉冲对双曲线超速增量的影响。对于共振比小于 1 的地球借力轨道，在探测器近日点施加较小的深空机动同样可以大大增加探测器相对地球的双曲线超速，也就是说，地球共振借力轨道存在内部杠杆效应，这对于探测半长轴小于地球轨道半径的目标天体及太阳附近区域是非常有用的。

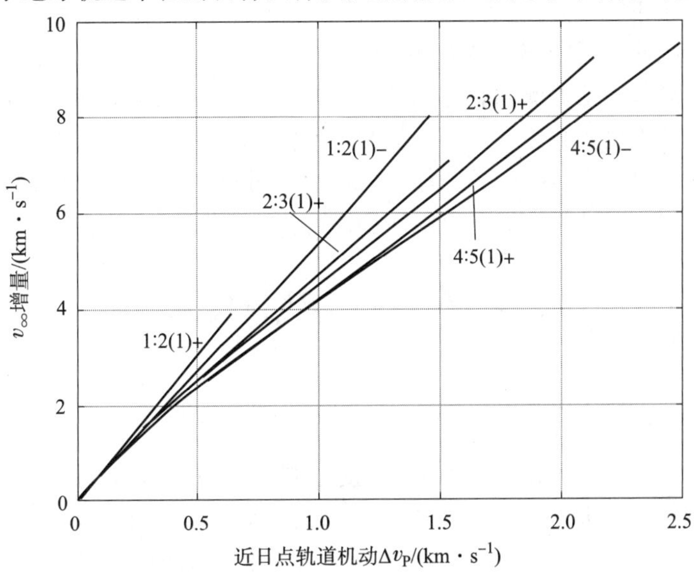

图 5.3.8　近日点深空机动对 v_∞ 的杠杆效应

图5.3.9给出了不同共振比地球借力轨道近日点距离随总的速度增量的变化规律。由图5.3.9可知，在施加相同的总的速度增量情况下，采用地球共振借力能够有效减小探测器所能到达的近日点距离。例如，对于2:3(1)–地球共振借力轨道，施加约5.5 km/s总的速度增量，探测器能够到达的近日点距离已经低于水星的近日点距离，可以实现水星的飞越探测。若采用直接转移方式，探测器所需要的总的速度增量约为6.7 km/s，相比地球共振借力增加了约1.2 km/s。假定探测器在地球停泊轨道上的初始质量为3 000 kg，采用的推进系统比冲为450 s，则需要多消耗205 kg燃料。

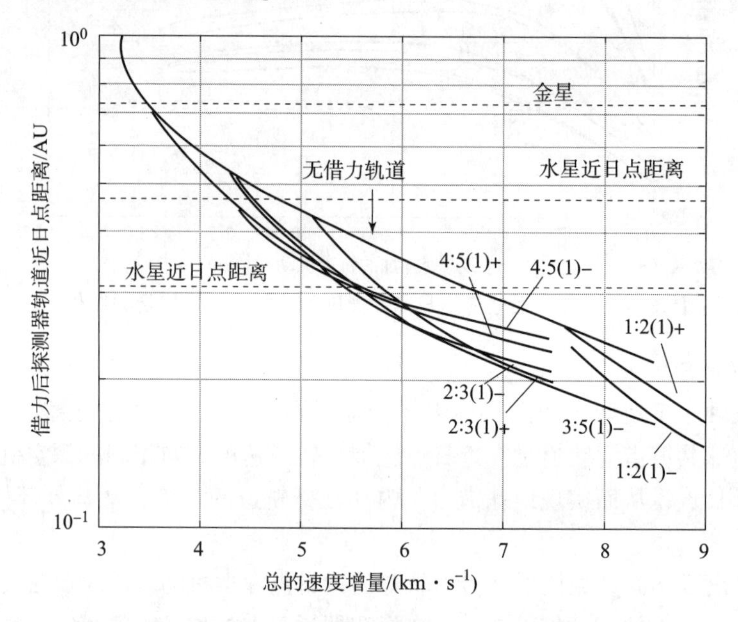

图5.3.9 借力后轨道近日点距离随总的速度增量的变化

上面以地球共振借力轨道为例，讨论了v_∞杠杆效应。实际上，v_∞杠杆效应可以简单理解为：通过施加一次较小的深空机动脉冲，大大改变探测器与地球相遇时相对地球的双曲线超速矢量，从而改变探测器近距离飞越地球时的轨道变化，提高借力飞行的效能。理论上讲，深空机动可以在地球借力前探测器轨道的任何位置施加。另外，深空机动改善行星借力飞行条件并非只适用于共振借力轨道，对于一般的行星借力飞行都是适用的。结合深空机动和行星借力的转移技术也是目前行星际探测任务中经常采用的，当然，深空机动施加的位置一般需要通过优化设计得到，这将在5.5节中详细讨论。

5.4 气动借力飞行技术

5.4.1 气动借力飞行原理

由借力飞行的基本原理可知，借力飞行是通过借力天体的引力作用使探测器的轨道发生偏转，在探测器相对借力天体的双曲线超速大小v_∞一定的情况下，转角δ越大，则借力飞行产生的速度增量越大。根据式（5.1.12），对于给定的借力天体和v_∞，借力转角δ是由探测器相对借力天体双曲线轨道的近心点距离r_p决定的。从借力飞行安全性角度考虑，近心点距离是不能无限小的，这使得纯引力辅助借力的借力转角 δ 是有限的。在行星际飞行中，一种增大借力转角 δ 的途径是利用借力天体的大气，通过气动力使探测器轨道实现更大转角的偏转，从而提高借力飞行的效果，该技术称为气动借力飞行技术。

气动借力飞行的原理如图 5.4.1 所示。

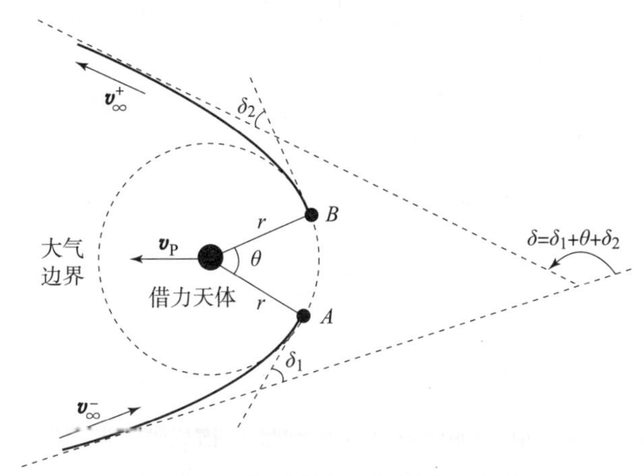

图 5.4.1　气动借力飞行原理示意图

气动借力飞行的过程可以简单描述为：探测器以相对双曲线超速 $\boldsymbol{v}_\infty^-$ 进入借力天体的引力影响球，沿双曲线轨道飞至 A 点时进入借力天体的稠密大气层，并从 B 点飞出大气层进入双曲线轨道，最后以双曲线超速 $\boldsymbol{v}_\infty^+$ 飞出借力天体的引力影响球。不同于纯引力辅助借力飞行，气动借力过程中，探测器相对借力天体的速度转角由三部分组成，可以表示为

$$\delta = \delta_1 + \theta + \delta_2 \tag{5.4.1}$$

其中，δ_1 为飞入借力天体引力影响球的双曲线轨道速度转角；θ 为借力天体大气中飞行的速度转角；δ_2 为飞出引力影响球的双曲线轨道速度转角。

当探测器具有一定的升阻比时，探测器进入借力天体的稠密大气层后将在气动力的作用下飞行一段时间，这使得探测器相对借力天体的总的速度转角增大，从而提高借力飞行的效果。气动借力与纯引力辅助借力的速度矢量几何关系如图 5.4.2 所示。图中 $\boldsymbol{v}_P$ 表示借力时借力天体的日心速度矢量，$\boldsymbol{v}$ 表示探测器日心速度矢量，“ - ” 表示借力飞行前，“ + ” 表示借力后。探测器在借力天体大气中飞行时，由于大气阻力的作用，探测器相对借力天体的速度会减小。换言之，探测器飞出借力天体引力影响球时的双曲线超速 v_∞^+ 会小于飞入时的双曲线超速 v_∞^-。尽管如此，由于在大气中飞行增大了探测器相对借力天体的速度转角，根据矢量叠加原理，借力后的探测器的日心轨道速度相比纯引力辅助借力会增大。

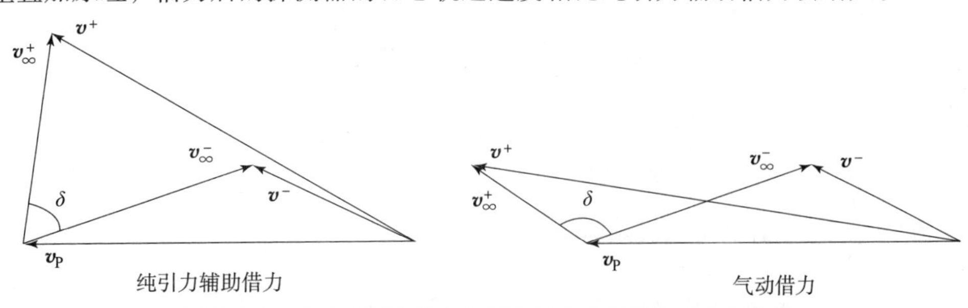

图 5.4.2　纯引力辅助借力与气动借力的速度矢量几何关系

5.4.2 气动借力飞行模型

由气动借力飞行的原理可知，气动借力是利用借力天体的大气增加速度转角。为了分析探测器气动借力过程，需要建立气动借力飞行的模型。实际上，由于借力天体大气状况和探测器飞行状况的复杂性，气动借力飞行过程是非常复杂的。为了分析气动借力飞行的一般性规律，这里建立简化的气动借力模型。

探测器在借力天体引力和气动力作用下的轨道动力学方程可以表示为

$$\begin{cases} \dot{r} = v\sin\gamma \\ \dot{\theta} = \dfrac{v}{r}\cos\gamma \\ \dot{v} = -\dfrac{D}{m} - \dfrac{\mu_{\mathrm{P}}}{r^2}\sin\gamma \\ v\dot{\gamma} = -\dfrac{L}{m} - \dfrac{\mu}{r^2}\cos\gamma + \dfrac{v^2}{r}\cos\gamma \end{cases} \tag{5.4.2}$$

其中，r 为探测器与借力天体中心的距离；θ 为探测器轨道转角；v 为探测器的速度；γ 为飞行路径角；μ_{P} 为借力天体 P 的引力常数；L 和 D 分别为探测器受到的气动升力和阻力；L 始终指向借力天体的中心。

为了便于讨论，做如下假设：

①探测器在借力天体气动力作用下做平面运动，轨道运动平面与飞入和飞出借力天体引力影响球的双曲线轨道平面相同。

②稠密大气层的进入点 A 为飞入双曲线轨道的近心点，点 B 为飞出双曲线轨道的近心点，并且由 A 到 B 的飞行过程中，探测器的飞行高度保持不变。

③探测器在借力天体大气层中飞行时，升阻比保持不变。

根据上述假设，可以近似认为探测器在借力天体大气中做圆周运动，则有 $\gamma = \dot{\gamma} = 0$。因此，动力学方程（5.4.2）可以简化为

$$\begin{cases} \dot{r} = 0 \\ \dot{\theta} = \dfrac{v}{r} \\ \dot{v} = -\dfrac{D}{m} \\ 0 = -\dfrac{L}{m} - \dfrac{\mu_{\mathrm{P}}}{r^2} + \dfrac{v^2}{r} \end{cases} \tag{5.4.3}$$

由式（5.4.3）中第三式可得

$$\mathrm{d}v = -\frac{D}{m}\mathrm{d}t = -\frac{1}{L/D}\frac{L}{m}\mathrm{d}t \tag{5.4.4}$$

根据式（5.4.3）中第二式可知

$$\mathrm{d}t = \frac{r}{v}\mathrm{d}\theta \tag{5.4.5}$$

探测器受到的气动升力可以表示为

$$L = m\frac{v^2}{r} - m\frac{\mu_{\mathrm{P}}}{r^2} \tag{5.4.6}$$

将式（5.4.5）和式（5.4.6）代入式（5.4.4）可得

$$dv = -\frac{1}{L/D}\left(\frac{v^2}{r} - \frac{\mu}{r^2}\right)\frac{r}{v}d\theta \tag{5.4.7}$$

式（5.4.7）表征了转角 θ 变化量与速度 V 变化量的关系，可以改写为

$$d\theta = -\frac{L}{D}\frac{1}{v - [\mu_P/(rv)]}dV \tag{5.4.8}$$

对式（5.4.8）两端进行积分可得

$$\int_{\theta_A}^{\theta_B} d\theta = -\int_{v_A}^{v_B}\frac{L}{D}\frac{1}{v - [\mu_P/(rv)]}dv = -\frac{L}{D}\int_{v_A}^{v_B}\frac{1}{v - [\mu_P/(rv)]}dv \tag{5.4.9}$$

其中，v_A 和 v_B 分别为探测器在 A 点和 B 点相对借力天体的速度。

求解定积分可得

$$\theta = \theta_B - \theta_A = -\frac{1}{2}\frac{L}{D}\left[\ln\left(v_B^2 - \frac{\mu_P}{r}\right) - \ln\left(v_A^2 - \frac{\mu_P}{r}\right)\right] \tag{5.4.10}$$

对式（5.4.10）进行整理可得

$$v_B = \sqrt{\exp\left(\frac{-2\theta}{L/D}\right)v_A^2 - \left[\exp\left(\frac{-2\theta}{L/D}\right) - 1\right]\frac{\mu_P}{r}} \tag{5.4.11}$$

根据假设条件②，v_A 和 v_B 分别为探测器的飞入和飞出借力天体引力影响球双曲线轨道近心点处的速度，因此根据二体轨道活力公式，有

$$v_A^2 = \frac{2\mu_P}{r} + (v_\infty^-)^2 \tag{5.4.12}$$

$$v_B^2 = \frac{2\mu_P}{r} + (v_\infty^+)^2 \tag{5.4.13}$$

将式（5.4.12）和式（5.4.13）代入式（5.4.14），可以得到 v_∞^-、v_∞^+ 和 θ 之间的关系表达式为

$$v_\infty^+ = \sqrt{\exp\left(\frac{-2\theta}{L/D}\right)(v_\infty^-)^2 + \left[\exp\left(\frac{-2\theta}{L/D}\right) - 1\right]\frac{\mu_P}{r}} \tag{5.4.14}$$

根据式（5.1.12），式（5.4.1）中飞入和飞出双曲线轨道的速度转角可以分别表示为

$$\delta_1 = \arcsin\left\{\frac{1}{1 + [r(v_\infty^-)^2/\mu_P]}\right\} \tag{5.4.15}$$

$$\delta_2 = \arcsin\left\{\frac{1}{1 + [r(v_\infty^+)^2/\mu_P]}\right\} \tag{5.4.16}$$

将式（5.4.14）代入式（5.4.16）并整理可得

$$\delta_2 = \arcsin\left\{\frac{\exp\left(\frac{2\theta}{L/D}\right)}{1 + [r(v_\infty^-)^2/\mu_P]}\right\} \tag{5.4.17}$$

结合式（5.4.1）、式（5.4.15）和式（5.4.17），探测器在借力天体引力和气动力作用下的总的速度转角可以表示为

$$\delta = \arcsin\left\{\frac{1}{1 + [r(v_\infty^-)^2/\mu_P]}\right\} + \theta + \arcsin\left\{\frac{\exp\left(\frac{2\theta}{L/D}\right)}{1 + [r(v_\infty^-)^2/\mu_P]}\right\} \tag{5.4.18}$$

在给定探测器的升阻比 L/D、近心点半径 $r = r_p$、探测器进入影响球时双曲超速 v_∞^- 和气动飞行速度转角 θ 的情况下，利用上面建立的模型可以计算得到探测器飞出借力天体引力影响球时的双曲超速大小 v_∞^+ 和总的速度转角 δ，进而可以得到气动借力后探测器的日心轨道速度矢量。

5.4.3 气动借力参数分析

1. 最大气动转角

探测器在借力天体大气中飞行时，气动阻力的作用会使探测器的速度有所损耗。为了保证探测器经过气动借力后能够实现借力天体的逃逸，探测器飞出借力天体稠密大气后相对借力天体的轨道应为双曲线轨道，满足如下条件

$$v_\infty^+ > 0 \tag{5.4.19}$$

将式（5.4.10）改写成

$$\theta = \frac{1}{2}\frac{L}{D}\ln\left[\frac{1 + r(v_\infty^-)^2/\mu_P}{1 + r(v_\infty^+)^2/\mu_P}\right] \tag{5.4.20}$$

结合式（5.4.19）和式（5.4.20）可得

$$\theta < \frac{1}{2}\frac{L}{D}\ln\left[1 + \frac{r}{\mu_P}(v_\infty^-)^2\right] = \theta_{max} \tag{5.4.21}$$

式（5.4.21）给出气动借力飞行过程中气动转角的上限。式（5.4.21）表明，当 $\theta < \theta_{max}$ 时，探测器气动借力后可以沿双曲线轨道逃逸借力天体，当 $\theta > \theta_{max}$ 时，气动借力后探测器将被借力天体捕获，无法实现逃逸。

考虑火星气动借力问题，火星的引力常数 μ_M 为 42 828.29 km^3/s^2，假定气动借力的轨道高度为 50 km，利用式（5.4.21）可以计算得到最大借力转角随飞入火星双曲线超速 v_∞^- 和升阻比 L/D 的变化，如图 5.4.3 所示。

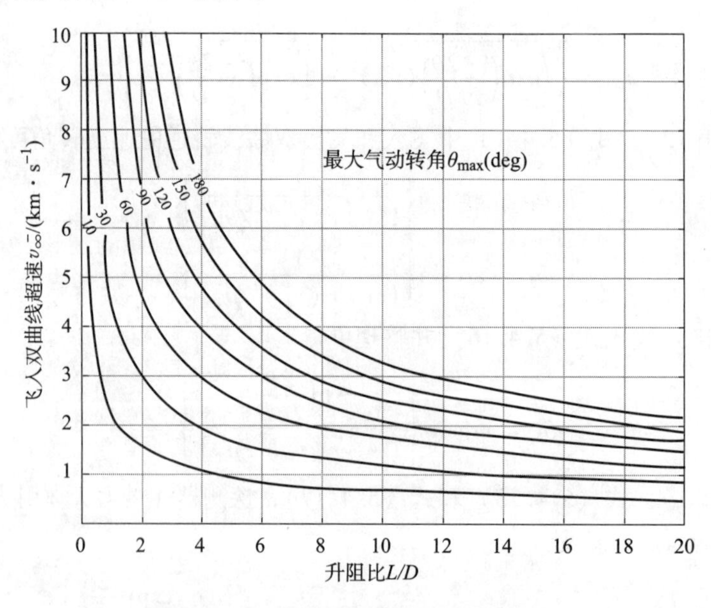

图 5.4.3 最大气动转角 θ 等高线图

由图 5.4.3，气动转角随探测器升阻比和双曲线超速 v_∞^-的增大而增加。当探测器升阻比较大时，气动转角随着双曲线超速 v_∞^-的增大会急剧增加；同样，当双曲线超速 v_∞^-较大时，气动转角随着探测器升阻比的增大也会急剧增加。双曲线超速 v_∞^-是由飞行轨道决定的，合理的设计借力飞行前探测器转移轨道可以改善气动借力飞行的效果。另外，增大探测器的升阻比也能够提高气动借力飞行的性能，这需要合理的设计探测器的气动外形。当然，目前的行星际探测器的升阻比普遍还是很小的，如何设计大升阻比的行星际探测器气动外形是值得关注的问题。

2. 最大气动借力速度增量

在日心坐标系中，气动借力飞行的速度增量大小可以表示为

$$\Delta v = \| \boldsymbol{v}^+ - \boldsymbol{v}^- \| = \| \boldsymbol{v}_\infty^+ - \boldsymbol{v}_\infty^- \| \tag{5.4.22}$$

其中，$\boldsymbol{v}^-$ 和 $\boldsymbol{v}^+$ 分别为借力前和借力后探测器的日心轨道速度矢量。

对变量进行量纲化 1 处理，令

$$\begin{cases} u_\infty^- = \dfrac{v_\infty^-}{\sqrt{\mu_P / r}} \\ u_\infty^+ = \dfrac{v_\infty^+}{\sqrt{\mu_P / r}} \end{cases} \tag{5.4.23}$$

式（5.4.22）和式（5.4.14）可以改写成

$$\Delta v = \| \boldsymbol{u}_\infty^+ - \boldsymbol{u}_\infty^- \| = \sqrt{(u_\infty^-)^2 + (u_\infty^+)^2 - 2u_\infty^- u_\infty^+ \cos\delta} \tag{5.4.24}$$

$$u_\infty^+ = \sqrt{\exp\left(\frac{-2\theta}{L/D}\right)[1 + (u_\infty^-)^2] - 1} \tag{5.4.25}$$

其中，Δv 为量纲为 1 的气动借力速度增量。

将式（5.4.23）和式（5.4.25）代入式（5.4.18）可得

$$\delta = \arcsin\left[\frac{1}{1 + (u_\infty^-)^2}\right] + \frac{1}{2}\left(\frac{L}{D}\right)\ln\frac{1 + (u_\infty^-)^2}{1 + (u_\infty^+)^2} + \arcsin\left[\frac{1}{1 + (u_\infty^+)^2}\right] \tag{5.4.26}$$

根据式（5.4.24），在 u_∞^-一定的条件下，若要使气动借力的速度增量 Δv 最大，应使如下函数取极大值

$$F = (u_\infty^+)^2 - 2u_\infty^- u_\infty^+ \cos\delta \tag{5.4.27}$$

并且需要满足如下气动借力转角约束

$$\psi = \arcsin\left[\frac{1}{1 + (u_\infty^-)^2}\right] + \frac{1}{2}\left(\frac{L}{D}\right)\ln\frac{1 + (u_\infty^-)^2}{1 + (u_\infty^+)^2} + \arcsin\left[\frac{1}{1 + (u_\infty^+)^2}\right] - \delta = 0 \tag{5.4.28}$$

式（5.4.27）和式（5.4.28）构成了考虑约束的参数 δ 和 u_∞^+寻优问题，采用拉格朗日乘子法进行求解。构造如下拉格朗日函数

$$L(\delta, u_\infty^+) = F(\delta, u_\infty^+) + \lambda\psi(\delta, u_\infty^+) \tag{5.4.29}$$

其中，λ 为拉格朗日乘子。

使式（5.4.29）中拉格朗日函数取极小值的必要条件是

$$\begin{cases} \dfrac{\partial L}{\partial \delta} = \dfrac{\partial F}{\partial \delta} + \lambda \dfrac{\partial f}{\partial \delta} = 0 \\ \dfrac{\partial L}{\partial u_\infty^+} = \dfrac{\partial F}{\partial u_\infty^+} + \lambda \dfrac{\partial f}{\partial u_\infty^+} = 0 \end{cases} \tag{5.4.30}$$

消除拉格朗日乘子可得

$$u_{\infty}^{+}-u_{\infty}^{-}\cos\delta-\frac{u_{\infty}^{-}(u_{\infty}^{+})^{2}\sin\delta}{1+(u_{\infty}^{+})^{2}}\left\{\frac{L}{D}+\frac{2}{\sqrt{[1+(u_{\infty}^{+})^{2}]^{2}-1}}\right\}=0 \tag{5.4.31}$$

式（5.4.31）为使气动借力的速度增量取极大值应满足的必要条件。在 u_{∞}^{-}和 L/D 给定的条件下，式（5.4.28）和式（5.4.31）构成了关于参数 δ 和 u_{∞}^{+}的非线性方程组求解问题。对不同的双曲线超速 u_{∞}^{-}和升阻比 L/D，分析气动借力所能达到的最大速度增量 Δv_{max}，如图 5.4.4 所示。

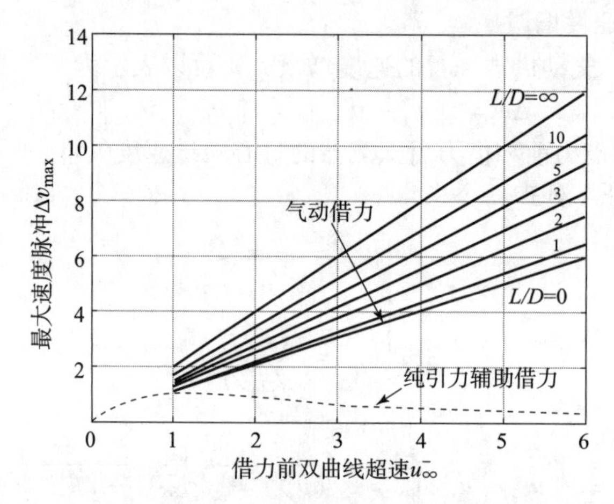

图 5.4.4　气动借力最大速度增量与进入双曲线超速的关系

由图 5.4.4 可知，相比纯引力辅助借力，在相同的 u_{∞}^{-}条件下，气动借力的速度增量更显著，这表明气动借力比纯引力借力在改变探测器轨道速度方面更有效。

具体而言，当升阻比 $L/D=0$ 时，有

$$\Delta v_{max}=u_{\infty}^{-} \tag{5.4.32}$$

这种情况可以理解为探测器在进入借力天体大气层后受到非常大的阻力作用，导致探测器的速度急速减小，使得 $u_{\infty}^{+}=0$。

当升阻比 $L/D=\infty$ 时，有

$$\Delta v_{max}=2u_{\infty}^{-} \tag{5.4.33}$$

这种情况可以理解成探测器在大气层中几乎不受到气动阻力的作用，探测器的速度没有损耗，同时，探测器相对借力天体的速度在引力和气动力的综合作用下偏转了 $\delta=180°$，使得双曲线超速的该变量达到极限。

当然，在实际气动借力飞行中，$L/D=0$ 和 $L/D=\infty$ 两种极端情况不会出现。另外，当 $2<L/D<23$ 时，Δv_{max}与 u_{∞}^{-}的关系近似是线性的，可以采用如下经验公式表示

$$\Delta v_{max}=u_{\infty}^{-}\left[1+\frac{\ln(L/D)}{\pi}\right] \tag{5.4.34}$$

5.5　借力飞行轨道设计

从借力飞行的机理看到，影响借力飞行过程的参数主要包括探测器飞入借力天体引力影响球时的双曲线超速矢量 $\boldsymbol{v}_{\infty}^{-}$和双曲线轨道近心点距离 r_{p}（对于气动借力情况，还要考虑探测

器的升阻比 L/D)。对于给定的借力时机和借力天体，这两个参数决定了借力后探测器的轨道。借力天体的运动受到严格的星历约束，借力时间决定了借力天体的位置和速度状态。因此，借力飞行轨道的设计可以简单地理解为通过调整借力时机 t_p 、飞入双曲线超速 $\boldsymbol{v}_\infty^-$ 和近心点距离 r_p ，使借力后探测器的轨道状态满足期望的要求。需要指出的是，在天体星历和轨道动力学约束下，这些参数之间也是相互耦合的。因此，为了便于工程上设计借力飞行轨道，需要归纳出决定借力飞行轨道的关键参数（称为决策变量或设计变量），进而建立借力飞行轨道的设计模型。本节将以脉冲式单次借力轨道为例，对几种典型的行星际借力飞行轨道设计模型进行讨论。

为了便于讨论，做如下假设：

①借力飞行轨道采用圆锥曲线拼接原理，即在行星引力影响球外，只考虑太阳对探测器的中心引力影响，在行星引力影响球内，只考虑行星对探测器的中心引力影响，并且忽略探测器在行星引力影响球内的飞行时间。

②采用脉冲机动假设，即施加于探测器的轨道机动和借力飞行均看作是瞬时的脉冲机动，轨道机动施加前后，探测器的速度发生变化，位置保持不变。

5.5.1　引力辅助借力轨道

纯引力辅助借力模型指的是探测器在行星际飞行过程中不施加中途轨道机动，仅利用借力飞行改变探测器的飞行轨道。考虑行星际交会探测任务，探测器飞行过程可以简述为：探测器于 t_L 时刻在地球停泊轨道施加轨道机动 Δv_L 进入双曲线轨道并逃逸地球，于 t_G 时刻到达天体 P 并借助天体的引力改变轨道速度，借力后探测器奔向目标天体，于 t_A 时刻与目标天体相遇并进入目标天体引力影响球，在相对目标天体轨道近心点处施加制动脉冲，形成环绕目标天体的闭合轨道。探测器飞行轨道示意图如图 5.5.1 所示。

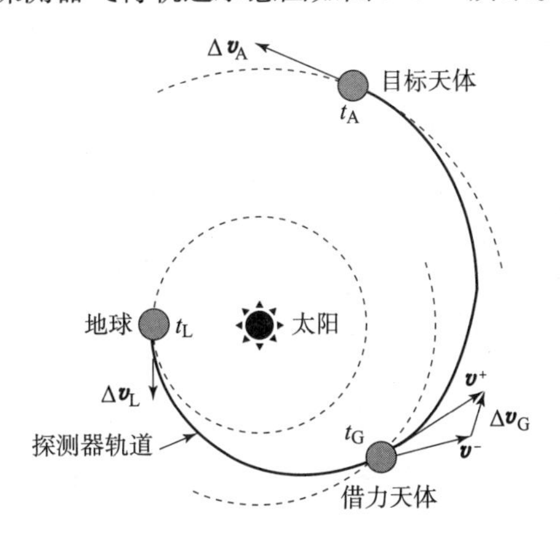

图 5.5.1　纯引力辅助借力飞行轨道示意图

根据第 4 章的介绍，在时间参数给定时，可以通过读取星历文件获得各天体的位置和速度状态，通过求解兰伯特问题可以确定探测器在两个天体之间的飞行轨道。基于这个原理，纯引力辅助借力轨道的决策变量可以表示为

$$\boldsymbol{X} = [t_L, t_G, t_A]^T \tag{5.5.1}$$

对于行星际交会探测任务，燃料消耗最省是飞行轨道设计最常采用的性能指标。由探测

器的飞行过程看到，整个转移过程中仅施加了两次轨道机动，因此性能指标可以表示为

$$J = \Delta v_{\mathrm{L}} + \Delta v_{\mathrm{A}} \tag{5.5.2}$$

若地球停泊轨道和目标环绕轨道均为圆轨道，在地球停泊轨道上施加的机动脉冲方向为速度方向，在目标环绕轨道上施加的机动脉冲方向为速度反方向，则式（5.5.2）中 Δv_{L} 和 Δv_{A} 的计算方法分别如下：

$$\Delta v_{\mathrm{L}} = \sqrt{v_{\infty \mathrm{E}}^2 + \frac{2\mu_{\mathrm{E}}}{R_{\mathrm{E}} + h_{\mathrm{pE}}}} - \sqrt{\frac{\mu_{\mathrm{E}}}{R_{\mathrm{E}} + h_{\mathrm{pE}}}} \tag{5.5.3}$$

$$\Delta v_{\mathrm{A}} = \sqrt{v_{\infty \mathrm{A}}^2 + \frac{2\mu_{\mathrm{A}}}{R_{\mathrm{A}} + h_{\mathrm{pA}}}} - \sqrt{\frac{\mu_{\mathrm{A}}}{R_{\mathrm{A}} + h_{\mathrm{pA}}}} \tag{5.5.4}$$

其中，μ_{E} 和 μ_{A} 分别为地球和目标天体的引力常数；R_{E} 和 R_{A} 分别为地球和目标天体的平均半径；h_{pE} 和 h_{pA} 分别为地球停泊轨道和目标环绕轨道高度；$v_{\infty \mathrm{E}}$ 和 $v_{\infty \mathrm{A}}$ 分别为探测器逃逸地球时和到达目标天体时的相对双曲线超速。

探测器由地球到借力天体和由借力天体到目标天体的轨道都是通过求解兰伯特问题求得的，在借力天体处，探测器的轨道必须满足借力飞行的要求。对于纯引力辅助借力，借力前后探测器相对借力天体的双曲线超速大小不发生改变，因此满足

$$\Phi_1 = \| \boldsymbol{v}_{\infty \mathrm{P}}^- \| - \| \boldsymbol{v}_{\infty \mathrm{P}}^+ \| = 0 \tag{5.5.5}$$

其中，$v_{\infty \mathrm{P}}^-$ 和 $v_{\infty \mathrm{P}}^+$ 分别为探测器飞入和飞出借力天体引力影响球时相对借力天体的双曲线超速。

另外，在借力飞行过程中，探测器相对借力天体双曲线轨道的近心点距离应满足安全性要求，表示为

$$\Phi_2 = r_{\mathrm{p}} - R_{\mathrm{P}} - h_{\mathrm{safe}} \geqslant 0 \tag{5.5.6}$$

其中，r_{p} 为双曲线轨道的近心点距离；R_{P} 为借力天体的平均半径；h_{safe} 为最小安全高度。

对于给定的决策变量 $\boldsymbol{X}$，可以通过二体轨道理论计算得到性能指标和约束条件，即性能指标和约束条件均为决策变量的函数。因此，式（5.5.1）、式（5.5.2）、式（5.5.5）和式（5.5.6）构成了引力辅助借力飞行轨道的设计模型，这是一个多变量多约束的非线性规划问题，可以采用标准非线性规划求解器进行求解。

下面简单讨论一下约束（5.5.6）中探测器双曲线轨道的近心点距离的计算问题。在借力飞行过程中，速度转角表示为

$$\delta = \arcsin\left(\frac{\| \boldsymbol{v}_{\infty \mathrm{P}}^- \times \boldsymbol{v}_{\infty \mathrm{P}}^+ \|}{\| \boldsymbol{v}_{\infty \mathrm{P}}^- \| \, \| \boldsymbol{v}_{\infty \mathrm{P}}^+ \|} \right) \tag{5.5.7}$$

由式（5.1.11）和式（5.1.5）可知探测器相对借力天体的双曲线轨道的半长轴和偏心率分别为

$$\begin{cases} a = -\dfrac{\mu_{\mathrm{P}}}{\| \boldsymbol{v}_{\infty \mathrm{P}}^- \|} = -\dfrac{\mu_{\mathrm{P}}}{\| \boldsymbol{v}_{\infty \mathrm{P}}^+ \|} \\ e = \dfrac{1}{\sin(\delta/2)} \end{cases} \tag{5.5.8}$$

根据二体轨道理论，可以得到双曲线轨道的近心点距离为

$$r_{\mathrm{p}} = a(1 - e) \tag{5.5.9}$$

5.5.2　推力辅助借力轨道

借力飞行的目的是使借力后探测器的轨道状态达到期望的要求，尤其是飞出借力天体引力影响球时的双曲线超速矢量 $\boldsymbol{v}_{\infty P}^{+}$。探测器在借力过程中相对借力天体的轨道为双曲线轨道，根据双曲线轨道近心点处机动的杠杆原理，在探测器到达借力天体近心点时施加一次较小的切向轨道机动，则可以显著改变探测器的飞出双曲线超速矢量 $\boldsymbol{v}_{\infty P}^{+}$，具体见4.6.1节中的讨论。

推力辅助借力轨道的决策变量仍可以选取为式（5.5.1）的时间参数。由于探测器需要在飞越借力天体轨道的近心点时施加一次轨道机动，因此性能指标可以表示为

$$J = \Delta v_L + \Delta v_A + \Delta v_G \tag{5.5.10}$$

其中，Δv_L 和 Δv_A 的含义与式（5.5.2）中的一致；Δv_G 为探测器在借力飞行过程中施加的轨道机动脉冲。

下面具体讨论 Δv_G 的计算方法，推力辅助的借力飞行过程如图5.5.2所示。

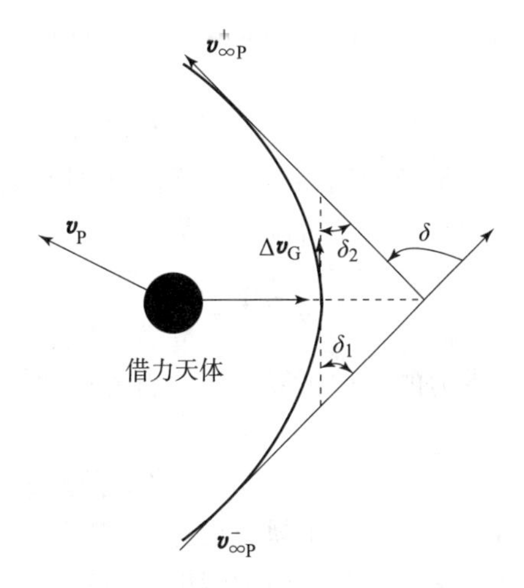

图5.5.2　推力辅助借力过程示意图

在飞入和飞出借力天体引力影响球的双曲线超速矢量 $\boldsymbol{v}_{\infty P}^{-}$ 和 $\boldsymbol{v}_{\infty P}^{+}$ 已知的条件下，根据式（5.5.7）可知，在借力飞行过程中的速度转角为

$$\delta = \arccos\left(\frac{\| \boldsymbol{v}_{\infty P}^{-} \times \boldsymbol{v}_{\infty P}^{+} \|}{\| \boldsymbol{v}_{\infty P}^{-} \| \ \| \boldsymbol{v}_{\infty P}^{+} \|}\right) \tag{5.5.11}$$

探测器在借力飞行过程中的速度转角还可以表示为

$$\delta = \delta_1 + \delta_2 \tag{5.5.12}$$

其中，δ_1 为飞入借力天体引力影响球的双曲线轨道速度转角；δ_2 为飞出引力影响球的双曲线轨道速度转角，分别表示为

$$\delta_1 = \arcsin\left(\frac{\mu_P}{\mu_P + r_p \| \boldsymbol{v}_{\infty P}^{-} \|^2}\right) \tag{5.5.13}$$

$$\delta_2 = \arcsin\left(\frac{\mu_P}{\mu_P + r_p \| \boldsymbol{v}_{\infty P}^{+} \|^2}\right) \tag{5.5.14}$$

若要使借力前后探测器轨道匹配，则应满足如下约束

$$F = \delta - \delta_1 - \delta_2 = 0 \tag{5.5.15}$$

将式（5.5.11）、式（5.5.13）和式（5.5.14）代入式（5.5.15）可得

$$F = \arcsin\left(\frac{\| \boldsymbol{v}_{\infty P}^{-} \times \boldsymbol{v}_{\infty P}^{+} \|}{\| \boldsymbol{v}_{\infty P}^{-} \| \, \| \boldsymbol{v}_{\infty P}^{+} \|}\right) - \arcsin\left(\frac{\mu_P}{\mu_P + r_p \| \boldsymbol{v}_{\infty P}^{-} \|^2}\right) - \arcsin\left(\frac{\mu_P}{\mu_P + r_p \| \boldsymbol{v}_{\infty P}^{+} \|^2}\right) = 0 \tag{5.5.16}$$

显然，在 $\boldsymbol{v}_{\infty P}^{-}$ 和 $\boldsymbol{v}_{\infty P}^{+}$ 给定条件下，F 是关于双曲线轨道近心点距离 r_p 的方程。可以采用牛顿迭代方法进行求解。

分别令 $\nu_1 = \mu_P / \| \boldsymbol{v}_{\infty P}^{-} \|$ 和 $\nu_2 = \mu_P / \| \boldsymbol{v}_{\infty P}^{+} \|$，则式（5.5.16）可以改写成

$$F = \delta - \arcsin\left(\frac{\nu_1}{\nu_1 + r_p}\right) - \arcsin\left(\frac{\nu_2}{\nu_2 + r_p}\right) = 0 \tag{5.5.17}$$

则求解式（5.5.17）的迭代公式为

$$r_p^{k+1} = r_p^k - \frac{F(r_p^k)}{\partial F(r_p^k) / \partial r_p^k} \tag{5.5.18}$$

其中，偏导数项可以表示为

$$\frac{\partial F(r_p)}{\partial r_p} = -\frac{\nu_1}{\nu_1 + r_p} \frac{1}{\sqrt{r_p^2 + 2\nu_1 r_p}} - \frac{\nu_2}{\nu_2 + r_p} \frac{1}{\sqrt{r_p^2 + 2\nu_2 r_p}} \tag{5.5.19}$$

牛顿迭代收敛即可以获得满足借力前后轨道匹配的双曲线近心点距离 r_p。根据二体轨道活力公式，在近心点处施加的轨道机动可以表示为

$$\Delta v_G = \left| \sqrt{\| \boldsymbol{v}_{\infty P}^{-} \| + \frac{2\mu_P}{r_p}} - \sqrt{\| \boldsymbol{v}_{\infty P}^{+} \| + \frac{2\mu_P}{r_p}} \right| \tag{5.5.20}$$

推力辅助借力是引力辅助借力的一种扩展，相比引力辅助借力飞行轨道，其具有以下几个特点：

①推力辅助借力轨道不需要满足式（5.5.5）的借力前后速度大小相等的约束条件，这增加了借力飞行轨道设计的自由度，降低了轨道设计的难度。

②推力辅助借力轨道允许的速度转角比引力辅助借力轨道更大，因此可以得到性能更好的借力飞行轨道。实际上，当 $\Delta v_G = 0$ 时，由推力借力轨道退化成引力辅助借力轨道。

推力辅助借力轨道也需要满足借力高度约束，因此式（5.5.1）、式（5.5.10）和式（5.5.6）构成了推力辅助借力飞行轨道的设计模型，这仍然是一个多变量多约束的非线性规划问题。

5.5.3 气动辅助借力轨道

气动辅助借力是利用借力天体的引力和气动力联合作用实现探测器轨道状态的改变。从轨道设计角度而言，气动辅助借力也可以看作是引力辅助借力的一种扩展，不同之处在于借力前后探测器轨道的匹配条件不同。

由于探测器在气动辅助借力过程中的速度会有损耗，因此探测器飞出借力天体引力影响球时的双曲线超速应该比飞入时的小，即满足如下约束

$$\Phi_1 = \| \boldsymbol{v}_{\infty P}^{-} \| - \| \boldsymbol{v}_{\infty P}^{+} \| \geqslant 0 \tag{5.5.21}$$

与推力辅助借力轨道类似，气动辅助借力轨道在借力飞行过程中应满足速度转角约束，表示为

$$G = \delta - \delta_1 - \delta_2 - \theta = 0 \tag{5.5.22}$$

其中，δ 可利用式（5.5.11）计算得到；δ_1 和 δ_2 的表达式见式（5.5.13）和式（5.5.14）；θ 为气动力引起的速度转角，表示为

$$\theta = \frac{1}{2}\frac{L}{D}\ln\left(\frac{1 + r_p \parallel \boldsymbol{v}_\infty^- \parallel^2/\mu_P}{1 + r_p \parallel \boldsymbol{v}_\infty^+ \parallel^2/\mu_P}\right) \tag{5.5.23}$$

可以看到，在 $\boldsymbol{v}_{\infty P}^-$、$\boldsymbol{v}_{\infty P}^+$和升阻比 L/D 已知的条件下，式（5.5.22）也是关于双曲线近心点距离 r_p 的方程，可以采用牛顿迭代方法求解，具体不再赘述。计算得到的近心点距离 r_p 应满足借力高度约束（5.5.6）。气动辅助借力轨道设计模型与引力辅助和推力辅助模型类似，式（5.5.1）、式（5.5.2）、式（5.5.6）和式（5.5.21）构成了气动辅助借力飞行轨道的设计模型。

5.5.4 深空机动借力轨道

5.3 节中的 v_∞ 杠杆效应表明，通过施加深空机动可以显著改变探测器飞入借力天体引力影响球时的双曲线超速矢量 $\boldsymbol{v}_{\infty P}^-$，进而影响借力飞行的效果。深空机动借力轨道示意图如图 5.5.3 所示，其中 $\Delta\boldsymbol{v}_{D1}$ 和 $\Delta\boldsymbol{v}_{D2}$ 分别为探测器由地球到借力天体飞行段和由借力天体到目标天体飞行段施加的深空机动脉冲。深空机动借力轨道的性能指标可以表示为

$$J = \Delta v_L + \Delta v_A + \Delta v_{D1} + \Delta v_{D2} \tag{5.5.24}$$

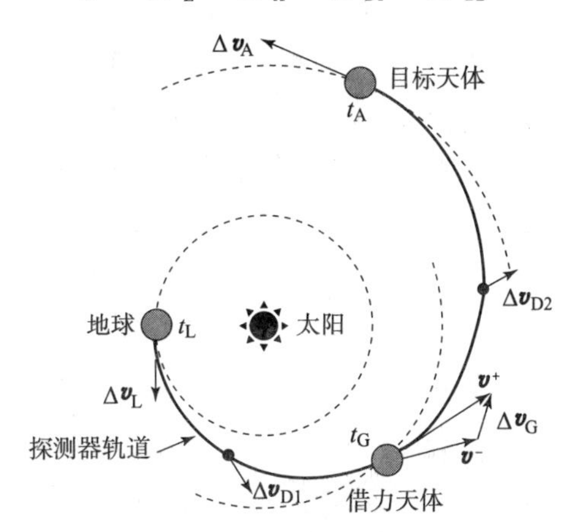

图 5.5.3 深空机动借力轨道示意图

理论上讲，深空机动可以在借力前探测器轨道上任意一点施加，但不同位置施加深空机动产生的借力效果是不同的。因此，除了式（5.5.1）中的时间参数外，决定深空机动施加位置的参数也应该作为深空机动借力轨道的决策变量。

引入时间系数参数 $0 < d_1 < 1$ 和 $0 < d_2 < 1$，则两次深空机动施加的时刻可以分别表示为

$$\begin{cases} t_{D1} = t_L + d_1(t_G - t_L) \\ t_{D2} = t_G + d_1(t_A - t_G) \end{cases} \tag{5.5.25}$$

当探测器在两个天体之间的飞行轨道上存在深空机动时，该飞行轨道无法直接通过求解兰伯特问题确定。下面以探测器由地球到借力天体飞行为例讨论轨道的确定问题。根据从地球出发时间 t_L 读取的星历可以确定出发时地球的位置矢量 $\boldsymbol{r}_E$ 和速度矢量 $\boldsymbol{v}_E$，将探测器从地

球逃逸时的双曲线超速矢量 $\boldsymbol{v}_{\infty\mathrm{E}}$ 作为决策变量，则探测器从地球出发时的位置矢量和速度矢量可以表示为

$$\begin{cases}\boldsymbol{r}_{\mathrm{L}}=\boldsymbol{r}_{\mathrm{E}}\\ \boldsymbol{v}_{\mathrm{L}}=\boldsymbol{v}_{\mathrm{E}}+\boldsymbol{v}_{\infty\mathrm{E}}\end{cases}\tag{5.5.26}$$

以 $\boldsymbol{r}_{\mathrm{L}}$ 和 $\boldsymbol{v}_{\mathrm{L}}$ 为初值进行二体开普勒轨道递推，递推时间为 $t_{\mathrm{D1}}-t_{\mathrm{L}}$ ，则可以得到探测器到达深空机动点时的位置矢量 $\boldsymbol{r}_{\mathrm{D1}}$ 和速度矢量 $\boldsymbol{v}_{\mathrm{D1}}^{-}$。根据借力时间 t_{G} 确定借力天体的位置矢量 $\boldsymbol{r}_{\mathrm{P}}$ 和速度矢量 $\boldsymbol{v}_{\mathrm{P}}$。基于 $\boldsymbol{r}_{\mathrm{D1}}$、$\boldsymbol{r}_{\mathrm{P}}$ 和飞行时间 $t_{\mathrm{G}}-t_{\mathrm{D1}}$ 求解兰伯特问题，得到深空机动后探测器的速度矢量 $\boldsymbol{v}_{\mathrm{D1}}^{+}$ 和到达借力天体时的速度矢量 $\boldsymbol{v}_{\mathrm{G}}$。施加的深空机动可以表示为

$$\Delta\boldsymbol{v}_{\mathrm{D1}}=\boldsymbol{v}_{\mathrm{D1}}^{+}-\boldsymbol{v}_{\mathrm{D1}}^{-}\tag{5.5.27}$$

可见，参数 t_{L}、t_{G}、$\boldsymbol{v}_{\infty\mathrm{E}}$ 和 d_1 可以完全确定探测器由地球到借力天体的飞行轨道，由借力天体到目标天体的飞行轨道的确定过程与之类似，不同之处在于探测器从借力天体出发时的双曲线超速矢量 $\boldsymbol{v}_{\infty\mathrm{P}}^{+}$ 并不作为轨道的决策变量。实际上，$\boldsymbol{v}_{\infty\mathrm{P}}^{+}$ 可由探测器借力前相对借力天体的双曲线超速 $\boldsymbol{v}_{\infty\mathrm{P}}^{-}$ 计算得到，$\boldsymbol{v}_{\infty\mathrm{P}}^{-}$ 可以表示为

$$\boldsymbol{v}_{\infty\mathrm{P}}^{-}=\boldsymbol{v}_{\mathrm{G}}-\boldsymbol{v}_{\mathrm{P}}\tag{5.5.28}$$

如图 5.5.4 所示，根据 B 平面参数几何关系，$\boldsymbol{v}_{\infty\mathrm{P}}^{+}$ 在 $\hat{\boldsymbol{S}}$、$\boldsymbol{T}$ 和 $\boldsymbol{R}$ 三个方向上的分量可以表示为

$$\boldsymbol{v}_{\infty\mathrm{P}}^{+}=\|\boldsymbol{v}_{\infty\mathrm{P}}^{+}\|\begin{pmatrix}\cos\delta\\ -\sin\delta\cos\beta\\ -\sin\delta\sin\beta\end{pmatrix}\tag{5.5.29}$$

其中，由于 $\|\boldsymbol{v}_{\infty\mathrm{P}}^{+}\|=\|\boldsymbol{v}_{\infty\mathrm{P}}^{-}\|$，因此式（5.5.29）可以改写成

$$\boldsymbol{v}_{\infty\mathrm{P}}^{+}=\|\boldsymbol{v}_{\infty\mathrm{P}}^{-}\|\begin{pmatrix}\cos\delta\\ -\sin\delta\cos\beta\\ -\sin\delta\sin\beta\end{pmatrix}\tag{5.5.30}$$

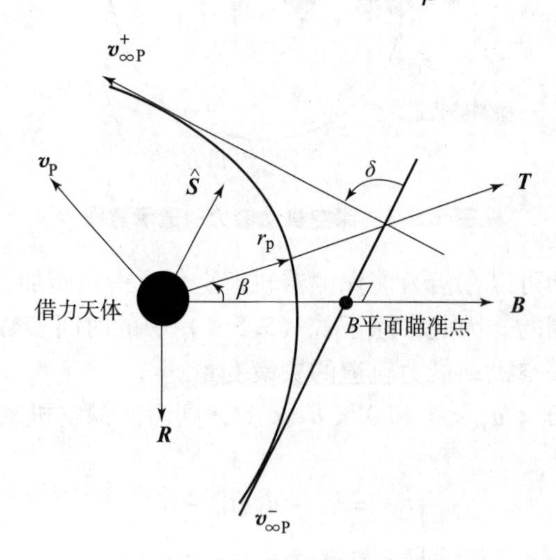

图 5.5.4　B 平面参数几何关系

由式（5.5.30）看到，在 $\boldsymbol{v}_{\infty\mathrm{P}}^{-}$ 已知条件下，若要确定 $\boldsymbol{v}_{\infty\mathrm{P}}^{+}$，必须确定 B 平面角 β 和速度转角 δ。另外，根据式（5.1.12），速度转角由双曲线轨道近心点距离 r_{p} 决定。因此，为了

确定探测器借力飞行轨道，需要将 B 平面角 β 和近心点距离 r_p 也作为决策变量。

综上所述，深空机动借力轨道的决策变量可以表示为

$$\boldsymbol{X} = [t_L, t_G, t_A, \boldsymbol{v}_{\infty E}^T, d_1, d_2, \beta, r_p]^T \tag{5.5.31}$$

式（5.5.31）和式（5.5.24）构成了深空机动借力飞行轨道的设计模型。可以看到，深空机动借力轨道设计模型没有借力过程约束条件，这是因为利用 $\boldsymbol{v}_{\infty P}^-$ 计算 $\boldsymbol{v}_{\infty P}^+$ 时，探测器借力前后的轨道是满足借力飞行约束要求的，只要双曲线轨道近心点距离 r_p 的取值满足借力高度安全性要求即可。相比前面的几种借力轨道设计模型而言，深空机动借力轨道的最大特点是求解时无须进行约束处理，但同时决策变量个数增加了。

5.6 借力序列初始评估

前面的讨论主要针对确定借力序列下探测器轨道的飞行规律。实际上，对于采用借力飞行的行星际探测任务，借力序列是影响探测器飞行轨道非常重要的因素。例如，对于木星探测任务，可能的借力序列多达 120 余种，不同的借力序列对应的飞行轨道性能差别很大，哪一种借力序列是更好的选择也是借力飞行轨道研究的重点问题。本节将介绍一种基于 Tisserand 准则的行星借力序列图形评估方法。

5.6.1 Tisserand 准则

法国天文学家 Tisserand 观测彗星时发现，彗星近距离飞越大行星后，其日心轨道根数会发生突变。随后，他在圆形限制性三体模型下，基于雅可比积分推导出了彗星轨道根数在飞越大行星前后满足一个恒值条件，即 Tisserand 准则，该准则可用于判定不同时期观测到的彗星是否为同一颗彗星。

考虑太阳、行星和彗星构成的三体问题，行星绕太阳做圆周运动，彗星为第三体，其对太阳和行星的引力作用可以忽略不计。因此，可以用圆形限制性三体模型对彗星的运动进行讨论，太阳可以看作是大质量天体 P_1，行星为第二大质量天体 P_2。根据式（3.3.3），彗星的雅可比积分满足

$$\frac{1}{2}(\dot{\xi}^2 + \dot{\eta}^2 + \dot{\zeta}^2) - \left(\frac{1-\mu}{r_1} + \frac{\mu}{r_2}\right) - (\xi\dot{\eta} - \eta\dot{\xi}) = -\frac{1}{2}C \tag{5.6.1}$$

其中，C 为彗星的雅可比积分。

太阳系中的行星的质量相比太阳质量小得多，即圆形限制性三体问题中的引力系数 μ 很小。例如，对于太阳 - 木星系统，$\mu = 9.548\ 04 \times 10^{-4}$，因此可以近似认为太阳和行星的共同质心位于太阳处。这样，式（5.6.1）左端第一项可以看作是彗星在太阳引力场中做二体运动的动能。根据二体轨道活力公式，式（5.6.1）左端第一项可以表示为

$$\frac{1}{2}(\dot{\xi}^2 + \dot{\eta}^2 + \dot{\zeta}^2) = \frac{1}{r} - \frac{\tilde{\mu}_S}{2a} \tag{5.6.2}$$

其中，r 为彗星与太阳的距离；a 为彗星相对太阳做二体运动的轨道半长轴；$\tilde{\mu}_S$ 为归一化的太阳引力常数，有 $\tilde{\mu}_S \approx 1$。

因此，式（5.6.2）可以改写成

$$\frac{1}{2}(\dot{\xi}^2 + \dot{\eta}^2 + \dot{\zeta}^2) = \frac{1}{r} - \frac{1}{2a} \tag{5.6.3}$$

式（5.6.1）左端第三项可以看作是彗星相对太阳做二体运动的角动量在惯性坐标系 $\xi\eta$ 平面内的分量，这里的惯性坐标系的参考平面为行星绕太阳的运动平面。因此，式（5.6.1）左端第三项可以表示为

$$\xi\dot{\eta} - \eta\dot{\xi} = h\cos i \tag{5.6.4}$$

其中，$h = a(1-e^2)$ 为彗星相对太阳做二体运动的轨道角动量；i 为轨道倾角。

根据式（5.6.3）和式（5.6.4），式（5.6.1）可以改写成

$$\frac{1}{r} - \frac{1}{2a} - \sqrt{a(1-e^2)}\cos i = \frac{1-\mu}{r_1} + \frac{\mu}{r_2} - \frac{1}{2}C \tag{5.6.5}$$

式（5.6.5）中，$r = r_1$。同时，由于 $\mu \approx 0$，当彗星远离行星时，式（5.6.5）右端第二项可以忽略不计。因此，由式（5.6.5）可得

$$T_{\mathrm{r}} = \frac{1}{2a} + \sqrt{a(1-e^2)}\cos i \approx \frac{1}{2}C \tag{5.6.6}$$

其中，T_{r} 为 Tisserand 不变常数，其为彗星相对太阳做二体运动的轨道半长轴、偏心率和倾角的函数。

在圆形限制性三体模型中，彗星在行星借力前后的雅可比积分 C 为常值，所以 Tisserand 不变常数 T_{r} 在借力前后保持不变。因此，彗星在行星借力前后相对太阳的轨道根数满足

$$\frac{1}{2a^-} + \sqrt{a^-[1-(e^-)^2]}\cos i^- = \frac{1}{2a^+} + \sqrt{a^+[1-(e^+)^2]}\cos i^+ \tag{5.6.7}$$

其中，上标“-”和“+”分别表示行星借力前和借力后。

式（5.6.7）即为 Tisserand 准则，它表征了彗星相对太阳运动的二体轨道根数在借力前后满足的关系。在两个不同时刻观测彗星轨道，只要彗星的轨道根数满足式（5.6.7）的关系，则可以判定是同一颗彗星，无论它是否近距离飞越过大质量的行星附近。Tisserand 准则给出了天体和探测器在行星借力前后日心轨道参数满足的关系，利用这个关系可以对借力飞行轨道的行星借力序列进行评估和选择。

5.6.2 Tisserand 图方法

为了便于讨论，做如下假设：①探测器与借力天体运动在同一轨道平面内；②借力天体绕太阳做圆周运动。在上述假设下，有 $i=0°$，Tisserand 准则可以写成

$$\frac{1}{2a^-} + \sqrt{a^-[1-(e^-)^2]} = \frac{1}{2a^+} + \sqrt{a^+[1-(e^+)^2]} \tag{5.6.8}$$

需要指出的是，尽管上节中 Tisserand 准则是根据量纲归一化单位推导的，但采用其他单位时，Tisserand 准则仍是成立的。

根据借力飞行基本原理，借力飞行是利用借力天体的引力作用对探测器相对借力天体的双曲线超速矢量的方向进行了偏转。定义探测器的日心轨道速度为 $\boldsymbol{v}$，借力天体的日心速度矢量为 $\boldsymbol{v}_{\mathrm{P}}$，探测器相对借力天体的双曲线超速矢量为 $\boldsymbol{v}_{\infty}$，两者之间的夹角为 α，如图 5.6.1 所示。这里的 $\boldsymbol{v}_{\infty}$ 可以理解为探测器借力前相对借力天体的双曲线超速矢量，也可以理解为借力后相对借力天体的双曲线超速矢量。

根据余弦定理，探测器的日心轨道速度满足

$$v^2 = v_{\mathrm{P}}^2 + v_{\infty}^2 + 2v_{\mathrm{P}}v_{\infty}\cos\alpha \tag{5.6.9}$$

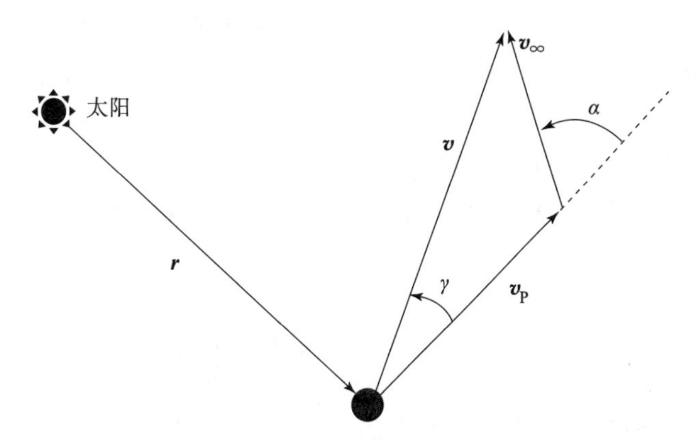

图 5.6.1　速度矢量关系示意图

由式（5.6.9）可知，在相对双曲线超速 v_∞ 一定的条件下，夹角 α 决定了探测器日心轨道的速度大小。根据二体轨道活力公式，探测器日心轨道的半长轴可以表示为

$$a = \frac{\mu_{\mathrm{S}} r}{2\mu_{\mathrm{S}} - rv^2} \tag{5.6.10}$$

其中，r 为借力时探测器与太阳的距离。

将式（5.6.9）代入式（5.6.10）可得

$$a = \frac{\mu_{\mathrm{S}} r}{2\mu_{\mathrm{S}} - r(v_{\mathrm{P}}^2 + v_\infty^2 + 2v_{\mathrm{P}} v_\infty \cos\alpha)} \tag{5.6.11}$$

由二体轨道理论，探测器的轨道角动量大小可以表示为

$$h = rv\cos\gamma = \sqrt{\mu_{\mathrm{S}} a(1 - e^2)} \tag{5.6.12}$$

其中，γ 为探测器的飞行路径角。

根据正弦定理，有

$$\frac{v_\infty}{\sin\gamma} = \frac{v}{\sin(180° - \alpha)} \tag{5.6.13}$$

结合式（5.6.12）和式（5.6.13），可得探测器的日心轨道偏心率为

$$e = \sqrt{1 - \frac{r^2(v^2 - v_\infty^2 \sin^2\alpha)}{\mu_{\mathrm{S}} a}} \tag{5.6.14}$$

探测器日心轨道的远日点和近日点距离分别为

$$\begin{cases} r_{\mathrm{a}} = a(1 + e) \\ r_{\mathrm{p}} = a(1 - e) \end{cases} \tag{5.6.15}$$

根据上述推导，对于给定的借力天体，在 v_∞ 和 α 已知的情况下，可以唯一确定探测器日心轨道的远日点距离 r_{a} 和近日点距离 r_{p}。

借力飞行的本质就是使夹角 α 发生改变，夹角 α 的改变量即为借力转角 δ，表示为

$$\Delta\alpha = \delta \tag{5.6.16}$$

由 Tisserand 准则可知，当探测器进入借力天体引力影响球时的双曲线超速大小 v_∞ 一定时，无论夹角 α 的改变量 $\Delta\alpha$ 为多大，借力飞行前后探测器日心轨道的 Tisserand 常量保持不变。换言之，Tisserand 常量是由探测器相对借力天体的双曲线超速大小 v_∞ 决定的。本质上，借力飞行并未改变探测器相对借力天体的轨道能量，改变的是探测器相对日心的轨道能量，

而远日点距离 r_a 和近日点距离 r_p 是两个直观描述探测器日心轨道的区域可达能力的参数。因此，可以通过绘制双曲线超速大小 v_∞ 对应的远日点距离 r_a 和近日点距离 r_p 来表征探测器的日心轨道性质。

根据式（5.6.11），对于不同的夹角 α，探测器日心轨道的远日点距离 r_a 和近日点距离 r_p 是不同的。当 $\alpha = 0°$ 时，即 $\boldsymbol{v}_\infty$ 与 $\boldsymbol{v}_P$ 同向时，探测器日心轨道的半长轴达到最大，可以表示为

$$a_{max} = \frac{\mu_S r}{2\mu_S - r(v_P + v_\infty)^2} \tag{5.6.17}$$

实际上，$\alpha = 0°$ 对应的是探测器在日心轨道近日点处进行了借力飞行。同理，当 $\alpha = 180°$ 时，即 $\boldsymbol{v}_\infty$ 与 $\boldsymbol{v}_P$ 反向时，对应的探测器日心轨道的半长轴最小，表示的是探测器在远日点处进行了借力飞行，轨道半长轴表示为

$$a_{min} = \frac{\mu_S r}{2\mu_S - r(v_P - v_\infty)^2} \tag{5.6.18}$$

在夹角 α 由 0°到 180°变化过程中，对应的远日点距离 r_a 和近日点距离 r_p 将连成一条曲线，曲线上的任意一点具有同样的 Tisserand 常量 T_r 和相对双曲线超速大小 v_∞。以火星借力飞行为例，如图 5.6.2 所示，给出了 $v_\infty = 5$ km/s 时探测器日心轨道远日点距离 r_a 和近日点距离 r_p 随夹角 α 的变化。

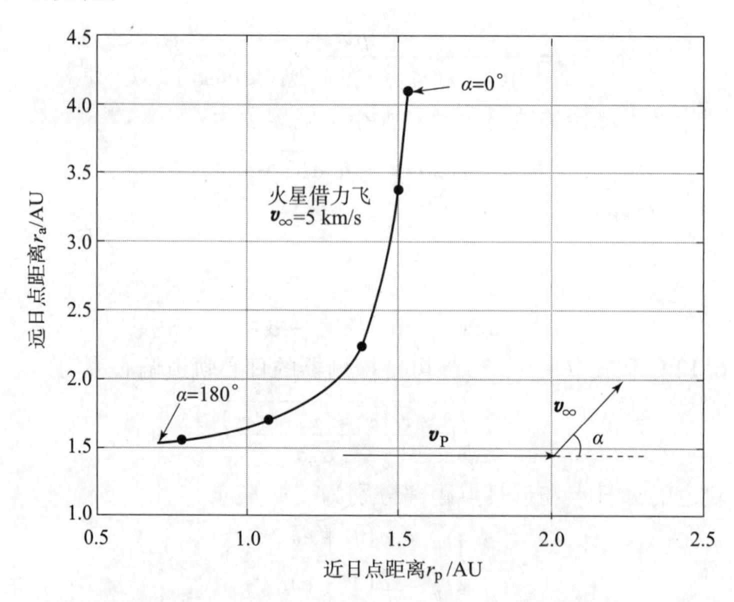

图 5.6.2　远日点距离和近日点距离随 α 的变化

图5.6.2 称为 $r_p - r_a$ 图，又称为 Tisserand 图，其本质是以远日点距离 r_a 和近日点距离 r_p 为自变量的 Tisserand 常量 T_r 和相对双曲线超速大小 v_∞ 的等高线图。借力飞行使夹角 α 发生了改变，因此，对于给定的 v_∞，可以认为探测器借力飞行前后的日心轨道的远日点距离和近日点距离在 Tisserand 图中的对应的等高线上发生了滑动。滑动的起始点为借力前探测器相对借力天体的双曲线超速矢量 $\boldsymbol{v}_\infty^-$ 与行星的日心速度矢量 v_P 的夹角，滑动的距离即为 α 角的改变量 $\Delta\alpha$，数值等于借力转角 δ。根据式（5.1.12），在 v_∞ 给定时，借力转角 δ 由借力时

探测器相对借力天体双曲线轨道的近心点距离决定。在图 5.6.2 中假定了火星最低借力高度为 200 km，相邻两个跟踪点之间的角度差 $\Delta\alpha$ 则表示了该借力高度时探测器相对借力天体轨道的最大借力转角。换句话讲，若要使借力转角大于相邻两个跟踪点之间的角度差，则至少需要两次借力飞行。

那么，Tisserand 图与借力序列之间有什么关系呢？下面以一个具体的实例进行说明。假定太阳系中某一目标天体的绕太阳做圆周运动，轨道半长轴为 $a = 2.3$ AU。下面以利用火星借力实现向目标天体的转移为例进行讨论。

图 5.6.3 中给出了关于地球、火星和目标天体的 Tisserand 图，图中三条等高线分别为地球的 $v_\infty = 5$ km/s 等高线（曲线Ⅰ）、火星的 $v_\infty = 8$ km/s 等高线（曲线Ⅱ）和目标天体 $v_\infty = 4$ km/s 等高线（曲线Ⅲ），其中曲线Ⅰ与曲线Ⅱ相交于 C 点，曲线Ⅱ与曲线Ⅲ相交于 D 点。两条曲线的交点表明，在该点处，探测器相对两个天体的双曲线超速大小和方向对应的日心轨道具有相同的远日点距离和近日点距离，即两条日心轨道的形状和能量是相等的。因此，若不考虑天体的实际星历约束，可以理解为：C 点表示的是探测器以 $v_\infty = 5$ km/s 逃逸地球后，能够以 $v_\infty = 8$ km/s 到达火星影响球边界，进而实现火星借力；D 点则表示的是探测器以 $v_\infty = 8$ km/s 逃逸火星后，能够以 $v_\infty = 4$ km/s 到达目标天体影响球边界。C 点与 D 点之间的夹角差 $\Delta\alpha$ 则表示了火星借力转角 δ。由图 5.6.3 可以看出，夹角差 $\Delta\alpha$ 是小于相邻两个跟踪点之间的角度差的，这说明一次火星借力就可以实现向目标天体的转移。总的来讲，图 5.6.3 中的 Tisserand 图说明，探测器以 $v_\infty = 5$ km/s 从地球出发，$v_\infty = 8$ km/s 实现火星借力飞行是可以到达目标天体的，到达目标天体时的相对双曲线超速为 $v_\infty = 4$ km/s，该借力序列可以记为 EMA，其中 A 代表目标天体。若曲线之间不存在交点，则说明不存在可行的借力序列。需要指出的是，Tisserand 图仅考虑了轨道的形状和能量，并未考虑实际的星历约束，因此所表示的仅是潜在的借力序列，实际中并不一定是可行的。

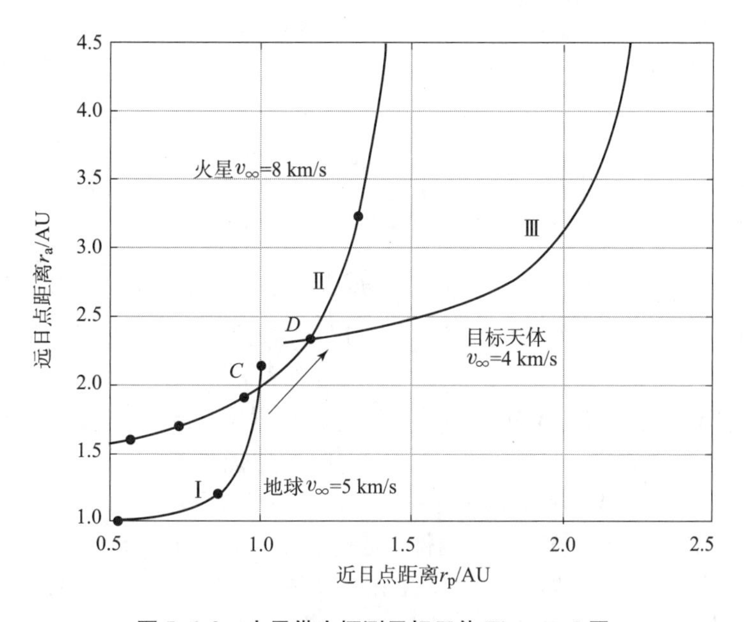

图 5.6.3　火星借力探测目标天体 Tisserand 图

5.6.3 行星借力序列选择

上节中给出的借力序列是潜在的可行序列，并非是最佳借力序列，下面将讨论如何利用 Tisserand 图对借力序列进行评估选择。仍以半长轴为 $a = 2.3$ AU，环绕太阳做圆周运动的目标天体为例进行讨论。对于该目标天体，潜在的借力行星包括金星、地球和火星。图 5.6.3 分别给出了潜在借力行星和目标天体不同相对双曲线超速大小对应的 Tisserand 图。

由图 5.6.4 看到，潜在的借力序列有很多，为了评估借力序列的优劣，定义如下性能指标

$$J = v_{\infty E} + v_{\infty A} \tag{5.6.19}$$

其中，$v_{\infty E}$ 为探测器从地球出发时的逃逸双曲线超速大小；$v_{\infty A}$ 为探测器到达目标天体时的双曲线超速大小。

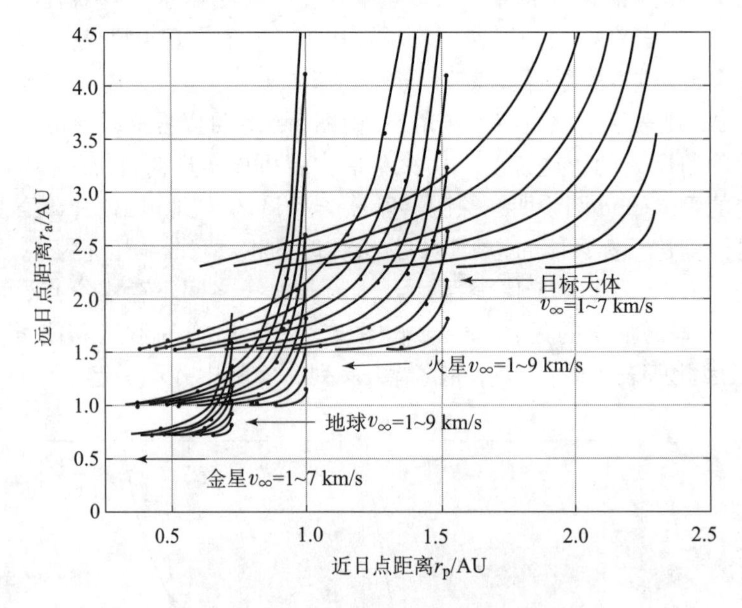

图 5.6.4　多个天体的 Tisserand 图

需要指出的是，由于探测器都是由地球出发的，因此图 5.6.3 中地球对应的 v_∞ 既可以认为是探测器从地球逃逸时的双曲线超速，又可以认为是返回地球借力时相对地球的双曲线超速。

以 EVEA 和 EMA 两个借力序列为例进行讨论。根据图 5.6.4，这两个借力序列并不唯一，每个借力序列都存在多个路径，分别对应不同的性能指标。利用式（5.6.18），从图 5.6.4 中分别选取最优的 EMA 和 EVEA 序列，如图 5.6.5 所示。

由图 5.6.5 看到，最优 EVEA 序列的性能指标为 8 km/s，而最优 EMA 序列的性能指标为 7 km/s，这表明对于目标天体而言，EMA 在燃料消耗方面比 EVEA 序列更具有优势。因此，利用这种方法可以对潜在的可行序列进行评估与选择。另外，如果将 Tisserand 图中等高线的间隔进一步减小，可以得到更为准确的性能指标。

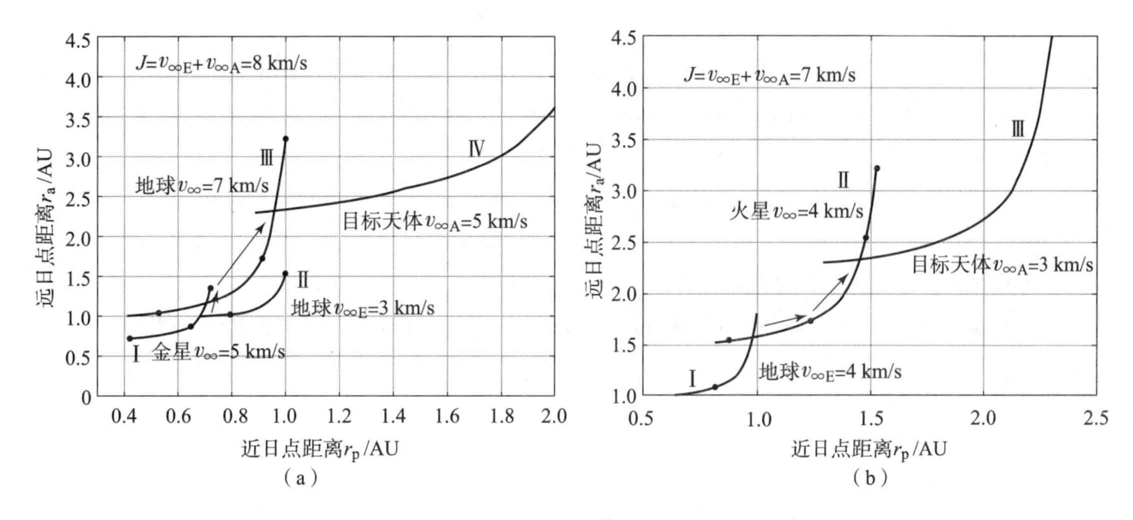

图 5.6.5　EVEA 和 EMA 借力序列 Tisserand 图

（a）EVEA 序列；（b）EMA 序列

对于任务要求的目标天体，利用 Tisserand 图方法可以对可能的借力序列进行评估与选择。需要注意的是，Tisserand 图方法没有考虑实际的星历约束，并且引入了平面运动和圆轨道运动假设，因此得到的仅为潜在的借力序列，该序列是否符合任务要求还需要通过实际的飞行轨道优化设计进行判别。

参考文献

[1] Broucke R A. The Celestial Mechanics of Gravity Assist [C]. AIAA/AAS Astrodynamics Conference, Minneapolis, MN, 1988.

[2] Sims J, Longuski J. Analysis of V (infinity) Leveraging for Interplanetary Missions [C]. Astrodynamics Conference, Scottsdale, AZ, USA, 1994.

[3] Kemble M S. Interplanetary Mission Analysis and Design [M]. Springer, Berlin Heidelberg, 2006.

[4] Sims J A, Longuski J M, Staugler A J. V_∞ Leveraging for Interplanetary Missions: Multiple – Revolution Orbit Techniques [J]. Journal of Guidance, Control and Dynamics, 1997, 20 (3): 409 –415.

[5] Sims J A. Delta – V Gravity – Assist Trajectory Design: Theory and Practice [D]. USA: Purdue University, 1997.

[6] Elices T. Maximum Delta – V in the Aerogravity Assist Maneuver [J]. Journal of Spacecraft and Rockets, 2012, 32 (5): 921 –922.

[7] Bonfiglio E P, Longuski J M, Vinh N X. Automated Design of Aerogravity – Assist Trajectories [J]. Journal of Spacecraft & Rockets, 2012, 37 (6): 768 –775.

[8] Strange N J, Longuski J M. Graphical Method for Gravity – Assist Trajectory Design [J]. Journal of Spacecraft and Rockets, 2002, 39 (1): 9 –16.

[9] Roy A E. Orbital Motion [M]. Fourth Edition. Bristol and Philadelphia: IOP Publishing Ltd,

2005.

[10] Qiao D, Cui H T, Cui P Y. Evaluating Accessibility of Near - Earth Asteroids via Earth Gravity Assists [J]. Journal of Guidance, Control, and Dynamics, 2006, 29 (2): 502 - 505.

[11] Shang H B, Cui P Y, Luan E J. Design and Optimization of Interplanetary Low - Thrust trajectory with Planetary Aerogravity - Assist Maneuver [J]. Aircraft Engineering and Aerospace Technology, 2008, 80 (1): 18 - 26.

[12] 崔平远，乔栋，等. 深空探测轨道设计与优化 [M]. 北京：科学出版社，2013.

第 6 章

连续小推力飞行轨道

行星际探测目标一般距离地球遥远，需要消耗大量的燃料才能实现探测器向目标天体的转移。传统的化学推进系统由于质量大、比冲低，导致探测器的有效载荷比重很低，逐渐不能满足行星际探测任务的需求。为了增大探测器的有效载荷比重，提高探测任务的科学回报，新型的高效推进系统逐渐发展起来，例如太阳能电推进、核能电推进等。这类高效推进系统的特点是质量小、比冲高，可以有效降低行星际探测任务的燃料消耗。同时，高效推进系统的推力一般很小，需要长时间连续工作才能实现探测器向目标天体的转移，所对应的转移轨道与脉冲轨道有很大不同。本章将针对连续小推力作用下的行星际探测器轨道进行讨论。

6.1　连续推力轨道动力学模型

动力学模型是连续小推力轨道研究的基础，本节将介绍几种常用的连续小推力轨道动力学模型，包括笛卡儿坐标系模型、球坐标系模型、经典轨道根数模型和改进春分点轨道根数模型。

6.1.1　笛卡儿坐标系动力学方程

笛卡儿坐标系下的连续推力轨道动力学方程最为简单和直观。考虑日心惯性坐标系 $Oxyz$，探测器的运动在该坐标系中的描述如图 6.1.1 所示。

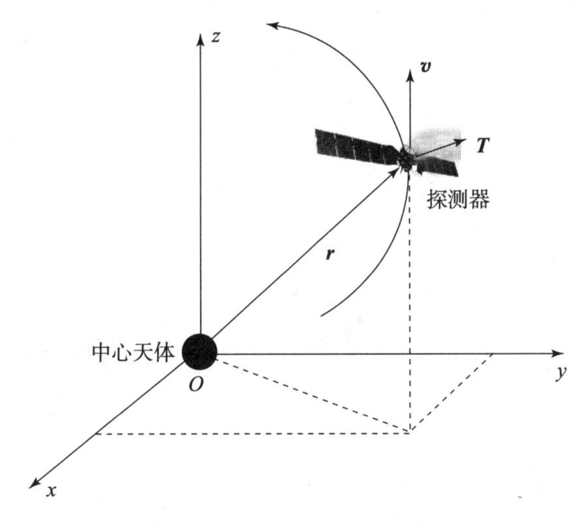

图 6.1.1　笛卡儿坐标系示意图

根据牛顿第二定律，同时考虑探测器在飞行过程中质量的变化，笛卡儿坐标系下连续推力轨道动力学方程可以表示为

$$\begin{cases}\dot{\boldsymbol{r}} = \boldsymbol{v} \\ \dot{\boldsymbol{v}} = -\dfrac{\mu}{r^3}\boldsymbol{r} + \dfrac{\boldsymbol{T}}{m} \\ \dot{m} = -\dfrac{\|\boldsymbol{T}\|}{g_0 I_{sp}}\end{cases} \tag{6.1.1}$$

其中，$\boldsymbol{r}$ 和 $\boldsymbol{v}$ 分别为探测器的位置矢量和速度矢量；m 为探测器的质量；μ 为中心天体引力常数；$\boldsymbol{T}$ 为推力矢量；I_{sp} 为推进系统比冲；g_0 为海平面地球重力加速度。

定义推力矢量 $\boldsymbol{T}$

$$\boldsymbol{T} = T_{max}\chi\boldsymbol{\xi} \tag{6.1.2}$$

则式（6.1.1）可以改写成

$$\begin{cases}\dot{\boldsymbol{r}} = \boldsymbol{v} \\ \dot{\boldsymbol{v}} = -\dfrac{\mu}{r^3}\boldsymbol{r} + \dfrac{T_{max}\chi}{m}\boldsymbol{\xi} \\ \dot{m} = -\dfrac{T_{max}\chi}{g_0 I_{sp}}\end{cases} \tag{6.1.3}$$

其中，T_{max} 为推进系统能够提供的最大推力，由实际的推进系统输出特性决定；$0 \leqslant \chi \leqslant 1$，为推力幅值；$\boldsymbol{\xi}$ 为笛卡儿坐标系中推力方向单位矢量。

由式（6.1.3）可以看出，笛卡儿坐标系下的连续推力轨道动力学方程形式非常简单，并且该动力学方程只有一个奇点，即笛卡儿坐标系的原点。因此，该模型被广泛应用于探测器轨道的分析、设计与优化等方面的研究。然而，笛卡儿坐标系下探测器的位置变量和速度变量都为快变量，当推力加速度与中心天体引力加速度的比值较小时，探测器在连续推力作用下的轨道往往呈现多圈形状。这时探测器的状态对轨道初值和推力都比较敏感，不便于对连续推力轨道的分析。总的来讲，笛卡儿坐标系模型不太适用于行星附近连续推力轨道的研究。

6.1.2 球坐标系下的动力学方程

球坐标系下的动力学模型可以用于描述连续推力作用下探测器的运动。与笛卡儿坐标系模型不同，球坐标系模型利用多个慢变量描述探测器的状态。球坐标系模型的二维形式（极坐标）广泛适用于平面内连续推力轨道的研究。探测器的运动在球坐标系中的描述如图 6.1.2 所示。

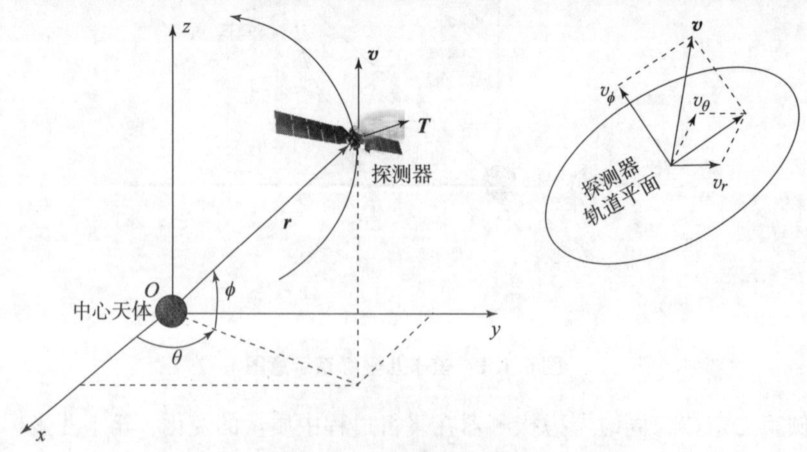

图 6.1.2　球坐标系示意图

在球坐标系中，探测器的轨道动力学模型可以表示为

$$
\begin{cases}
\dot{r} = v_r \\
\dot{\theta} = \dfrac{v_\theta}{r\cos\phi} \\
\dot{\phi} = \dfrac{v_\theta}{r} \\
\dot{v}_r = \dfrac{v_\theta^2}{r} + \dfrac{v_\phi^2}{r} - \dfrac{\mu}{r^2} + \dfrac{T}{m}u_r \\
\dot{v}_\theta = -\dfrac{v_r v_\theta}{r} + \dfrac{v_\phi v_\theta}{r}\tan\phi + \dfrac{T}{m}u_\theta \\
\dot{v}_\phi = \dfrac{v_r v_\phi}{r} - \dfrac{v_\theta^2}{r}\tan\phi + \dfrac{T}{m}u_\phi
\end{cases}
\tag{6.1.4}
$$

其中，r 为探测器与中心天体的距离；θ 为探测器位置矢量在惯性坐标系 Oxy 平面内的投影与 x 轴的夹角；ϕ 为探测器位置矢量与 Oxy 平面的夹角；v_r、v_θ 和 v_ϕ 分别为探测器的径向、切向和法向速度；$\boldsymbol{u} = [u_r, u_\theta, u_\phi]^{\mathrm{T}}$，为探测器轨道坐标系中的推力方向单位矢量。探测器质量满足的微分方程与公式（6.1.3）中一致，这里不再赘述。

若仅考虑 Oxy 平面内运动，则式（6.1.4）可以简化为

$$
\begin{cases}
\dot{r} = v_r \\
\dot{\theta} = \dfrac{v_\theta}{r} \\
\dot{v}_r = \dfrac{v_\theta^2}{r} - \dfrac{\mu}{r^2} + \dfrac{T}{m}u_r \\
\dot{v}_\theta = -\dfrac{v_r v_\theta}{r} + \dfrac{T}{m}u_\theta
\end{cases}
\tag{6.1.5}
$$

6.1.3　经典轨道根数动力学方程

连续小推力转移轨道经常呈现多圈的形状，针对这种情况，采用轨道根数形式描述探测器的动力学方程更为方便。采用经典轨道根数描述下的连续小推力转移轨道示意图如图 6.1.3 所示。

经典轨道根数描述的探测器轨道动力学方程，又称高斯行星摄动方程，可以表示为

$$
\begin{cases}
\dot{a} = \dfrac{2a^2 e\sin\nu}{h}f_{\mathrm{r}} + \dfrac{2a^2 p}{hr}f_{\mathrm{t}} \\
\dot{e} = \dfrac{1}{h}p\sin\nu f_{\mathrm{r}} + \dfrac{1}{h}[(p+r)\cos\nu + re]f_{\mathrm{t}} \\
\dot{i} = \dfrac{r\cos(\omega+\nu)}{h}f_{\mathrm{n}} \\
\dot{\Omega} = \dfrac{r\sin(\omega+\nu)}{h\sin i}f_{\mathrm{n}} \\
\dot{\omega} = -\dfrac{p\cos\nu}{he}f_{\mathrm{r}} + \dfrac{(p+r)\sin\nu}{he}f_{\mathrm{t}} - \dfrac{r\sin(\omega+\nu)\cos i}{h\sin i}f_{\mathrm{n}} \\
\dot{M} = n + \dfrac{1}{aeh}[(p\cos\nu - 2er)f_{\mathrm{r}} - (p+r)\sin\nu f_{\mathrm{t}}]
\end{cases}
\tag{6.1.6}
$$

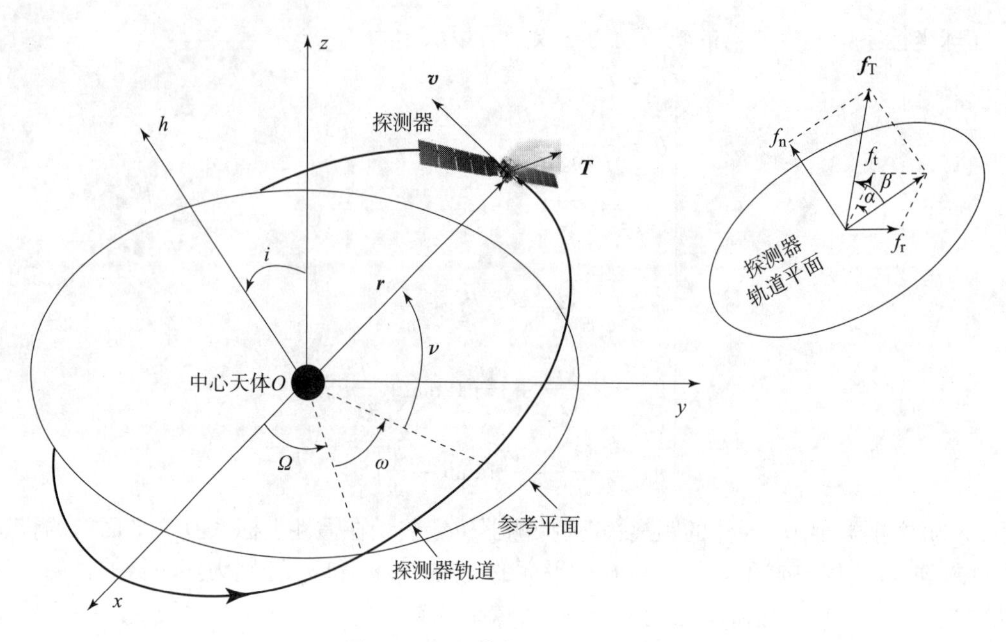

图 6.1.3 经典轨道根数示意图

其中，a 为轨道半长轴；e 为轨道偏心率；i 为轨道倾角；Ω 为轨道升交点赤经；ω 为近心点角距；ν 为真近点角；M 为平近点角；$p = a(1-e^2)$，为轨道半焦弦；$h = \sqrt{\mu p}$，为轨道角动量；$n = \sqrt{\mu/a^3}$，为平动角速度；$r = p/(1+e\cos\nu)$，为探测器与中心天体的质心距离；f_r、f_t 和 f_n 分别是推力加速度在轨道坐标系径向、切向和法向上的分量。为了便于描述，推力方向一般通过俯仰和偏航控制角来描述，具体形式如下

$$\begin{bmatrix} f_r \\ f_t \\ f_n \end{bmatrix} = \frac{T}{m}\begin{bmatrix} \sin\alpha\cos\beta \\ \cos\alpha\cos\beta \\ \sin\beta \end{bmatrix} \tag{6.1.7}$$

其中，俯仰控制角 α 为推力矢量在轨道平面内的投影与当地水平面之间的夹角，取值范围为 $[-180°, 180°]$；偏航控制角 β 为推力矢量与轨道平面之间的夹角，取值范围为 $[-90°, 90°]$。

经典轨道根数动力学模型形式直观，其优点是：在连续小推力作用下，探测器的轨道状态除平近点角 M 外，其他轨道根数均为慢变量，即在推力加速度作用下缓慢变化。经典轨道根数模型存在的问题是，当轨道倾角 $i=0$ 和偏心率 $e=0$ 时，存在奇异，这限制了该模型的使用范围。

6.1.4 改进轨道根数动力学方程

经典轨道根数模型存在奇异，为了消除奇异，可以采用改进轨道根数模型来描述连续小推力作用下探测器的动力学方程。一种典型的改进根数称为“改进春分点轨道根数”，利用改进春分点轨道根数描述的探测器动力学模型只有在轨道倾角 $i = 180°$ 时才会产生奇异，而 $i = 180°$ 的情况在探测任务中很少出现。

改进春分点根数描述的动力学模型可以表示成

$$
\begin{cases}
\dot{p} = \sqrt{\dfrac{p}{\mu}}\dfrac{2p}{w}f_{\mathrm{t}} \\
\dot{f} = \sqrt{\dfrac{p}{\mu}}\left\{f_{\mathrm{r}}\sin L + [(1+w)\cos L + f]\dfrac{f_{\mathrm{t}}}{w} - (h\sin L - k\cos L)\dfrac{g\cdot f_{\mathrm{n}}}{w}\right\} \\
\dot{g} = \sqrt{\dfrac{p}{\mu}}\left\{-f_{\mathrm{r}}\cos L + [(1+w)\sin L + g]\dfrac{f_{\mathrm{t}}}{w} + (h\sin L - k\cos L)\dfrac{f\cdot f_{\mathrm{n}}}{w}\right\} \\
\dot{h} = \sqrt{\dfrac{p}{\mu}}\dfrac{s^2 f_{\mathrm{n}}}{2w}\cos L \\
\dot{k} = \sqrt{\dfrac{p}{\mu}}\dfrac{s^2 f_{\mathrm{n}}}{2w}\sin L \\
\dot{L} = \sqrt{\mu p}\left(\dfrac{w}{p}\right)^2 + \dfrac{1}{w}\sqrt{\dfrac{p}{\mu}}(h\sin L - k\cos L)f_{\mathrm{n}}
\end{cases}
\tag{6.1.8}
$$

其中，辅助变量 $w = 1 + f\cos L + g\sin L$；$s^2 = 1 + h^2 + k^2$。

改进春分点轨道根数模型与传统根数模型类似，只有 L 一个快变量（称为真经度角）。改进春分点根数模型既解决了笛卡儿坐标系模型中快变量过多的问题，又消除了传统轨道根数模型存在奇异的问题，因而在连续小推力轨道研究中得到了广泛的应用。

改进春分点轨道根数与传统轨道根数的转换关系为

$$
\begin{cases}
p = a(1-e^2) \\
f = e\cos(\omega + \Omega) \\
g = e\sin(\omega + \Omega) \\
h = \tan(i/2)\cos\Omega \\
k = \tan(i/2)\sin\Omega \\
L = \Omega + \omega + \nu
\end{cases}
\tag{6.1.9}
$$

6.2　连续推进系统数学模型

6.2.1　核能电推进模型

核能电推进系统通过核裂变为电推进器提供能源，推进系统的功率不受太阳光照的影响，能够提供较为稳定的最大推力 $T_{\max}$。核能电推进提供给探测器的推力加速度可以表示为

$$
a_{\mathrm{T}} = \frac{T}{m} = \frac{2\eta P}{g_0 I_{\mathrm{sp}} m} \tag{6.2.1}
$$

其中，P 为推进系统的输入功率；$0<\eta\leqslant 1$，为推进系统的效率；I_{sp} 为推进系统的比冲。

探测器的质量变化率为

$$
\dot{m} = -\frac{T}{c} = -\frac{2\eta P}{(g_0 I_{\mathrm{sp}})^2} \tag{6.2.2}
$$

其中，$c = g_0 I_{\mathrm{sp}}$，为工质相对于探测器的喷射速度。

6.2.2 太阳能电推进模型

太阳能电推进系统通过太阳帆板产生电能提供给推进系统，因此，该类推进系统的功率与探测器和太阳间的距离相关。如果忽略由探测器转动带来的功率起伏，则太阳光压通量与 $1/r^2$ 大约成正比，其中 r 为探测器与太阳的距离，单位为 AU。太阳能电推进提供给探测器的推力加速度可以表示为

$$a_{\mathrm{T}} = \frac{2\eta P}{g_0 I_{\mathrm{sp}} m} \tag{6.2.3}$$

太阳帆板产生电能的功率大小 P 可以表示为

$$P = \frac{P_0}{r^2} \tag{6.2.4}$$

其中，P_0 为在距离太阳 1 AU 处太阳帆板产生电能的功率。

结合式（6.2.2）和式（6.2.4）可以得到采用太阳能电推进系统探测器的质量变化率为

$$\dot{m} = -\frac{2\eta P_0}{(g_0 I_{\mathrm{sp}})^2 r^2} \tag{6.2.5}$$

太阳能电推进系统的输入功率与 $1/r^2$ 成正比，当探测器距离太阳很远时，太阳能电推进系统的输入功率将会很小。另外，当探测器距离太阳很近时，为了避免太阳帆板过度加热，一般会将太阳帆板倾斜对着太阳。因此，电推进系统的输入功率也不会过大。定义特征距离为 r_t，当 $r < r_t$ 时，通常太阳能电推进系统的输入功率为 $P = P_0/r_t^2$。对于 $P_0 = 10$ kW 的太阳能电推进系统，其输入功率 P 随探测器与太阳距离 r 的变化如图 6.2.1 所示。

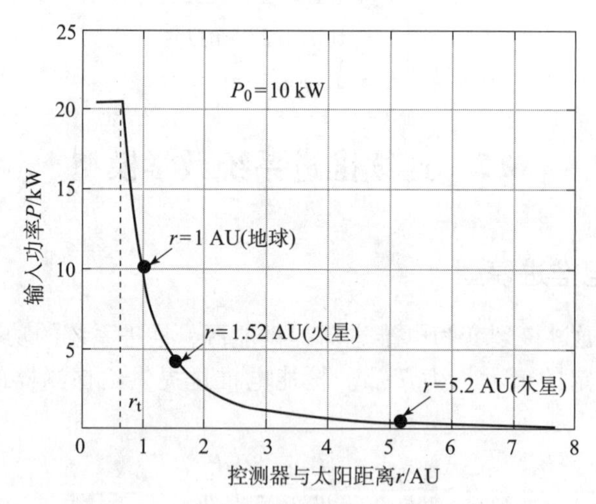

图 6.2.1 太阳能电推进的输入功率变化曲线

6.2.3 太阳帆推进模型

与利用燃料的推进系统不同，太阳帆推进是利用太阳光子撞击大面积的、光滑的帆板表面产生推力的。光子虽然没有静态质量，但有动量，当光子撞击光滑的帆板表面时，会发生反弹，从而给帆板以相应的作用力。理论上讲，太阳帆推进是一种零燃料消耗的推进系统，

在行星际远航方面具有非常光明的应用前景。

由于太阳帆推进是通过反射太阳光产生推力的，因此推力只能指向远离太阳的方向。这里假定太阳帆是理想的光滑的太阳帆，即太阳帆不会产生漫反射。基于这个假定，可以得出推力方向应始终垂直于太阳帆板方向。太阳帆推进的推力几何关系如图 6.2.2 所示。

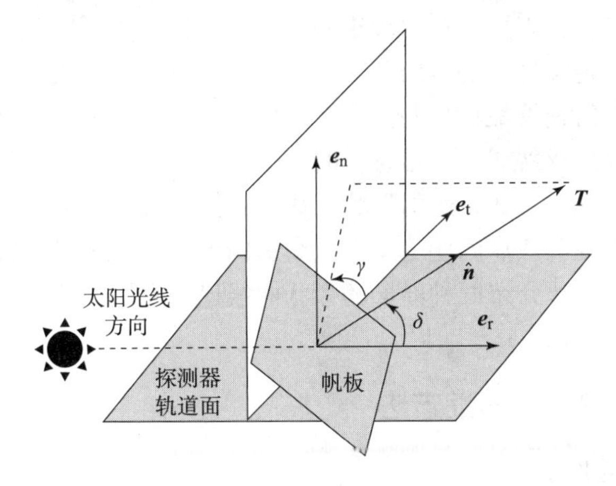

图 6.2.2　太阳帆推力示意图

在图 6.2.2 中，定义太阳帆推力矢量 $\boldsymbol{T}$ 在当地水平面内投影与探测器轨道面之间的夹角为时钟角 γ，满足 $\gamma \in [0, 360°]$；推力方向与太阳和帆板连线之间的夹角定义为锥角 δ，满足 $\delta \in [-90°, 90°]$。定义 $\boldsymbol{e}_r$、$\boldsymbol{e}_t$ 和 $\boldsymbol{e}_n$ 分别为探测器日心轨道坐标系三轴的单位方向矢量，则太阳帆板产生的推力为

$$\boldsymbol{T} = 2PA(\boldsymbol{e}_t^{\mathrm{T}}\hat{\boldsymbol{n}})^2\hat{\boldsymbol{n}} = 2PA(\cos\delta)^2\hat{\boldsymbol{n}} \tag{6.2.6}$$

其中，$\hat{\boldsymbol{n}}$ 为太阳帆推力单位方向矢量；A 为太阳帆板的面积；P 为太阳光压大小，单位为 $\mu N/m^2$，表示为

$$P = \frac{S_0}{c}\left(\frac{r_0}{r}\right)^2 \approx 4.563\left(\frac{r_0}{r}\right)^2 \tag{6.2.7}$$

其中，$r_0 = 1$ AU；r 为太阳帆与太阳的距离；$S_0 = 1\,368$ W/m^2，为在 1 AU 处的单位面积帆板的太阳光通量；c 为理想情况下的光速。

利用式（6.2.6）可以得到太阳帆对探测器施加的加速度矢量在日心轨道坐标系中的描述为

$$\boldsymbol{a}_T = \frac{\boldsymbol{T}}{m} = \frac{2PA}{m}\cos^2\delta\begin{pmatrix}\cos\delta\\ \sin\delta\cos\gamma\\ \sin\delta\sin\gamma\end{pmatrix} \tag{6.2.8}$$

由式（6.2.7）和式（6.2.8）可以看出，加速度 $\boldsymbol{a}_T$ 与太阳帆和太阳的距离平方 r^2 也成反比，这表明太阳帆加速度与探测器受到的太阳引力成正比。因此，在研究探测器的日心转移轨道时，还可以采用如下方式来描述太阳帆加速度

$$\boldsymbol{a}_T = \beta\frac{\mu_S}{r^2}\cos^2\delta\hat{\boldsymbol{n}} \tag{6.2.9}$$

其中，μ_S 为太阳引力常数；$\beta = 2S_0A/(m\mu_S c)$，称为光照常数。需要指出的是，对于行星附近太阳帆轨道，探测器轨道坐标系是以行星为参考建立的，无法直接得到式（6.2.8）和式（6.2.9）的加速度表达式，需要通过合适的坐标转换得到。

6.3 连续推力轨道的形状逼近

脉冲轨道可以利用圆锥曲线进行近似，在此基础上发展了丰富的理论与方法，大大方便了脉冲轨道的设计与分析。采用小推力推进系统的探测器，为了实现轨道机动，推进系统需要长时间地连续工作，连续推力的方向和幅值是关注的重点。本质上讲，为了获得最优的推力方向和幅值，需要求解连续最优控制问题。该问题在数学上表述为两点或多点边值问题，由于模型非线性强，导致求解非常困难且耗时。

受圆锥曲线轨道启发，寻找合适的形状曲线逼近连续推力轨道的研究一直是近些年来轨道动力学与控制领域关注的热点问题。寻找到合适的形状曲线可以大大提高连续推力轨道设计与分析的效率。本节主要介绍两种经典的形状曲线逼近方法，分别是正弦指数曲线逼近方法和逆多项式曲线逼近方法。

6.3.1 正弦指数曲线逼近方法

1. 正弦指数曲线的性质

考虑连续推力作用下的日心平面轨道运动，如图 6.3.1 所示。根据式（6.1.5），探测器平面轨道动力学可以写成

$$\begin{cases}\ddot{r} - r\dot{\theta}^2 + \mu_S/r^2 = a_T\sin\alpha \\ \ddot{\theta}r + 2\dot{\theta}\dot{r} = a_T\cos\alpha\end{cases} \tag{6.3.1}$$

其中，r 为探测器轨道的矢径大小；θ 为在日心惯性系中的相角；μ_S 为太阳的引力常数；a_T 为推力加速度大小；α 为推力方向角，即推力方向与轨道坐标系切向的夹角，如图 6.3.1 所示。

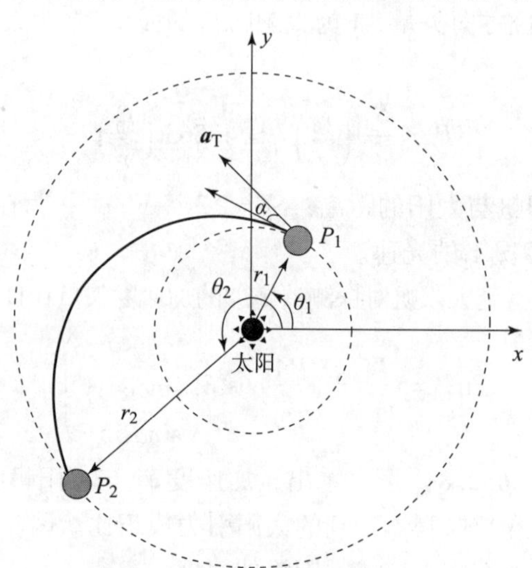

图 6.3.1 连续推力轨道示意图

连续小推力轨道的显著特点是其呈螺旋线状，用于逼近轨道形状的函数曲线也应具有这种特性。Petropoulos 研究发现，正弦指数曲线具有螺旋线性质

$$r = k_0\exp[k_1\sin(k_2\theta + \phi)] \tag{6.3.2}$$

其中，参数 k_0 和 k_1 确定探测器矢径 r 的幅值；k_2 确定轨道的周期；ϕ 则为初始相位角。k_1 和 k_2

是影响曲线形状的关键参数。图6.3.2和图6.3.3分别给出了不同 k_2 和 k_1 对应的曲线形状。

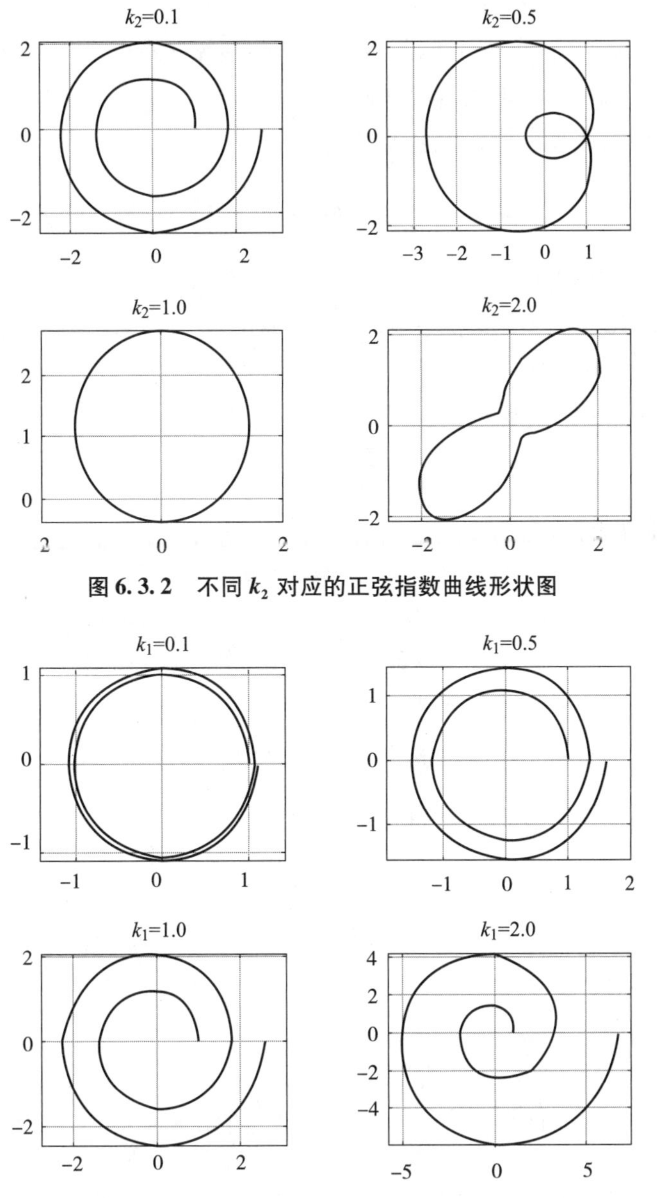

图6.3.2　不同 k_2 对应的正弦指数曲线形状图

图6.3.3　不同 k_1 对应的正弦指数曲线形状图

由图6.3.2可以看出，参数 k_2 对正弦指数曲线形状影响较大。当 $k_2=1.0$ 时，正弦指数函数的周期为 2π，此时对应的曲线是闭合的，无法形成螺旋线状；当 $k_2<1.0$ 时，函数的周期将大于 2π，理论上可以形成螺旋线，但实际上，只有当 k_2 减小至一定范围内时，函数曲线才能符合小推力轨道的形状。进一步考察 k_1，从图6.3.3可以看出，参数 k_1 不影响正弦指数曲线为螺旋线这一基本特性，只是增大了函数的幅值。综上所述，如何利用正弦指数曲线对小推力轨道进行逼近，k_2 的选取起着至关重要的作用。

2. 正弦指数曲线解析解

下面将基于一定的假设条件，推导正弦指数曲线对应的解析推力加速度表达式。将式

（6.3.2）对时间 t 分别求一阶和二阶导数可得

$$\begin{cases} \dot{r} = r\dot{\theta}\tan\gamma \\ \ddot{r} = (\ddot{\theta}\tan\gamma + \dot{\theta}^2\tan^2\gamma - \dot{\theta}^2 k_1 k_2^2 s) r \end{cases} \tag{6.3.3}$$

其中，$s = \sin(k_2\theta + \phi)$；$\gamma$ 为飞行路径角。

对于平面轨道运动，飞行路径角 γ 可以表示为

$$\tan\gamma = \frac{\dot{r}}{r\dot{\theta}} = k_1 k_2 \cos(k_2\theta + \phi) \tag{6.3.4}$$

结合式（6.3.1）和式（6.3.3）可以得到相角 θ 的导数满足

$$\dot{\theta}^2 = \left(\frac{\mu_S}{r^3}\right)\frac{a_T r^2 \sin(\gamma - \alpha)/\mu_S + \cos\gamma}{\cos\gamma(\tan^2\gamma + k_1 k_2^2 s + 1)} \tag{6.3.5}$$

根据二体轨道理论，$\dot{\theta}^2$ 还可以表示为

$$\dot{\theta}^2 = \frac{h^2}{r^4} \tag{6.3.6}$$

其中，h 为轨道的角动量。

因此，结合式（6.3.5）和式（6.3.6）可以计算得到角动量 h 为

$$h = \pm\sqrt{\left|\frac{\mu_S r[a_T r^2 \sin(\gamma - \alpha)/\mu_S + \cos\gamma]}{\cos\gamma(\tan^2\gamma + k_1 k_2^2 s + 1)}\right|} \tag{6.3.7}$$

式（6.3.6）两端对时间 t 求导可得

$$2\dot{\theta}\ddot{\theta} = \frac{2h}{r^4}\left(\dot{h} - \frac{2h\dot{r}}{r}\right) \tag{6.3.8}$$

将式（6.3.4）代入式（6.3.8）可得

$$\ddot{\theta} = \frac{h}{r^4}\left(\frac{\partial h}{\partial\theta} - 2h\tan\gamma\right) \tag{6.3.9}$$

将式（6.3.3）、式（6.3.6）和式（6.3.9）代入式（6.3.1），可以得到推力加速度 a_T 和推力方向角 α 满足的关系为

$$\begin{cases} a_T\cos\alpha = \dfrac{hh'}{r} \\ a_T\sin\alpha = \left(\dfrac{\mu_S}{r^2}\right)\left\{1 - \dfrac{h^2}{\mu r}\left[\left(k_1 k_2 c - \dfrac{h'}{h}\right)k_1 k_2 c + k_1 k_2^2 s + 1\right]\right\} \end{cases} \tag{6.3.10}$$

其中，$c = \cos(k_2\theta + \phi)$。

从式（6.3.10）可以看出，参数 a_T、α 和 h 组成两个方程，若给定其中一个参数，则另外两个参数可以求解得出。

对于行星际连续小推力轨道，一种常用近似是假定推力沿探测器速度方向或其反方向，利用该假设计算得到的转移轨道与最优解比较接近。为此，这里做如下两个假设：①假定推力方向始终沿轨道速度方向或速度反向，即 $\alpha = \gamma$ 或 $\alpha = \gamma + \pi$；②在飞行过程中认为推力的大小是可变的。

考虑 $\alpha = \gamma$ 的情况，式（6.3.5）可化简为

$$\dot{\theta}^2 = \left(\frac{\mu_S}{r^3}\right)\frac{1}{\tan^2\gamma + k_1 k_2^2 s + 1} \tag{6.3.11}$$

式（6.3.7）对相角 θ 求偏导可得

$$h' = \frac{\partial h}{\partial \theta} = \frac{r\tan\gamma(\tan^2\gamma + 3k_1k_2^2s + 1 - k_2^2)}{2\sqrt{r(\tan^2\gamma + k_1k_2^2s + 1)^3}} \tag{6.3.12}$$

将式（6.3.12）代入式（6.3.10）可以得到推力加速度解析表达式为

$$a_T = \left(\frac{\mu_S}{r^2}\right)\frac{1}{2\cos\gamma}\left[\frac{\tan\gamma}{\tan^2\gamma + k_1k_2^2s + 1} - \frac{k_1k_2^3c - 2k_1k_2^2s\tan\gamma}{(\tan^2\gamma + k_1k_2^2s + 1)^2}\right] \tag{6.3.13}$$

同理，当 $\alpha = \gamma + \pi$ 时，可以推导得到

$$a_T(\gamma + \pi) = -a_T(\gamma) \tag{6.3.14}$$

通过上面的分析可知，若正弦指数函数的参数 k_0、k_1、k_2 和 ϕ 给定，则探测器飞行轨道也就确定。实际上，这些参数可以根据轨道的初始和终端条件得到。

3. 正弦指数曲线兰伯特问题

如图 6.3.1 所示，考虑探测器由天体 P_1 转移至天体 P_2。为不失一般性，假定探测器在 t_1 时刻从 P_1 出发，日心轨道初始矢径为 $\boldsymbol{r}_1$，相角 $\theta_1 = 0°$。探测器于 t_2 时刻到达 P_2，此时探测器的日心轨道的矢径为 $\boldsymbol{r}_2$，相角为 θ_2。

根据式（6.3.2）可得

$$\begin{cases} r_1 = k_0\exp(k_1\sin\phi) \\ r_2 = k_0\exp[k_1\sin(k_2\theta_2 + \phi)] \end{cases} \tag{6.3.15}$$

根据式（6.3.4），初始飞行路径角满足

$$\tan\gamma_1 = k_1k_2\cos\phi \tag{6.3.16}$$

将式（6.3.15）中两个方程相除并两端取对数可得

$$\frac{k_1}{|k_1|}\sqrt{k_1^2 - \frac{\tan^2\gamma_1}{k_2^2}} = \frac{\ln(r_1/r_2) + (\tan\gamma_1/k_2)\sin(k_2\theta_2)}{1 - \cos(k_2\theta_2)} \tag{6.3.17}$$

根据式（6.3.17）可以得到参数 k_1 满足的关系为

$$k_1^2 = \left[\frac{\ln(r_1/r_2) + (\tan\gamma_1/k_2)\sin(k_2\theta_2)}{1 - \cos(k_2\theta_2)}\right]^2 + \frac{\tan^2\gamma_1}{k_2^2} \tag{6.3.18}$$

参数 k_1 的符号可根据式（6.3.17）确定。将式（6.3.18）代入式（6.3.15）可得参数 ϕ 和 k_0 分别为

$$k_0 = \frac{r_1}{\exp(k_1\sin\phi)} \tag{6.3.19}$$

$$\phi = \arccos\left(\frac{\tan\gamma_1}{k_1k_2}\right) \tag{6.3.20}$$

可以看出，参数 k_0、k_1 和 ϕ 可以表示成 k_2 和 γ_1 的函数。若探测器沿正弦指数曲线轨道飞行，结合式（6.3.4）和式（6.3.11）可得飞行时间为

$$\Delta t = \int_{\theta_1}^{\theta_2}\sqrt{\frac{r^3}{\mu_S}(\tan^2\gamma + k_1k_2^2s + 1)}\,\mathrm{d}\theta \tag{6.3.21}$$

结合式（6.3.2）、式（6.3.4）和式（6.3.21），正弦指数曲线轨道的飞行时间 Δt 同样可以表示为 k_2 和 γ_1 的函数。正弦指数曲线轨道的飞行时间应与探测器实际的飞行时间相等，探测器实际的飞行时间为

$$\Delta T = t_2 - t_1 \tag{6.3.22}$$

因此，可以得到参数 k_2 和 γ_1 满足的约束方程为

$$f(k_2, \gamma_1) = \Delta t(k_2, \gamma_1) - \Delta T = 0 \tag{6.3.23}$$

方程（6.3.23）为关于参数 k_2 和 γ_1 的非线性方程，可能存在多组解。通过考察 Δt 随 k_2 和 γ_1 的变化关系发现，Δt 与 k_2 和 γ_1 都存在单调递增的关系，这表明，在 k_2 固定的情况下，方程（6.3.23）只存在一个解。图 6.3.4 给出了飞行时间 Δt 随初始飞行路径角 γ_1 的变化曲线。

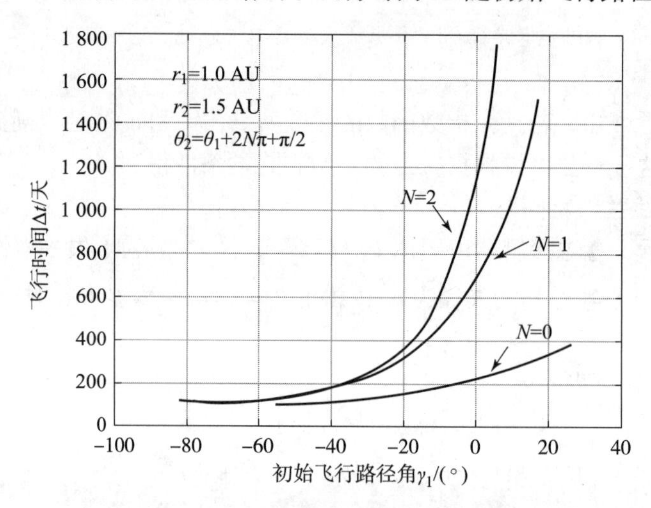

图 6.3.4　飞行时间随初始飞行路径角的变化

在 k_2 固定的情况下，初始飞行角 γ_1 并不能任意取值。由式（6.3.11）可以看出，为了保证正弦指数曲线轨道动力学是可行的，应有 $\dot{\theta}^2 > 0$，所以可得

$$\tan^2\gamma + k_1 k_2^2 s + 1 > 0 \tag{6.3.24}$$

为了使式（6.3.24）始终成立，正弦指数函数参数应满足

$$1 - |k_1 k_2^2| > 0 \tag{6.3.25}$$

将式（6.3.18）代入式（6.3.25）可得

$$\left[\frac{k_2^2 \ln(r_1/r_2) + k_2 \tan\gamma_1 \sin(k_2\theta_2)}{1 - \cos(k_2\theta_2)}\right]^2 + k_2^2 \tan^2\gamma_1 < 1 \tag{6.3.26}$$

式（6.3.26）是关于 $\tan\gamma_1$ 的一元二次不等式，求解可得初始飞行角 γ_1 应满足的条件为

$$\begin{cases} (\tan\gamma_1)_{\min} = \dfrac{k_2}{2}\left(-\ln\dfrac{r_1}{r_2}\cot\dfrac{k_2\theta_2}{2} - \sqrt{\Delta}\right) \\ (\tan\gamma_1)_{\max} = \dfrac{k_2}{2}\left(-\ln\dfrac{r_1}{r_2}\cot\dfrac{k_2\theta_2}{2} + \sqrt{\Delta}\right) \end{cases} \tag{6.3.27}$$

其中，Δ 表示为

$$\Delta = \frac{2[1 - \cos(k_2\theta_2)]}{k_2^4} - \ln^2\frac{r_1}{r_2} \tag{6.3.28}$$

对于给定的已知条件，当 $\Delta < 0$ 时，不存在可行的正弦指数曲线轨道；当 $\Delta > 0$ 时，则可行正弦指数曲线轨道的初始飞行路径角正切的上下限分别由式（6.3.27）确定。

正弦指数曲线轨道终端的飞行路径角可以表示为

$$\tan\gamma_2 = k_1 k_2 \cos(k_2\theta + \phi) \tag{6.3.29}$$

将式（6.3.16）和式（6.3.18）代入式（6.3.29）可得

$$\tan\gamma_2 = -\tan\gamma_1 - k_2 \ln\frac{r_1}{r_2}\cos\frac{k_2\theta_2}{2} \tag{6.3.30}$$

结合式（6.3.27）可得

$$\tan\gamma_2 = -\tan\gamma_1 + (\tan\gamma_1)_{\min} + (\tan\gamma_1)_{\max} \tag{6.3.31}$$

正弦指数曲线轨道兰伯特问题可以简化行星际连续小推力轨道的设计与分析。燃料消耗是行星际轨道关注的最为重要的指标，可以表示为

$$J = \int_{t_1}^{t_2} |a_{\mathrm{T}}| \mathrm{d}t = \int_{\theta_1}^{\theta_2} \frac{|a_{\mathrm{T}}|}{\dot{\theta}} \mathrm{d}\theta \tag{6.3.32}$$

给定了轨道初始条件 r_1 和 θ_1，终端条件 r_2 和 θ_2，以及飞行时间 ΔT，则通过优化参数 k_2 可以获得使性能指标达到最小的正弦指数曲线轨道。对于行星际探测任务，轨道的初始和终端条件可根据出发和目标天体星历获得。

6.3.2　逆多项式曲线逼近方法

1. 逆多项式曲线兰伯特问题

正弦指数曲线逼近方法适用于发射能量不为零的飞越型探测任务。当行星际探测任务的发射能量为零，或者要求探测器与目标天体实现交会时，则需要发展新的曲线逼近方法。针对这一问题，Bradley 提出了一种逆多项式曲线逼近方法，该方法可以有效地对交会型探测任务轨道进行分析。

通过对大量数据研究发现，逆多项式能够很好地拟合同平面圆轨道之间的最优连续推力轨道。为了满足轨道初始条件、终端条件和飞行时间约束，选取逆六次多项式，表示为

$$r = \frac{1}{a_0 + a_1\theta + a_2\theta^2 + a_3\theta^3 + a_4\theta^4 + a_5\theta^5 + a_6\theta^6} \tag{6.3.33}$$

由式（6.3.33）可以看出，逆六次多项式存在 7 个待定参数。为不失一般性，令初始轨道相角 $\theta_1 = 0°$。基于逆六次多项式，轨道初始和终端矢径满足如下约束

$$r_1 = \frac{1}{a_0} \tag{6.3.34}$$

$$r_2 = \frac{1}{a_0 + a_1\theta_2 + a_2\theta_2^2 + a_3\theta_2^3 + a_4\theta_2^4 + a_5\theta_2^5 + a_6\theta_2^6} \tag{6.3.35}$$

式（6.3.33）对时间 t 求导可得

$$\dot{r} = -r^2(a_1 + 2a_2\theta + 3a_3\theta^2 + 4a_4\theta^3 + 5a_5\theta^4 + 6a_6\theta^5)\dot{\theta} \tag{6.3.36}$$

根据式（6.3.36），飞行路径角可以表示为

$$\tan\gamma = \frac{\dot{r}}{r\dot{\theta}} = -r(a_1 + 2a_2\theta + 3a_3\theta^2 + 4a_4\theta^3 + 5a_5\theta^4 + 6a_6\theta^5) \tag{6.3.37}$$

轨道的初始和终端飞行路径角满足如下约束

$$\tan\gamma_1 = -r_1 a_2 \tag{6.3.38}$$

$$\tan\gamma_2 = -r_2(a_1 + 2a_2\theta_2 + 3a_3\theta_2^2 + 4a_4\theta_2^3 + 5a_5\theta_2^4 + 6a_6\theta_2^5) \tag{6.3.39}$$

因为 $\tan\gamma = \dot{r}/(r\dot{\theta})$，式（6.3.1）可以改写成

$$\ddot{\theta}r + 2r\dot{\theta}^2\tan\gamma = a_{\mathrm{T}}\cos\alpha \tag{6.3.40}$$

则可以得到

$$\ddot{\theta} = \frac{a_{\mathrm{T}}\cos\alpha - 2r\dot{\theta}^2\tan\gamma}{r} \tag{6.3.41}$$

式（6.3.36）对时间 t 求导可得

$$\ddot{r} = 2r\dot{\theta}^2\tan^2\gamma - r^2 b\dot{\theta}^2 + r\ddot{\theta}\tan\gamma \tag{6.3.42}$$

其中，$b = 2a_2 + 6a_3\theta + 12a_4\theta^2 + 20a_5\theta^3 + 30a_6\theta^4$。

将式（6.3.41）代入式（6.3.42），可得

$$\ddot{r} = a_{\mathrm{T}}\cos\alpha\tan\gamma - r^2 b\dot{\theta}^2 \tag{6.3.43}$$

结合式（6.3.1）和式（6.3.43）可以得到

$$r\dot{\theta}^2 + a_{\mathrm{T}}\sin\alpha - \frac{\mu_{\mathrm{S}}}{r^2} = a_{\mathrm{T}}\cos\alpha\tan\gamma - r^2 b\dot{\theta}^2 \tag{6.3.44}$$

与正弦指数曲线类似，做如下假设：假定推力方向始终沿轨道速度方向或速度反向，即 $\alpha = \gamma$ 或 $\alpha = \gamma + \pi$。基于该假设，根据式（6.3.44）可以得到轨道相角的变化率满足

$$\dot{\theta}^2 = \frac{\mu_{\mathrm{S}}}{r^4}\frac{1}{1/r + b} \tag{6.3.45}$$

因此，轨道初始和终端相角变化率满足如下约束

$$\dot{\theta}_1^2 = \left(\frac{\mu_{\mathrm{S}}}{r_1^4}\right)\frac{1}{1/r_1 + 2a_2} \tag{6.3.46}$$

$$\dot{\theta}_2^2 = \left(\frac{\mu_{\mathrm{S}}}{r_2^4}\right)\frac{1}{1/r_2 + 2a_2 + 6a_3\theta_2 + 12a_4\theta_2^2 + 20a_5\theta_2^3 + 30a_6\theta_2^4} \tag{6.3.47}$$

式（6.3.34）、式（6.3.35）、式（6.3.38）、式（6.3.39）、式（6.3.46）和式（6.3.47）构成了逆六次多项式曲线轨道初始和终端轨道状态满足的 6 个约束方程。对于平面轨道运动，r、θ、γ 和 $\dot{\theta}$ 完全决定了轨道的状态。因此，逆六次多项式的其中 6 个系数可以根据初始和终端轨道状态确定如下

$$\begin{cases} a_0 = 1/r_1 \\ a_1 = -\tan\gamma_1/r_1 \\ a_2 = 1/2r_1(\mu_{\mathrm{S}}/r_1^3\dot{\theta}_1^2 - 1) \\ a_4 = 1/2\theta_2^6(30\theta_2^2 w_1 - 10\theta_2^3 w_2 + \theta_2^4 w_3) \\ a_5 = 1/2\theta_2^6(-48\theta_2 w_1 + 18\theta_{\mathrm{f}}^2 w_2 - 2\theta_2^3 w_3) \\ a_6 = 1/2\theta_2^6(20w_1 - 8\theta_{\mathrm{f}} w_2 + \theta_2^2 w_3) \end{cases} \tag{6.3.48}$$

其中，辅助变量 w_1、w_2 和 w_3 可以表示为

$$\begin{cases} w_1 = 1/r_2 - (a_0 + a_1\theta_2 + a_2\theta_2^2 + a_3\theta_2^3) \\ w_2 = -\tan\gamma_2/r_2 - (a_1 + 2a_2\theta_2 + 3a_3\theta_2^2) \\ w_3 = \mu_{\mathrm{S}}/(r_2^4\dot{\theta}_2^2) - (1/r_2 + 2a_2 + 6a_3\theta_2) \end{cases} \tag{6.3.49}$$

逆六次多项式系数 a_3 可以通过飞行时间约束求解得到。根据式（6.3.45），逆六次多项式曲线轨道的飞行时间为

$$\Delta t = \int_{\theta_1}^{\theta_2} \sqrt{\frac{r^4}{\mu_S}\left(\frac{1}{r} + 2a_2 + 6a_3\theta + 12a_4\theta^2 + 20a_5\theta^3 + 30a_6\theta^4\right)} \mathrm{d}\theta \tag{6.3.50}$$

图 6.3.5 给出了逆六次多项式曲线轨道飞行时间 Δt 随系数 a_3 的变化曲线。

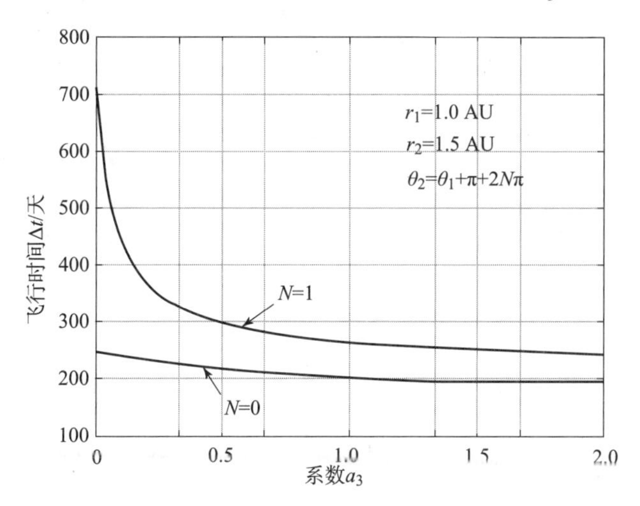

图 6.3.5 飞行时间随系数 a_3 的变化

定义 $\Delta T = t_2 - t_1$ 为探测器实际飞行时间，则系数 a_3 满足如下飞行时间约束

$$f(a_3) = \Delta t(a_3) - \Delta T = 0 \tag{6.3.51}$$

方程（6.3.51）是关于系数 a_3 的非线性方程，可以通过非线性方程求根方法求解。

下面讨论推力加速度。式（6.3.45）对时间 t 求导可得

$$\ddot{\theta} = -\frac{\mu_S}{2r^4}\left[\frac{4\tan\gamma}{1/r + b} + \frac{c - (\tan\gamma)/r}{(1/r + b)^2}\right] \tag{6.3.52}$$

其中，$c = 6a_3 + 24a_4\theta + 60a_5\theta^2 + 120a_6\theta^3$。

在推力方向假设下，联立式（6.3.41）和式（6.3.52）可以得到推力加速度的解析表达式为

$$a_T = -\frac{\mu_S}{2r^3\cos\gamma}\frac{c - (\tan\gamma)/r}{(1/r + b)^2} \tag{6.3.53}$$

2. 逆多项式曲线动力学可行性

对于可行的逆六次多项式曲线轨道，$\dot{\theta}$ 在飞行过程中的变化趋势应该保持不变。如果始终有 $\dot{\theta} \geqslant 0$，则对应顺行轨道；如果始终有 $\dot{\theta} < 0$，则对应逆行轨道。这里针对顺行轨道展开讨论，根据式（6.3.45），由于 $\mu_S/r^4 > 0$，若要使 $\dot{\theta} \geqslant 0$，必须满足如下条件

$$f = \frac{1}{r} + 2a_2 + 6a_3\theta + 12a_4\theta^2 + 20a_5\theta^3 + 30a_6\theta^4 \geqslant 0 \tag{6.3.54}$$

分别令

$$\begin{cases} a_4 = a_4' - (3/\theta_2)a_3 \\ a_5 = a_5' + (3/\theta_2^2)a_3 \\ a_6 = a_6' - (1/\theta_2^3)a_3 \end{cases} \tag{6.3.55}$$

则 a_4'、a_5' 和 a_6' 可以表示为

$$\begin{cases} a'_4 = 1/2\theta_2^6(30\theta_2^2 u_1 - 10\theta_2^3 u_2 + \theta_2^4 u_3) \\ a'_5 = 1/2\theta_2^6(-48\theta_2 u_1 + 18\theta_2^2 u_2 - 2\theta_2^3 u_3) \\ a'_6 = 1/2\theta_2^6(20u_1 - 8\theta_2 u_2 + \theta_2^2 u_3) \end{cases} \tag{6.3.56}$$

其中，辅助变量 u_1、u_2 和 u_3 可以表示为

$$\begin{cases} u_1 = 1/r_2 - (a_0 + a_1\theta_2 + a_2\theta_2^2) \\ u_2 = -\tan\gamma_2/r_2 - (a_1 + 2a_2\theta_2) \\ u_3 = \mu_S/(r_2^4\dot{\theta}_2^2) - (1/r_2 + 2a_2) \end{cases} \tag{6.3.57}$$

公式（6.3.54）可以改写成

$$f(a_3,\theta) = g(\theta)a_3 + H(\theta) \tag{6.3.58}$$

其中，$g(\theta)$ 和 $H(\theta)$ 可以分别表示为

$$g(\theta) = \theta^3 - \frac{3}{\theta_2}\theta^4 + \frac{3}{\theta_2^2}\theta^5 - \frac{1}{\theta_2^3}\theta^6 + 6\theta - \frac{36}{\theta_2}\theta^2 + \frac{60}{\theta_2^2}\theta^3 - \frac{30}{\theta_2^3}\theta^4 \tag{6.3.59}$$

$$H(\theta) = a_0 + a_1\theta + a_2\theta^2 + a'_4\theta^4 + a'_5\theta^6 + a'_6\theta^6 + 2a_2 + a'_4\theta^2 + a'_5\theta^3 + a'_6\theta^4 \tag{6.3.60}$$

由式（6.3.58）可知，系数 a_3 的可行范围主要是由函数 $g(\theta)$ 的取值确定。考察公式（6.3.59）发现，函数 $g(\theta)$ 具有如下性质：

$$\begin{cases} g(\theta_1) = 0 \\ g(\theta_2) = 0 \\ g(\theta_2/2 - x) = g(\theta_2/2 + x) \end{cases} \tag{6.3.61}$$

函数 $g(\theta)$ 的实根个数随轨道终端相角 θ_2 变化，有如下关系

$$n = \begin{cases} 2, & \theta_2 < \sqrt{24} \\ 3, & \theta_2 = \sqrt{24} \\ 4, & \theta_2 > \sqrt{24} \end{cases} \tag{6.3.62}$$

由此可见，对于逆六次多项式曲线，轨道终端相角 $\theta_2=\sqrt{24}$ 为轨道的分类点，函数 $g(\theta)$ 与 θ_2 的关系如图 6.3.6 所示。

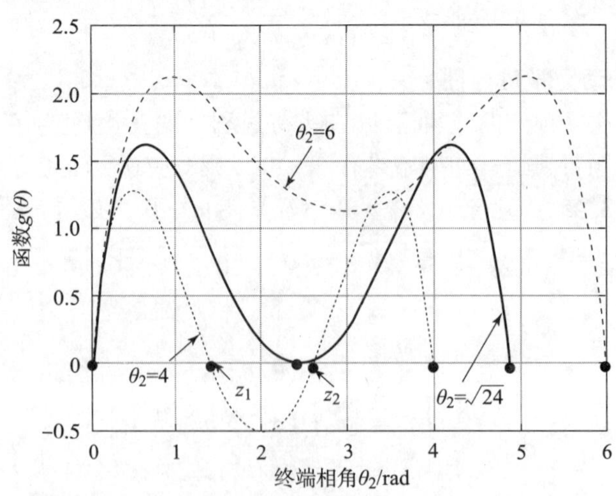

图 6.3.6　函数 $g(\theta)$ 与 θ_2 的关系（实线 $\theta_2 = \sqrt{24}$）

通过以上讨论，若逆六次多项式曲线轨道是动力学可行的，系数 a_3 的取值范围可以根据以下确定：

当 $\theta_2 < \sqrt{24}$ 时，函数 $g(\theta)$ 在 (θ_1,θ_2) 内有两个实根，分别为 z_1 和 z_2，系数 a_3 的取值范围为

$$a_3 \in \begin{cases} (x_{\min}, x_{\max}), & x_{\min} < x_{\max} \cap H(z_i) > 0 \\ \mathbb{N}, & x_{\min} > x_{\max} \cup H(z_i) \leqslant 0 \end{cases} \tag{6.3.63}$$

其中，$x_{\min}$ 和 $x_{\max}$ 可以表示为

$$\begin{cases} x_{\min} = \max\{x_1, x_2\} \\ x_1 = \max\{-H(\theta)/g(\theta)\}, 0 < \theta < z_1 \\ x_2 = \max\{-H(\theta)/g(\theta)\}, z_2 < \theta < \theta_2 \\ x_{\max} = \min\{-H(\theta)/g(\theta)\}, z_1 < \theta < z_2 \end{cases} \tag{6.3.64}$$

当 $\theta_2 = \sqrt{24}$ 时，函数 $g(\theta)$ 在（θ_1，θ_2）内仅有一个实根，即 $\theta_2/2$，系数 a_3 的取值范围为

$$a_3 \in \begin{cases} (x_{\min}, \infty), & H(\theta') > 0 \\ \mathbb{N}, & H(\theta') \leqslant 0 \end{cases} \tag{6.3.65}$$

其中，$x_{\min}$ 可以表示为

$$\begin{cases} x_{\min} = \max\{x_1, x_2\} \\ x_1 = \max\{-H(\theta)/g(\theta)\}, 0 < \theta < \theta_2/2 \\ x_2 = \max\{-H(\theta)/g(\theta)\}, \theta_2/2 < \theta < \theta_2 \end{cases} \tag{6.3.66}$$

当 $\theta_2 > \sqrt{24}$ 时，函数 $g(\theta)$ 在 (θ_1,θ_2) 内无实根，系数 a_3 的取值范围为

$$a_3 \in \begin{cases} (x_{\min}, \infty), & H(\theta') > 0 \\ \mathbb{N}, & H(\theta') \leqslant 0 \end{cases} \tag{6.3.67}$$

其中，$x_{\min}$ 可以表示为

$$x_{\min} = \max\{-H(\theta)/g(\theta)\}, 0 < \theta < \theta_2 \tag{6.3.68}$$

系数 a_3 的取值范围为非线性方程（6.3.51）的求解提供了依据，可以有效避免求解迭代过程中的不可行轨道，提高逆六次多项式曲线轨道兰伯特问题求解的鲁棒性。

6.3.3 形状逼近轨道设计方法

在推力方向假设条件下，正弦指数曲线和逆多项式曲线都可以根据已知边界条件和飞行时间确定待定系数，并推导得到解析的加速度表达式，可以实现连续推力作用下的兰伯特问题求解。与脉冲轨道兰伯特问题类似，形状逼近曲线兰伯特问题也可以简化行星际连续推力轨道的设计复杂度。下面针对燃料最省火星交会型探测轨道，基于逆多项式逼近方法进行求解。

假定探测器从地球出发时的发射能量为 $C_3=0$，到达火星引力影响球时相对火星的双曲线超速 $v_{\infty A}=0$。轨道设计问题可以描述为：寻求最优的地球发射时间 t_L、飞行时间 t_f 和探测器绕太阳轨道的整圈数 n_{rev}，使如下性能指标达到最小：

$$J(\boldsymbol{X}) = \Delta v = \int_{\theta_1}^{\theta_2} \frac{|a(\theta)|}{\dot{\theta}(\theta)} \mathrm{d}\theta \tag{6.3.69}$$

其中，$a(\theta)$ 和 $\dot{\theta}(\theta)$ 可以分别根据式（6.3.53）和式（6.3.47）计算得到。

轨道优化参数可以表示为

$$\boldsymbol{X} = [t_L, t_f, n_{rev}]^T \tag{6.3.70}$$

一般来讲，实际探测任务中配置的连续推进系统输出的推力加速度都是有界的，因此，逆六次多项式曲线轨道的推力加速度应满足如下条件

$$\Phi(\boldsymbol{X}) = \max\{|a(\theta)|\} - a_{max} \leqslant 0 \tag{6.3.71}$$

其中，a_{max} 为推进器能够提供的最大加速度。

式（6.3.69）~式（6.3.71）给出的轨道优化问题可以看作是有 3 个优化变量和 1 个约束的混合整数非线性规划问题，采用相应的规划算法进行求解。

设探测器从地球发射时间为 2020 年 1 月 1 日—2021 年 12 月 31 日，转移轨道绕太阳的整圈数不超过 2 圈，转移过程中最大推力加速度为 $a_{max}=0.2\ mm/s^2$，优化算法获得的最优解见表 6.3.1。

表 6.3.1　地球－火星燃料最省转移轨道优化结果

轨道参数	任务约束	优化结果
发射时间 t_L（yyyy/mm/dd）	2020/01/01 ~ 2021/12/31	2021/12/18
飞行时间 t_f/天	0 ~ 1000	860.3
转移轨道整圈数 n_{rev}	0 ~ 2	1
最大推力加速度 a/(km · s^{-2})	0 ~ 0.2	0.2
燃料消耗 Δv/(km · s^{-1})	—	5.59

图 6.3.7 和图 6.3.8 分别给出了最优转移轨道和推力加速度的历程。由图 6.3.7 可以看出，由于约束的最大推力加速度较小，探测器需要飞行约 860.3 天才能到达火星。缩短飞行时间的途径有两个：一是增加探测器从地球出发时的发射能量，二是增大转移过程中允许的

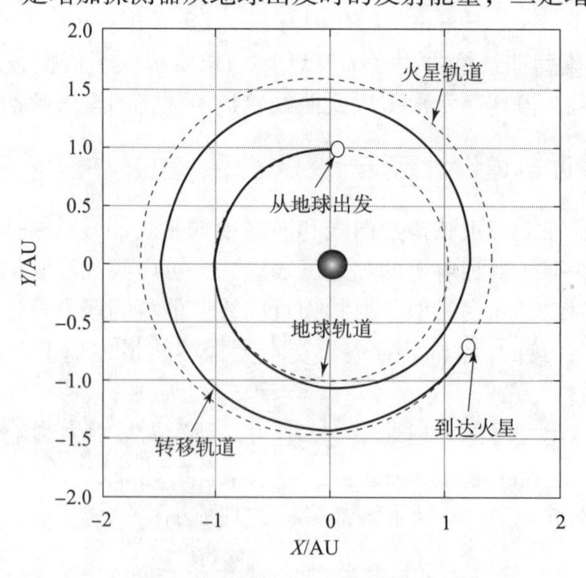

图 6.3.7　地球到火星的最优转移轨道

推力加速度。由图 6.3.8 可以看出，推力加速度始终保持在 0.2 km/s^2 以下，这表明上述设计方法是有效的。需要指出的是，形状曲线逼近方法计算得到的转移轨道与最优控制解还略有差别，但设计结果可以为精确的轨道设计提供可行的初值猜测。另外，形状曲线逼近方法可以与借力飞行技术相结合，实现行星际利用借力飞行技术的连续推力轨道的初始设计，这里不再展开讨论。

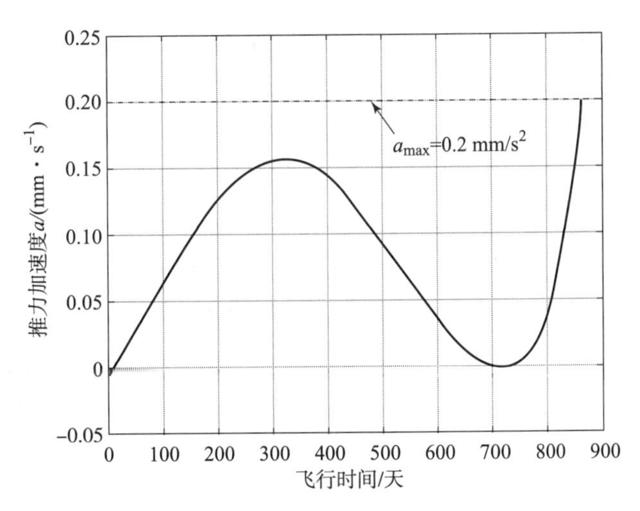

图 6.3.8　推力加速度的时间历程

6.4　连续推力轨道的局部最优控制

采用轨道根数动力学模型描述连续小推力轨道运动时，除表征探测器在轨道上位置的根数（真近点角、平近点角或偏近点角）以外，其他根数在连续推力加速度的作用下变化是较为缓慢的。对于每一个缓慢变化的轨道根数，其在轨道机动过程中会从其初始值逐渐变化至目标值。正是基于轨道根数模型的这种性质，本节将介绍一种连续推力轨道的局部最优控制方法。

6.4.1　局部最优控制基本原理

定义 $x = [a,e,i,\Omega,\omega]^{\mathrm{T}}$，对于 $\boldsymbol{x}$ 中任意一个轨道根数 z，在轨道上任意一点处，都存在一个最优推力方向 $\boldsymbol{u}_z^*$，使轨道根数 z 瞬时变化最快（增大或减小），这个最优推力方向对应的控制律称为局部最优控制律。

由式（6.1.6）可知，轨道根数 z 的微分方程可以写成一般形式

$$\frac{\mathrm{d}z}{\mathrm{d}t} = a_{\mathrm{T}}(A_{zr}u_{\mathrm{r}} + A_{zt}u_{\mathrm{t}} + A_{zn}u_{\mathrm{n}}) \tag{6.4.1}$$

其中，a_{T} 为已知的推力加速度大小；$\boldsymbol{A}_z = [A_{zr},A_{zt},A_{zn}]^{\mathrm{T}}$，是轨道根数 z 微分方程中 3 个方向推力加速度系数；$\boldsymbol{u} = [u_{\mathrm{r}},u_{\mathrm{t}},u_{\mathrm{n}}]^{\mathrm{T}}$，为探测器轨道坐标系中的推力方向单位矢量。

式（6.4.1）可以改写成

$$\frac{\mathrm{d}z}{\mathrm{d}t} = a_{\mathrm{T}}\boldsymbol{A}_z^{\mathrm{T}}\boldsymbol{u} \tag{6.4.2}$$

由式（6.4.2）可知，若要使轨道根数 z 增加最快，矢量 $\boldsymbol{A}_z$ 和 $\boldsymbol{u}$ 应同向，这样可以得到轨道根数 z 增加最快的局部最优控制律为

$$\boldsymbol{u}_z^+ = \frac{1}{\|\boldsymbol{A}_z\|}\begin{bmatrix} A_{zr} \\ A_{zt} \\ A_{zn} \end{bmatrix} = \frac{1}{\sqrt{A_{rz}^2 + A_{tz}^2 + A_{nz}^2}}\begin{bmatrix} A_{zr} \\ A_{zt} \\ A_{zn} \end{bmatrix} \tag{6.4.3}$$

同理，若要使轨道根数 z 减少最快，矢量 $\boldsymbol{A}_z$ 和 $\boldsymbol{u}$ 应反向，这样可以得到轨道根数 z 减少最快的局部最优控制律为

$$\boldsymbol{u}_z^- = -\boldsymbol{u}_z^+ = -\frac{1}{\sqrt{A_{rz}^2 + A_{tz}^2 + A_{nz}^2}}\begin{bmatrix} A_{zr} \\ A_{zt} \\ A_{zn} \end{bmatrix} \tag{6.4.4}$$

根据式（6.1.7），$\boldsymbol{u}$ 可以表示为俯仰和偏航控制角的形式，即

$$\boldsymbol{u} = [\sin\alpha\cos\beta, \cos\alpha\cos\beta, \sin\beta]^{\mathrm{T}} \tag{6.4.5}$$

根据式（6.4.3）可以推导出使轨道根数 z 增加最快的俯仰和偏航控制角为

$$\begin{cases} \alpha_z^+ = \arctan\left(\dfrac{A_{zr}}{\sqrt{A_{rz}^2 + A_{tz}^2}}, \dfrac{A_{zt}}{\sqrt{A_{rz}^2 + A_{tz}^2}}\right) \\ \beta_z^+ = \arcsin\left(\dfrac{A_{zn}}{\|\boldsymbol{A}_z\|}\right) \end{cases} \tag{6.4.6}$$

同理可得使轨道根数 z 减少最快的俯仰和偏航控制角为

$$\begin{cases} \alpha_z^- = \arctan\left(-\dfrac{A_{zr}}{\sqrt{A_{rz}^2 + A_{tz}^2}}, -\dfrac{A_{zt}}{\sqrt{A_{rz}^2 + A_{tz}^2}}\right) \\ \beta_z^- = \arcsin\left(-\dfrac{A_{zn}}{\|\boldsymbol{A}_z\|}\right) \end{cases} \tag{6.4.7}$$

6.4.2 轨道参数局部最优控制律

基于上节中介绍的局部最优控制律原理，下面对各轨道根数对应的局部最优控制律进行介绍。由局部最优控制律基本原理可以看出，使某一轨道根数增加和减少最快的推力方向是相反的。为便于描述，下面将以增加最快控制律为例进行讨论。

1. 轨道半长轴局部最优控制律

根据式（6.1.6），轨道半长轴 a 的微分方程可以写成

$$\frac{\mathrm{d}a}{\mathrm{d}t} = a_{\mathrm{T}}\left(\frac{2a^2 e\sin\nu}{h}u_{\mathrm{r}} + \frac{2a^2 p}{hr}u_{\mathrm{t}}\right) \tag{6.4.8}$$

可以看出，推力加速度的轨道平面外分量（法向分量）不会改变轨道半长轴。因此，使轨道半长轴增大最快的推力方向矢量的法向分量应为零。利用式（6.4.3）可以得到使半长轴增加最快的最优推力方向矢量为

$$\boldsymbol{u}_{\mathrm{a}}^+ = \frac{1}{\sqrt{1 + e^2 + 2e\cos\nu}}\begin{bmatrix} e\sin\nu \\ 1 + e\cos\nu \\ 0 \end{bmatrix} \tag{6.4.9}$$

进一步地，利用式（6.4.6）可以得到使半长轴增加最快的俯仰和偏航角为

$$\begin{cases}\alpha_a^+ = \arctan\left(\dfrac{e\sin\nu}{\sqrt{1+e^2+2e\cos\nu}}, \dfrac{1+e\cos\nu}{\sqrt{1+e^2+2e\cos\nu}}\right)\\ \beta_a^+ = 0\end{cases} \tag{6.4.10}$$

根据圆锥曲线基本原理，飞行路径角 γ 可以表示为

$$\tan\gamma = \frac{e\sin\nu}{1+e\cos\nu} \tag{6.4.11}$$

因此，式（6.4.10）可以简化为

$$\begin{cases}\alpha_a^+ = \gamma\\ \beta_a^+ = 0\end{cases} \tag{6.4.12}$$

式（6.4.12）表明，若要使轨道半长轴增加最快，最优的推力方向在轨道平面法向分量应为零，在轨道平面内推力方向应沿探测器的速度方向。在日心引力场中，假定探测器初始质量为 2 000 kg，推进系统比冲为 3 300 s，探测器初始轨道根数为 $a=1$ AU，$e=0.01$，$i=0.01°$，$\Omega=\omega=\nu=0°$。利用式（6.4.9）的局部最优控制律，在不同的推力下，探测器的轨道半长轴随飞行时间的变化曲线如图 6.4.1（a）所示，其中推力为 0.2 N 时对应的转移轨道如图 6.4.1（b）所示。

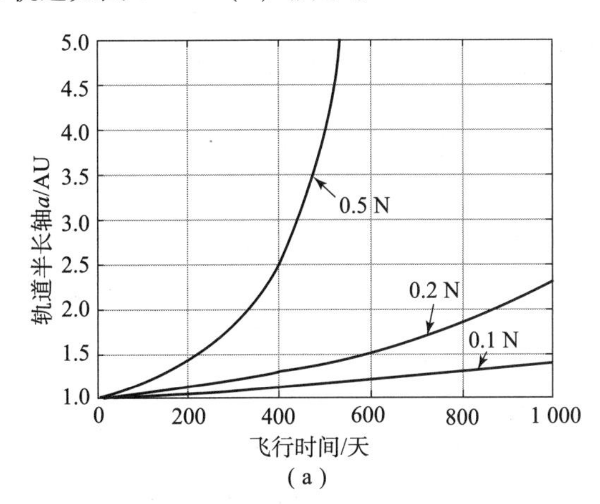

（a）

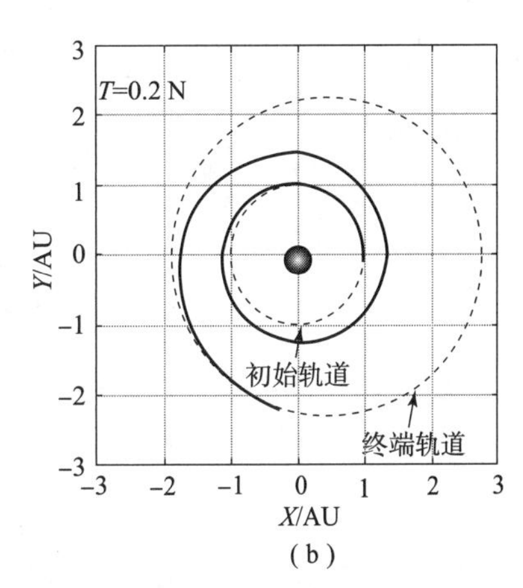

（b）

图 6.4.1　轨道半长轴增大最快曲线

2. 轨道偏心率局部最优控制律

轨道偏心率 e 的微分方程可以写成

$$\frac{\mathrm{d}e}{\mathrm{d}t} = a_{\mathrm{T}}\left\{\frac{1}{h}p\sin\nu u_{\mathrm{r}} + \frac{1}{h}\left[(p+r)\cos\nu + re\right]u_{\mathrm{t}}\right\} \tag{6.4.13}$$

与轨道半长轴类似，法向推力加速度也不会改变轨道偏心率。根据第 2 章圆锥曲线轨道理论可知轨道真近点角 ν 与偏近点角 E 存在如下关系

$$\cos E = \frac{e+\cos\nu}{1+e\cos\nu} \tag{6.4.14}$$

利用式（6.4.14），式（6.4.13）可以改写成

$$\frac{\mathrm{d}e}{\mathrm{d}t} = a_{\mathrm{T}}\left[\frac{1}{h}p\sin\nu u_{\mathrm{r}} + \frac{1}{h}p(\cos\nu+\cos E)u_{\mathrm{t}}\right] \tag{6.4.15}$$

利用式（6.4.3）可以得到使轨道偏心率增加最快的最优推力方向矢量为

$$\boldsymbol{u}_{\mathrm{e}}^{+}=\frac{1}{\sqrt{1+2\cos\nu\cos E+\cos^{2}E}}\begin{bmatrix}\sin\nu\\ \cos\nu+\cos E\\ 0\end{bmatrix} \tag{6.4.16}$$

利用式（6.4.6）可以得到使轨道偏心率增加最快的俯仰和偏航控制角为

$$\begin{cases}\alpha_{\mathrm{e}}^{+}=\arctan\left(\dfrac{\sin\nu}{\sqrt{1+2\cos\nu\cos E+\cos^{2}E}},\dfrac{\cos\nu+\cos E}{\sqrt{1+2\cos\nu\cos E+\cos^{2}E}}\right)\\ \beta_{\mathrm{e}}^{+}=0\end{cases} \tag{6.4.17}$$

采用与上一部分同样的仿真条件，在不同的推力下，日心引力场中探测器的轨道偏心率增加最快的曲线如图 6.4.2（a）所示，推力为 0.2 N 的转移轨道如图 6.4.2（b）所示。

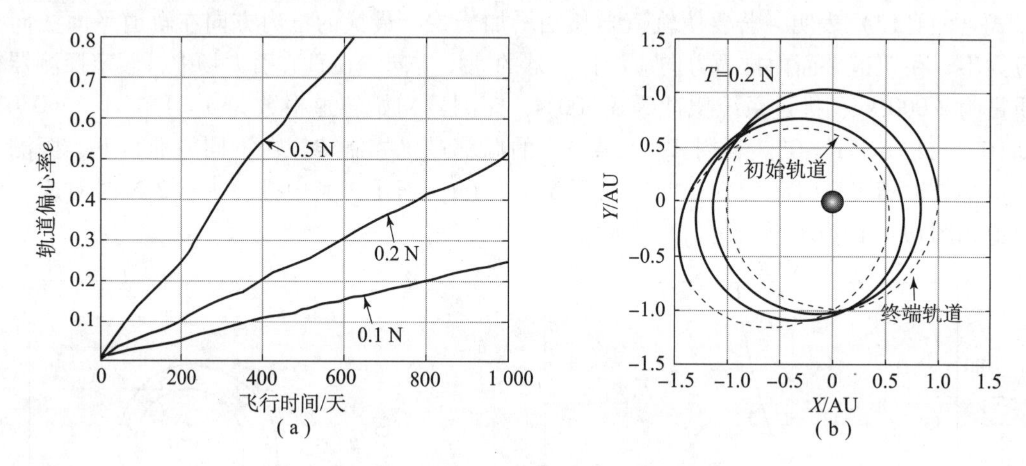

图 6.4.2　轨道偏心率增大最快曲线

3. 轨道倾角局部最优控制律

轨道倾角 i 的微分方程可以写成

$$\frac{\mathrm{d}i}{\mathrm{d}t}=a_{\mathrm{T}}\frac{r\cos(\omega+\nu)}{h}u_{\mathrm{n}} \tag{6.4.18}$$

很显然，只有法向推力加速度才能改变轨道倾角，而轨道平面内的推力分量不会对轨道倾角产生影响。

使轨道倾角增加最快的局部最优控制律为

$$\boldsymbol{u}_{\mathrm{i}}^{+}=\frac{\cos(\omega+\nu)}{|\cos(\omega+\nu)|}[0\quad 0\quad 1]^{\mathrm{T}} \tag{6.4.19}$$

由于轨道平面内没有推力分量，因此，俯仰控制角没有实际意义，使轨道倾角增加最快的偏航控制角为

$$\beta_{\mathrm{i}}^{+}=\begin{cases}+\pi/2,\cos(\omega+\nu)>0\\ -\pi/2,\cos(\omega+\nu)<0\end{cases} \tag{6.4.20}$$

由式（6.4.18）可以看出，当 $\cos(\omega+\nu)=0$ 时，探测器的轨道倾角的变化率为零，这表明，在 $\cos(\omega+\nu)=0$ 附近，轨道倾角的改变效率是很低的；相反，当 $\cos(\omega+\nu)=\pm1$ 时，即探测器位于轨道的升交点和降交点时，轨道倾角的改变效率是最高的。

在不同的推力下，日心引力场中探测器的轨道倾角增加最快的曲线如图 6.4.3（a）所示，推力为 0.2 N 的转移轨道如图 6.4.3（b）所示。

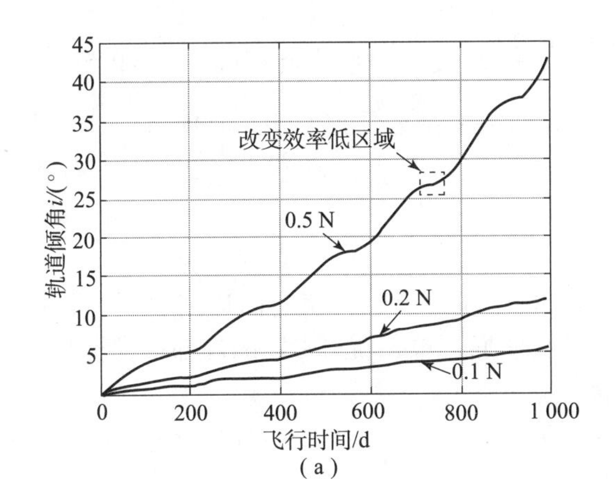

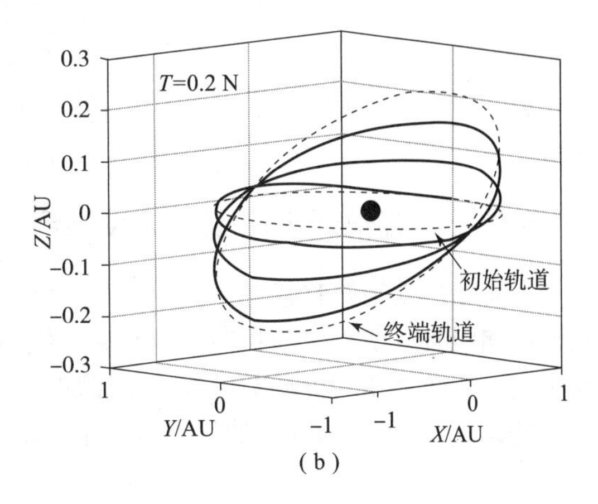

图6.4.3　轨道倾角增大最快曲线

同理，对于轨道升交点赤经 Ω 和近心点角距 ω，同样存在使其增大或减小最快的局部最优控制律，这里不再进行详细讨论。

4. 其他轨道参数局部最优控制律

考虑某一轨道参数 y，例如轨道能量、角动量、近心点距离等，其为轨道状态 $\boldsymbol{x}=[a, e, i, \Omega, \omega]^{\mathrm{T}}$ 的函数，表示为

$$y=f(a,e,i,\Omega,\omega) \tag{6.4.21}$$

轨道参数 y 的微分方程可以写成

$$\frac{\mathrm{d}y}{\mathrm{d}t}=\frac{\partial y}{\partial a}\frac{\mathrm{d}a}{\mathrm{d}t}+\frac{\partial y}{\partial e}\frac{\mathrm{d}e}{\mathrm{d}t}+\frac{\partial y}{\partial i}\frac{\mathrm{d}i}{\mathrm{d}t}+\frac{\partial y}{\partial \Omega}\frac{\mathrm{d}\Omega}{\mathrm{d}t}+\frac{\partial y}{\partial \omega}\frac{\mathrm{d}\omega}{\mathrm{d}t} \tag{6.4.22}$$

式（6.4.22）可以改写成如下形式

$$\frac{\mathrm{d}y}{\mathrm{d}t}=a_{\mathrm{T}}(B_{y\mathrm{r}}u_{\mathrm{r}}+B_{y\mathrm{t}}u_{\mathrm{t}}+B_{y\mathrm{n}}u_{\mathrm{n}}) \tag{6.4.23}$$

其中，$B_{y\mathrm{r}}$、$B_{y\mathrm{t}}$ 和 $B_{y\mathrm{n}}$ 分别为

$$\begin{cases}B_{y\mathrm{r}}=\dfrac{\partial y}{\partial a}A_{a\mathrm{r}}+\dfrac{\partial y}{\partial e}A_{e\mathrm{r}}+\dfrac{\partial y}{\partial i}A_{i\mathrm{r}}+\dfrac{\partial y}{\partial \Omega}A_{\Omega\mathrm{r}}+\dfrac{\partial y}{\partial \omega}A_{\omega\mathrm{r}}\\ B_{y\mathrm{t}}=\dfrac{\partial y}{\partial a}A_{a\mathrm{t}}+\dfrac{\partial y}{\partial e}A_{e\mathrm{t}}+\dfrac{\partial y}{\partial i}A_{i\mathrm{t}}+\dfrac{\partial y}{\partial \Omega}A_{\Omega\mathrm{t}}+\dfrac{\partial y}{\partial \omega}A_{\omega\mathrm{t}}\\ B_{y\mathrm{n}}=\dfrac{\partial y}{\partial a}A_{a\mathrm{n}}+\dfrac{\partial y}{\partial e}A_{e\mathrm{n}}+\dfrac{\partial y}{\partial i}A_{i\mathrm{n}}+\dfrac{\partial y}{\partial \Omega}A_{\Omega\mathrm{n}}+\dfrac{\partial y}{\partial \omega}A_{\omega\mathrm{n}}\end{cases} \tag{6.4.24}$$

结合式（6.4.3）和式（6.4.23）可以容易地推导出使轨道参数 y 增加最快的局部最优控制律，下面以探测器轨道的近日点距离为例进行讨论。

探测器日心轨道的近日点距离 r_{p} 可以表示为

$$r_{\mathrm{p}}=a(1-e) \tag{6.4.25}$$

根据式（6.4.22），近日点距离的微分方程可以写成

$$\frac{\mathrm{d}r_{\mathrm{p}}}{\mathrm{d}t}=(1-e)\frac{\mathrm{d}a}{\mathrm{d}t}-a\frac{\mathrm{d}e}{\mathrm{d}t} \tag{6.4.26}$$

根据式（6.1.6）和式（6.4.15），式（6.4.26）可以改写成

$$\frac{\mathrm{d}r_{\mathrm{p}}}{\mathrm{d}t}=a_{\mathrm{T}}\left\{-\frac{a^{2}}{h}(1-e)^{2}\sin\nu u_{\mathrm{r}}+\frac{ap}{h}\left[\frac{2a(1-e)}{r}-\cos E-\cos\nu\right]u_{\mathrm{t}}\right\} \tag{6.4.27}$$

利用式（6.4.3）可以得到使近日点距离增加最快的局部最优控制律，具体形式这里不再给出。

6.4.3 局部最优控制的加权组合

在实际的轨道转移任务中，一般需要同时改变多个轨道参数，使它们达到要求的目标值，例如同时改变轨道半长轴、偏心率和倾角，这无法通过单一轨道参数的局部最优控制律来实现。下面介绍一种局部最优控制律加权组合控制方法。

定义 a_{f}、e_{f} 和 i_{f} 为期望的目标轨道半长轴、偏心率和倾角，构造李亚普诺夫函数如下

$$V=k_{\mathrm{a}}(a-a_{\mathrm{f}})^{2}+k_{\mathrm{e}}(e-e_{\mathrm{f}})^{2}+k_{\mathrm{i}}(i-i_{\mathrm{f}})^{2} \tag{6.4.28}$$

其中，k_{a}、k_{e} 和 k_{i} 为加权系数，且均大于零。

根据李亚普诺夫函数的定义，始终有 $V\geqslant 0$，当探测器到达期望目标轨道时，$V=0$。

李亚普诺夫函数对时间 t 的导数为

$$\frac{\mathrm{d}V}{\mathrm{d}t}=2k_{\mathrm{a}}(a-a_{\mathrm{f}})\frac{\mathrm{d}a}{\mathrm{d}t}+2k_{\mathrm{e}}(e-e_{\mathrm{f}})\frac{\mathrm{d}e}{\mathrm{d}t}+2k_{\mathrm{i}}(i-i_{\mathrm{f}})\frac{\mathrm{d}i}{\mathrm{d}t} \tag{6.4.29}$$

要使李亚普诺夫尽快减小至零，应采用使李亚普诺夫减小最快的局部最优控制律。

定义

$$\begin{cases}C_{\mathrm{r}}=2k_{\mathrm{a}}(a-a_{\mathrm{f}})A_{\mathrm{ar}}+2k_{\mathrm{e}}(e-e_{\mathrm{f}})A_{\mathrm{er}}+2k_{\mathrm{i}}(i-i_{\mathrm{f}})A_{\mathrm{ir}}\\ C_{\mathrm{t}}=2k_{\mathrm{a}}(a-a_{\mathrm{f}})A_{\mathrm{at}}+2k_{\mathrm{e}}(e-e_{\mathrm{f}})A_{\mathrm{et}}+2k_{\mathrm{i}}(i-i_{\mathrm{f}})A_{\mathrm{it}}\\ C_{\mathrm{n}}=2k_{\mathrm{a}}(a-a_{\mathrm{f}})A_{\mathrm{an}}+2k_{\mathrm{e}}(e-e_{\mathrm{f}})A_{\mathrm{en}}+2k_{\mathrm{i}}(i-i_{\mathrm{f}})A_{\mathrm{in}}\end{cases} \tag{6.4.30}$$

则式（6.4.29）可以改写成

$$\frac{\mathrm{d}V}{\mathrm{d}t}=a_{\mathrm{T}}(C_{\mathrm{r}}u_{\mathrm{r}}+C_{\mathrm{t}}u_{\mathrm{t}}+C_{\mathrm{n}}u_{\mathrm{n}}) \tag{6.4.31}$$

根据式（6.4.4）可以得到使李亚普诺夫减小最快的局部最优控制律

$$\boldsymbol{u}_{\mathrm{V}}^{-}=-\frac{1}{\sqrt{C_{\mathrm{r}}^{2}+C_{\mathrm{t}}^{2}+C_{\mathrm{n}}^{2}}}\begin{bmatrix}C_{\mathrm{r}}\\ C_{\mathrm{t}}\\ C_{\mathrm{n}}\end{bmatrix} \tag{6.4.32}$$

对于某一行星际转移任务，设探测器初始质量为 3 000 kg，推进系统的推力恒定为 0.2 N，比冲为 3 000 s，探测器绕太阳的初始轨道和目标轨道参数见表 6.4.1。

表 6.4.1 转移任务初始轨道和目标轨道参数

轨道参数	初始轨道	目标轨道
轨道半长轴 a /AU	1.0	2.0
轨道偏心率 e	0.3	0.1
轨道倾角 i /(°)	5.0	10.0
升交点赤经 Ω/(°)	0.0	—
近日点角距 ω /(°)	90.0	—
真近点角 ν /(°)	0.0	—

采用式（6.4.32）的控制律对探测器轨道进行控制，加权系数选为

$$k_a = 2.0, k_e = 1.0, k_i = 1.0 \tag{6.4.33}$$

对传统轨道根数描述的动力学方程（6.1.6）进行数值积分，直至李亚普诺夫函数减小至零。图 6.4.4 给出了李亚普诺夫函数随时间的变化。

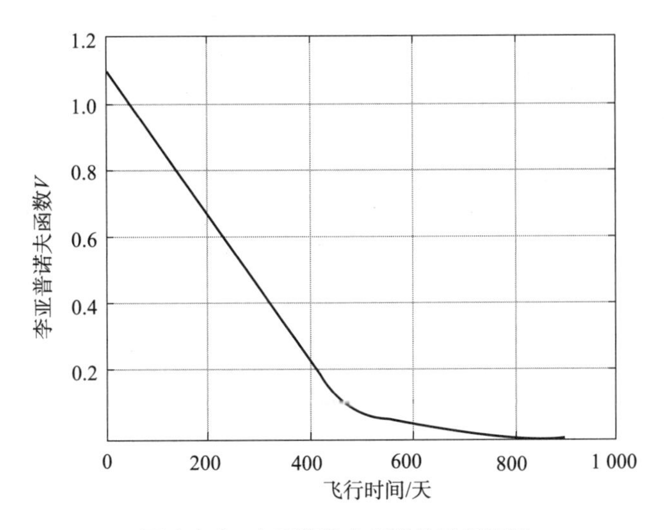

图 6.4.4　李亚普诺夫函数的时间历程

图 6.4.5 给出了局部最优控制律作用下的探测器转移轨道，图 6.4.6 ~ 图 6.4.8 分别为轨道半长轴 a 、偏心率 e 、倾角 i 随时间的变化。

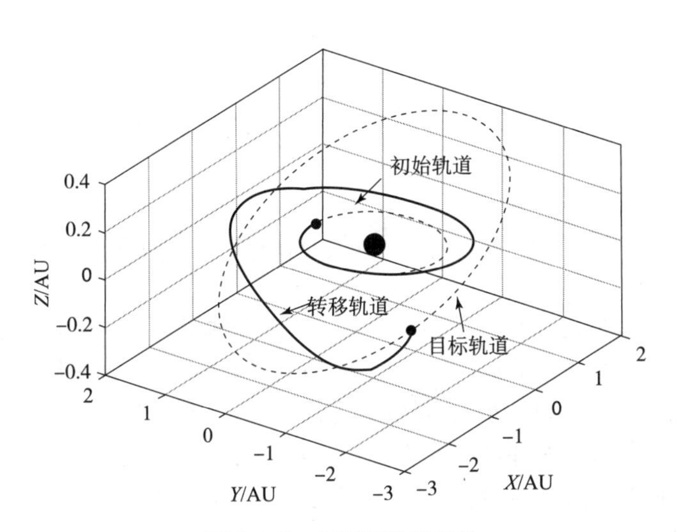

图 6.4.5　探测器转移轨道

需要强调的是，加权系数是影响探测器转移轨道的重要参数，加权系数的选取可以考虑 3 个途径：①采用优化技术对加权系数进行优选；②采用时变加权系数；③根据各轨道根数的改变效率选择加权系数。如何选取最优的加权系数也一直是研究的热点问题。

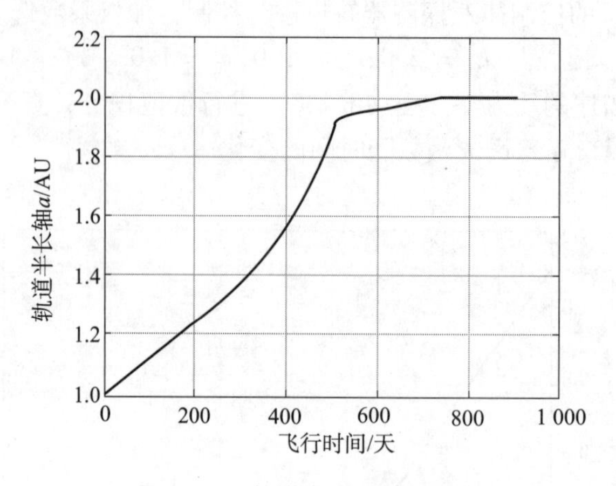

图 6.4.6　轨道半长轴时间历程

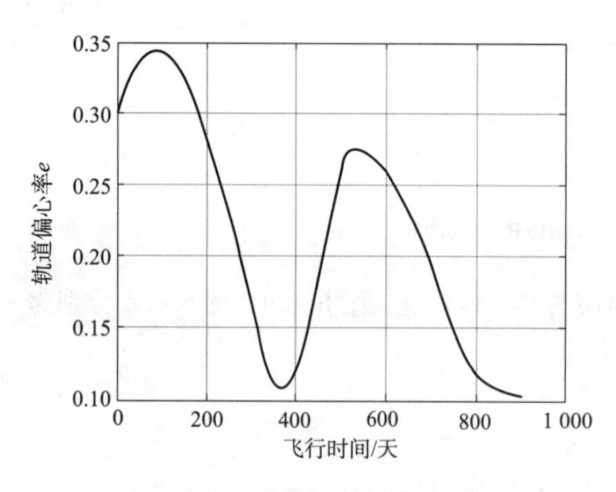

图 6.4.7　轨道偏心率时间历程

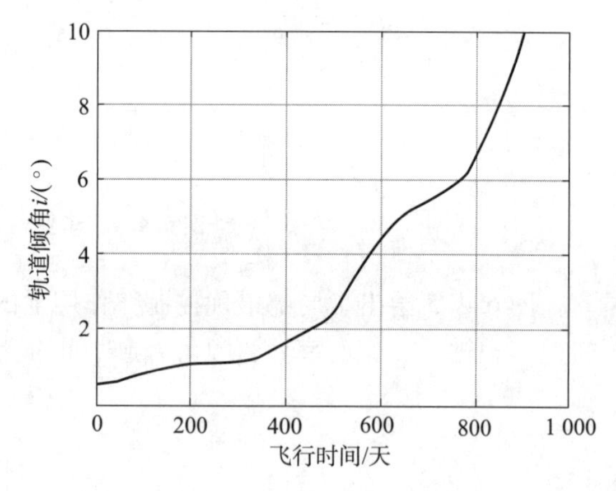

图 6.4.8　轨道倾角时间历程

6.5　连续小推力轨道的离散脉冲方法

形状逼近法和局部最优控制律法都是基于连续推力轨道动力学的特点发展的近似求解方法，具有形式简洁、计算效率高的特点。然而，它们的缺点也是很明显的。形状逼近法中引入了推力方向假设，并且推力大小通常很难与实际的推进系统输出相匹配，一般用于轨道的初始设计问题。局部最优控制律法并非为真实的最优控制，加权系数选择一直是一个难题。为了满足实际行星际探测任务设计要求，JPL 实验室的 Sims 和 Flanagan 发展了一种离散脉冲方法，该方法计算简单，轨道设计效果好，被广泛应用于行星际连续推力轨道的设计与分析中。

6.5.1　离散脉冲法的基本原理

采用笛卡儿坐标系模型，在连续推力作用下，探测器的运动受控于式（6.1.3）。对探测器轨道进行轨道递推时，需要知道连续的推力加速度矢量 $\boldsymbol{a}_{\mathrm{T}}(t)$，其由 t 时刻的推力矢量

$\boldsymbol{T}(t)$ 和探测器的质量 $m(t)$ 决定。定义 t_0 和 t_f 分别为探测器运动的初始和终端时刻，在时间域 $[t_0, t_f]$ 上将探测器轨道等分离散化为 N 段，得到时间序列

$$t_0 = t_1 < t_2 < \cdots < t_N < t_{N+1} = t_f \tag{6.5.1}$$

每个离散段上的飞行时间为

$$\Delta t = t_{i+1} - t_i = \frac{t_f - t_0}{N}, i = 1, \cdots, N \tag{6.5.2}$$

在每个离散段 $[t_i, t_{i+1}]$ 上，做如下假设：

①推力矢量 $\boldsymbol{T}_i(t)$ 和探测器质量 $m_i(t)$ 都保持不变；

②连续推力加速度的累积作用等效于施加在该离散段上中点处的速度脉冲作用，且脉冲方向与连续推力方向一致。

基于以上两个假设，连续推力轨道被近似成 N 次离散脉冲轨道，相邻两个脉冲之间的轨道为圆锥曲线轨道，该方法称为离散脉冲轨道方法。离散脉冲轨道示意图如图 6.5.1 所示。

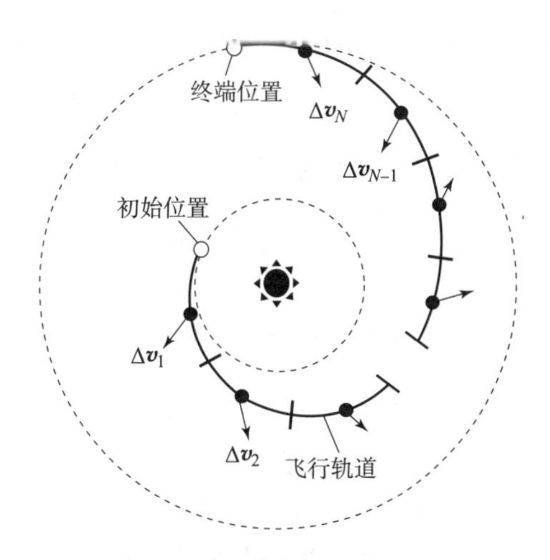

图 6.5.1 离散脉冲轨道示意图

根据离散脉冲的基本原理，在离散段 $[t_i, t_{i+1}]$ 上，若已知探测器在初始 t_i 时刻的轨道状态，以及中点处施加的速度脉冲 $\Delta \boldsymbol{v}_i$，则终端 t_{i+1} 时刻探测器的状态计算方式如下。首先根据初始轨道状态，利用开普勒递推计算中点处施加脉冲机动前的轨道状态。然后，机动后中点处的速度矢量为

$$\boldsymbol{v}^{+}(t_i + \Delta t) = \boldsymbol{v}^{-}(t_i + \Delta t) + \Delta \boldsymbol{v}_i \tag{6.5.3}$$

其中，上标 - 和 + 分别表示轨道机动前和机动后。

根据机动后的轨道状态，利用开普勒递推可以计算终端 t_{i+1} 时刻探测器的轨道状态。对于施加的速度脉冲 $\Delta \boldsymbol{v}_i$，探测器的质量需要进行更新，表示为

$$m_{i+1} = m_i \exp\left(\frac{-\|\Delta \boldsymbol{v}_i\|}{I_{sp} g_0}\right) \tag{6.5.4}$$

对于给定推进系统，在每个离散段内能够提供的最大等效脉冲增量是有限的。最大等效脉冲可以表示为

$$\Delta \boldsymbol{v}_i^{\max} = \tau_i \frac{T_i}{\dot{m}_i} \Delta t \tag{6.5.5}$$

其中，$0 \leqslant \tau \leqslant 1$，为占空比。

在日心引力场中，假定探测器初始质量为1 000 kg，连续推进系统推力恒定为$T=0.2$ N，比冲为3 000 s。探测器从半径为1 AU的圆轨道出发，在沿速度方向的连续推力作用下飞行1 000天。分别利用连续推力作用下的轨道数值积分和离散脉冲方法对轨道进行计算，得到的飞行轨道如图6.5.2所示。

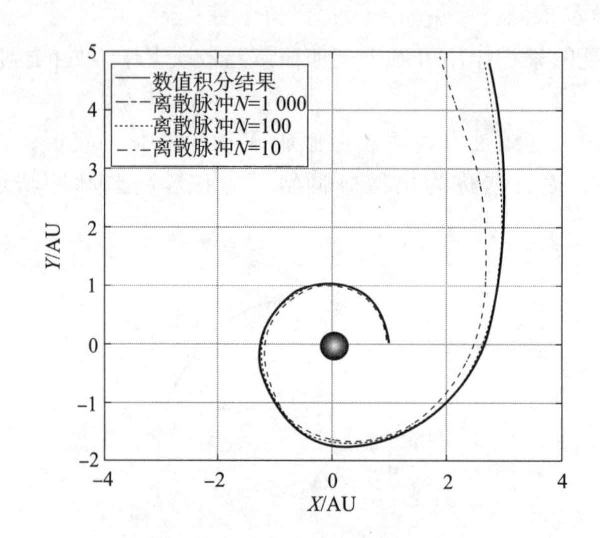

图6.5.2 离散脉冲法与数值积分法的比较

观察图6.5.2，当离散段数$N=10$时，每个离散段对应的飞行时间为100天，两种计算方法得到的飞行轨道逐渐偏离。随着离散段数的增大，两种方法计算的飞行轨道越来越接近，当$N=1\,000$时，两条轨道基本重合。这个现象很好理解，当$N\to\infty$时，离散脉冲轨道与连续推力轨道是等价的。可见，N越大，离散脉冲方法的计算精度越高，但轨道的计算效率就越低，因此，应合理对离散段数N进行选择。

6.5.2 离散脉冲两点边值问题

假定探测器在初始t_0时刻的位置矢量$\boldsymbol{r}_0$、速度矢量$\boldsymbol{v}_0$和质量m_0固定，在终端t_f时刻的位置矢量$\boldsymbol{r}_f$和速度矢量$\boldsymbol{v}_f$已知，质量m_f自由。要求在连续推进系统参数给定情况下，确定探测器的飞行轨道，使某一性能指标达到最小，性能指标一般选为飞行时间最短或燃料消耗最少。本质上，这是一个轨迹优化问题，常规的求解方法将在第7章中重点介绍，这里重点介绍如何利用离散脉冲方法求解该问题。

考虑时间固定的燃料消耗最少转移问题，该问题等价于终端质量最大问题。定义最小化性能指标为

$$J = -m_f \tag{6.5.6}$$

按照飞行时间将整个飞行轨道等分为两部分，定义$(t_0+t_f)/2$时刻为拼接点。将前后两部分轨道都等分为N段。对于前半部分轨道，以$\boldsymbol{x}_0=[\boldsymbol{r}_0^{\mathrm{T}},\ \boldsymbol{v}_0^{\mathrm{T}},\ m_0]^{\mathrm{T}}$为初值进行离散脉冲轨

道正向递推，得到拼接点处的状态 $\boldsymbol{x}_{\mathrm{F}}$；对于后半段轨道，以 $\boldsymbol{x}_f=[\boldsymbol{r}_f^{\mathrm{T}},\boldsymbol{v}_f^{\mathrm{T}},m_f]^{\mathrm{T}}$ 为初值进行离散脉冲轨道反向递推，得到拼接点处的状态 $\boldsymbol{x}_{\mathrm{B}}$。则两部分轨道在拼接点处的状态差可以表示为

$$\boldsymbol{\Psi}=\boldsymbol{x}_{\mathrm{F}}-\boldsymbol{x}_{\mathrm{B}} \tag{6.5.7}$$

若飞行轨道是可行的，则应该有 $\Psi=0$。轨道拼接示意图如图 6.5.3 所示。

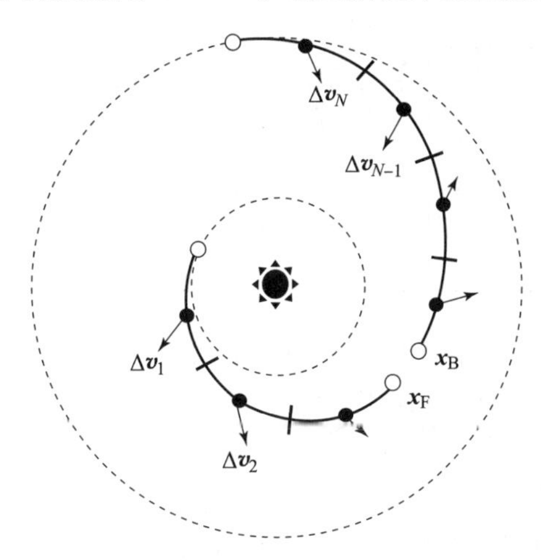

图 6.5.3　离散脉冲轨道拼接示意图

通过上面的讨论，燃料消耗最少转移问题可以归结为如下参数优化问题。

优化变量为

$$\boldsymbol{Z}=[\Delta\boldsymbol{v}_{\mathrm{F1}},\Delta\boldsymbol{v}_{\mathrm{F2}},\cdots,\Delta\boldsymbol{v}_{\mathrm{F}N},\Delta\boldsymbol{v}_{\mathrm{B1}},\Delta\boldsymbol{v}_{\mathrm{B2}},\cdots,\Delta\boldsymbol{v}_{\mathrm{B}N},m_f]^{\mathrm{T}} \tag{6.5.8}$$

性能指标为

$$J(\boldsymbol{Z})=-m_f \tag{6.5.9}$$

约束条件为

$$\boldsymbol{\Psi}(\boldsymbol{Z})=\boldsymbol{x}_{\mathrm{F}}-\boldsymbol{x}_{\mathrm{B}}=0 \tag{6.5.10}$$

式（6.5.8）~式（6.5.9）为带有等式约束的非线性规划问题，可以采用序列二次规划算法等进行求解，这里不再赘述。需要指出的是，离散脉冲法同样可以处理飞行时间自由的问题，对于这种情况，只需将飞行时间作为优化变量即可。

6.5.3　离散脉冲方法的应用

本节中将利用离散脉冲方法处理行星际连续小推力轨道优化问题。以金星探测交会任务为例，探测器在连续常值推力作用下由地球转移至金星，从地球出发时，发射能量 $C_3=0$，到达金星影响球时，相对金星的双曲线超速 $v_{\infty\mathrm{A}}=0$，表 6.5.1 给出了轨道设计条件。

表 6.5.1　连续推力作用下金星交会探测任务轨道设计条件

任务参数	参数值
发射时间（yyyy/mm/dd）	2025/08/10
飞行时间/天	600

续表

任务参数	参数值
从地球出发时位置矢量/AU	$[7.448\,358\times10^{-1},\ -6.876\,258\times10^{-1},\ 3.601\,645\times10^{-5}]$
从地球出发时速度矢量/VU	$[6.621\,488\times10^{-1},\ 7.311\,013\times10^{-1},\ -4.596\,398\times10^{-5}]$
到达金星时位置矢量/AU	$[2.182\,203\times10^{-1},\ -6.939\,496\times10^{-1},\ -2.212\,690\times10^{-2}]$
到达金星时速度矢量/VU	$[1.113\,737\times10^{0},\ 3.487\,250\times10^{-1},\ -5.946\,944\times10^{-2}]$
发动机比冲/s	3 000
发动机最大推力幅值/N	0.30
探测器初始质量/kg	2 000

对于以上探测任务要求，将整条转移轨道等分为 50 段，利用离散脉冲方法构建转移轨道的优化模型，得到非线性规划问题。由于从地球出发时间和到达金星的时间都固定，非线性规划问题共有自由参数 151 个，在轨道中点处需要满足的约束方程有 7 个，采用序列二次规划算法对该问题进行求解。

优化得到的探测器终端质量为 1 581.751 kg，推进系统在整个飞行过程中的等效脉冲为 6 904.712 m/s，最优转移轨道如图 6.5.4 所示。最优转移轨道的控制结构为 bang – bang 控制，控制序列为“喷 – 停 – 喷 – 停 – 喷”，如图 6.5.5 所示。

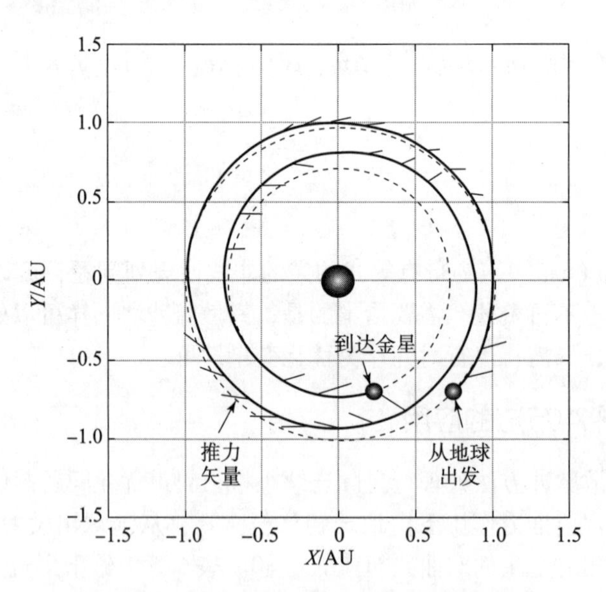

图 6.5.4　地球 – 金星燃料消耗最少转移轨道

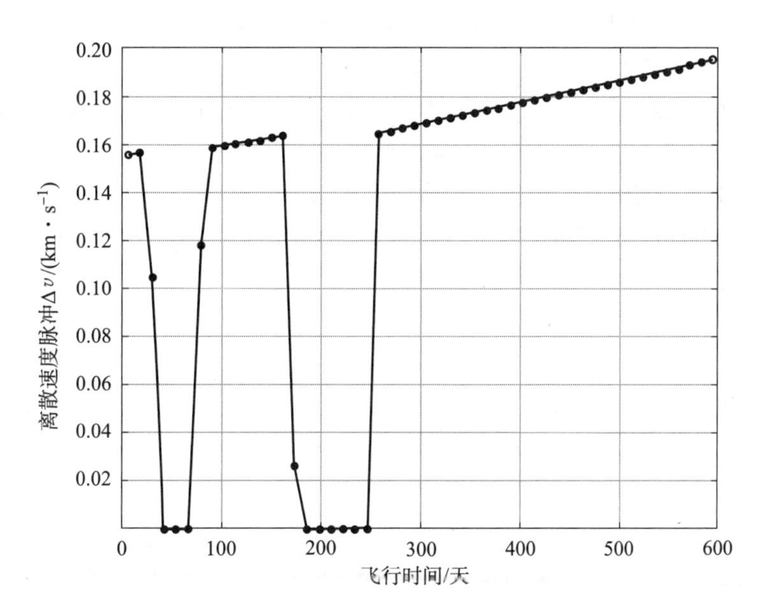

图 6.5.5 离散脉冲的时间历程

参考文献

[1] Kechichian J A. Optimal Low – Thrust Rendezvous Using Equinoctial Orbit Elements [J]. Acta Astronautica, 1996, 38 (1): 1 – 14.

[2] Walker M J H. A Set of Modified Equinoctial Orbit Elements [J]. Celestial Mechanics, 1985, 36 (4): 409 – 419.

[3] Dachwald B, Seboldt W, Richter L. Multiple Rendezvous and Sample Return Missions to Near – Earth Objects Using Solar Sailcraft [J]. Acta Astronautica, 2006, 59 (8): 768 – 776.

[4] Stephen K. Interplanetary Mission Analysis and Design [M]. Praxis Publishing Ltd, Chichester, UK, 2006.

[5] Kluever C A. Simple Guidance Scheme for Low – Thrust Orbit Transfers [J]. Journal of Guidance, Control, and Dynamics, 1998, 21 (6): 1015 – 1017.

[6] Macdonald M, Mcinnes C. Analytical Control Laws for Planet – Centered Solar Sailing [J]. Journal of Guidance, Control, and Dynamics, 2005, 28 (5): 1038 – 1048.

[7] Izzo D. Lambert's Problem for Exponential Sinusoids [J]. Journal of Guidance, Control, and Dynamics, 2006, 29 (5): 1242 – 1245.

[8] 尚海滨，崔平远，乔栋．基于形状的行星际小推力转移轨道初始设计方法 [J]. 宇航学报，2010，31 (6): 1 – 6.

[9] Wall B J, Conway B A. Shape – Based Approach to Low – Thrust Rendezvous Trajectory Design [J]. Journal of Guidance, Control, and Dynamics, 2009, 32 (1): 95 – 101.

[10] 尚海滨，崔平远，乔栋．行星际小推力轨道 Lambert 解及应用研究 [J]. 航空学报，2010，31 (9): 1752 – 1757.

[11] 尚海滨，崔平远，栾恩杰．近地微推进转移轨道的加权组合制导策略［J］．航空学报，2007，28（6）：1419－1427.

[12] Sims J A，Flanagan S N. Preliminary Design of Low－Thrust Interplanetary Missions［J］. Advances in the Astronautical Sciences，1999（103）：583－592.

[13] Englander J A，Conway B A. Automated Solution of the Low－Thrust Interplanetary Trajectory Problem［J］. Journal of Guidance，Control，and Dynamics，2017，40（1）：15－27.

第7章

行星际飞行轨道优化方法

轨道优化是行星际飞行轨道研究的热点问题。行星际飞行轨道设计通常分为初始设计和优化设计两步。初始设计的轨道有时不能很好地满足轨道动力学和任务约束的要求，并且轨道的性能指标一般也没有达到最佳值。另外，在实际的探测任务中，飞行轨道会受到多种因素的影响而偏离标称轨道。对于这些情况，都需要对轨道进行优化或修正。本章主要介绍4种行星际飞行轨道优化涉及的方法，包括微分修正方法、间接轨道优化方法、主矢量方法和直接轨道优化方法。

7.1 轨道微分修正方法

微分修正方法是一种数值打靶方法，在行星际飞行轨道研究中有着广泛的应用，例如轨道的精确设计、中途修正，以及周期轨道的搜索。微分修正的实质是调整某一时刻轨道的某些参量，使轨道的终端满足要求的约束条件。下面将从动力学系统的角度，对微分修正方法的原理进行介绍。

7.1.1 轨迹变分原理

1. 时间固定变分

考虑自治动力学系统，轨迹动力学方程可以表示为常微分向量方程的形式

$$\dot{\boldsymbol{x}} = \boldsymbol{f}(\boldsymbol{x}) \tag{7.1.1}$$

其中，$\boldsymbol{x}$ 为 n 维的系统状态变量。

令 $\boldsymbol{x}_0 = \boldsymbol{x}(t_0)$ 为初始 t_0 时刻的状态，记 $\boldsymbol{x}(t,\boldsymbol{x}_0)$ 为过点 $\boldsymbol{x}_0$ 的轨迹，在动力学系统理论中称为流，其是关于时间 t 和 $\boldsymbol{x}_0$ 的连续可微函数。根据上述定义，轨迹动力学方程可以改写为

$$\dot{\boldsymbol{x}}(t,\boldsymbol{x}_0) = \boldsymbol{f}(\boldsymbol{x}(t,\boldsymbol{x}_0)) \tag{7.1.2}$$

由常微分方程的性质，对于给定的 $\boldsymbol{x}_0$ 和 t，$\boldsymbol{x}(t,\boldsymbol{x}_0)$ 是唯一确定的，并且有

$$\boldsymbol{x}(t_0,\boldsymbol{x}_0) = \boldsymbol{x}_0 \tag{7.1.3}$$

假定某一条轨迹的初始状态 $\boldsymbol{x}_0^*$ 已知，对应的轨迹为 $\boldsymbol{x}^*(t,\boldsymbol{x}_0^*)$，下文中将称这条轨迹为参考轨迹。不考虑时间 t 摄动，对参考轨迹的初始状态进行微小摄动，表示为

$$\boldsymbol{x}_0 = \boldsymbol{x}_0^* + \delta\boldsymbol{x}_0 \tag{7.1.4}$$

其中，$\delta\boldsymbol{x}_0$ 为 n 维的摄动量。

摄动后轨迹将偏离参考轨道，如图7.1.1所示。定义 t 时刻摄动轨迹与参考轨迹的状态

偏差为 $\delta\boldsymbol{x}(t)$，则可以表示成

$$\delta\boldsymbol{x}(t) = \boldsymbol{x}(t,\boldsymbol{x}_0^* + \delta\boldsymbol{x}_0) - \boldsymbol{x}^*(t,\boldsymbol{x}_0^*) \tag{7.1.5}$$

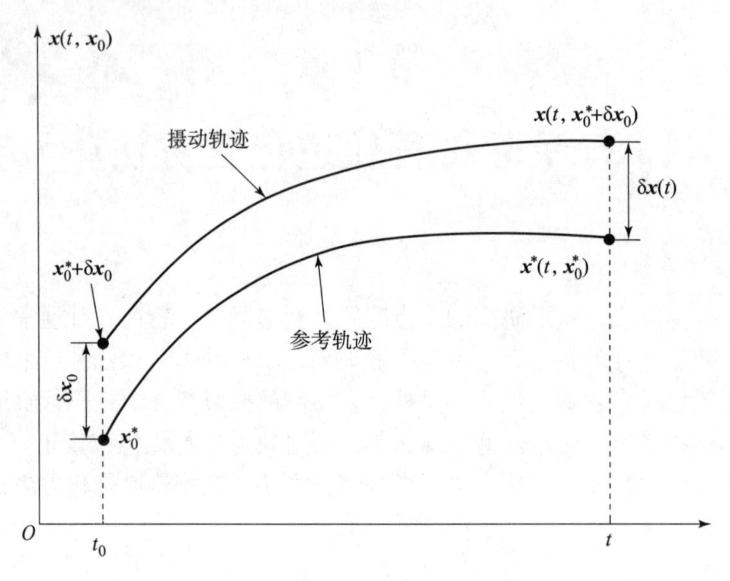

图 7.1.1 时间固定变分示意图

将式（7.1.5）右端在 $\boldsymbol{x}_0^*$ 附近进行泰勒级数展开并只保留一阶项，可得

$$\delta\boldsymbol{x}(t) \approx \boldsymbol{x}^*(t,\boldsymbol{x}_0^*) + \frac{\partial\boldsymbol{x}(t,\boldsymbol{x}_0^*)}{\partial\boldsymbol{x}_0}\delta\boldsymbol{x}_0 - \boldsymbol{x}^*(t,\boldsymbol{x}_0^*) = \frac{\partial\boldsymbol{x}(t,\boldsymbol{x}_0^*)}{\partial\boldsymbol{x}_0}\delta\boldsymbol{x}_0 \tag{7.1.6}$$

定义 $n \times n$ 维矩阵为

$$\boldsymbol{\Phi}(t,t_0) = \frac{\partial\boldsymbol{x}(t,\boldsymbol{x}_0^*)}{\partial\boldsymbol{x}_0} \tag{7.1.7}$$

则式（7.1.6）可以改写成

$$\delta\boldsymbol{x}(t) = \boldsymbol{\Phi}(t,t_0)\delta\boldsymbol{x}_0 \tag{7.1.8}$$

式（7.1.8）反映了摄动状态偏差 $\delta\boldsymbol{x}(t)$ 与初始状态摄动 $\delta\boldsymbol{x}_0$ 之间的线性映射关系，矩阵 $\boldsymbol{\Phi}(t,t_0)$ 称为系统（7.1.1）的状态转移矩阵。

根据动力学系统理论，式（7.1.8）为自治系统（7.1.1）对应的变分方程的解，变分方程表示为

$$\dot{z} = \boldsymbol{A}(t)z \tag{7.1.9}$$

其中，$n \times n$ 维矩阵 $\boldsymbol{A}(t)$ 为由 $\boldsymbol{x}(t,\boldsymbol{x}_0)$ 到 $\dot{x}(t,\boldsymbol{x}_0)$ 的雅可比矩阵，表示为

$$\boldsymbol{A}(t) = \frac{\partial\dot{\boldsymbol{x}}(t,\boldsymbol{x}_0)}{\partial\boldsymbol{x}(t,\boldsymbol{x}_0)} = \left.\frac{\partial\boldsymbol{f}}{\partial\boldsymbol{x}}\right|_{\boldsymbol{x}_0} \tag{7.1.10}$$

系统（7.1.9）为线性齐次微分方程组，其性质可以参考文献［1］。

2. 时间不定变分

若对参考轨迹的时间 t^* 也进行摄动，表示为

$$t = t^* + \delta t \tag{7.1.11}$$

则摄动后轨迹与参考轨迹在时刻 t 的偏差可以表示为

$$\delta\boldsymbol{x}(t) = \boldsymbol{x}(t^* + \delta t,\boldsymbol{x}_0^* + \delta\boldsymbol{x}_0) - \boldsymbol{x}^*(t^*,\boldsymbol{x}_0^*) \tag{7.1.12}$$

将式（7.1.12）右端在 $\boldsymbol{x}_0^*$ 和 t^* 附近进行泰勒级数展开并只保留一阶项，可得

$$\delta\boldsymbol{x}(t) \approx \frac{\partial\boldsymbol{x}(t^*,\boldsymbol{x}_0^*)}{\partial\boldsymbol{x}_0}\delta\boldsymbol{x}_0 + \frac{\partial\boldsymbol{x}(t^*,\boldsymbol{x}_0^*)}{\partial t}\delta t \tag{7.1.13}$$

由式（7.1.13）可知，轨迹状态偏差 $\delta\boldsymbol{x}(t)$ 由两项组成：第一项是由初始摄动 $\delta\boldsymbol{x}_0$ 引起的状态偏差，定义为 $\delta\boldsymbol{x}_1$，这与时间固定变分是一样的；第二项是由时间摄动 δt 引起的状态偏差，定义为 $\delta\boldsymbol{x}_2$。轨迹偏差示意图如图 7.1.2 所示。

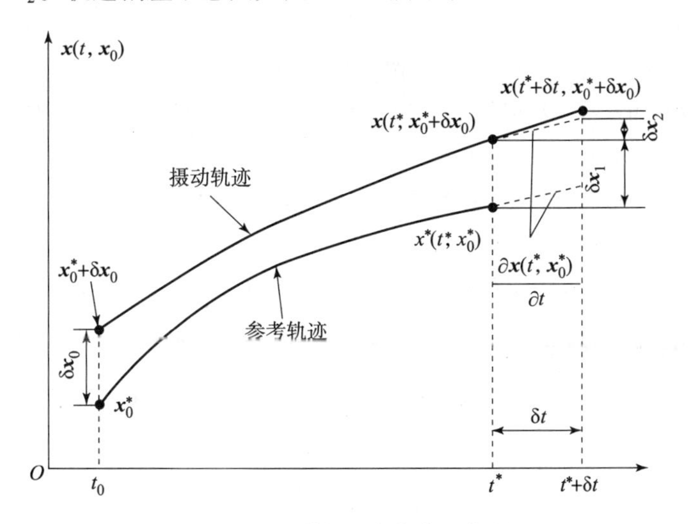

图 7.1.2　时间不定变分示意图

式（7.1.13）中，$\partial\boldsymbol{x}(t^*,\boldsymbol{x}_0^*)/\partial t$ 为参考轨迹状态在 t^* 时刻的微分，定义为 $\dot{\boldsymbol{x}}(t^*)$。结合式（7.1.8），式（7.1.13）的一般形式可以写成

$$\delta\boldsymbol{x}(t) = \boldsymbol{\Phi}(t,t_0)\delta\boldsymbol{x}_0 + \dot{x}(t)\delta t \tag{7.1.14}$$

式（7.1.14）建立了轨迹状态偏差 $\delta\boldsymbol{x}(t)$ 与初始状态摄动 $\delta\boldsymbol{x}_0$ 和时间摄动 δt 的线性映射关系。式（7.1.8）和式（7.1.14）是对轨迹进行微分修正的基础。

3. 状态转移矩阵

状态转移矩阵是航天器轨道动力学研究中的重要工具，在 3.7 节不变流形的理论中也有涉及。状态转移矩阵 $\boldsymbol{\Phi}(t,t_0)$ 反映了系统（7.1.1）从 t_0 到 t 时刻轨迹状态微小摄动之间的线性映射。记 $\boldsymbol{x}(t_0)$ 和 $\boldsymbol{x}(t)$ 分别为 t_0 和 t 时刻的轨迹状态，则由 t_0 到 t 时刻的状态转移矩阵一般形式为

$$\boldsymbol{\Phi}(t,t_0) = \frac{\partial\boldsymbol{x}(t)}{\partial\boldsymbol{x}(t_0)} = \begin{bmatrix} \frac{\partial x_1(t)}{\partial x_1(t_0)} & \frac{\partial x_1(t)}{\partial x_2(t_0)} & \cdots & \frac{\partial x_1(t)}{\partial x_n(t_0)} \\ \frac{\partial x_2(t)}{\partial x_1(t_0)} & \frac{\partial x_2(t)}{\partial x_2(t_0)} & \cdots & \frac{\partial x_2(t)}{\partial x_n(t_0)} \\ \vdots & \vdots & & \vdots \\ \frac{\partial x_n(t)}{\partial x_1(t_0)} & \frac{\partial x_n(t)}{\partial x_2(t_0)} & \cdots & \frac{\partial x_n(t)}{\partial x_n(t_0)} \end{bmatrix} \tag{7.1.15}$$

其中，$x_i(t), i = 1,2,\cdots,N$ 和 $x_i(t_0), i = 1,2,\cdots,N$ 分别为 $\boldsymbol{x}(t)$ 和 $\boldsymbol{x}(t_0)$ 的分量。

状态转移矩阵满足的微分方程可以通过式（7.1.7）两端对时间 t 求导得到

$$\dot{\boldsymbol{\Phi}}(t,t_0)=\frac{\mathrm{d}}{\mathrm{d}t}\frac{\partial \boldsymbol{x}(t,\boldsymbol{x}_0^*)}{\partial \boldsymbol{x}_0}=\frac{\partial \boldsymbol{f}(\boldsymbol{x}(t,\boldsymbol{x}_0^*))}{\partial \boldsymbol{x}(t,\boldsymbol{x}_0^*)}\frac{\partial \boldsymbol{x}(t,\boldsymbol{x}_0^*)}{\partial \boldsymbol{x}_0} \tag{7.1.16}$$

结合式（7.1.10），式（7.1.16）可以改写成

$$\dot{\boldsymbol{\Phi}}(t,t_0)=\boldsymbol{A}(t)\boldsymbol{\Phi}(t,t_0) \tag{7.1.17}$$

可以发现，动力学系统（7.1.1）的变分方程和状态转移矩阵微分方程具有同样的雅可比矩阵 $\boldsymbol{A}(t)$。若将式（7.1.17）展开，则共有 n^2 个一阶常微分方程。状态转移矩阵 $\boldsymbol{\Phi}(t,t_0)$ 为辛矩阵，具有如下性质：

① $\boldsymbol{\Phi}(t_0,t_0)=\boldsymbol{I}_{n\times n}$，$\boldsymbol{I}_{n\times n}$ 为 $n\times n$ 的单位阵；

② t_0 到 t 时刻的状态转移矩阵与 t 到 t_0 时刻的状态转移矩阵互为逆矩阵，即满足 $\boldsymbol{\Phi}(t_0,t)\boldsymbol{\Phi}(t,t_0)=\boldsymbol{I}_{n\times n}$。

由式（7.1.17）可知，矩阵 $\boldsymbol{A}(t)$ 是时间的函数，这表明若参考轨迹不存在解析解，则状态转移矩阵也无法解析地进行求解。因此，状态转移矩阵一般需要通过数值积分动力学方程（7.1.1）和式（7.1.17）计算得到，共包括 n^2+n 个一阶常微分方程。

7.1.2 微分修正方法

考虑 n 维自治动力学系统，定义如下轨迹修正问题：假定轨迹的自由参数为 k 维，表示为

$$\boldsymbol{y}=[y_1,y_2,\cdots,y_k]^{\mathrm{T}} \tag{7.1.18}$$

要求通过调整自由参数 $\boldsymbol{y}$ 使轨迹满足如下 m 维约束方程

$$\boldsymbol{F}(\boldsymbol{y})=[F_1,F_2,\cdots,F_m]^{\mathrm{T}}=0 \tag{7.1.19}$$

轨迹修正问题可以看作是关于自由参数 $\boldsymbol{y}$ 的非线性方程组求解问题。

定义 $\boldsymbol{y}_0$ 为某条已知初始轨迹对应的自由参数，该初始轨迹不满足约束方程（7.1.19）。将约束方程 $\boldsymbol{F}(\boldsymbol{y})$ 在 $\boldsymbol{y}_0$ 附近进行泰勒级数展开，取一阶项，则式（7.1.19）可以表示为

$$\boldsymbol{F}(\boldsymbol{y})\approx\boldsymbol{F}(\boldsymbol{y}_0)+\mathrm{D}\boldsymbol{F}(\boldsymbol{y}_0)(\boldsymbol{y}-\boldsymbol{y}_0) \tag{7.1.20}$$

其中，$\mathrm{D}\boldsymbol{F}(\boldsymbol{y}_0)$ 为 $m\times(k+1)$ 维的雅可比矩阵，表示为

$$\mathrm{D}\boldsymbol{F}(\boldsymbol{y}_0)=\left.\frac{\partial \boldsymbol{F}}{\partial \boldsymbol{y}}\right|_{\boldsymbol{y}_0}=\begin{bmatrix}\frac{\partial F_1}{\partial y_1} & \frac{\partial F_1}{\partial y_2} & \cdots & \frac{\partial F_1}{\partial y_k}\\ \frac{\partial F_2}{\partial y_1} & \frac{\partial F_2}{\partial y_2} & \cdots & \frac{\partial F_2}{\partial y_k}\\ \vdots & \vdots & & \vdots\\ \frac{\partial F_m}{\partial y_1} & \frac{\partial F_m}{\partial y_2} & \cdots & \frac{\partial F_m}{\partial y_k}\end{bmatrix} \tag{7.1.21}$$

注意式（7.1.21）中雅可比矩阵需要以初始轨迹为参考进行计算。若要使自由参数对应的轨迹满足约束方程，则式（7.1.20）可以改写成

$$\boldsymbol{F}(\boldsymbol{y}_0)+\mathrm{D}\boldsymbol{F}(\boldsymbol{y}_0)\delta\boldsymbol{y}\approx\boldsymbol{F}(\boldsymbol{y})=0 \tag{7.1.22}$$

其中，$\delta\boldsymbol{y}=\boldsymbol{y}-\boldsymbol{y}_0$ 为轨迹自由参数的修正量。

式（7.1.22）是关于 $\delta\boldsymbol{y}$ 的线性方程组。这里有两个问题需要说明：

①式（7.1.20）只是建立了自由参数修正量与修正后轨迹的一阶近似线性关系，一般来讲，无法通过一次修正完成，需要多次的迭代计算；

②要获得自由参数的修正量，需要求解方程（7.1.22）。该方程的求解取决于雅可比矩阵的维数。

当 $k=m$ 时，方程（7.1.22）存在唯一解，对应的自由参数迭代公式为

$$\boldsymbol{y}_{j+1}=\boldsymbol{y}_j-[\mathrm{D}\boldsymbol{F}(\boldsymbol{y}_j)]^{-1}\boldsymbol{F}(\boldsymbol{y}_j) \tag{7.1.23}$$

其中，$j=0,1,\cdots$，为迭代次数。

当 $k>m$ 时，方程（7.1.22）存在多组解，此时应选择修正向量的模最小的解。对应的自由参数迭代公式为

$$\boldsymbol{y}_{j+1}=\boldsymbol{y}_j-[\mathrm{D}\boldsymbol{F}(\boldsymbol{y}_j)]^{\mathrm{T}}\{\mathrm{D}\boldsymbol{F}(\boldsymbol{y}_j)[\mathrm{D}\boldsymbol{F}(\boldsymbol{y}_j)]^{\mathrm{T}}\}^{-1}\boldsymbol{F}(\boldsymbol{y}_j) \tag{7.1.24}$$

选择最小范数解的主要原因是，每一步迭代过程都是基于当前参考轨迹进行的，修正量选择最小范数解会使修正后的轨迹保持在参考轨迹附近，将提高迭代过程的成功率。另外，需要指出的是，由微分修正的原理可以看出，微分修正方法依赖于自由参数的初值选择。为了提高迭代的成功率，应选择合适的初值猜测。

根据上面的讨论，微分修正方法可以概括为如下步骤。

①选取 k 维自由参数的初值 $\boldsymbol{y}_0$；

②根据当前自由参数 $\boldsymbol{y}_j$ 计算雅可比矩阵 $\mathrm{D}\boldsymbol{F}(\boldsymbol{y}_j)$；

③采用式（7.1.23）或式（7.1.24）对自由参数 $\boldsymbol{y}_j$ 进行修正，得到 $\boldsymbol{y}_{j+1}$；

④计算约束方程 $\boldsymbol{F}(\boldsymbol{y}_{j+1})$，若 $\|\boldsymbol{F}(\boldsymbol{y}_{j+1})\|<\varepsilon$（$\varepsilon$ 为设定的小量），则迭代终止，否则返回步骤②。

理论上讲，微分修正方法可以用于任意影响轨迹的参数的修正问题。在行星际飞行轨道中，微分修正方法主要用于初始状态和飞行时间的修正问题。下面将针对 3 种典型情况进行讨论。

1）时间自由全状态修正

考虑自治动力学系统（7.1.1），定义轨迹初始 t_0 时刻 n 维全状态 $\boldsymbol{x}_0=\boldsymbol{x}(t_0)$ 和终端时间 t_f 为轨迹的自由参数，表示为

$$\boldsymbol{y}=\begin{bmatrix}\boldsymbol{x}_0\\ t_f\end{bmatrix} \tag{7.1.25}$$

对自由参数 $\boldsymbol{y}$ 进行调整，使终端 t_f 时刻轨迹状态 $\boldsymbol{x}_f=\boldsymbol{x}(t_f,\boldsymbol{x}_0)$ 满足如下 m 维约束方程

$$\boldsymbol{F}[\boldsymbol{x}(t_f,\boldsymbol{x}_0)]=0 \tag{7.1.26}$$

显然，F 为自由参数 y 的函数。根据微分修正的原理，自由参数到约束的雅可比矩阵为

$$[\mathrm{D}\boldsymbol{F}(\boldsymbol{y})]_{m\times(n+1)}=\frac{\partial\boldsymbol{F}}{\partial\boldsymbol{y}}=\left(\frac{\partial\boldsymbol{F}}{\partial\boldsymbol{x}_f}\right)_{m\times n}\left(\frac{\partial\boldsymbol{x}_f}{\partial\boldsymbol{x}_0},\frac{\partial\boldsymbol{x}_f}{\partial t_f}\right)_{n\times(n+1)} \tag{7.1.27}$$

下面讨论雅可比矩阵计算问题。由于矩阵 $\partial\boldsymbol{F}/\partial\boldsymbol{x}_f$ 由约束方程的具体形式决定，这里不对其加以讨论，仅讨论上式中右端第二项。

定义 $n\times(n+1)$ 维矩阵为

$$\boldsymbol{Q}_{n\times(n+1)}=\left(\frac{\partial\boldsymbol{x}_f}{\partial\boldsymbol{x}_0},\frac{\partial\boldsymbol{x}_f}{\partial t_f}\right) \tag{7.1.28}$$

根据式（7.1.14），令 $t=t_f$，可得

$$\delta\boldsymbol{x}(t_f)=\boldsymbol{\Phi}(t_f,t_0)\delta\boldsymbol{x}_0+\dot{\boldsymbol{x}}(t_f)\delta t \tag{7.1.29}$$

因此，式（7.1.28）可以表示为

$$\boldsymbol{Q}_{n\times(n+1)} = \{[\boldsymbol{\Phi}(t_f,t_0)]_{n\times n},[\dot{\boldsymbol{x}}(t_f)]_{n\times1}\} \tag{7.1.30}$$

当参考轨迹给定时，状态转移矩阵 $\boldsymbol{\Phi}(t_f,t_0)$ 和状态微分 $\dot{\boldsymbol{x}}(t_f)$ 都可以通过动力学方程积分获得。因此，矩阵 $\boldsymbol{Q}$ 可以通过计算得到。假定矩阵$\partial\boldsymbol{F}/\partial\boldsymbol{x}_f$ 可以通过某种方式计算得到，这样雅可比矩阵 $\mathrm{D}\boldsymbol{F}(\boldsymbol{y})$ 将确定，代入式（7.1.23）或式（7.1.24）可以得到微分修正的迭代方程。

2）时间自由部分状态修正

假定轨迹初始状态中 q 维分量自由可调，且有 $q+1\geqslant m$，则轨迹自由参数为

$$\boldsymbol{y} = [x_1,x_2,\ldots,x_q,t_f]^{\mathrm{T}} \tag{7.1.31}$$

其中，$x_i,i=1,2,\cdots,q$ 为初始状态 $\boldsymbol{x}_0$ 中的自由分量。

这种情况下，矩阵$\partial\boldsymbol{F}/\partial\boldsymbol{x}_f$ 并不发生变化，而矩阵 $\boldsymbol{Q}$ 将变为

$$\boldsymbol{Q}_{n\times(q+1)} = \left\{\left[\frac{\partial\boldsymbol{x}_f}{\partial x_1},\frac{\partial\boldsymbol{x}_f}{\partial x_2},\cdots,\frac{\partial\boldsymbol{x}_f}{\partial x_q}\right]_{n\times q},[\dot{\boldsymbol{x}}(t_f)]_{n\times1}\right\} \tag{7.1.32}$$

这里需要说明的是，由式（7.1.15）可知，$\partial\boldsymbol{x}_f/\partial x_i,i=1,2,\cdots,q$ 为状态转移矩阵中状态 x_i 对应的列。因此，矩阵 $\boldsymbol{Q}$ 同样可以通过状态转移矩阵 $\boldsymbol{\Phi}(t_f,t_0)$ 和状态微分 $\dot{\boldsymbol{x}}(t_f)$ 计算得到。

3）时间固定部分状态修正

这种情况下，矩阵 $\boldsymbol{Q}$ 中的列 $[\dot{\boldsymbol{x}}(t_f)]_{n\times1}$ 将不再存在，矩阵 $\boldsymbol{Q}$ 可以表示为

$$\boldsymbol{Q}_{n\times q} = \left[\frac{\partial\boldsymbol{x}_f}{\partial x_1},\frac{\partial\boldsymbol{x}_f}{\partial x_2},\cdots,\frac{\partial\boldsymbol{x}_f}{\partial x_q}\right]_{n\times q} \tag{7.1.33}$$

7.1.3 微分修正的应用

1. Halo 轨道修正问题

Halo 轨道是圆形限制性三体问题中共线拉格朗日点附近存在的一类周期轨道，在行星际探测任务中具有重要的应用价值。Halo 轨道不存在闭合解，计算精确的 Halo 轨道只能依赖于数值方法。下面将对如何利用微分修正方法实现三体模型中 Halo 轨道计算进行介绍。

Halo 轨道是周期轨道，因此 Halo 轨道上的状态 $\boldsymbol{\varphi}$ 满足

$$\boldsymbol{\varphi}(T,\boldsymbol{\varphi}) = \boldsymbol{\varphi} \tag{7.1.34}$$

其中，T 为 Halo 轨道的周期，采用 $\boldsymbol{\varphi}$ 表示轨道状态是为了避免符号混淆。

Halo 轨道修正可以看作是轨道初值 $\boldsymbol{\varphi}_0$ 和周期 T 的联合修正问题，对应上一节中的时间自由全状态修正情况。实际上，可以利用 Halo 轨道的性质对问题进行简化。在共同质心旋转坐标系 $Oxyz$ 中，Halo 轨道是关于 $y=0$ 平面对称的，这表明 Halo 轨道是垂直穿越 $y=0$ 平面的。若选取 $y=0$ 上的穿越点作为 Halo 轨道初值，那么 Halo 轨道在 $t_{\mathrm{p}}=T/2$ 时间后应再次垂直穿越 $y=0$ 平面。根据分析，可以构建 Halo 轨道的修正问题如下。

自由参数选取为

$$\boldsymbol{\xi} = [x_0,z_0,\dot{y}_0,t_{\mathrm{p}}]^{\mathrm{T}} \tag{7.1.35}$$

其中，x_0 和 z_0 为轨道初始位置的 x 轴和 z 轴分量；$\dot{y}_0$ 为初始速度 y 轴分量；其余轨道初值分量均固定为零。

根据对称性，定义初始时刻 $t_0=0$，则在 t_{p} 时刻可以构建约束方程为

$$\boldsymbol{F}(\boldsymbol{\xi}) = [y_{\mathrm{p}},\dot{x}_{\mathrm{p}},\dot{z}_{\mathrm{p}}]^{\mathrm{T}} = 0 \tag{7.1.36}$$

其中，下标 p 表示 t_p 时刻的轨道状态。

式（7.1.35）和式（7.1.36）构成了4个自由参数和3个约束方程的轨迹修正问题，可以采用微分修正方法进行求解，属于时间自由部分状态修正问题。根据式（7.1.27），微分修正雅可比矩阵表示为

$$[\mathrm{D}\boldsymbol{F}(\boldsymbol{\xi})]_{3\times4} = \frac{\partial \boldsymbol{F}}{\partial \boldsymbol{\xi}} = \left(\frac{\partial \boldsymbol{F}}{\partial \boldsymbol{\varphi}_{\mathrm{p}}}\right)_{3\times6}\left(\frac{\partial \boldsymbol{\varphi}_{\mathrm{p}}}{\partial \boldsymbol{\xi}}\right)_{6\times4} \tag{7.1.37}$$

其中，$\boldsymbol{\varphi}_{\mathrm{p}}$ 为 t_p 时刻的轨道的状态。

式（7.1.37）右端两个矩阵分别写成

$$\left(\frac{\partial \boldsymbol{F}}{\partial \boldsymbol{\varphi}_{\mathrm{p}}}\right)_{3\times6} = \begin{bmatrix} 0 & 1 & 0 & 0 & 0 & 0 \\ 0 & 0 & 0 & 1 & 0 & 0 \\ 0 & 0 & 0 & 0 & 0 & 1 \end{bmatrix} \tag{7.1.38}$$

$$\left(\frac{\partial \boldsymbol{\varphi}_{\mathrm{p}}}{\partial \boldsymbol{\xi}}\right)_{6\times4} = [\boldsymbol{\Phi}_1, \boldsymbol{\Phi}_3, \boldsymbol{\Phi}_5, \dot{\boldsymbol{\varphi}}_{\mathrm{p}}]^{\mathrm{T}} \tag{7.1.39}$$

其中，$\boldsymbol{\Phi}_i$，$i=1$，3，5 为转移矩阵的列向量；$\dot{\boldsymbol{\varphi}}_{\mathrm{p}}$ 为轨道状态在 t_p 时刻的微分，均可通过数值积分圆形限制性三体轨道动力学和状态转移矩阵动力学获得。

Halo 轨道修正的迭代初值 $\boldsymbol{\xi}_0$ 一般采用三阶近似解析解，基于式（7.1.24）的状态更新公式，经过若干次迭代即可获得精确的 Halo 轨道数值解。

在实际 Halo 轨道计算中，还可以对修正问题进一步简化。对轨道进行数值积分时，当轨道穿越 $y=0$ 平面时，对应的积分时间即为 t_p。因此，可以通过数值积分的状态检测来保证 $y_p=0$，同时确定了 t_p。这样，Halo 轨道的修正问题可以重新描述为：

自由参数为

$$\boldsymbol{\xi} = [x_0, z_0, \dot{y}_0]^{\mathrm{T}} \tag{7.1.40}$$

约束方程为

$$\boldsymbol{F}(\boldsymbol{\xi}) = [\dot{x}_{\mathrm{p}}, \dot{z}_{\mathrm{p}}]^{\mathrm{T}} = 0 \tag{7.1.41}$$

相应地，微分修正所需的雅可比矩阵也可以进一步简化，这里不再赘述。

在日地三体系统中，考虑拉格朗日 L_2 点附近的 Halo 轨道修正问题。选取北向 $A_z=$ 20 000 km 的 Halo 轨道，轨道修正初值由三阶解析解提供。微分修正方法经过5次迭代收敛，图7.1.3给出了迭代过程中轨道的变化。

图7.1.4给出了修正后得到的圆形限制性三体系统中精确的 Halo 轨道。

2. 火星探测中途修正问题

考虑火星探测任务的中途轨道修正问题，采用第4章中介绍的 B 平面参数方法描述目标轨道约束，则中途修正问题可以描述如下：已知地球至火星的标称轨道，在探测器到达火星前对轨道进行脉冲轨道修正，使探测器在指定的时间到达火星近火点，并且近火点距离和相对火星轨道倾角满足任务要求。

在日心黄道惯性坐标系中描述探测器轨道。定义标称轨道修正处 t_0 时刻的位置和速度矢量为 $\boldsymbol{r}_0=\boldsymbol{r}(t_0)$ 和 $\boldsymbol{v}_0=\boldsymbol{v}(t_0)$ 。在任务要求的 t_f 时刻，探测器的位置和速度矢量为 $\boldsymbol{r}_f=\boldsymbol{r}(t_f)$ 和 $\boldsymbol{v}_f=\boldsymbol{v}(t_f)$ ，则轨道修正的自由参数为

$$\boldsymbol{y} = \boldsymbol{v}_0 \tag{7.1.42}$$

目标约束方程为

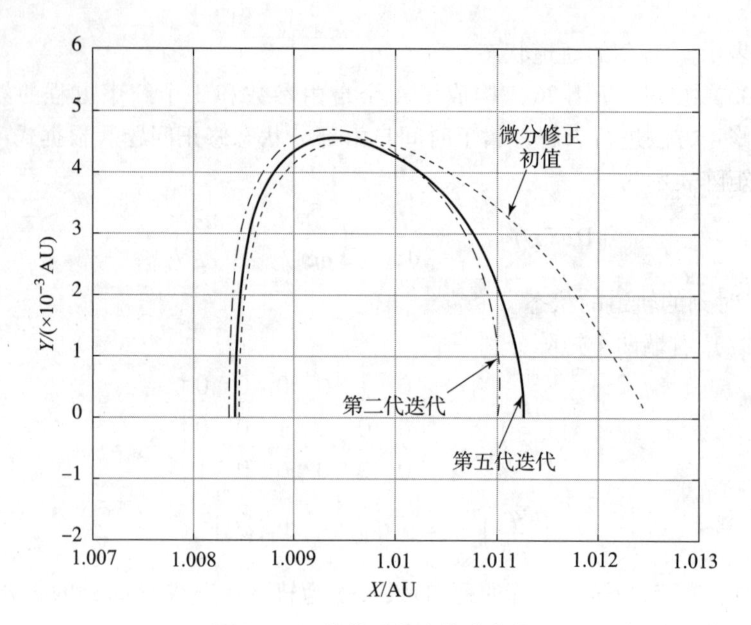

图 7.1.3　迭代过程中轨道变化

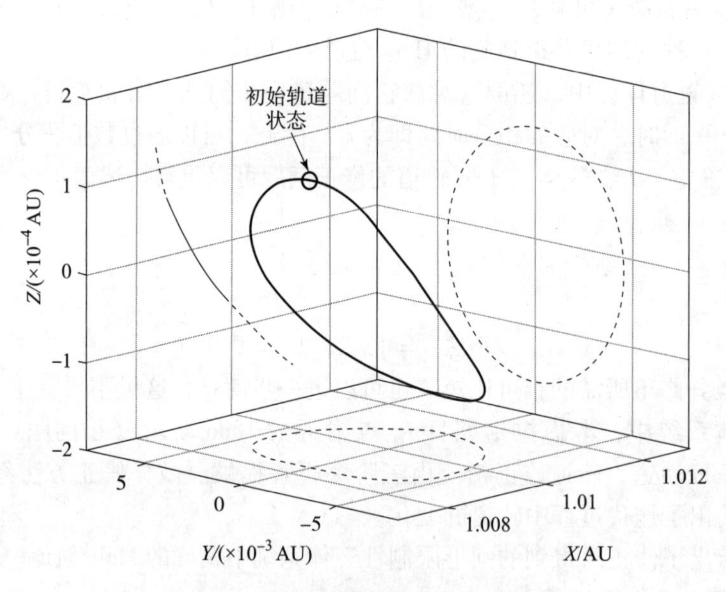

图 7.1.4　修正得到的 Halo 轨道

$$
\boldsymbol{F}(\boldsymbol{y}) = \begin{bmatrix} B_{\mathrm{T}} - B_{\mathrm{T}}^{\mathrm{tar}} \\ B_{\mathrm{R}} - B_{\mathrm{R}}^{\mathrm{tar}} \\ \boldsymbol{\tau}_{\mathrm{TCA}} \end{bmatrix} = 0 \tag{7.1.43}
$$

式（7.1.43）中变量的具体含义见4.7.5节。该修正问题属于时间固定部分状态修正问题，微分修正雅可比矩阵表示为

$$
[\mathrm{D}\boldsymbol{F}(\boldsymbol{y})]_{3\times 3} = \frac{\partial \boldsymbol{F}}{\partial \boldsymbol{y}} = \left(\frac{\partial \boldsymbol{F}}{\partial \boldsymbol{x}_f}\right)_{3\times 6}\left(\frac{\partial \boldsymbol{x}_f}{\partial \boldsymbol{y}}\right)_{6\times 3} \tag{7.1.44}
$$

其中，$\boldsymbol{x}_f = [\boldsymbol{r}_f^{\mathrm{T}}, \boldsymbol{v}_f^{\mathrm{T}}]^{\mathrm{T}}$。

式（7.1.44）右端矩阵$\partial \boldsymbol{F}/\partial \boldsymbol{x}_f$可以表示为

$$\left(\frac{\partial \boldsymbol{F}}{\partial \boldsymbol{x}_f}\right)_{3\times6}=\left[\frac{\partial \boldsymbol{F}}{\partial \boldsymbol{r}_f},\frac{\partial \boldsymbol{F}}{\partial \boldsymbol{v}_f}\right] \tag{7.1.45}$$

在实际的应用中，该矩阵一般采用数值方法求解，例如采用前向差分或中心差分等。

下面讨论矩阵$\partial \boldsymbol{x}_f/\partial \boldsymbol{y}$。在日心黄道惯性坐标系中，由 t_0 到 t_f 时刻的轨道状态转移矩阵可以写成

$$\boldsymbol{\Phi}(t_f,t_0)=\begin{bmatrix}\boldsymbol{\Phi}_{11} & \boldsymbol{\Phi}_{12}\\ \boldsymbol{\Phi}_{21} & \boldsymbol{\Phi}_{22}\end{bmatrix}=\begin{bmatrix}\dfrac{\partial \boldsymbol{r}_f}{\partial \boldsymbol{r}_0} & \dfrac{\partial \boldsymbol{r}_f}{\partial \boldsymbol{v}_0}\\ \dfrac{\partial \boldsymbol{v}_f}{\partial \boldsymbol{r}_0} & \dfrac{\partial \boldsymbol{v}_f}{\partial \boldsymbol{v}_0}\end{bmatrix} \tag{7.1.46}$$

由式（7.1.46）可知，矩阵$\partial \boldsymbol{x}_f/\partial \boldsymbol{y}$由状态转移矩阵的子矩阵$\boldsymbol{\Phi}_{12}$和$\boldsymbol{\Phi}_{22}$组成，表示为

$$\left(\frac{\partial \boldsymbol{x}_f}{\partial \boldsymbol{y}}\right)_{6\times3}=\begin{bmatrix}\boldsymbol{\Phi}_{12}\\ \boldsymbol{\Phi}_{22}\end{bmatrix}=\begin{bmatrix}\dfrac{\partial \boldsymbol{r}_f}{\partial \boldsymbol{v}_0}\\ \dfrac{\partial \boldsymbol{v}_f}{\partial \boldsymbol{v}_0}\end{bmatrix} \tag{7.1.47}$$

基于式（7.1.45）和式（7.1.47），利用式（7.1.23）给出的状态修正公式，通过数值迭代可以实现中途轨道修正量的求解，并获得满足任务要求的火星探测器飞行轨道。

任务要求探测器到达近火点时间为 2025 年 9 月 12 日 19:00，到达前 60 天对探测器飞行轨道进行修正，使探测器到达近火点时距离为 3 986.2 km，相对火星轨道倾角为 60°。根据任务要求，轨道的修正时间为 2025 年 7 月 14 日 19:00，此时探测器在日心黄道坐标系中的位置和速度矢量分别为

$$\begin{cases}\boldsymbol{r}_0=[-1.538\,460\,7,\ -0.469\,020\,3,\ -0.201\,966\,5]^{\mathrm{T}}\mathrm{AU}\\ \boldsymbol{v}_0=[0.223\,235\,2,\ -0.596\,662\,8,\ -0.254\,508\,7]^{\mathrm{T}}\mathrm{VU}\end{cases} \tag{7.1.48}$$

采用微分修正方法对初始速度进行修正，表 7.1.1 给出了火星探测器的标称轨道和修正后轨道的参数。

表 7.1.1　火星探测轨道中途修正参数

轨道参数	初始标称轨道	修正后轨道
轨道修正时间	2025/07/14 19:00	2025/07/14 19:00
轨道终端时间	2029/09/12 19:00	2029/09/12 19:00
终端位置矢量 $\boldsymbol{r}_f$/km	$[-10\,927.2,\ 6\,729.7,\ 11\,249.0]^{\mathrm{T}}$	$[2\,015.5,\ 1\,790.7,\ 2\,812.8]^{\mathrm{T}}$
终端速度矢量 $\boldsymbol{v}_f$/(km · s^{-1})	$[1.494,\ 3.004,\ -0.345]^{\mathrm{T}}$	$[-0.568,\ 4.639,\ -2.546]^{\mathrm{T}}$
实际 B 平面参数	$[-17\,074.3,\ -15\,153.6,\ 4\,631.0]^{\mathrm{T}}$	$[4\,132.9,\ -7\,121.4,\ 0.002]^{\mathrm{T}}$
期望 B 平面参数	$[4\,129.4,\ -7\,115.0,\ 0.0]^{\mathrm{T}}$	$[4\,132.9,\ -7\,121.4,\ 0.0]^{\mathrm{T}}$
近火点距离/km	17 065.512 9	3 896.223 1
轨道倾角/(°)	138.158 8	59.999 9

中途修正需要施加的轨道机动速度脉冲大小为 5.5 km/s。由表中可以看到，如此小的

速度偏差会造成探测器到达火星附近时的位置和速度发生很大的变化，这主要是由于偏差传播造成的。这也说明，对于行星际探测任务，轨道修正是至关重要的问题。当然，对于实际任务而言，成功的轨道修正不仅需要精确的轨道计算，也依赖于探测器导航系统的性能。

图 7.1.5 给出了 B 平面打靶过程中轨道的变化。

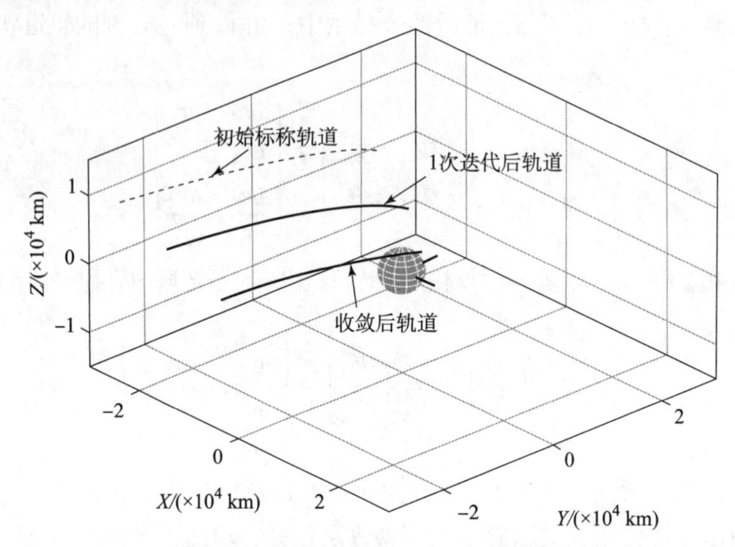

图 7.1.5　*B* 平面打靶过程轨道变化

7.2　轨道间接优化方法

连续或分段连续控制作用下的轨迹优化是机器人、航空、航天等诸多领域都关注的热点问题。轨迹优化问题是通过寻找最优的控制参数及其他参数，使任务要求的性能指标达到最小值或最大值，一般是一个开环最优控制问题。例如，在行星际探测任务中，通常希望探测器在飞行过程中消耗的燃料最少。宽泛地讲，轨迹优化问题的求解方法主要分为两大类：直接法和间接法。这两类方法都是对连续控制量进行处理，将最优控制问题转化为一个可以求解的有限维参数优化问题。直接法是通过对控制量和状态量进行直接的离散化，实现有限维参数化过程；间接法则是利用庞特里亚金极值原理来实现。本节将以连续推力作用下的探测器轨迹优化问题为背景，讨论间接优化方法的原理与实现。

7.2.1　行星际轨迹优化问题

首先给出连续推力作用下的探测器轨迹优化问题的一般性描述。定义 t_0 和 t_f 分别为轨迹的初始和终端时刻，探测器轨迹满足如下动力学方程

$$\dot{\boldsymbol{x}} = \boldsymbol{f}[\boldsymbol{x}(t), \boldsymbol{u}(t), t] \tag{7.2.1}$$

其中，$\boldsymbol{x}$ 为 n 维的状态变量；$\boldsymbol{u}$ 为 m 维的连续或间断连续控制变量。

在初始 t_0 时刻，探测器轨迹的初始状态一般是给定的，可以表示为

$$\boldsymbol{x}(t_0) = \boldsymbol{x}_0 \tag{7.2.2}$$

在终端 t_f 时刻，探测器轨迹的某些状态需要满足如下等式约束

$$\boldsymbol{\psi}[\boldsymbol{x}(t_f),t_f] = 0 \tag{7.2.3}$$

其中，$\boldsymbol{\psi}$ 为 k 维的与终端状态有关的连续可微的向量函数。

飞行过程中的控制变量 $\boldsymbol{u}(t)$ 属于有界闭集 U，满足如下不等式约束

$$\boldsymbol{g}[\boldsymbol{x}(t),\boldsymbol{u}(t),t] \leqslant 0 \tag{7.2.4}$$

其中，$\boldsymbol{g}$ 为 l 维的连续可微的向量函数。

轨迹优化的目标是寻找控制变量 $\boldsymbol{u}(t)$，使某一性能指标达到最小（或最大）。轨迹优化的性能指标的一般形式为

$$J = \int_{t_0}^{t_f} L[\boldsymbol{x}(t),\boldsymbol{u}(t),t]\mathrm{d}t + \Phi[\boldsymbol{x}(t_f),\boldsymbol{u}(t_f),t_f] \tag{7.2.5}$$

性能指标为式（7.2.5）的最优控制问题称为波尔扎（Bolza）问题；若性能指标中仅含积分项，称为拉格朗日（Lagrange）问题；若只包括终端函数项，则为梅耶（Mayer）问题。

式（7.2.1）~式（7.2.5）为行星际飞行轨迹优化问题的一般性描述，这是一个典型的连续系统最优控制问题。

7.2.2　庞特里亚金极小值原理

极小值原理是庞特里亚金在 1956 年提出的，它源自变分法，但很好地解决了古典变分法处理控制变量取值受限时面临的困难。利用古典变分法求解最优控制问题时，都是认为控制变量的取值范围不受任何限制，即认为控制量的变分 $\delta\boldsymbol{u}$ 可以是任意的，这样才能通过控制方程获得最优控制 $\boldsymbol{u}^*$。在实际的最优控制问题中，控制变量通常是受到某些约束条件限制的，例如行星际探测器推力加速度大小是有限的。极小值原理很好地解决了这一问题，是求解最优控制问题的有力工具，在实际中得到了广泛的应用。下面将对极小值的主要结论进行简要介绍。

考虑式（7.2.1）~式（7.2.5）描述的最优控制问题，定义哈密尔顿函数为

$$H = L[\boldsymbol{x}(t),\boldsymbol{u}(t),t] + \boldsymbol{\lambda}(t)^{\mathrm{T}}\boldsymbol{f}[\boldsymbol{x}(t),\boldsymbol{u}(t),t] \tag{7.2.6}$$

其中，$\boldsymbol{\lambda}$ 为 n 维的协状态变量。

根据庞特里亚金极小值原理，使性能指标（7.2.5）取最小值的必要条件是最优控制 $\boldsymbol{u}^*(t)$、最优状态 $\boldsymbol{x}^*(t)$ 和最优协状态 $\boldsymbol{\lambda}^*(t)$ 满足如下条件：

①沿最优轨迹满足正则方程

$$\dot{\boldsymbol{x}} = \frac{\partial H}{\partial \boldsymbol{\lambda}} = \boldsymbol{f}[\boldsymbol{x}(t),\boldsymbol{u}(t),t] \tag{7.2.7}$$

$$\dot{\boldsymbol{\lambda}} = -\frac{\partial H}{\partial \boldsymbol{x}} + \boldsymbol{\kappa}\frac{\partial \boldsymbol{g}}{\partial \boldsymbol{x}} \tag{7.2.8}$$

其中，$\boldsymbol{\kappa}$ 为拉格朗日乘子。

若 $\boldsymbol{g}$ 与状态变量 $\boldsymbol{x}$ 无关，则式（7.2.8）可以写成

$$\dot{\boldsymbol{\lambda}} = -\frac{\partial H}{\partial \boldsymbol{x}} \tag{7.2.9}$$

②在最优轨迹上任意位置，最优控制 $\boldsymbol{u}^*$ 都使哈密尔顿函数 H 取绝对极小值，即有

$$H[\boldsymbol{x}^*,\boldsymbol{\lambda}^*,\boldsymbol{u}^*,t] \leqslant \underset{\boldsymbol{u}\in U}{H}[\boldsymbol{x},\boldsymbol{\lambda},\boldsymbol{u},t] \tag{7.2.10}$$

③哈密尔顿函数 H 在轨迹终端的值取决于

$$\left[H + \frac{\partial \Phi}{\partial t_f} + \boldsymbol{v}^{\mathrm{T}} \frac{\partial \boldsymbol{\psi}}{\partial t_f}\right]\bigg|_{t_f} = 0 \tag{7.2.11}$$

其中，$\boldsymbol{v}$ 为拉格朗日乘子。

④协状态 $\boldsymbol{\lambda}$ 在终端时刻的取值满足如下横截条件

$$\boldsymbol{\lambda}(t_f) = \left[\frac{\partial \Phi}{\partial \boldsymbol{x}(t_f)} + \frac{\partial \boldsymbol{\psi}^{\mathrm{T}}}{\partial \boldsymbol{x}(t_f)}\boldsymbol{v}\right]\bigg|_{t_f} \tag{7.2.12}$$

⑤最优轨迹满足初始和终端条件

$$\boldsymbol{x}(t_0) = \boldsymbol{x}_0 \tag{7.2.13}$$

$$\boldsymbol{\psi}[\boldsymbol{x}(t_f), t_f] = 0 \tag{7.2.14}$$

庞特里亚金极小值原理的证明可参考文献 [7]，这里不再进行讨论。

由极小值原理推导出的最优性必要条件中，条件①和②普遍适用于各类典型的最优控制问题，其中条件①为轨迹状态 $\boldsymbol{x}(t)$ 和协状态 $\boldsymbol{\lambda}(t)$ 满足的动力学方程，对应 $2n$ 个一阶常微分方程，条件②则决定了轨迹运动过程中的最优控制 $\boldsymbol{u}^*(t)$ 。如果将条件②得到的最优控制 $\boldsymbol{u}^*(t)$ 代入式（7.2.7）和式（7.2.8），那么正则方程组将不显含控制变量。那么，轨迹优化问题转化为正则方程组的求解问题，其本质是求解一个两点边值问题。

在终端时间 t_f 固定情况下，由于正则方程组为 $2n$ 维，两点边值问题的求解需要 $2n$ 个边界条件。在轨迹初始端，式（7.2.13）提供了 n 个初始边界条件 $\boldsymbol{x}(t_0)$ ，但 n 个初始协状态变量 $\boldsymbol{\lambda}(t_0)$ 未知；在轨迹终端，式（7.2.14）提供了 q 个终端状态 $\boldsymbol{x}(t_f)$ 满足的边界条件，式（7.2.12）则提供了 $n-q$ 个终端协状态满足的边界条件，两者构成了 n 个终端边界条件。在终端时间 t_f 自由情况下，求解两点边值问题时，需要额外的第 $2n+1$ 个终端边界条件来确定终端时间 t_f，该条件由哈密尔顿函数横截条件式（7.2.11）提供。

对于具体的轨迹优化问题，根据性能指标 J 、终端状态约束 $\boldsymbol{\psi}$ 和终端时间 t_f 的情况不同，利用极小值必要性条件构建的两点边值问题各不相同。本书讨论的问题中，n 个初始边界条件已固定，下面将重点讨论终端边界条件。需要指出的是，无论对于终端状态还是协状态，都存在自由终态、固定终态和约束终态 3 种情况，其中固定终态和约束终态共同决定了 n 个终端边界条件。

讨论以下几种典型情况。

首先讨论当性能指标中终端状态函数项的情况。

① $\Phi = 0$ ，终端状态 $\boldsymbol{x}(t_f) = \boldsymbol{x}_f$ 固定，终端时间 t_f 自由。

由于终端时间 t_f 自由，需要 $n+1$ 个终端边界条件。此时，终端状态满足的约束方程（7.2.3）可以写成

$$\boldsymbol{\psi}[\boldsymbol{x}(t_f), t_f] = \boldsymbol{x}(t_f) - \boldsymbol{x}_f = 0 \tag{7.2.15}$$

横截条件（7.2.11）和式（7.2.12）分别可以写成

$$H\big|_{t_f} = 0 \tag{7.2.16}$$

$$\boldsymbol{\lambda}(t_f) = \boldsymbol{v} \tag{7.2.17}$$

式（7.2.17）表明，在这种情况下，终端协状态变量不受约束。这种情况下，式（7.2.15）和式（7.2.16）共同为两点边值问题的求解提供了 $n+1$ 个终端边界条件。

② $\Phi = 0$，终端状态 $\boldsymbol{x}(t_f)$ 满足 q 个等式方程（7.2.14），终端时间 t_f 自由。

这时，横截条件（7.2.11）和式（7.2.12）分别变成

$$\left[H + \boldsymbol{v}^{\mathrm{T}} \frac{\partial \boldsymbol{\psi}}{\partial t_f}\right]\Bigg|_{t_f} = 0 \tag{7.2.18}$$

$$\boldsymbol{\lambda}(t_f) = \frac{\partial \boldsymbol{\psi}^{\mathrm{T}}}{\partial \boldsymbol{x}(t_f)} \boldsymbol{v}\Bigg|_{t_f} \tag{7.2.19}$$

尽管式（7.2.19）给出了 n 个终端协状态表达式，但由于 q 维拉格朗日乘子 $\boldsymbol{v}$ 未知，因此式（7.2.19）只相当于提供了 $n-q$ 个终端边界条件，剩余 $q+1$ 个终端边界条件由式（7.2.14）和式（7.2.18）提供。

③$\boldsymbol{\Phi}=0$，终端状态 $\boldsymbol{x}(t_f)$ 自由，终端时间 t_f 自由。

对于这种情况，终端状态约束 $\boldsymbol{\psi}$ 不存在，此时横截条件（7.2.11）和式（7.2.12）可以分别写成

$$H|_{t_f} = 0 \tag{7.2.20}$$

$$\boldsymbol{\lambda}(t_f) = 0 \tag{7.2.21}$$

这种情况下，式（7.2.20）和式（7.2.21）为两点边值问题提供了 $n+1$ 个终端边界条件。

④$\boldsymbol{\Phi}=0$，终端状态 $\boldsymbol{x}(t_f)$ 中 q 个固定，$n-q$ 个自由，终端时间 t_f 自由。

这是情况②的一种特例，这时终端状态的约束方程 $\boldsymbol{\psi}$ 可以写成

$$\boldsymbol{\psi}[\boldsymbol{x}(t_f),t_f] = \begin{bmatrix} x_1(t_f) - x_{1f} \\ x_2(t_f) - x_{2f} \\ \vdots \\ x_q(t_f) - x_{qf} \end{bmatrix} = 0 \tag{7.2.22}$$

其中，$x_i, i = 1,\cdots,q$ 为第 i 个固定的终端状态分量。

由横截条件（7.2.19）可知，固定的 q 个终端状态对应的协状态终值为

$$\boldsymbol{\lambda}_i(t_f) = \boldsymbol{v}_i, i = 1,\cdots,q \tag{7.2.23}$$

式（7.2.23）表明对固定的 q 个终端状态对应的协状态终值没有约束。$n-q$ 个自由终端状态对应的协状态终值为

$$\boldsymbol{\lambda}_j(t_f) = 0, i = q+1,\cdots,n \tag{7.2.24}$$

这种情况下，横截条件（7.2.11）改写为

$$H|_{t_f} = 0 \tag{7.2.25}$$

因此，式（7.2.22）、式（7.2.24）和式（7.2.25）共同提供了 $n+1$ 个终端边界条件。

⑤$\boldsymbol{\Phi}=0$，终端状态 $\boldsymbol{x}(t_f)$ 为以上各种情况，终端时间 t_f 固定。

当终端时间 t_f 固定时，哈密尔顿函数横截条件将不复存在，求解两点边值问题只需 n 个终端边界条件。对于以上任意一种情况，n 个终端边界条件的形式不变。

⑥$\boldsymbol{\Phi}\neq 0$，终端状态 $\boldsymbol{x}(t_f)$ 和终端时间 t_f 为以上各种情况。

对于以上任意一种情况，若终端函数项 $\boldsymbol{\Phi}$ 不为零，则在处理横截条件（7.2.11）时，应考虑 $\partial\boldsymbol{\Phi}/\partial t_f$ 项，处理横截条件（7.2.12）时应考虑 $\partial\boldsymbol{\Phi}/\partial\boldsymbol{x}(t_f)$。

对于极小值原理，最后作两点说明。

1）极小值原理只是最优控制的必要条件

根据极小值原理确定的最优控制 $\boldsymbol{u}^*(t)$ 尽管可以使哈密尔顿函数处处取全局极小值，但并不能保证最优控制问题的性能指标也为全局极小。也就是说，极小值原理仅给出了最优

控制满足的必要条件，并非充分条件。对于非线性动力学系统而言，满足极小值原理的控制只是最优控制的候选解，是否为真正的最优控制还需要通过其他手段进行判断。当然，如果某一控制不满足极小值原理，那么它必然不是最优控制。

2）哈密尔顿函数 H 沿最优轨迹的性质

当最优控制问题中函数 $\boldsymbol{f}$、$\boldsymbol{\psi}$ 和 $\boldsymbol{\Phi}$ 均不显含时间 t 时，在最优轨迹上，哈密尔顿函数始终为常数，即

$$H[\boldsymbol{x}^*(t),\boldsymbol{\lambda}^*(t),\boldsymbol{u}^*(t)] \equiv \text{const}, t_0 \leqslant t \leqslant t_f \tag{7.2.26}$$

进一步地，若最优控制问题的终端时间 t_f 自由，则最优轨迹上的哈密尔顿函数满足

$$H[\boldsymbol{x}^*(t),\boldsymbol{\lambda}^*(t),\boldsymbol{u}^*(t)] \equiv 0, t_0 \leqslant t \leqslant t_f \tag{7.2.27}$$

7.2.3 飞行时间最短问题

1. 飞行时间最短问题描述

考虑行星际飞行时间最短问题，采用改进春分点根数描述探测器轨道的运动，同时考虑探测器的质量变化，则探测器动力学方程可以表示为

$$\begin{cases} \dot{\boldsymbol{y}} = \boldsymbol{A}(\boldsymbol{y})\dfrac{T_{\max}\chi}{m}\boldsymbol{\xi} + \boldsymbol{B}(\boldsymbol{y}) \\ \dot{m} = -\dfrac{T_{\max}\chi}{I_{\mathrm{sp}}g_0} \end{cases} \tag{7.2.28}$$

其中，$\boldsymbol{y} = [p,f,g,h,k,L]^{\mathrm{T}}$，为改进春分点轨道根数；$m$ 为探测器质量；$T_{\max}$ 为推进系统能够提供的最大恒定推力；$0 \leqslant \chi \leqslant 1$，为推力的幅值；$\boldsymbol{\xi}$ 为推力方向单位矢量；I_{sp} 为推进系统比冲；g_0 为海平面引力加速度。

矩阵 $\boldsymbol{A}$ 和向量 $\boldsymbol{B}$ 分别为：

$$\boldsymbol{A}(\boldsymbol{y}) = \begin{bmatrix} 0 & \dfrac{2p}{w}\sqrt{\dfrac{p}{\mu}} & 0 \\ \sqrt{\dfrac{p}{\mu}}\sin L & \sqrt{\dfrac{p}{\mu}}\dfrac{1}{w}[(w+1)\cos L + f] & -\sqrt{\dfrac{p}{\mu}}\dfrac{g}{w}(h\sin L - k\cos L) \\ -\sqrt{\dfrac{p}{\mu}}\cos L & \sqrt{\dfrac{p}{\mu}}\dfrac{1}{w}[(w+1)\sin L + g] & \sqrt{\dfrac{p}{\mu}}\dfrac{f}{w}(h\sin L - k\cos L) \\ 0 & 0 & \sqrt{\dfrac{p}{\mu}}\dfrac{s^2\cos L}{2w} \\ 0 & 0 & \sqrt{\dfrac{p}{\mu}}\dfrac{s^2\sin L}{2w} \\ 0 & 0 & \sqrt{\dfrac{p}{\mu}}\dfrac{1}{w}(h\sin L - k\cos L) \end{bmatrix} \tag{7.2.29}$$

$$\boldsymbol{B}(\boldsymbol{y}) = \begin{bmatrix} 0 & 0 & 0 & 0 & 0 & \sqrt{\mu p}\left(\dfrac{w}{p}\right)^2 \end{bmatrix}^{\mathrm{T}} \tag{7.2.30}$$

假定探测器的初始状态 $\boldsymbol{x}(t_0)$ 已知，可以表示为

$$\boldsymbol{x}(t_0) = \begin{bmatrix} y(t_0) \\ m(t_0) \end{bmatrix} = \begin{bmatrix} y_0 \\ m_0 \end{bmatrix} \tag{7.2.31}$$

探测器的终端状态 $\boldsymbol{x}(t_f)$ 中，前 5 个轨道根数固定，表示为

$$\boldsymbol{\psi}[\boldsymbol{x}(t_f),t_f] = \begin{bmatrix} p(t_f) - p_f \\ f(t_f) - f_f \\ g(t_f) - g_f \\ h(t_f) - h_f \\ k(t_f) - k_f \end{bmatrix} = 0 \tag{7.2.32}$$

连续推力为控制变量，表示为

$$\boldsymbol{u}(t) = \frac{T_{\max}}{m}\chi(t)\boldsymbol{\xi}(t) \tag{7.2.33}$$

控制变量是受限的，满足如下不等式约束

$$\boldsymbol{g}[\boldsymbol{x}(t),\boldsymbol{u}(t),t] = \left\| \frac{T_{\max}}{m}\chi\boldsymbol{\xi} \right\| - \frac{T_{\max}}{m} \leqslant 0 \tag{7.2.34}$$

飞行最短问题的性能指标为

$$J = \int_{t_0}^{t_f} \mathrm{d}t = t_f - t_0 \tag{7.2.35}$$

根据问题定义可知，飞行时间最短问题为梅耶问题。

2. 飞行时间最短必要条件

由于终端时间 t_f 自由，性能指标中终端项 $\Phi \neq 0$，对应上一节中讨论的第 6 种情况。构建如下哈密尔顿函数

$$H = \boldsymbol{\lambda}_y^{\mathrm{T}}\left(\boldsymbol{A}\frac{T_{\max}\chi}{m}\boldsymbol{\xi} + \boldsymbol{B}\right) - \lambda_m \frac{T_{\max}\chi}{I_{\mathrm{sp}}g_0} \tag{7.2.36}$$

其中，$\boldsymbol{\lambda}_y = [\lambda_p,\lambda_h,\lambda_g,\lambda_h,\lambda_k,\lambda_L]^{\mathrm{T}}$ 和 λ_m 分别为探测器轨道状态和质量对应的协状态。

根据极小值原理，协状态满足的微分方程为

$$\begin{cases} \dot{\boldsymbol{\lambda}}_y = -\dfrac{\partial H}{\partial \boldsymbol{y}} = -\boldsymbol{\lambda}_y^{\mathrm{T}}\left(\dfrac{T_{\max}\chi}{m}\dfrac{\partial \boldsymbol{A}}{\partial \boldsymbol{y}}\boldsymbol{\xi} + \boldsymbol{B}\right) - \lambda_m \dfrac{T_{\max}\chi}{I_{\mathrm{sp}}g_0} \\ \dot{\lambda}_m = -\dfrac{\partial H}{\partial m} = -\dfrac{T_{\max}\chi}{m^2}(\boldsymbol{\lambda}_y^{\mathrm{T}}\boldsymbol{A})\boldsymbol{\xi} \end{cases} \tag{7.2.37}$$

式（7.2.28）和式（7.2.37）构成了 14 维正则方程组。

考查哈密尔顿函数 H，由于 $T_{\max}\chi/m \geqslant 0$，要使 H 取极小值，最优推力方向应为

$$\boldsymbol{\xi}^* = -\frac{\boldsymbol{\lambda}_y^{\mathrm{T}}\boldsymbol{A}}{\| \boldsymbol{\lambda}_y^{\mathrm{T}}\boldsymbol{A} \|} \tag{7.2.38}$$

将式（7.2.38）代入式（7.2.36），哈密尔顿函数 H 可以改写成

$$H = -\frac{T_{\max}\chi}{m}\| \boldsymbol{\lambda}_y^{\mathrm{T}}\boldsymbol{A} \| - \lambda_m \frac{T_{\max}\chi}{I_{\mathrm{sp}}g_0} + \boldsymbol{\lambda}_y^{\mathrm{T}}\boldsymbol{B} \tag{7.2.39}$$

探测器质量协状态的微分方程为

$$\dot{\lambda}_m = \frac{T_{\max}\chi}{m^2}\| \boldsymbol{\lambda}_y^{\mathrm{T}}\mathrm{A} \| \tag{7.2.40}$$

由式（7.2.40）可知，始终有

$$\dot{\lambda}_m \geqslant 0 \tag{7.2.41}$$

由于终端探测器质量 $m(t_f)$ 自由，终端质量协状态 $\lambda_m(t_f)$ 满足

$$\lambda_m(t_f) = 0 \tag{7.2.42}$$

结合式（7.2.41）和式（7.2.42）可以得出

$$\lambda_m(t) \geqslant 0, t_0 \leqslant t \leqslant t_f \tag{7.2.43}$$

因此，使 H 取极小值的最优推力幅值应为

$$\chi^* = 1 \tag{7.2.44}$$

式（7.2.44）表明，实现飞行时间最短转移的推力应始终以最大幅值工作。

下面给出两点边值问题求解的边界条件。由式（7.2.31）可知，探测器初始 7 个边界条件固定。由式（7.2.32）可知，探测器终端状态中，5 个轨道根数已知，轨道根数 $L(t_f)$ 和探测器质量 $m(t_f)$ 自由。因此，根据横截条件（7.2.24）可知终端协状态 $\lambda_L(t_f)$ 和 $\lambda_m(t_f)$ 分别为

$$\lambda_L(t_f) = 0 \tag{7.2.45}$$

$$\lambda_m(t_f) = 0 \tag{7.2.46}$$

由于终端飞行时间 t_f 自由，性能指标显含终端时间 t_f，因此根据横截条件（7.2.25）可得终端哈密尔顿函数 $H(t_f)$ 为

$$H(t_f) = 0 \tag{7.2.47}$$

式（7.2.32）、式（7.2.45）、式（7.2.46）和式（7.2.47）构成了两点边值问题求解的 8 个终端边界条件。

3. 两点边值问题的求解

针对上面构造的两点边值问题，可以采用数值打靶法进行求解。

令

$$\boldsymbol{Z} = [\boldsymbol{\lambda}_y^{\mathrm{T}}(t_0), \lambda_m(t_0), t_f]^{\mathrm{T}} \tag{7.2.48}$$

则两点边值问题的 8 个终端边界条件可以表示为

$$\boldsymbol{F}(\boldsymbol{Z}) = \begin{bmatrix} p(t_f) - p_f \\ f(t_f) - f_f \\ g(t_f) - g_f \\ h(t_f) - h_f \\ k(t_f) - k_f \\ \lambda_L(t_f) \\ \lambda_m(t_f) \\ H(t_f) \end{bmatrix} = 0 \tag{7.2.49}$$

因此，两点边值问题转化为非线性方程组 $\boldsymbol{F}(\boldsymbol{Z}) = 0$ 的求根问题，可以采用牛顿 - 拉普森（Newton - Raphson）等迭代方法进行求解。

牛顿 - 拉普森方法的迭代公式为

$$\boldsymbol{Z}_{k+1} = \boldsymbol{Z}_k - \left[\frac{\partial \boldsymbol{F}(\boldsymbol{Z}_k)}{\partial \boldsymbol{Z}_k}\right]^{-1} \boldsymbol{F}(\boldsymbol{Z}_k) \tag{7.2.50}$$

需要注意的是，采用数值方法求解非线性方程组时，成功求解依赖于初值猜测的质量。一般而言，合理的初值猜测才能保证迭代收敛。

7.2.4 燃料消耗最少问题

1. 燃料消耗最少问题描述

考虑终端时间固定的燃料消耗最少问题，该问题是行星际探测任务关注的重要问题。为便于描述，采用笛卡儿坐标系描述的探测器动力学模型，表示为

$$\begin{cases} \dot{\boldsymbol{r}} = \boldsymbol{v} \\ \dot{\boldsymbol{v}} = -\dfrac{\mu}{r^3}\boldsymbol{r} + \dfrac{T_{\max}}{m}\chi\boldsymbol{\xi} \\ \dot{m} = -\dfrac{T_{\max}\chi}{g_0 I_{\mathrm{sp}}} \end{cases} \tag{7.2.51}$$

其中，$\boldsymbol{r}$ 和 $\boldsymbol{v}$ 分别为探测器的位置和速度矢量；μ 为中心天体引力常数，其他变量与式（7.2.28）中定义的一致。

假定探测器的初始状态 $\boldsymbol{x}(t_0)$ 已知，可以表示为

$$\boldsymbol{x}(t_0) = \begin{bmatrix} \boldsymbol{r}(t_0) \\ \boldsymbol{v}(t_0) \\ m(t_0) \end{bmatrix} = \begin{bmatrix} \boldsymbol{r}_0 \\ \boldsymbol{v}_0 \\ m_0 \end{bmatrix} \tag{7.2.52}$$

探测器的终端位置 $\boldsymbol{r}(t_f)$ 和速度 $\boldsymbol{v}(t_f)$ 固定，表示为

$$\boldsymbol{\psi}[\boldsymbol{x}(t_f), t_f] = \begin{bmatrix} \boldsymbol{r}(t_f) - \boldsymbol{r}_f \\ \boldsymbol{v}(t_f) - \boldsymbol{v}_f \end{bmatrix} = 0 \tag{7.2.53}$$

燃料消耗最少问题的性能指标为

$$J = \frac{T_{\max}}{I_{\mathrm{sp}} g_0}\int_{t_0}^{t_f} \chi \mathrm{d}t \tag{7.2.54}$$

可见，燃料消耗最少问题为拉格朗日问题。

2. 燃料消耗最少必要条件

由于终端时间 t_f 固定，性能指标中终端项 $\Phi = 0$，对应上一节中讨论的第 5 种情况。取如下哈密尔顿函数

$$H = \boldsymbol{\lambda}_r^{\mathrm{T}}\boldsymbol{v} + \boldsymbol{\lambda}_v^{\mathrm{T}}\left(-\frac{\mu}{r^3}\boldsymbol{r} + \frac{T_{\max}\chi}{m}\boldsymbol{\xi}\right) - \lambda_m \frac{T_{\max}\chi}{I_{\mathrm{sp}} g_0} + \frac{T_{\max}\chi}{I_{\mathrm{sp}} g_0} \tag{7.2.55}$$

其中，$\boldsymbol{\lambda}_r$、$\boldsymbol{\lambda}_v$ 和 λ_m 分别为探测器位置、速度和质量对应的协状态。

根据极小值原理，协状态满足的微分方程为

$$\begin{cases} \dot{\boldsymbol{\lambda}}_r = -\dfrac{\partial H}{\partial \boldsymbol{r}} = \dfrac{\mu}{r^3}\boldsymbol{\lambda}_v - \dfrac{3\mu\boldsymbol{\lambda}_v^{\mathrm{T}}\boldsymbol{r}}{r^5}\boldsymbol{r} \\ \dot{\boldsymbol{\lambda}}_v = -\dfrac{\partial H}{\partial \boldsymbol{v}} = -\boldsymbol{\lambda}_r \\ \dot{\lambda}_m = -\dfrac{\partial H}{\partial m} = -\dfrac{T_{\max}\chi}{m^2}\boldsymbol{\lambda}_v^{\mathrm{T}}\boldsymbol{\xi} \end{cases} \tag{7.2.56}$$

式（7.2.51）和式（7.2.56）构成了 14 维正则方程组。

利用极小值原理分析哈密尔顿函数 H，由于 $T_{\max}\chi/m \geqslant 0$，要使 H 取极小值，最优推力方向应为

$$\boldsymbol{\xi}^{*} = -\frac{\boldsymbol{\lambda}_v}{\|\boldsymbol{\lambda}_v\|} \tag{7.2.57}$$

式（7.2.57）表明，最优推力方向应沿速度协状态矢量的反方向。将式（7.2.57）代入式（7.2.55）中，哈密尔顿函数 H 可以改写成

$$H = \boldsymbol{\lambda}_r^{\mathrm{T}}\boldsymbol{v} - \frac{\mu}{r^3}\boldsymbol{\lambda}_v^{\mathrm{T}}\boldsymbol{r} + \frac{T_{\max}}{I_{\mathrm{sp}}g_0}\left(1 - \frac{I_{\mathrm{sp}}g_0\|\boldsymbol{\lambda}_v\|}{m} - \lambda_m\right)\chi \tag{7.2.58}$$

式（7.2.58）表明，使 H 取极小值的推力幅值受其系数项影响。定义该系数项为开关函数

$$\rho = 1 - \frac{I_{\mathrm{sp}}g_0\|\boldsymbol{\lambda}_v\|}{m} - \lambda_m \tag{7.2.59}$$

根据开关函数的取值，最优的推力幅值应为

$$\begin{cases} \chi^{*} = 0, & \rho > 0 \\ \chi^{*} = 1, & \rho < 0 \\ \chi^{*} \in [0,1], & \rho = 0 \end{cases} \tag{7.2.60}$$

式（7.2.60）表明，当开关函数 $\rho < 0$ 时，推力应取最大幅值；当 $\rho > 0$ 时，推力应为零；当 $\rho = 0$ 时，推力幅值取值并不影响哈密尔顿函数，这种情况一般是以孤立点形式存在的，不会对最终的燃料消耗产生影响。可见，燃料消耗最少问题的最优控制为 bang－bang 形式。

在终端时刻，只有探测器质量状态 $m(t_f)$ 自由，其余都固定。根据横截条件可知，终端质量协状态为

$$\lambda_m(t_f) = 0 \tag{7.2.61}$$

由于终端时间 t_f 固定，哈密尔顿函数满足的横截条件不再存在。式（7.2.53）和式（7.2.61）提供了 7 个终端边界条件。

同理，可以构建两点边值问题的待定参数和打靶方程为

$$\boldsymbol{Z} = [\boldsymbol{\lambda}_r^{\mathrm{T}}(t_0), \boldsymbol{\lambda}_v^{\mathrm{T}}(t_0), \lambda_m(t_0)]^{\mathrm{T}} \tag{7.2.62}$$

$$\boldsymbol{F}(\boldsymbol{Z}) = [\boldsymbol{r}(t_f) - \boldsymbol{r}_f, \boldsymbol{v}(t_f) - \boldsymbol{v}_f, \lambda_m(t_f)]^{\mathrm{T}} = 0 \tag{7.2.63}$$

3. 同伦连续打靶方法

对于燃料消耗最少问题，由于推力为 bang－bang 控制结构，这导致式（7.2.63）的非线性方程 $\boldsymbol{F}(\boldsymbol{Z}) = 0$ 的求解非常困难。解决该难题的一种有效方法是采用同伦连续打靶方法。

考虑非线性方程组打靶问题，利用非线性同伦方法构造同伦函数为

$$\boldsymbol{W}(\varepsilon,\boldsymbol{Z}) = 0, 0 \leqslant \varepsilon \leqslant 1 \tag{7.2.64}$$

其中，$\boldsymbol{W}(\varepsilon,\boldsymbol{Z})$ 为 $\mathbb{R}^n \times \mathbb{R} \to \mathbb{R}^n$ 的光滑非线性向量函数；ε 为同伦连续参数。

同伦函数 $\boldsymbol{W}(\varepsilon,\boldsymbol{Z})$ 应满足

$$\boldsymbol{W}(\varepsilon,\boldsymbol{Z}) = \begin{cases} \boldsymbol{F}(\boldsymbol{Z}), \varepsilon = 0 \\ \boldsymbol{G}(\boldsymbol{Z}), \varepsilon = 1 \end{cases} \tag{7.2.65}$$

其中，$\boldsymbol{G}(\boldsymbol{Z}) = 0$ 为某一解为 $\boldsymbol{Z}_0$ 的容易求解的方程组。

由同伦函数的性质可知，当 $\varepsilon = 1$ 时，$\boldsymbol{W}(1,\boldsymbol{Z}) = 0$ 的解与 $\boldsymbol{G}(\boldsymbol{Z}) = 0$ 的解一致；当 $\varepsilon = 0$ 时，$\boldsymbol{W}(0,\boldsymbol{Z}) = 0$ 的解即为 $\boldsymbol{F}(\boldsymbol{Z}) = 0$ 的解。根据这一性质，求解 $\boldsymbol{F}(\boldsymbol{Z}) = 0$ 可以采用如下

步骤。

步骤 1：首先令 $\varepsilon_0 = 1$，求解方程组 $\boldsymbol{W}(\varepsilon_0,\boldsymbol{Z}) = \boldsymbol{G}(\boldsymbol{Z}) = 0$，得到初始解 $\boldsymbol{Z}_0$；

步骤 2：减小同伦参数，$\varepsilon_{k+1} = \varepsilon_k - \Delta\varepsilon$，$\Delta\varepsilon$ 为设定的更新步长；

步骤 3：以方程组 $\boldsymbol{W}(\varepsilon_k,\boldsymbol{Z}) = 0$ 的解 $\boldsymbol{Z}_k$ 为初值，求解方程组 $\boldsymbol{W}(\varepsilon_{k+1},\boldsymbol{Z}) = 0$，得到解 $\boldsymbol{Z}_{k+1}$；

步骤 4：若 $\varepsilon_{k+1} > 0$，重复步骤 2 ~ 3，否则迭代终止。

当 $\varepsilon = 0$ 时，可以得到非线性方程组 $\boldsymbol{F}(\boldsymbol{Z}) = 0$ 的解。

对于燃料消耗最少问题，$\boldsymbol{G}(\boldsymbol{Z})$ 可以选取为能量最优问题对应的非线性方程组，能量最优问题对应的连续控制更容易求解。对于这种情况，同伦函数可以通过构造如下性能指标得到

$$J = \frac{T_{\max}}{I_{\mathrm{sp}}g_0}\int_{t_0}^{t_f}[\chi - \varepsilon\chi(1 - \chi)]\mathrm{d}t \tag{7.2.66}$$

由式（7.2.66）可知，当 $\varepsilon = 0$ 时，性能指标对应的问题为燃料消耗最少问题；当 $\varepsilon = 1$ 时，对应的问题为能量最优问题。根据性能指标（7.2.66），利用极小值原理构造的两点边值问题打靶方程组即为同伦函数 $\boldsymbol{W}(\varepsilon,\boldsymbol{Z})$，具体推导这里不再给出。当然，也可以选择其他的同伦函数实现方程组 $\boldsymbol{F}(\boldsymbol{Z}) = 0$ 的求解。

4. 地球至金星燃料最少转移问题

考虑与 6.5.3 节中同样的轨道优化设计问题，即固定时间的地球至金星的燃料最少转移问题，轨道设计条件见 6.5.3 节。采用基于同伦连续打靶方法对该问题进行求解。首先令 $\varepsilon = 1$，求解能量最少转移问题，随后逐步减小同伦参数 ε，以上一次的迭代结果作为初值重新进行打靶，直至 $\varepsilon = 0$，可以得到燃料最少转移轨道。图 7.2.1 给出了推力幅值随同伦参数 ε 和飞行时间的变化曲线。由图中可以看到，能量最少转移轨道的控制结构为连续控制，而燃料最少转移轨道对应的控制结构为 bang - bang 控制，控制序列为“喷 - 停 - 喷 - 停 - 喷”，这与 6.5.3 节中离散脉冲设计方法得到的结果是一致的。采用间接法计算得到的探测器终端质量为 1 590.779 kg，这比离散脉冲方法计算的结果仅增加了约 9 kg，可以认为基本一致。

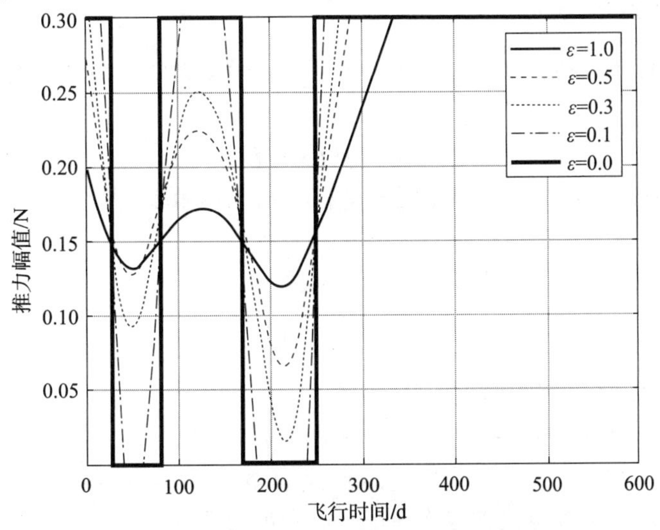

图 7.2.1　推力幅值随同伦参数和飞行时间的变化

图 7.2.2 给出了地球至金星的燃料消耗最少转移轨道。

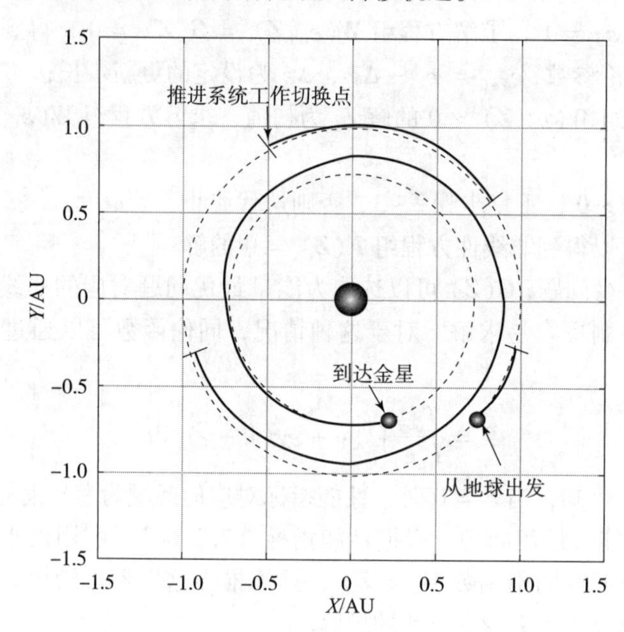

图 7.2.2　地球至金星燃料消耗最少转移轨道

7.3　主矢量原理与应用

上一节讨论了利用间接优化方法解决连续推力作用下的探测器轨迹优化问题。对于脉冲轨迹优化问题，Lawden 基于庞特里亚金极值原理发展了主矢量理论，给出了最优脉冲轨道必要性条件。主矢量理论为脉冲轨道的优化设计提供了理论基础，在行星际飞行轨道研究中有着重要的应用价值。本节将对主矢量理论进行讨论。

7.3.1　主矢量原理

采用笛卡儿坐标系描述，推力作用下的探测器轨道动力学模型可以表示为如下一般形式

$$\begin{cases}\dot{\boldsymbol{r}} = \boldsymbol{v} \\ \dot{\boldsymbol{v}} = \boldsymbol{g}(\boldsymbol{r}) + \boldsymbol{\Gamma}\end{cases} \tag{7.3.1}$$

其中，$\boldsymbol{r}$ 和 $\boldsymbol{v}$ 分别为探测器的位置和速度矢量；$\boldsymbol{g}(\boldsymbol{r})$ 为探测器所受引力加速度矢量；$\boldsymbol{\Gamma}$ 为推进系统推力加速度矢量。

考虑燃料消耗最少问题，性能指标可以表示为

$$J = \int_{t_0}^{t_f} \Gamma(t)\,\mathrm{d}t \tag{7.3.2}$$

其中，t_0 和 t_f 分别为初始和终端时刻；$\Gamma = \|\boldsymbol{\Gamma}\|$。

在初始 t_0 时刻，探测器初始状态给定，表示为

$$\boldsymbol{x}(t_0) = [\boldsymbol{r}_0, \boldsymbol{v}_0] \tag{7.3.3}$$

终端 t_f 时刻固定，位置与速度也均固定，需满足约束条件

$$\boldsymbol{\psi}[\boldsymbol{r}(t_f), \boldsymbol{v}(t_f), t_f] = 0 \tag{7.3.4}$$

为了得到最优轨道满足的必要条件，采用上节中介绍的庞特里亚金极值原理，首先构造哈密尔顿函数为

$$H = \Gamma + \boldsymbol{\lambda}_r^{\mathrm{T}} \boldsymbol{v} + \boldsymbol{\lambda}_v^{\mathrm{T}} [\boldsymbol{g}(\boldsymbol{r}) + \boldsymbol{\Gamma}] \tag{7.3.5}$$

协状态满足如下正则方程

$$\dot{\boldsymbol{\lambda}}_r^{\mathrm{T}} = -\frac{\partial H}{\partial \boldsymbol{r}} = -\boldsymbol{\lambda}_v^{\mathrm{T}} \boldsymbol{G}_r \tag{7.3.6}$$

$$\dot{\boldsymbol{\lambda}}_v^{\mathrm{T}} = -\frac{\partial H}{\partial \boldsymbol{v}} = -\boldsymbol{\lambda}_r^{\mathrm{T}} - \boldsymbol{\lambda}_v^{\mathrm{T}} \boldsymbol{G}_v \tag{7.3.7}$$

其中，$\boldsymbol{G}_r$ 和 $\boldsymbol{G}_v$ 均为 3×3 的梯度矩阵，表示为

$$\begin{cases} \boldsymbol{G}_r = \dfrac{\partial \boldsymbol{g}(\boldsymbol{r})}{\partial \boldsymbol{r}} \\ \boldsymbol{G}_v = \dfrac{\partial \boldsymbol{g}(\boldsymbol{r})}{\partial \boldsymbol{v}} \end{cases} \tag{7.3.8}$$

值得注意的是，$\boldsymbol{G}_v$ 在二体问题中为零矩阵，在三体问题中则为非零矩阵。

分析哈密尔顿函数（7.3.5），要使 H 取极小值，最优推力加速度矢量 $\boldsymbol{\Gamma}$ 方向应与协状态 $\boldsymbol{\lambda}_v$ 的方向相反，即

$$\frac{\boldsymbol{\Gamma}}{\|\boldsymbol{\Gamma}\|} = -\frac{\boldsymbol{\lambda}_v}{\|\boldsymbol{\lambda}_v\|} \tag{7.3.9}$$

对于脉冲轨道，由于脉冲机动控制只发生在脉冲施加的很短时间内，因此表征该时刻的最优推力方向尤为重要。Lawden 将矢量 $-\boldsymbol{\lambda}_v$ 称为主矢量 $\boldsymbol{p}$，即

$$\boldsymbol{p} \equiv -\boldsymbol{\lambda}_v \tag{7.3.10}$$

因为协状态 $\boldsymbol{\lambda}_v$ 是连续可微的，因此主矢量 $\boldsymbol{p}$ 也连续可微。将式（7.3.10）代入（7.3.7），并且两端对时间求导可得

$$\ddot{\boldsymbol{p}}^{\mathrm{T}} = -\dot{\boldsymbol{\lambda}}_r^{\mathrm{T}} - \dot{\boldsymbol{p}}^{\mathrm{T}} \boldsymbol{G}_v - \boldsymbol{p}^{\mathrm{T}} \dot{\boldsymbol{G}}_w \tag{7.3.11}$$

将式（7.3.6）代入上式可以得到

$$\ddot{\boldsymbol{p}}^{\mathrm{T}} = \boldsymbol{p}^{\mathrm{T}} (\boldsymbol{G}_r - \dot{\boldsymbol{G}}_w) - \dot{\boldsymbol{p}}^{\mathrm{T}} \boldsymbol{G}_v \tag{7.3.12}$$

在二体问题和三体问题中，$\boldsymbol{G}_v$ 为常值矩阵，因此 $\dot{\boldsymbol{G}}_v = \boldsymbol{O}_{3\times3}$，式（7.3.12）可以简化为

$$\ddot{\boldsymbol{p}}^{\mathrm{T}} = \boldsymbol{p}^{\mathrm{T}} \boldsymbol{G}_r - \dot{\boldsymbol{p}}^{\mathrm{T}} \boldsymbol{G}_v \tag{7.3.13}$$

式（7.3.13）可以改写成如下形式

$$\ddot{\boldsymbol{p}} = \boldsymbol{G}_r \boldsymbol{p} + \boldsymbol{G}_v \dot{\boldsymbol{p}} \tag{7.3.14}$$

式（7.3.14）称为主矢量方程。将主矢量代入式（7.3.5），哈密尔顿函数可以改写成

$$H = -(p-1)\Gamma + \boldsymbol{p}^{\mathrm{T}} \boldsymbol{g}(\boldsymbol{r}) - (\dot{\boldsymbol{p}}^{\mathrm{T}} + \boldsymbol{p}^{\mathrm{T}} \boldsymbol{G}_v) \boldsymbol{v} \tag{7.3.15}$$

分析式（7.3.15），哈密尔顿函数 H 是关于推力加速度大小 Γ 的线性方程，若要使其取极小值，取决于推力加速度大小 Γ 的系数。定义开关函数

$$\rho = p - 1 \tag{7.3.16}$$

则最优推力加速度大小 Γ 满足 Bang – Bang 控制结构，表示为

$$\Gamma = \begin{cases} \Gamma_{\max}, & \rho > 0 \\ 0, & \rho < 0 \\ [0, \Gamma_{\max}], & \rho = 0 \end{cases} \tag{7.3.17}$$

其中，$\Gamma_{\max}$ 为推力加速度最大值。

式（7.3.17）表明，当$\rho > 0$时，应取推力最大值；当$\rho < 0$时，推力应为零；当$\rho = 0$时，Γ无法确定，可以取$0 \sim \Gamma_{max}$之间的任意值，这种情况只发生在孤立点。这与7.2.4节中连续推力作用下燃料消耗最少轨迹的分析是一致的。而对于脉冲推力的情况，脉冲推力可以看作是$\Gamma_{max} \to \infty$情况，推力工作的时间是非常短的，相比于无推力工作的时间，可以近似认为是零。根据狄拉克函数，在t_k时刻施加的机动速度脉冲$\Delta \boldsymbol{v}_k$与推力加速度$\boldsymbol{\Gamma}(t_k)$满足如下关系

$$\boldsymbol{\Gamma}(t_k) = \Delta \boldsymbol{v}_k \delta(t - t_k) \tag{7.3.18}$$

因此，对于脉冲轨道情况，可以认为脉冲推力发生在$\rho = 0$时刻，即主矢量的模$p = 1$，而脉冲推力之间的轨道段则为无推力工作段，此时$\rho < 0$，即$p < 1$，$\Gamma = 0$。

通过上面的讨论，对于脉冲轨道情况，若要使哈密尔顿函数H取极小值，轨道机动时刻的脉冲速度矢量应与主矢量同向，此时主矢量的模p和推力加速度大小Γ恒有一个为零，因此式（7.3.15）可以简化为

$$H = \boldsymbol{p}^{\mathrm{T}} \boldsymbol{g}(\boldsymbol{r}) - (\dot{\boldsymbol{p}}^{\mathrm{T}} + \boldsymbol{p}^{\mathrm{T}} \boldsymbol{G}_v) \boldsymbol{v} \tag{7.3.19}$$

对于t_k时刻施加的轨道机动脉冲$\Delta \boldsymbol{v}_k$，机动前后轨道参数满足如下关系

$$\begin{cases} t_k^+ = t_k^- \\ \boldsymbol{r}_k^+ = \boldsymbol{r}_k^- \\ \boldsymbol{v}_k^+ - \boldsymbol{v}_k^- = \Delta \boldsymbol{v}_k \end{cases} \tag{7.3.20}$$

若整条轨道上施加N次脉冲机动，则性能指标（7.3.2）可以改写成

$$J = \sum_{k=1}^{N} \| \Delta \boldsymbol{v}_k \| \tag{7.3.21}$$

Lawden针对最优脉冲轨道，给出了主矢量满足的必要条件：

①最优脉冲轨道的主矢量$\boldsymbol{p}$满足主矢量方程（7.3.14），主矢量$\boldsymbol{p}$及对时间的一阶导数$\dot{\boldsymbol{p}}$始终连续；

②最优脉冲轨道的主矢量的模$p \leqslant 1$，且在脉冲施加时刻，有$p = 1$；

③在脉冲施加时刻，主矢量$\boldsymbol{p}$为与最优速度脉冲矢量方向一致的单位矢量；

④在最优脉冲轨道的所有中间脉冲机动位置，主矢量满足$\dot{p} = \dot{\boldsymbol{p}}^{\mathrm{T}} \boldsymbol{p} = 0$。

对于条件①～③，前面已经进行了讨论，下面对条件④进行证明。

因为哈密尔顿函数（7.3.19）在脉冲机动前后保持连续，因此有

$$(\dot{\boldsymbol{p}}^-)^{\mathrm{T}} \boldsymbol{v}^- - (\boldsymbol{p}^-)^{\mathrm{T}} \boldsymbol{g}(\boldsymbol{r}^-) = (\dot{\boldsymbol{p}}^+)^{\mathrm{T}} \boldsymbol{v}^+ - (\boldsymbol{p}^+)^{\mathrm{T}} \boldsymbol{g}(\boldsymbol{r}^+) \tag{7.3.22}$$

其中，$\boldsymbol{p}$、$\dot{\boldsymbol{p}}$和$\boldsymbol{r}$在脉冲机动前后均保持连续，而$\boldsymbol{g}(\boldsymbol{r})$仅与$\boldsymbol{r}$相关，也是连续的，因此式（7.3.22）可以简化为

$$\dot{\boldsymbol{p}}^{\mathrm{T}} \boldsymbol{v}^- = \dot{\boldsymbol{p}}^{\mathrm{T}} \boldsymbol{v}^+ \tag{7.3.23}$$

根据式（7.3.20），式（7.3.23）可以改写成

$$\dot{\boldsymbol{p}}^{\mathrm{T}} \Delta \boldsymbol{v} = 0 \tag{7.3.24}$$

根据必要条件③，速度脉冲矢量与主矢量同向，因此有

$$\dot{\boldsymbol{p}}^{\mathrm{T}} \boldsymbol{p} = 0 \tag{7.3.25}$$

根据必要条件②，脉冲机动时刻主矢量的模$p = 1$，根据式（7.3.25），有

$$\dot{p} = \dot{\boldsymbol{p}}^{\mathrm{T}} \boldsymbol{p} = 0 \tag{7.3.26}$$

7.3.2　主矢量的计算

考虑两脉冲轨道，定义 t_0 和 t_f 分别为脉冲轨道的初始和终端时刻，这两个时刻也是脉冲机动施加的时刻。根据最优脉冲轨道主矢量满足的必要条件②，初始和终端主矢量可以分别表示为

$$\boldsymbol{p}(t_0)=\frac{\Delta\boldsymbol{v}_0}{\|\Delta\boldsymbol{v}_0\|}\tag{7.3.27}$$

$$\boldsymbol{p}(t_f)=\frac{\Delta\boldsymbol{v}_f}{\|\Delta\boldsymbol{v}_f\|}\tag{7.3.28}$$

将主矢量方程（7.3.14）改写成如下一阶微分方程形式

$$\frac{\mathrm{d}}{\mathrm{d}t}\begin{bmatrix}\boldsymbol{p}\\ \dot{\boldsymbol{p}}\end{bmatrix}=\begin{bmatrix}\boldsymbol{O}_{3\times3} & \boldsymbol{I}_{3\times3}\\ \boldsymbol{G}_r & \boldsymbol{G}_v\end{bmatrix}\begin{bmatrix}\boldsymbol{p}\\ \dot{\boldsymbol{p}}\end{bmatrix}\tag{7.3.29}$$

根据动力学系统理论，系统（7.3.1）的变分方程为

$$\begin{bmatrix}\delta\dot{\boldsymbol{r}}\\ \delta\dot{\boldsymbol{v}}\end{bmatrix}=\begin{bmatrix}\boldsymbol{O}_{3\times3} & \boldsymbol{I}_{3\times3}\\ \boldsymbol{G}_r & \boldsymbol{G}_v\end{bmatrix}\begin{bmatrix}\delta\boldsymbol{r}\\ \delta\boldsymbol{v}\end{bmatrix}\tag{7.3.30}$$

式（7.3.29）与式（7.3.30）形式一致，因此，根据式（7.1.8），微分方程组（7.3.29）的解可以表示为

$$\begin{bmatrix}\boldsymbol{p}(t)\\ \dot{\boldsymbol{p}}(t)\end{bmatrix}=\boldsymbol{\Phi}(t,t_0)\begin{bmatrix}\boldsymbol{p}(t_0)\\ \dot{\boldsymbol{p}}(t_0)\end{bmatrix}\tag{7.3.31}$$

其中，$\boldsymbol{\Phi}(t,t_0)$ 为系统从 t_0 时刻到 t_f 时刻的 6×6 维状态转移矩阵，表示为

$$\boldsymbol{\Phi}(t,t_0)=\begin{bmatrix}\boldsymbol{\Phi}_{11}(t,t_0) & \boldsymbol{\Phi}_{12}(t,t_0)\\ \boldsymbol{\Phi}_{21}(t,t_0) & \boldsymbol{\Phi}_{22}(t,t_0)\end{bmatrix}\tag{7.3.32}$$

根据式（7.3.31），对于任意 $t\in[t_0,t_f]$，主矢量及其微分可以表示为

$$\boldsymbol{p}(t)=\boldsymbol{\Phi}_{11}(t,t_0)\boldsymbol{p}(t_0)+\boldsymbol{\Phi}_{12}(t,t_0)\dot{\boldsymbol{p}}(t_0)\tag{7.3.33}$$

$$\dot{\boldsymbol{p}}(t)=\boldsymbol{\Phi}_{21}(t,t_0)\boldsymbol{p}(t_0)+\boldsymbol{\Phi}_{22}(t,t_0)\dot{\boldsymbol{p}}(t_0)\tag{7.3.34}$$

令 $t=t_0$，根据式（7.3.33）可以得到初始时刻主矢量的微分为

$$\dot{\boldsymbol{p}}(t_0)=\boldsymbol{\Phi}_{12}^{-1}(t_f,t_0)[\boldsymbol{p}(t_f)-\boldsymbol{\Phi}_{11}(t_f,t_0)\boldsymbol{p}(t_0)]\tag{7.3.35}$$

利用式（7.3.27）、式（7.3.28）和式（7.3.35）可以得到初始时刻主矢量及其微分，结合式（7.3.33）和式（7.3.34）可以得到整个飞行过程中主矢量及其微分的时间历程。

7.3.3　主矢量伴随方程

根据系统的变分方程（7.3.30），有

$$\delta\ddot{\boldsymbol{r}}=\delta\dot{\boldsymbol{v}}=\boldsymbol{G}_r\delta\boldsymbol{r}+\boldsymbol{G}_v\delta\boldsymbol{v}\tag{7.3.36}$$

将式（7.3.36）两端都左乘 $\boldsymbol{p}^{\mathrm{T}}$，可得

$$\boldsymbol{p}^{\mathrm{T}}\delta\ddot{\boldsymbol{r}}=\boldsymbol{p}^{\mathrm{T}}\boldsymbol{G}_r\delta\boldsymbol{r}+\boldsymbol{p}^{\mathrm{T}}\boldsymbol{G}_v\delta\boldsymbol{v}\tag{7.3.37}$$

将式（7.3.14）两端都左乘 $\delta\boldsymbol{r}^{\mathrm{T}}$，可得

$$\delta\boldsymbol{r}^{\mathrm{T}}\ddot{\boldsymbol{p}}=\delta\boldsymbol{r}^{\mathrm{T}}\boldsymbol{G}_r\boldsymbol{p}+\delta\boldsymbol{r}^{\mathrm{T}}\boldsymbol{G}_v\dot{\boldsymbol{p}}\tag{7.3.38}$$

式（7.3.37）和式（7.3.38）相减并整理可得

$$(\boldsymbol{p}^{\mathrm{T}}\delta\dot{\boldsymbol{v}}+\dot{\boldsymbol{p}}^{\mathrm{T}}\delta\boldsymbol{v})-(\ddot{\boldsymbol{p}}^{\mathrm{T}}\delta\boldsymbol{r}+\dot{\boldsymbol{p}}^{\mathrm{T}}\delta\dot{\boldsymbol{r}})-(\boldsymbol{p}^{\mathrm{T}}\mathbf{G}_v\delta\dot{\boldsymbol{r}}+\dot{p}^{\mathrm{T}}\mathbf{G}_v\delta\boldsymbol{r})=0\tag{7.3.39}$$

上式可以改写成如下形式

$$\frac{\mathrm{d}}{\mathrm{d}t}(\boldsymbol{p}^{\mathrm{T}}\delta\boldsymbol{v} - \dot{\boldsymbol{p}}^{\mathrm{T}}\delta\boldsymbol{r} - \boldsymbol{p}^{\mathrm{T}}\boldsymbol{G}_v\delta\boldsymbol{r}) = 0 \tag{7.3.40}$$

因此有

$$\boldsymbol{p}^{\mathrm{T}}\delta\boldsymbol{v} - \dot{\boldsymbol{p}}^{\mathrm{T}}\delta\boldsymbol{r} - \boldsymbol{p}^{\mathrm{T}}\boldsymbol{G}_v\delta\boldsymbol{r} = C \tag{7.3.41}$$

其中，C 为恒定常数。

式（7.3.41）称为伴随方程，建立了主矢量与轨道状态摄动之间的关系，在脉冲轨道的优化中有着重要的作用。

7.3.4 脉冲轨道优化方法

主矢量理论可以用于判定脉冲轨道是否为最优轨道，若为最优脉冲轨道，则应符合主矢量满足的4个最优性必要条件。当脉冲轨道不是最优时，则可以利用主矢量的特性对轨道进行优化，使其满足最优性必要条件。通常，优化的方法包括两种：端点滑行法和中间脉冲法。下面对这两种方法进行介绍，为不失一般性，以两脉冲轨道为例进行讨论。

1. 端点滑行法

考虑如下两脉冲转移轨道场景：在 t_0 时刻，探测器从出发轨道上的 A 点施加脉冲轨道机动 $\Delta\boldsymbol{v}_0$ 向目标轨道转移，机动点处位置矢量和速度矢量分别为 $\boldsymbol{r}_0$ 和 $\boldsymbol{v}_0$；在 t_f 时刻，探测器到达目标轨道上的 B 点，施加脉冲轨道机动 $\Delta\boldsymbol{v}_f$ 实现目标轨道入轨，入轨点处位置矢量和速度矢量分别为 $\boldsymbol{r}_f$ 和 $\boldsymbol{v}_f$。记由 A 点到 B 点的转移轨道为参考轨道，参考轨道所需总的速度增量表示为

$$J = \Delta v_0 + \Delta v_f \tag{7.3.42}$$

其中，$\Delta v_0 = \|\Delta\boldsymbol{v}_0\|$；$\Delta v_f = \|\Delta\boldsymbol{v}_f\|$。

假定参考轨道不是最优转移轨道，即参考轨道的主矢量不满足最优性必要条件。为了得到最优两脉冲转移轨道，可以稍微调整出发轨道和目标轨道上的机动时刻。定义出发轨道上新的机动时刻为 $t'_0 = t_0 + \mathrm{d}t_0$，机动点为 A'，目标轨道上新的入轨时刻为 $t'_f = t_f + \mathrm{d}t_f$，入轨点为 B'。这时可以认为轨道机动点在出发轨道和目标轨道上分别滑行了时间 $\mathrm{d}t_0$ 和 $\mathrm{d}t_f$，记由 A'点到 B'点的转移轨道为摄动轨道。参考轨道与摄动轨道如图 7.3.1 所示。

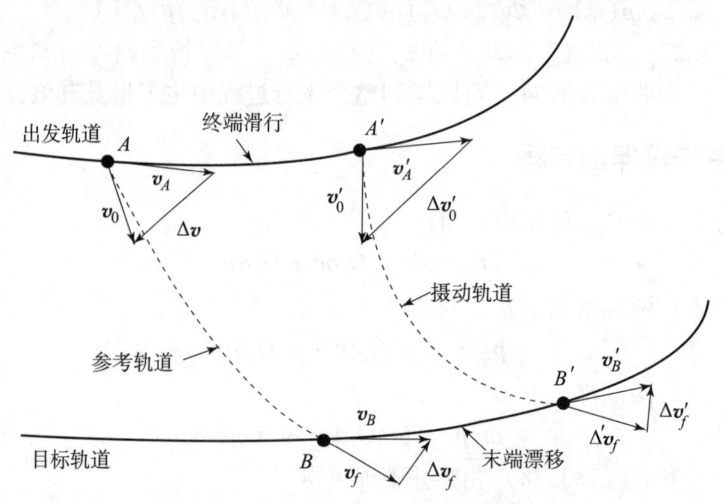

图 7.3.1 参考轨道与摄动轨道

根据 7.1.1 节中介绍的时间不定变分原理，比较摄动轨道与参考轨道，t 时刻轨道状态 $\boldsymbol{x}(t)$ 的总摄动量可以表示为

$$\mathrm{d}\boldsymbol{x}(t) = \delta\boldsymbol{x}(t) + \dot{\boldsymbol{x}}^*(t)\mathrm{d}t \tag{7.3.43}$$

其中，$\delta\boldsymbol{x}(t)$ 表示时间固定时的轨道状态摄动量；$\dot{\boldsymbol{x}}^*(t)\mathrm{d}t$ 表示由于时间摄动引起的轨道状态摄动量，其中 $\dot{\boldsymbol{x}}^*(t)$ 为参考轨道状态的微分。

下面将首先讨论当出发轨道上机动点滑行时性能指标（7.3.42）的改变量，这里认为目标轨道入轨时间和入轨点与参考轨迹的一致，摄动轨道的性能指标可以表示为

$$J_0 = \Delta v'_0 + \Delta v'_f = \|\boldsymbol{v}'_0 - \boldsymbol{v}'_A\| + \|\boldsymbol{v}_B - \boldsymbol{v}'_f\| \tag{7.3.44}$$

其中，符号（·）′表示摄动后的轨道状态参数；$\boldsymbol{v}'_A$ 和 $\boldsymbol{v}'_0$ 分别为出发时刻出发轨道和摄动轨道上的速度矢量；$\boldsymbol{v}_B$ 和 $\boldsymbol{v}'_f$ 分别为入轨时刻目标轨道和摄动轨道上的速度矢量。

始端滑行各速度矢量之间的关系如图 7.3.2 所示。

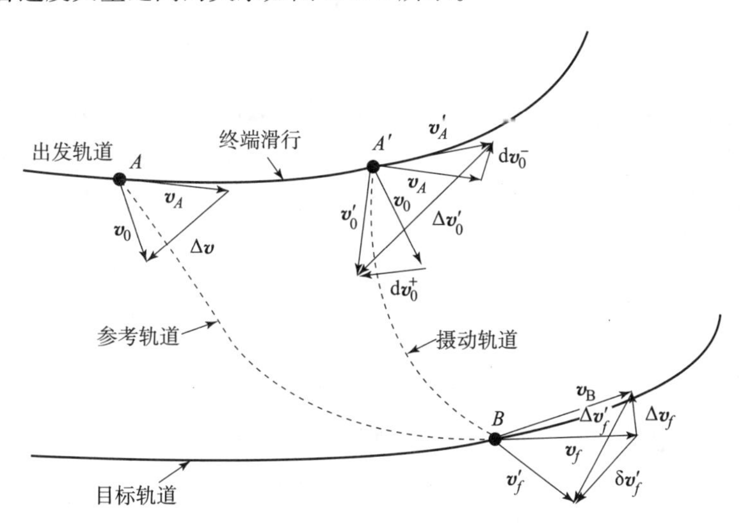

图 7.3.2　始端滑行各速度矢量关系示意图

根据式（7.3.43），式（7.3.44）可以改写成

$$J_0 = \|(\boldsymbol{v}_0 + \mathrm{d}\boldsymbol{v}_0^+) - (\boldsymbol{v}_A + \mathrm{d}\boldsymbol{v}_0^-)\| + \|\boldsymbol{v}_B - (\boldsymbol{v}_f + \delta\boldsymbol{v}_f^-)\| \tag{7.3.45}$$

其中，符号“-”和“+”分别表示轨道机动前和机动后。

式（7.3.45）可以整理为

$$J_0 = \|\Delta\boldsymbol{v}_0 + \mathrm{d}\boldsymbol{v}_0^+ - \mathrm{d}\boldsymbol{v}_0^-\| + \|\Delta\boldsymbol{v}_f - \delta\boldsymbol{v}_f^-\| \tag{7.3.46}$$

由式（7.3.42）和式（7.3.46）可以得到摄动轨道与参考轨道性能指标偏差为

$$\delta J_0 = J_0 - J = \|\Delta\boldsymbol{v}_0 + \mathrm{d}\boldsymbol{v}_0^+ - \mathrm{d}\boldsymbol{v}_0^-\| - \|\Delta\boldsymbol{v}_0\| + \|\Delta\boldsymbol{v}_f - \delta\boldsymbol{v}_f^-\| - \|\Delta\boldsymbol{v}_f\| \tag{7.3.47}$$

根据矢量摄动原理，有

$$\delta h = \|\boldsymbol{y} + \delta\boldsymbol{y}\| - \|\boldsymbol{y}\| \approx \frac{\delta\boldsymbol{y}^{\mathrm{T}}\boldsymbol{y}}{\|\boldsymbol{y}\|} \tag{7.3.48}$$

因此，式（7.3.47）可以简化为

$$\delta J_0 \approx \frac{\Delta\boldsymbol{v}_0^{\mathrm{T}}}{|\Delta\boldsymbol{v}_0|}(\mathrm{d}\boldsymbol{v}_0^+ - \mathrm{d}\boldsymbol{v}_0^-) - \frac{\Delta\boldsymbol{v}_f^{\mathrm{T}}}{|\Delta\boldsymbol{v}_f|}\delta\boldsymbol{v}_f^- \tag{7.3.49}$$

将式（7.3.27）和式（7.3.28）代入式（7.3.49），可得

$$\delta J_0 = \boldsymbol{p}_0^{\mathrm{T}}(\mathrm{d}\boldsymbol{v}_0^+ - \mathrm{d}\boldsymbol{v}_0^-) - \boldsymbol{p}_f^{\mathrm{T}}\delta\boldsymbol{v}_f^- \tag{7.3.50}$$

根据主矢量伴随方程（7.3.41），出发时刻和入轨时刻摄动轨道上的主矢量满足如下关系

$$\boldsymbol{p}_0^{\mathrm{T}}\delta\boldsymbol{v}_0^+ - (\dot{\boldsymbol{p}}_0^{\mathrm{T}} + \boldsymbol{p}_0^{\mathrm{T}}\boldsymbol{G}_{v0})\delta\boldsymbol{r}_0^+ = \boldsymbol{p}_f^{\mathrm{T}}\delta\boldsymbol{v}_f^- - (\dot{\boldsymbol{p}}_f^{\mathrm{T}} + \boldsymbol{p}_f^{\mathrm{T}}\boldsymbol{G}_{vf})\delta\boldsymbol{r}_f^- = C \tag{7.3.51}$$

由于终端目标轨道入轨点不存在滑行，因此 $\delta\boldsymbol{r}_f^- = 0$。将上式代入式（7.3.50），性能指标偏差可以改写成

$$\delta J_0 = \boldsymbol{p}_0^{\mathrm{T}}(\mathrm{d}\boldsymbol{v}_0^+ - \mathrm{d}\boldsymbol{v}_0^-) - [\boldsymbol{p}_0^{\mathrm{T}}\delta\boldsymbol{v}_0^+ - (\dot{\boldsymbol{p}}_0^{\mathrm{T}} + \boldsymbol{p}_0^{\mathrm{T}}\boldsymbol{G}_{v0})\delta\boldsymbol{r}_0^+] \tag{7.3.52}$$

根据式（7.3.43），式（7.3.52）中轨道状态在出发时刻的摄动可以表示为

$$\begin{cases} \delta\boldsymbol{r}_0^+ = \mathrm{d}\boldsymbol{r}_0^+ - \boldsymbol{v}_0^+\mathrm{d}t_0 \\ \mathrm{d}\boldsymbol{v}_0^- = \delta\boldsymbol{v}_0^- + \dot{\boldsymbol{v}}_0^-\mathrm{d}t_0 \\ \mathrm{d}\boldsymbol{v}_0^+ = \delta\boldsymbol{v}_0^+ + \dot{\boldsymbol{v}}_0^+\mathrm{d}t_0 \end{cases} \tag{7.3.53}$$

对式（7.3.53）进行讨论，由于脉冲机动前后位置矢量是连续的，因此有 $\mathrm{d}\boldsymbol{r}_0^- = \mathrm{d}\boldsymbol{r}_0^+ = \mathrm{d}\boldsymbol{r}_0$；在施加脉冲机动前，探测器沿出发轨道飞行，因此摄动量 $\mathrm{d}\boldsymbol{v}_0^-$ 只包含由滑行时间摄动 $\mathrm{d}t_0$ 引起的部分，即 $\delta\boldsymbol{v}_0^- = 0$；另外，$\boldsymbol{v}_0^+$ 即为参考轨道上机动后的速度矢量 $\boldsymbol{v}_0$。定义 $\boldsymbol{g}_A = \dot{\boldsymbol{v}}_0^-$，$\boldsymbol{g}_0 = \dot{\boldsymbol{v}}_0^+$，则式（7.3.53）改写成

$$\begin{cases} \delta\boldsymbol{r}_0^+ = \mathrm{d}\boldsymbol{r}_0 - \boldsymbol{v}_0\mathrm{d}t_0 \\ \mathrm{d}\boldsymbol{v}_0^- = \boldsymbol{g}_A\mathrm{d}t_0 \\ \mathrm{d}\boldsymbol{v}_0^+ = \delta\boldsymbol{v}_0^+ + \boldsymbol{g}_0\mathrm{d}t_0 \end{cases} \tag{7.3.54}$$

将式（7.3.54）代入式（7.3.52）并整理可得

$$\delta J_0 = \boldsymbol{p}_0^{\mathrm{T}}(\boldsymbol{g}_0 - \boldsymbol{g}_A - \boldsymbol{G}_{v0}\boldsymbol{v}_0)\mathrm{d}t_0 + \dot{\boldsymbol{p}}_0^{\mathrm{T}}(\mathrm{d}\boldsymbol{r}_0 - \boldsymbol{v}_0\mathrm{d}t_0) + \boldsymbol{p}_0^{\mathrm{T}}\boldsymbol{G}_{v0}\mathrm{d}\boldsymbol{r}_0 \tag{7.3.55}$$

由于轨道机动前后加速度矢量是连续的，因此有

$$\boldsymbol{g}_0 - \boldsymbol{G}_{v0}\boldsymbol{v}_0 = \boldsymbol{g}_A - \boldsymbol{G}_{v0}\boldsymbol{v}_A \tag{7.3.56}$$

利用式（7.3.56），式（7.3.55）可以整理成

$$\delta J_0 = \dot{\boldsymbol{p}}_0^{\mathrm{T}}(\mathrm{d}\boldsymbol{r}_0 - \boldsymbol{v}_0\mathrm{d}t_0) + \boldsymbol{p}_0^{\mathrm{T}}\mathbf{G}_{v0}(\mathrm{d}\boldsymbol{r}_0 - \boldsymbol{v}_A\mathrm{d}t_0) \tag{7.3.57}$$

根据上面的讨论，$\mathrm{d}\boldsymbol{r}_0$ 可以表示成

$$\mathrm{d}\boldsymbol{r}_0 = \mathrm{d}\boldsymbol{r}_0^- = \delta\boldsymbol{r}_0^- + \boldsymbol{v}_0^-\mathrm{d}t_0 \tag{7.3.58}$$

由于 $\delta\boldsymbol{r}_0^- = 0$，$\boldsymbol{v}_0^- = \boldsymbol{v}_A$，因此有

$$\mathrm{d}\boldsymbol{r}_0 = \boldsymbol{v}_A\mathrm{d}t_0 \tag{7.3.59}$$

利用式（7.3.59），式（7.3.57）可以简化为

$$\delta J_0 = \dot{\boldsymbol{p}}_0^{\mathrm{T}}(\boldsymbol{v}_A - \boldsymbol{v}_0)\mathrm{d}t_0 = -\dot{\boldsymbol{p}}_0^{\mathrm{T}}\Delta\boldsymbol{v}_0\mathrm{d}t_0 \tag{7.3.60}$$

可以看到，尽管推导过程非常烦琐，但性能指标的偏差量表达式非常简洁。

若仅考虑终端入轨点滑行，新的目标轨道入轨时刻 $t'_f = t_f + \mathrm{d}t_f$，而从出发轨道上出发时刻和机动点不变，则摄动轨道的性能指标可以表示为

$$J_f = \Delta v'_0 + \Delta v'_f = \|(\boldsymbol{v}_0 + \delta\boldsymbol{v}_0^+) - \boldsymbol{v}_A\| + \|(\boldsymbol{v}_B + \mathrm{d}\boldsymbol{v}_f^-) - (\boldsymbol{v}_f + \mathrm{d}\boldsymbol{v}_f^-)\| \tag{7.3.61}$$

同理，可以得到摄动轨道与参考轨道的性能指标偏差为

$$\delta J_f = J_f - J = -\dot{\boldsymbol{p}}_f^{\mathrm{T}}(\boldsymbol{v}_B - \boldsymbol{v}_f)\mathrm{d}t_f = -\dot{\boldsymbol{p}}_f^{\mathrm{T}}\Delta\boldsymbol{v}_f\mathrm{d}t_f \tag{7.3.62}$$

式（7.3.62）的推导过程与始端滑行推导类似，具体不再赘述。终端滑行各速度矢量之间的关系如图 7.3.3 所示。

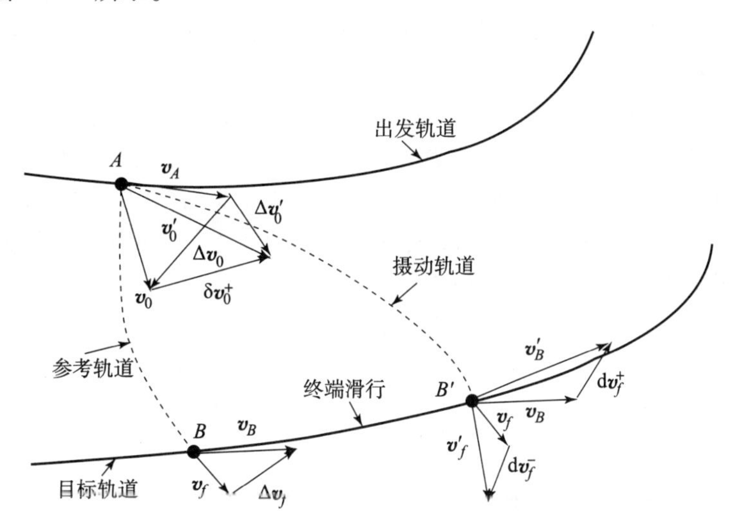

图 7.3.3　终端滑行各速度矢量关系示意图

如果同时考虑始端和终端滑行，则摄动轨道与参考轨道的性能指标偏差为

$$\delta J = \delta J_0 + \delta J_f = -\dot{\boldsymbol{p}}_0^{\mathrm{T}}\Delta\boldsymbol{v}_0\mathrm{d}t_0 - \dot{\boldsymbol{p}}_f^{\mathrm{T}}\Delta\boldsymbol{v}_f\mathrm{d}t_f \tag{7.3.63}$$

将主矢量的边界条件（7.3.27）和式（7.3.28）代入式（7.3.63），可得

$$\delta J = -\ \|\Delta\boldsymbol{v}_0\|\dot{\boldsymbol{p}}_0^{\mathrm{T}}\boldsymbol{p}_0\mathrm{d}t_0 - \|\Delta\boldsymbol{v}_f\|\dot{\boldsymbol{p}}_f^{\mathrm{T}}\boldsymbol{p}_f\mathrm{d}t_f \tag{7.3.64}$$

根据式（7.3.64），可以得到性能指标 J 对初始时刻 t_0 和终端时刻 t_f 的偏导数分别为

$$\frac{\partial J}{\partial t_0} = -\Delta v_0\dot{\boldsymbol{p}}_0^{\mathrm{T}}\boldsymbol{p}_0 \tag{7.3.65}$$

$$\frac{\partial J}{\partial t_f} = -\Delta v_f\dot{\boldsymbol{p}}_f^{\mathrm{T}}\boldsymbol{p}_f \tag{7.3.66}$$

由于在脉冲机动时刻的主矢量 $\boldsymbol{p}$ 为单位矢量，满足 $p^2 = \boldsymbol{p}^{\mathrm{T}}\boldsymbol{p}$，两端对时间求导可得 $2p\dot{p} = 2\boldsymbol{p}^{\mathrm{T}}\boldsymbol{p}$。由于 $p = 1$，所以有 $\boldsymbol{p}^{\mathrm{T}}\boldsymbol{p} = \dot{p}$。因此式（7.3.65）和式（7.3.66）可以改写成

$$\frac{\partial J}{\partial t_0} = -\Delta v_0\dot{p}_0 \tag{7.3.67}$$

$$\frac{\partial J}{\partial t_f} = -\Delta v_f\dot{p}_f \tag{7.3.68}$$

性能指标对初始时刻和终端时刻的偏导数反映了能否通过端点滑行来降低性能指标。观察式（7.3.67）和式（7.3.68），可以得到如下结论：

①当 $\mathrm{d}t_0 > 0$，$\dot{p}_0 > 0$ 或 $\mathrm{d}t_0 < 0$，$\dot{p}_0 < 0$ 时，可以通过始端滑行降低性能指标；

②当 $\mathrm{d}t_f > 0$，$\dot{p}_f > 0$ 或 $\mathrm{d}t_f < 0$，$\dot{p}_f < 0$ 时，可以通过终端滑行降低性能指标。

与参考轨道相比，$\mathrm{d}t_0 > 0$，表示从出发轨道延迟出发；$\mathrm{d}t_0 < 0$，表示提前出发；$\mathrm{d}t_f > 0$，表示目标轨道延迟入轨；$\mathrm{d}t_f < 0$，则表示提前入轨。

对于同时考虑始端滑行和终端滑行的情况，即同时对出发时刻 t_0 和入轨时刻 t_f 进行调整，若要使摄动轨迹的性能指标小于参考轨迹，则应满足如下条件

$$\delta J = -\dot{\boldsymbol{p}}_0^{\mathrm{T}}\Delta\boldsymbol{v}_0\mathrm{d}t_0 - \dot{\boldsymbol{p}}_f^{\mathrm{T}}\Delta\boldsymbol{v}_f\mathrm{d}t_f < 0 \tag{7.3.69}$$

调整过程依赖于数值迭代，参考轨道作为迭代初值。每一步迭代过程中，根据初始和终端主矢量的导数 $\dot{p}_0$ 和 $\dot{p}_f$ 的正负号判断修正值 $\mathrm{d}t_0$ 和 $\mathrm{d}t_f$ 的符号，迭代的步长则与主矢量的导数成正比。迭代的终止条件选取为当前的主矢量导数 $0 \leqslant \dot{p}_0 < \varepsilon$ 且 $-\varepsilon < \dot{p}_f \leqslant 0$，其中 ε 为设定的小量。

2. 中间脉冲法

另一种调整参考轨道使其满足最优性必要条件的方法是中间脉冲法。该方法是在转移过程中的某时间点增加一次额外的脉冲机动，使原先的两脉冲轨道变成三脉冲轨道，相邻两个脉冲机动之间的轨道均满足最优性必要条件。这种方法需要确定中间脉冲施加的时间和位置矢量，涉及四维参数的调整问题。中间脉冲法的示意图如图 7.3.4 所示，记施加中间脉冲的位置为 C'点，中间脉冲处的轨道状态以下标“ m ”标注。

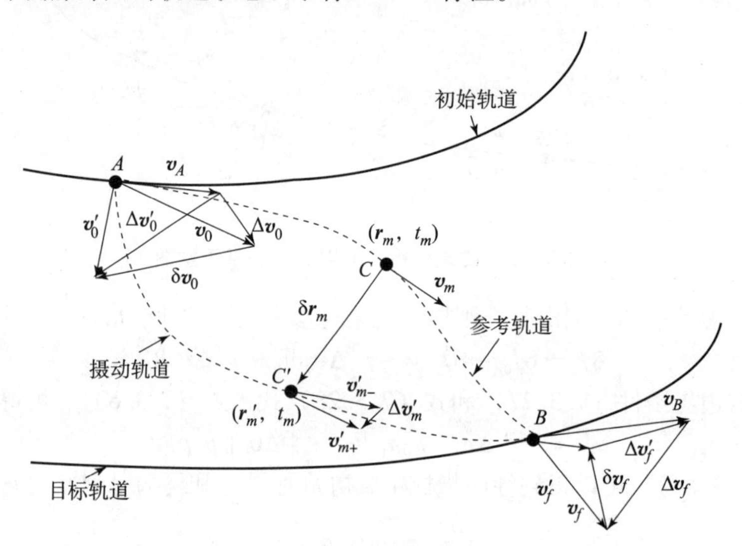

图 7.3.4　中间脉冲法示意图

中间脉冲法是在转移过程中增加一次脉冲机动，不考虑始端和终端滑行问题，即 $\mathrm{d}t_0 = \mathrm{d}t_f = 0$，这表明摄动轨道与参考轨道的飞行时间相同。定义 t_m 为施加中间脉冲机动时刻，则摄动轨道与参考轨道的性能指标偏差为

$$\delta J = J' - J = \|\boldsymbol{v}'_0 - \boldsymbol{v}_A\| - \|\boldsymbol{v}_0 - \boldsymbol{v}_A\| + \|\boldsymbol{v}'^{+}_m - \boldsymbol{v}'^{-}_m\| + \|\boldsymbol{v}_B - \boldsymbol{v}'_f\| - \|\boldsymbol{v}_B - \boldsymbol{v}_f\| \tag{7.3.70}$$

由于始端和终端都不滑行，式（7.3.70）可以简化为

$$\delta J = \|\Delta\boldsymbol{v}_0 + \delta\boldsymbol{v}_0^+\| - \|\Delta\boldsymbol{v}_0\| + \|\delta\boldsymbol{v}_m^+ - \delta\boldsymbol{v}_m^-\| + \|\Delta\boldsymbol{v}_f - \delta\boldsymbol{v}_f^-\| - \|\Delta\boldsymbol{v}_f\| \tag{7.3.71}$$

根据式（7.3.47），上式可以进一步简化为

$$\delta J = \boldsymbol{p}_0^{\mathrm{T}}\delta\boldsymbol{v}_0^+ + \|\delta\boldsymbol{v}_m^+ - \delta\boldsymbol{v}_m^-\| - \boldsymbol{p}_f^{\mathrm{T}}\delta\boldsymbol{v}_f^- \tag{7.3.72}$$

施加中间脉冲机动后，由 A 点至 C'点轨道和由 C'点至 B 点轨道可以看作两端两脉冲轨道。根据主矢量伴随方程，这两段轨道上分别满足

$$\boldsymbol{p}_0^{\mathrm{T}}\delta\boldsymbol{v}_0^+ - (\dot{\boldsymbol{p}}_0^{\mathrm{T}} + \boldsymbol{p}_0^{\mathrm{T}}\boldsymbol{G}_{v0})\delta\boldsymbol{r}_0^+ = (\boldsymbol{p}_m^-)^{\mathrm{T}}\delta\boldsymbol{v}_m^- - [(\dot{\boldsymbol{p}}_m^-)^{\mathrm{T}} + (\boldsymbol{p}_m^-)^{\mathrm{T}}\boldsymbol{G}_{vm}^-]\delta\boldsymbol{r}_m^- \tag{7.3.73}$$

$$\boldsymbol{p}_f^{\mathrm{T}}\delta\boldsymbol{v}_f^- - (\dot{\boldsymbol{p}}_f^{\mathrm{T}} + \boldsymbol{p}_f^{\mathrm{T}}\boldsymbol{G}_{vf})\delta\boldsymbol{r}_f^- = (\boldsymbol{p}_m^+)^{\mathrm{T}}\delta\boldsymbol{v}_m^+ - [(\dot{\boldsymbol{p}}_m^+)^{\mathrm{T}} + (\boldsymbol{p}_m^+)^{\mathrm{T}}\boldsymbol{G}_{vm}^+]\delta\boldsymbol{r}_m^+ \tag{7.3.74}$$

由于 A 点和 B 点分别为出发轨道和目标轨道上的固定点，因此有 $\delta\boldsymbol{r}_0^+ = \delta\boldsymbol{r}_f^- = 0$，上面

两式相减可得

$$\boldsymbol{p}_0^{\mathrm{T}}\delta\boldsymbol{v}_0^+ - \boldsymbol{p}_f^{\mathrm{T}}\delta\boldsymbol{v}_f^- = (\boldsymbol{p}_m^-)^{\mathrm{T}}\delta\boldsymbol{v}_m^- - [(\dot{\boldsymbol{p}}_m^-)^{\mathrm{T}} + (\boldsymbol{p}_m^-)^{\mathrm{T}}\boldsymbol{G}_{vm}^-]\delta\boldsymbol{r}_m^- - (\boldsymbol{p}_m^+)^{\mathrm{T}}\delta\boldsymbol{v}_m^+ + [(\dot{\boldsymbol{p}}_m^+)^{\mathrm{T}} + (\boldsymbol{p}_m^+)^{\mathrm{T}}\boldsymbol{G}_{vm}^+]\delta\boldsymbol{r}_m^+ \tag{7.3.75}$$

在中间脉冲机动处，机动前后有如下关系存在

$$\begin{cases}\boldsymbol{p}_m^- = \boldsymbol{p}_m^+ = \boldsymbol{p}_m \\ \dot{\boldsymbol{p}}_m^- = \dot{\boldsymbol{p}}_m^+ = \dot{\boldsymbol{p}}_m \\ \boldsymbol{G}_{vm}^- = \boldsymbol{G}_{vm}^+ = \boldsymbol{G}_v \\ \delta\boldsymbol{r}_m^- = \delta\boldsymbol{r}_m^+ = \delta\boldsymbol{r}_m\end{cases} \tag{7.3.76}$$

基于式（7.3.76），式（7.3.75）可以简化为

$$\boldsymbol{p}_0^{\mathrm{T}}\delta\boldsymbol{v}_0^+ - \boldsymbol{p}_f^{\mathrm{T}}\delta\boldsymbol{v}_f^- = \boldsymbol{p}_m^{\mathrm{T}}\delta\boldsymbol{v}_m^- - \boldsymbol{p}_m^{\mathrm{T}}\delta\boldsymbol{v}_m^+ \tag{7.3.77}$$

将式（7.3.77）代入式（7.3.72），可得

$$\delta J = \|\delta\boldsymbol{v}_m^+ - \delta\boldsymbol{v}_m^-\| + \boldsymbol{p}_m^{\mathrm{T}}(\delta\boldsymbol{v}_m^+ - \delta\boldsymbol{v}_m^-) \tag{7.3.78}$$

由于 $\Delta\boldsymbol{v}_m = \delta\boldsymbol{v}_m^+ - \delta\boldsymbol{v}_m^-$，因此有

$$\delta J = \Delta v_m\left(1 - \boldsymbol{p}_m^{\mathrm{T}}\frac{\Delta\boldsymbol{v}_m}{\Delta v_m}\right) \tag{7.3.79}$$

其中，$\Delta v_m = \|\Delta\boldsymbol{v}_m\|$。

由式（7.3.79）可知，若摄动轨道的性能指标比参考轨道的降低，即 $\delta J<0$，则应满足条件

$$\boldsymbol{p}_m^{\mathrm{T}}\frac{\Delta\boldsymbol{v}_m}{\Delta v_m} > 1 \tag{7.3.80}$$

该条件成立的必要条件是

$$p_m = \|\boldsymbol{p}_m\| > 1 \tag{7.3.81}$$

也就是说，只有 $p_m > 1$ 时，才能通过施加中间脉冲机动降低参考轨道的性能指标，这与前面给出的最优脉冲轨道主矢量满足的必要条件是一致的。

中间脉冲法的关键是确定施加中间脉冲的时间 t_m 和位置矢量 $\boldsymbol{r}'_m$，选择的依据是使 δJ 达到最小。然而，由于轨道的连续性，时间、位置和速度脉冲等参数之间相互耦合，做到这一点并不容易。通常，这些参数的确定也需要数值迭代过程。

进行数值迭代时，中间脉冲施加时间的初值选取为轨道主矢量时间历程中极大值 $p_{\max}$ 对应的时刻 t_m，如图 7.3.5 所示。脉冲机动时间初值确定后，可以得到参考轨道上对应的位置矢量 $\boldsymbol{r}_m$，实际的脉冲机动位置矢量可以表示为

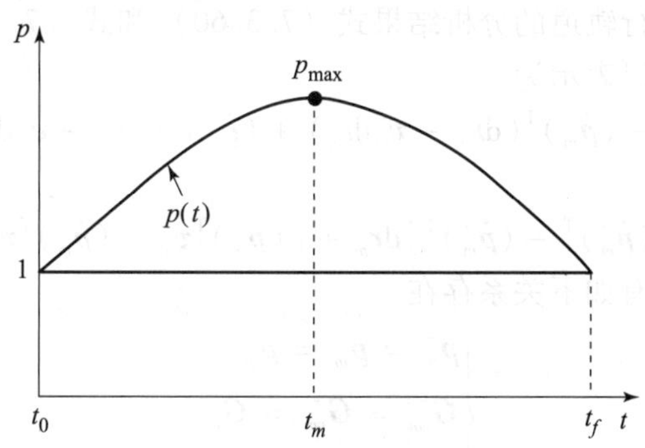

图 7.3.5　主矢量时间历程示意图

$$\boldsymbol{r}'_m = \boldsymbol{r}_m + \delta\boldsymbol{r}_m \tag{7.3.82}$$

由于 $\boldsymbol{r}_m$ 已知，因此问题转化为选取位置矢量偏差 $\delta\boldsymbol{r}_m$，选取的原则应使施加的中间脉冲速度矢量 $\Delta\boldsymbol{v}_m$ 平行于主矢量 $\boldsymbol{p}_m$，这样才能以较小的速度脉冲使性能指标降低最快，见式(7.3.79)。

根据状态转移矩阵的定义，有如下关系存在

$$\begin{bmatrix}\delta\boldsymbol{r}(t_2)\\ \delta\boldsymbol{v}(t_2)\end{bmatrix} = \begin{bmatrix}\boldsymbol{\Phi}_{11}(t_2,t_1) & \boldsymbol{\Phi}_{12}(t_2,t_1)\\ \boldsymbol{\Phi}_{21}(t_2,t_1) & \boldsymbol{\Phi}_{22}(t_2,t_1)\end{bmatrix}\begin{bmatrix}\delta\boldsymbol{r}(t_1)\\ \delta\boldsymbol{v}(t_1)\end{bmatrix} \tag{7.3.83}$$

分别令 $t_1 = t_0$，$t_2 = t_m$ 和 $t_1 = t_f$，$t_2 = t_m$，由于 $\delta\boldsymbol{r}_0 = \delta\boldsymbol{r}_f = 0$，因此可以得到

$$\begin{cases}\delta\boldsymbol{r}_m^- = \boldsymbol{\Phi}_{12}(t_m,t_0)\delta\boldsymbol{v}_0\\ \delta\boldsymbol{v}_m^- = \boldsymbol{\Phi}_{22}(t_m,t_0)\delta\boldsymbol{v}_0\\ \delta\boldsymbol{r}_m^+ = \boldsymbol{\Phi}_{12}(t_m,t_f)\delta\boldsymbol{v}_f\\ \delta\boldsymbol{v}_m^+ = \boldsymbol{\Phi}_{22}(t_m,t_f)\delta\boldsymbol{v}_f\end{cases} \tag{7.3.84}$$

又由于 $\delta\boldsymbol{r}_m^- = \delta\boldsymbol{r}_m^+ = \delta\boldsymbol{r}_m$，因此，根据式（7.3.84），施加的中间机动速度脉冲可以表示为

$$\Delta\boldsymbol{v}_m = \delta\boldsymbol{v}_m^+ - \delta\boldsymbol{v}_m^- = \boldsymbol{K}\delta\boldsymbol{r}_m \tag{7.3.85}$$

其中，$\boldsymbol{K}$ 为 3×3 维矩阵，表示为

$$\boldsymbol{K} = \boldsymbol{\Phi}_{22}(t_m,t_f)\boldsymbol{\Phi}_{12}^{-1}(t_m,t_f) - \boldsymbol{\Phi}_{22}(t_m,t_0)\boldsymbol{\Phi}_{12}^{-1}(t_m,t_0) \tag{7.3.86}$$

若要使 $\Delta\boldsymbol{v}_m$ 平行于 $\boldsymbol{p}_m$，则应满足 $\Delta\boldsymbol{v}_m = \xi\boldsymbol{p}_m$，其中 $\xi > 0$。因此，根据式（7.3.85），位置矢量偏差 $\delta\boldsymbol{r}_m$ 可以表示为

$$\delta\boldsymbol{r}_m = \xi\boldsymbol{K}^{-1}\boldsymbol{p}_m \tag{7.3.87}$$

因此，位置矢量偏差 $\delta\boldsymbol{r}_m$ 的初值选择问题转化为标量参数 ξ 的选择问题。参数 ξ 不能选取过大，否则，将导致前面的变分分析不再成立。令

$$\delta r_m = \beta r_m \tag{7.3.88}$$

其中，β 为大于零的小量。

利用式（7.3.88），可以根据 r_m 的尺度对 δr_m 的尺度进行选择，则参数 ξ 可以表示为

$$\xi = \frac{\beta r_m}{\|\boldsymbol{K}^{-1}\boldsymbol{p}_m\|} \tag{7.3.89}$$

综上所述，基于参考轨道，通过选取 t_m 和 β，可以确定中间脉冲机动时刻和机动位置矢量的初值。在迭代过程中，还需要性能指标 J 对调整变量的梯度信息。前面已经讨论，摄动轨道可以看作是两端两脉冲转移轨道，前一段轨道可以认为是终端滑行，后一段轨道可以认为是始端滑行。根据滑行轨道的分析结果式（7.3.60）和式（7.3.62），摄动轨道与参考轨道的性能指标偏差还可以表示为

$$\delta J = -(\dot{\boldsymbol{p}}_m^-)^{\mathrm{T}}(\mathrm{d}\boldsymbol{r}_m - \boldsymbol{v}_m^-\mathrm{d}t_m) + (\dot{\boldsymbol{p}}_m^+)^{\mathrm{T}}(\mathrm{d}\boldsymbol{r}_m - \boldsymbol{v}_m^+\mathrm{d}t_m) \tag{7.3.90}$$

整理可得

$$\delta J = [(\dot{\boldsymbol{p}}_m^+)^{\mathrm{T}} - (\dot{\boldsymbol{p}}_m^-)^{\mathrm{T}}]\mathrm{d}\boldsymbol{r}_m + [(\dot{\boldsymbol{p}}_m^-)^{\mathrm{T}}\boldsymbol{v}_m^- - (\dot{\boldsymbol{p}}_m^+)^{\mathrm{T}}\boldsymbol{v}_m^+]\mathrm{d}t_m \tag{7.3.91}$$

在数值迭代过程中，有如下关系存在

$$\begin{cases}\boldsymbol{p}_m^- = \boldsymbol{p}_m^+ = \boldsymbol{p}_m\\ \boldsymbol{G}_{vm}^- = \boldsymbol{G}_{vm}^+ = \boldsymbol{G}_v\\ \delta\boldsymbol{r}_m^- = \delta\boldsymbol{r}_m^+ = \delta\boldsymbol{r}_m\end{cases} \tag{7.3.92}$$

需要注意的是，迭代过程中，机动前后主矢量的微分并不连续，即 $\dot{\boldsymbol{p}}_m^- \neq \dot{\boldsymbol{p}}_m^+$，因此根据式（7.3.19）可得

$$H_m^- = \boldsymbol{p}_m^{\mathrm{T}}\boldsymbol{g}_m^- - [(\dot{\boldsymbol{p}}_m^-)^{\mathrm{T}} + \boldsymbol{p}_m^{\mathrm{T}}\boldsymbol{G}_v]\boldsymbol{v}_m^- \tag{7.3.93}$$

$$H_m^+ = \boldsymbol{p}_m^{\mathrm{T}}\boldsymbol{g}_m^+ - [(\dot{\boldsymbol{p}}_m^+)^{\mathrm{T}} + \boldsymbol{p}_m^{\mathrm{T}}\boldsymbol{G}_v]\boldsymbol{v}_m^+ \tag{7.3.94}$$

两式相减可得

$$H_m^+ - H_m^- = \boldsymbol{p}_m^{\mathrm{T}}\boldsymbol{g}_m^+ - [(\dot{\boldsymbol{p}}_m^+)^{\mathrm{T}} + \boldsymbol{p}_m^{\mathrm{T}}\boldsymbol{G}_v]\boldsymbol{v}_m^+ - \boldsymbol{p}_m^{\mathrm{T}}\boldsymbol{g}_m^- + [(\dot{\boldsymbol{p}}_m^-)^{\mathrm{T}} + \boldsymbol{p}_m^{\mathrm{T}}\boldsymbol{G}_v]\boldsymbol{v}_m^- \tag{7.3.95}$$

对于二体问题和三体问题，有

$$\boldsymbol{p}_m^{\mathrm{T}}\boldsymbol{g}_m^+ - \boldsymbol{p}_m^{\mathrm{T}}\boldsymbol{G}_v\boldsymbol{v}_m^+ = \boldsymbol{p}_m^{\mathrm{T}}\boldsymbol{g}_m^- - \boldsymbol{p}_m^{\mathrm{T}}\boldsymbol{G}_v\boldsymbol{v}_m^- \tag{7.3.96}$$

因此，式（7.3.95）可以简化为

$$H_m^+ - H_m^- = (\dot{\boldsymbol{p}}_m^-)^{\mathrm{T}}\boldsymbol{v}_m^- - (\dot{\boldsymbol{p}}_m^+)^{\mathrm{T}}\boldsymbol{v}_m^+ \tag{7.3.97}$$

将式（7.3.97）代入式（7.3.91），可得

$$\delta J = [(\dot{\boldsymbol{p}}_m^+)^{\mathrm{T}} - (\dot{\boldsymbol{p}}_m^-)^{\mathrm{T}}]\mathrm{d}\boldsymbol{r}_m + (H_m^+ - H_m^-)\mathrm{d}t_m \tag{7.3.98}$$

根据式（7.3.98）可以得到性能指标对中间脉冲机动时间 t_m 和机动位置矢量 $\boldsymbol{r}_m$ 的偏导数为

$$\frac{\partial J}{\partial t_m} = H_m^+ - H_m^- \tag{7.3.99}$$

$$\frac{\partial J}{\partial r_m} = (\dot{\boldsymbol{p}}_m^+)^{\mathrm{T}} - (\dot{\boldsymbol{p}}_m^-)^{\mathrm{T}} \tag{7.3.100}$$

当式（7.3.99）和式（7.3.100）的偏导数等于零时，有 $H_m^+ = H_m^-$，$\dot{\boldsymbol{p}}_m^+ = \dot{\boldsymbol{p}}_m^-$，这表明，在中间脉冲机动前后，哈密尔顿函数和主矢量导数均连续，三脉冲转移轨道将满足最优性必要条件。因此，在数值迭代过程中，终止条件可以选取为 $|\partial J/\partial t_m| \leqslant \varepsilon$ 且 $\|\partial J/\partial \boldsymbol{r}_m\| \leqslant \varepsilon$。

7.3.5　主矢量理论的应用

以地球到火星的脉冲飞行轨道为例进行讨论。利用第4章中介绍的方法得到从地球出发的两脉冲火星探测轨道，定义为参考轨道。探测器于2023年10月15日从地球出发，在行星际间飞行322天，于2024年9月1日到达火星。探测器实现转移所需的总的速度增量为5.77 km/s。图7.3.6给出了探测器的参考飞行轨道。

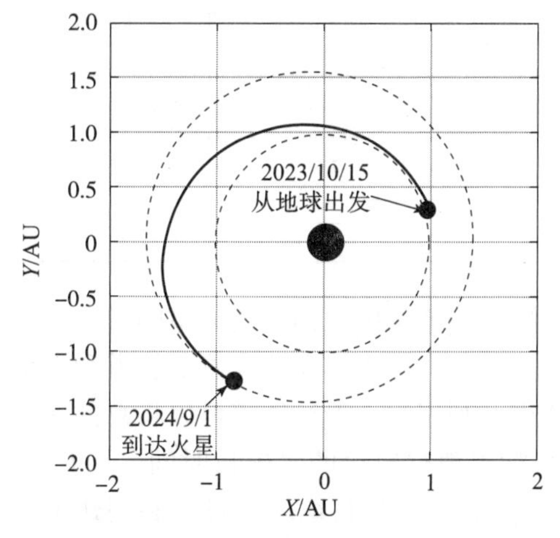

图7.3.6　探测器的参考飞行轨道

基于主矢量计算方法，得到参考飞行轨道的主矢量时间－历程如图 7.3.7 所示。

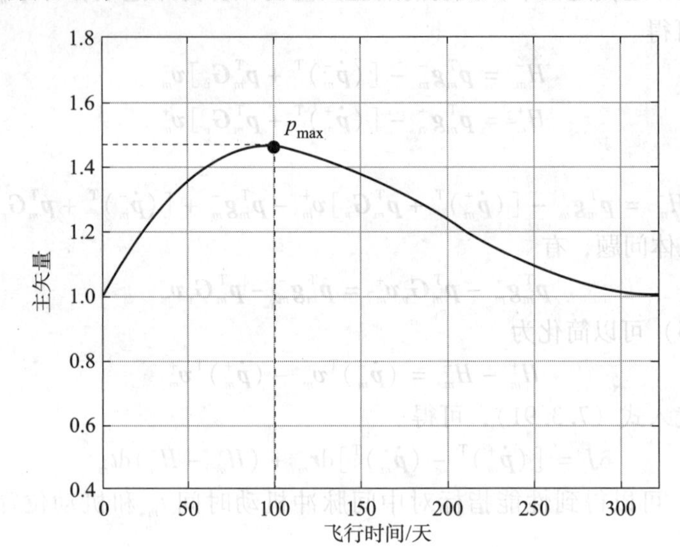

图 7.3.7　参考飞行轨道的主矢量时间－历程

观察图 7.3.7，参考飞行轨道的主矢量始终大于等于 1，在飞行 100 天左右时，主矢量达到最大值，这表明参考飞行轨道并不满足最优性主矢量必要条件，需要对参考飞行轨道进行优化调整。分别利用端点滑翔和中间脉冲两种方法对参考飞行轨道进行优化。表 7.3.1 给出了参考飞行轨道和利用两种方法优化得到的飞行轨道参数。

表 7.3.1　3 种脉冲转移方式参数比较

轨道类型	参考飞行轨道	端点滑行轨道	中间脉冲轨道
从地球出发时间（yyyy/mm/dd）	2023/10/15	2023/10/27	2023/10/15
中途机动时间（yyyy/mm/dd）	—	—	2024/01/05
到达火星时间（yyyy/mm/dd）	2024/09/01	2024/09/05	2024/09/01
总的飞行时间/天	322	314	322
地球停泊轨道机动/($km \cdot s^{-1}$)	3.22	3.01	2.53
中途轨道机动/($km \cdot s^{-1}$)	—	—	0.47
火星环绕轨道机动/($km \cdot s^{-1}$)	2.55	2.42	2.25
总的速度增量/($km \cdot s^{-1}$)	5.77	5.43	5.25

对于端点滑行轨道，探测器从地球出发和到达火星的时间都延迟，但总的飞行时间缩短了 8 天左右。同时，通过端点滑行，探测器在地球停泊轨道和火星环绕轨道上的机动脉冲都有所降低。相比参考飞行轨道，利用端点滑行轨道可以将总的速度增量由 5.77 km/s 降低到 5.43 km/s。图 7.3.8 给出了端点滑行轨道的主矢量时间－历程。由图中可以看到，端点滑行轨道的主矢量始终小于等于 1，并且只在地球出发时和到达火星时的主矢量为 1，这表明端点滑行轨道满足最优性必要条件。

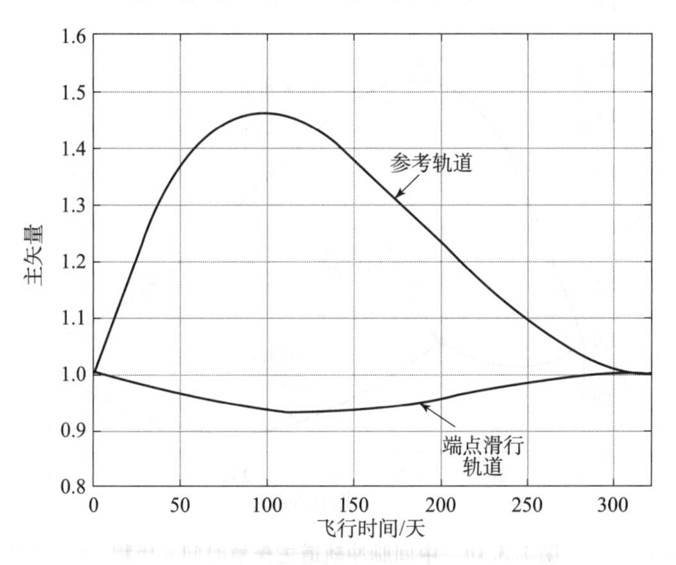

图 7.3.8　端点滑行轨道主矢量时间 – 历程

对于中间脉冲轨道，固定探测器从地球出发时间和到达火星的时间，在飞行过程中，于 2024 年 1 月 5 日施加一次 0.47 km/s 的中途轨道机动，可以有效降低整个转移轨道所需总的速度增量。由表 7.3.1 看到，相比参考轨道，中间脉冲轨道仅为 5.25 km/s。图 7.3.9 给出了增加中途轨道机动的探测器飞行轨道。

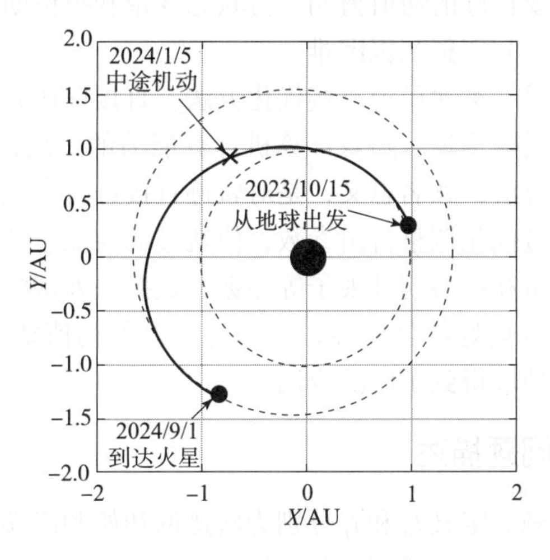

图 7.3.9　中间脉冲轨道

进一步考察中间脉冲轨道的主矢量时间历程，如图 7.3.10 所示。由图中看到，通过增加一次中间轨道机动，可以将主矢量大小都降至 1 以下，仅在地球出发、中间机动点和到达火星位置的主矢量大小等于 1，这表明计算得到的中间脉冲轨道主矢量满足最优性必要条件。

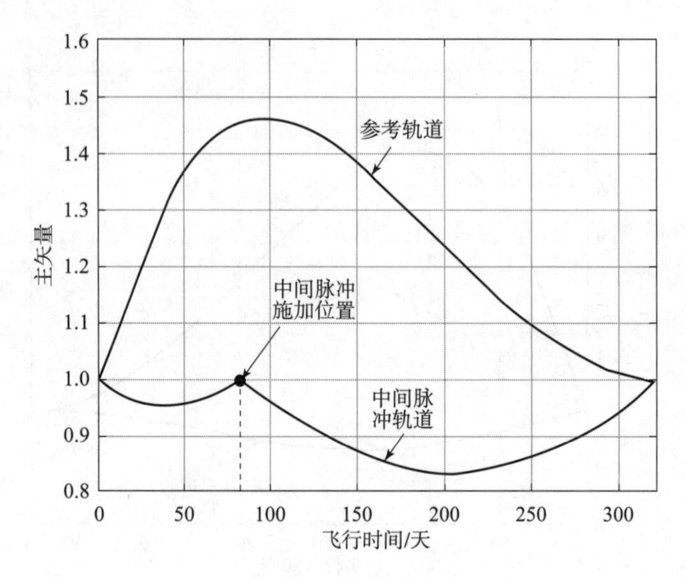

图 7.3.10 中间脉冲轨道主矢量时间－历程

7.4 轨道直接优化方法

利用间接方法求解轨迹优化问题时，需要首先利用极小值原理推导最优轨迹和控制满足的必要条件，利用这些条件将轨迹优化问题转化为两点边值问题。实际上，这些两点边值问题求解是比较困难的，需要良好的初值猜测。协状态变量和拉格朗日乘子由于没有具体的物理含义，对于大多数问题，初值猜测很困难。

解决轨迹优化问题的另一类途径为直接优化方法。直接优化方法是在 20 世纪 60 年代提出的，在早期并没有得到足够重视。随着计算机计算能力的发展，直接优化方法在近 30 年逐渐发展深化。直接优化方法，顾名思义，是对轨迹直接进行参数化处理，将轨迹优化问题转化为参数优化问题，通过优化调整自由参数，使轨迹的性能达到期望要求，又称直接转换法。由于未引入协状态变量和拉格朗日乘子等参数，直接法处理的动力学系统比间接法的更具一般性，并且直接法具有更好的鲁棒性，在给定较差的初值猜测时，一般也能收敛。因此，直接优化方法在各个领域得到了广泛应用。

7.4.1 轨迹优化问题描述

考虑如下轨迹优化问题。定义 t_0 和 t_f 分别为轨迹的初始和终端时刻，轨迹运动满足如下动力学方程

$$\dot{x} = \boldsymbol{f}[\boldsymbol{x}(t), \boldsymbol{u}(t), \boldsymbol{p}, t] \tag{7.4.1}$$

其中，$\boldsymbol{x}$ 为 n_x 维的状态变量；$\boldsymbol{u}$ 为 n_m 维的连续或间断连续控制变量；$\boldsymbol{p}$ 为 n_p 维向量参数。

在初始 t_0 时刻，轨迹满足如下不等式约束

$$\boldsymbol{\psi}_0[\boldsymbol{x}(t_0), \boldsymbol{u}(t_0), \boldsymbol{p}, t_0] \leqslant 0 \tag{7.4.2}$$

其中，$\boldsymbol{\psi}_0$ 为 n_0 维连续可微的向量函数。

在终端 t_f 时刻，轨迹满足如下不等式约束

$$\boldsymbol{\psi}_f[\boldsymbol{x}(t_f),\boldsymbol{u}(t_f),\boldsymbol{p},t_f] \leqslant 0 \tag{7.4.3}$$

其中，$\boldsymbol{\psi}_f$ 为 n_f 维连续可微的向量函数。

在运动过程中，满足如下不等式路径约束

$$\boldsymbol{g}[\boldsymbol{x}(t),\boldsymbol{u}(t),\boldsymbol{p},t] \leqslant 0 \tag{7.4.4}$$

其中，$\boldsymbol{g}$ 为 n_g 维的连续可微的向量函数。

轨迹优化的目标是寻找连续控制变量 $\boldsymbol{u}(t)$ 和向量参数 $\boldsymbol{p}$，使某一性能指标达到最小（或最大）。轨迹优化的性能指标的一般形式为

$$J = \int_{t_0}^{t_f} L[\boldsymbol{x}(t),\boldsymbol{u}(t),\boldsymbol{p},t]\mathrm{d}t + \boldsymbol{\Phi}[\boldsymbol{x}(t_f),\boldsymbol{u}(t_f),\boldsymbol{p},t_f] \tag{7.4.5}$$

另外，在轨迹运动过程中，状态变量 $\boldsymbol{x}(t)$、控制变量 $\boldsymbol{u}(t)$ 和向量参数 $\boldsymbol{p}$ 分别满足如下边界约束

$$\boldsymbol{x}_L \leqslant \boldsymbol{x}(t) \leqslant \boldsymbol{x}_U \tag{7.4.6}$$

$$\boldsymbol{u}_L \leqslant \boldsymbol{u}(t) \leqslant \boldsymbol{u}_U \tag{7.4.7}$$

$$\boldsymbol{p}_L \leqslant \boldsymbol{p} \leqslant \boldsymbol{p}_U \tag{7.4.8}$$

与 7.2.1 节中描述的轨迹优化问题相比，式（7.4.1）~式（7.4.8）描述的问题更具有一般性。由于与状态相关不等式约束的存在，采用间接优化方法处理该问题时，面临许多困难。与之相比，直接优化方法则可以较为灵活地处理这类问题。直接优化方法的种类很多，配点法（Point Collocation Method）是其中最流行的。

7.4.2　标准配点法

1. 标准配点法的原理

标准配点法的基本原理是：将整条轨迹进行离散化分段处理，将各节点上的状态和控制量作为自由参数，采用分段多项式对轨迹状态进行拟合，通过构建偏差方程将轨迹优化问题转换为多参数多约束优化问题，通常为非线性规划问题。

为了便于描述，以一维系统为例进行讨论，且暂不考虑参数 $\boldsymbol{p}$。将整条轨迹进行分段离散化，这里假定将整条轨迹在时间域 $[t_0,t_f]$ 上等分离散化为 N 段，可以得到时间序列为

$$\begin{gathered} t_0 = t_1 < t_2 < \cdots < t_N < t_{N+1} = t_f \\ t_i = t_0 + \frac{i-1}{N}(t_f - t_0),1 \leqslant i \leqslant N+1 \end{gathered} \tag{7.4.9}$$

轨迹离散化示意图如图 7.4.1 所示。在离散段 $[t_i, t_{i+1}]$ 上，采用关于时间 t 的多项式 $s(t)$ 对轨迹状态 $x(t)$ 进行拟合。这里考虑三次多项式情况，轨迹状态 $x(t)$ 可以表示为

$$x(t) \approx s(t) = C_0 + C_1(t-t_i) + C_2(t-t_i)^2 + C_3(t-t_i)^3, t_i \leqslant t \leqslant t_{i+1} \tag{7.4.10}$$

其中，C_j，$j=0$，1，2，3，为三次多项式的系数。

定义 $h = t_{i+1} - t_i$，三次多项式应满足实际的轨迹状态边界条件，则有

$$\begin{bmatrix} 1 & 0 & 0 & 0 \\ 0 & 1 & 0 & 0 \\ 1 & h & h^2 & h^3 \\ 0 & 1 & 2h & 3h^2 \end{bmatrix} \begin{bmatrix} C_0 \\ C_1 \\ C_2 \\ C_3 \end{bmatrix} = \begin{bmatrix} s(t_i) \\ \dot{s}(t_i) \\ s(t_{i+1}) \\ \dot{s}(t_{i+1}) \end{bmatrix} = \begin{bmatrix} x_i \\ f_i \\ x_{i+1} \\ f_{i+1} \end{bmatrix} \tag{7.4.11}$$

其中，

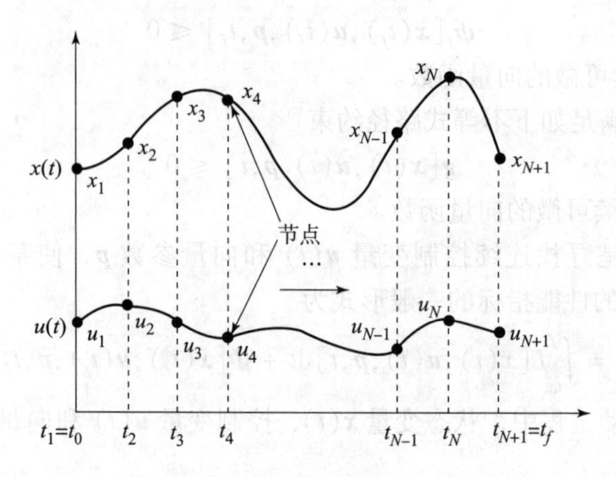

图 7.4.1　配点法轨迹离散化示意图

$$\begin{cases} x_i = x(t_i) \\ f_i = f[x(t_i), u(t_i), t_i] \\ x_{i+1} = x(t_{i+1}) \\ f_{i+1} = f[x(t_{i+1}), u(t_{i+1}), t_{i+1}] \end{cases} \tag{7.4.12}$$

求解线性方程组（7.4.11），可得多项式系数为

$$\begin{bmatrix} C_0 \\ C_1 \\ C_2 \\ C_3 \end{bmatrix} = \frac{1}{h^3} \begin{bmatrix} h^3 & 0 & 0 & 0 \\ 0 & h^3 & 0 & 0 \\ -3h & -2h^2 & 3h & -h^2 \\ 2 & h & -2 & h \end{bmatrix} \begin{bmatrix} x_i \\ f_i \\ x_{i+1} \\ f_{i+1} \end{bmatrix} \tag{7.4.13}$$

在轨迹的中间时刻 $t_{mi} = t_i + h/2$ 处，多项式逼近的轨迹状态及其微分可以分别表示为

$$s(t_{mi}) = \frac{x_i + x_{i+1}}{2} + \frac{f_i - f_{i+1}}{8h} \tag{7.4.14}$$

$$\dot{s}(t_{mi}) = \frac{3(x_{i+1} - x_i)}{2h} - \frac{f_i + f_{i+1}}{8h} \tag{7.4.15}$$

利用式（7.4.6）对中间时刻的状态进行估计，并代入轨迹动力学方程，可得中间时刻处的状态微分为

$$f_{mi} = f[s(t_{mi}), u(t_{mi}), t_{mi}] \tag{7.4.16}$$

利用式（7.4.15）和式（7.4.16）构造如下状态微分偏差方程

$$\xi = \dot{s}(t_{mi}) - f_{mi} \tag{7.4.17}$$

式（7.4.17）表示的是中间时刻处，多项式轨迹状态微分与真实轨迹状态微分的差。将式（7.4.15）代入式（7.4.17），可得

$$\xi_i = x_{i+1} - x_i - \frac{h}{6}(f_i + 4f_{mi} + f_{i+1}) \tag{7.4.18}$$

若 $\xi = 0$，则认为三次多项式可以对轨迹状态进行很好的逼近。根据式（7.4.16）和式（7.4.18）可知，偏差方程 ξ 是参数 x_i、x_{i+1}、u_i、u_{mi} 和 u_{i+1} 的函数，这说明在每个离散段上，这 5 个参数可以确定拟合多项式的系数，并进一步确定偏差方程。配点法就是通过构造中点处的偏差方程，从而有效避免了轨迹动力学方程的数值积分过程，这样可以有效提高轨迹优

化问题的求解效率。多项式拟合示意图如图 7.4.2 所示。

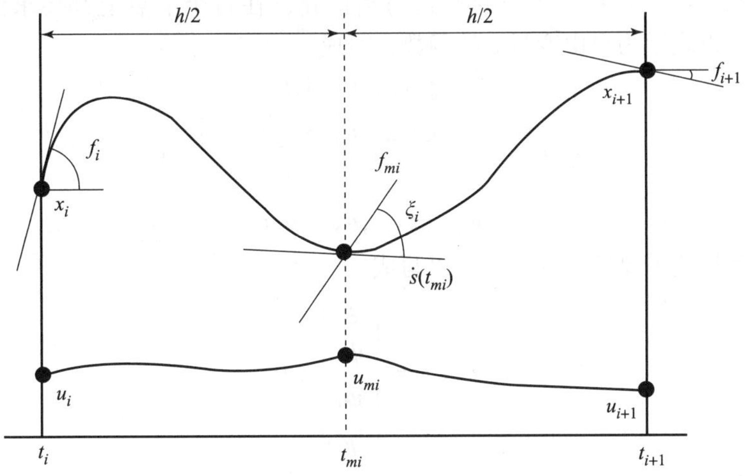

图 7.4.2　多项式拟合示意图

2. 非线性规划问题

利用配点法可以将轨迹优化问题转化为非线性规划问题。首先讨论非线性规划问题的自由变量。

针对 7.4.1 节的轨迹优化问题，对每一维状态分量和控制分量都进行离散化处理，则各时间节点上的状态分量和控制分量，以及每一段中点处的控制分量，可以看作非线性规划问题的自由参数，表示为

$$\boldsymbol{y} = [\boldsymbol{x}_1^{\mathrm{T}}, \boldsymbol{u}_1^{\mathrm{T}}, \boldsymbol{u}_{m1}^{\mathrm{T}}, \boldsymbol{x}_2^{\mathrm{T}}, \boldsymbol{u}_2^{\mathrm{T}}, \boldsymbol{u}_{m2}^{\mathrm{T}}, \cdots, \boldsymbol{x}_{N+1}^{\mathrm{T}}, \boldsymbol{u}_{N+1}^{\mathrm{T}}]^{\mathrm{T}} \tag{7.4.19}$$

向量 $\boldsymbol{y}$ 的维数为 $(N+1)n_x + (2N+1)n_m$。考虑参数向量 $\boldsymbol{p}$，则完整非线性规划问题的自由参数可以写成

$$\boldsymbol{z} = \begin{bmatrix} \boldsymbol{y} \\ \boldsymbol{p} \end{bmatrix} \tag{7.4.20}$$

其中，向量参数 $\boldsymbol{p}$ 为其他需要确定的轨迹或动力学系统参数，例如飞行时间、推进系统比冲等。非线性规划问题自由参数的维数为 $(N+1)n_x + (2N+1)n_m + n_p$。

下面讨论非线性规划问题的约束条件。根据偏差约束的定义，在每一离散段上，每一维状态分量都需要满足一个偏差方程。因此，整条轨迹的偏差约束的规模为 Nn_x。偏差约束是自由参数 $\boldsymbol{z}$ 的函数，可以表示为

$$\boldsymbol{\xi}(\boldsymbol{z}) = \begin{bmatrix} \boldsymbol{\xi}_1(\boldsymbol{x}_1, \boldsymbol{u}_1, t_1, \boldsymbol{u}_{m1}, \boldsymbol{x}_2, \boldsymbol{u}_2, t_2, \boldsymbol{p}) \\ \boldsymbol{\xi}_2(\boldsymbol{x}_2, \boldsymbol{u}_2, t_2, \boldsymbol{u}_{m2}, \boldsymbol{x}_3, \boldsymbol{u}_3, t_3, \boldsymbol{p}) \\ \vdots \\ \boldsymbol{\xi}_N(\boldsymbol{x}_N, \boldsymbol{u}_N, t_N, \boldsymbol{u}_{mN}, \boldsymbol{x}_{N+1}, \boldsymbol{u}_{N+1}, t_{N+1}, \boldsymbol{p}) \end{bmatrix} = 0 \tag{7.4.21}$$

根据标准配点的特点，初始轨迹约束（7.4.2）可以容易地表示为初始节点 t_1 上状态和控制的函数，表示为

$$\boldsymbol{\psi}_0(\boldsymbol{x}_1, \boldsymbol{u}_1, \boldsymbol{p}, t_1) \leqslant 0 \tag{7.4.22}$$

同理，终端轨迹约束（7.4.3）可以表示为终端节点 t_{N+1} 上状态和控制的函数，表示为

$$\boldsymbol{\psi}_f(\boldsymbol{x}_{N+1},\boldsymbol{u}_{N+1},\boldsymbol{p},t_{N+1}) \leqslant 0 \tag{7.4.23}$$

对于路径约束（7.4.4），可以对其进行离散化，在每个节点上都要求满足约束条件，则路径约束也可以表示为自由变量 z 的函数，写成

$$\boldsymbol{g}(z) = \begin{bmatrix} \boldsymbol{g}_1(\boldsymbol{x}_1,\boldsymbol{u}_1,\boldsymbol{p},t_1) \\ \boldsymbol{g}_2(\boldsymbol{x}_2,\boldsymbol{u}_2,\boldsymbol{p},t_2) \\ \vdots \\ \boldsymbol{g}_{N+1}(\boldsymbol{x}_{N+1},\boldsymbol{u}_{N+1},\boldsymbol{p},t_{N+1}) \end{bmatrix} \leqslant 0 \tag{7.4.24}$$

因此，整条轨迹需要满足的约束可以写成

$$\boldsymbol{c}(z) = \begin{bmatrix} \boldsymbol{\xi} \\ \boldsymbol{\psi}_0 \\ \boldsymbol{\psi}_f \\ \boldsymbol{g} \end{bmatrix} \leqslant 0 \tag{7.4.25}$$

约束条件的维数为 $Nn_x + (N+1)n_g + n_0 + n_f$。

下面讨论性能指标（7.4.5）。采用辛普森积分公式对积分项进行处理，性能指标可以表示为

$$J = \sum_{i=1}^{N} \frac{h}{6}(L_i + 4L_{mi} + L_{i+1}) + \Phi(\boldsymbol{x}_{N+1},\boldsymbol{u}_{N+1},\boldsymbol{p},t_{N+1}) \tag{7.4.26}$$

其中，

$$\begin{cases} L_i = L(\boldsymbol{x}_i,\boldsymbol{u}_i,\boldsymbol{p},t_i) \\ L_{mi} = L(\boldsymbol{x}_{mi},\boldsymbol{u}_{mi},\boldsymbol{p},t_{mi}) \\ L_{i+1} = L(\boldsymbol{x}_{i+1},\boldsymbol{u}_{i+1},\boldsymbol{p},t_{i+1}) \end{cases} \tag{7.4.27}$$

其中，中点处的状态 $\boldsymbol{x}_{mi}$ 可以通过多项式拟合得到。

可见，性能指标同样可以表示成自由变量 z 的函数。通过以上处理，轨迹优化问题可以描述为如下非线性规划问题：寻找自由变量 z，使如下性能指标达到最小

$$J(z) \to \min \tag{7.4.28}$$

同时，需要满足轨迹约束条件

$$\boldsymbol{c}(z) \leqslant 0 \tag{7.4.29}$$

和自由变量边界条件

$$z_L \leqslant z \leqslant z_U \tag{7.4.30}$$

其中，z_L 和 z_U 根据式（7.4.6）和式（7.4.7）确定。

求解非线性规划问题的算法很多，例如序列二次规划算法、内点法等，具体算法超出了本书的范畴，不再展开。与间接优化方法相比，用直接优化方法处理轨迹优化问题时非常自由。对于不同的动力学模型、性能指标和约束条件，用直接优化方法都可以方便地进行处理，将问题转化为非线性规划问题。这也是直接优化方法获得广泛应用的重要原因之一。

采用三次多项式对应的配点法，也称为辛普森配点法。从理论上讲，可以选用任意阶多项式对离散段上的轨迹状态进行拟合。若采用二次多项式，对应的配点法为梯形配点法，离散段上的偏差约束可以表示为

$$\xi = x_{i+1} - x_i - \frac{h}{2}(f_{i+1} + f_i) = 0 \tag{7.4.31}$$

采用梯形配点法时，不需要将离散段中间时刻处的控制量作为非线性规划问题的自由参数，这样可以减小非线性规划问题的规模。当然，一般情况下，在分段数相等的情况下，辛普森配点法比梯形配点法具有更高的求解精度。

7.4.3　伪谱配点方法

伪谱配点法是近些年来发展起来的一种直接优化方法。伪谱配点法与标准配点法非常类似，但又有所不同。两种方法的主要区别在于拟合多项式和偏差方程的构造不同。不同于标准配点法中利用分段连续多项式对轨迹状态进行拟合，伪谱配点法则是将勒让德 - 高斯点或切比雪夫 - 高斯点等作为配点，利用配点上的轨迹状态值构造拉格朗日多项式对状态和控制进行全局的拟合；另外，伪谱配点法是在所选取的配点上进行状态微分偏差方程的构造。根据选取的配点不同，伪谱配点法的具体形式也不同。

1. 伪谱配点法的配点

依然以一维系统为例，首先简单介绍一下勒让德多项式。勒让德多项式是定义区间为 $\tau \in [-1, 1]$，权函数 $\rho(\tau) = 1$ 的正交多项式。N 次勒让德多项式可以表示为

$$P_N(\tau) = \frac{1}{2^N N!} \frac{\mathrm{d}^N}{\mathrm{d}\tau^N} (\tau^2 - 1)^N, \quad N = 1,2,\cdots \tag{7.4.32}$$

根据勒让德多项式的性质，N 次勒让德多项式在区间 $(-1, 1)$ 内有 N 个不同的实零点，如图 7.4.3 所示。

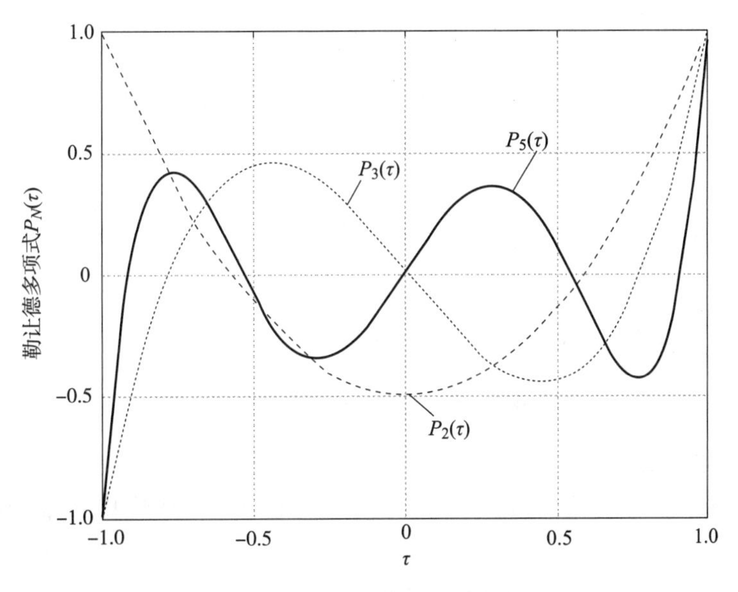

图 7.4.3　勒让德多项式曲线

勒让德多项式的实根关于 $\tau = 0$ 对称。定义 N 次勒让德多项式 $P_N(\tau)$ 的 N 个实根构成的点集为

$$Y_{\mathrm{LG}} = \{\tau_1, \tau_2, \cdots, \tau_N\} \tag{7.4.33}$$

则将集合 Y_{LG} 中的点称为勒让德 - 高斯（Legendre - Gauss）点，简称 LG 点。LG 点位于开区间 $(-1,1)$ 上，是高斯 - 勒让德积分公式的基础。

定义 N 次多项式为

$$Q_N(\tau) = P_{N-1}(\tau) + P_N(\tau) \tag{7.4.34}$$

多项式 $Q_N(\tau)$ 同样有 N 个实根，它们与 $\tau_0 = -1$ 构成的点集为

$$Y_{\text{LGR}} = \{\tau_0, \tau_1, \tau_2, \cdots, \tau_N\} \tag{7.4.35}$$

集合 Y_{LGR} 中的点称为勒让德 - 高斯 - 拉多（Legendre - Gauss - Radau）点，简称 LGR 点。LGR 点位于半开区间［-1，1）上。

定义 N 次勒让德多项式的导数为

$$W_N(\tau) = \dot{P}_N(\tau) \tag{7.4.36}$$

$W_N(\tau)$ 为关于 τ 的 $N-1$ 次多项式，存在着 $N-1$ 个实根，它们与 $\tau_0 = -1$ 和 $\tau_N = 1$ 构成的 LGL 点集为

$$Y_{\text{LGL}} = \{\tau_0, \tau_1, \tau_2, \cdots, \tau_{N-1}, \tau_N\} \tag{7.4.37}$$

显然，LGL 点位于闭区间［-1，1］上。

以 5 次勒让德多项式为例，LG 点、LGR 点和 LGL 点的分布如图 7.4.4 所示。LG 点、LGR 点和 LGL 点是伪谱法中最常用的 3 种配点，下面将以 LGL 点为例对伪谱配点法进行讨论，对应的方法称为勒让德伪谱配点法。

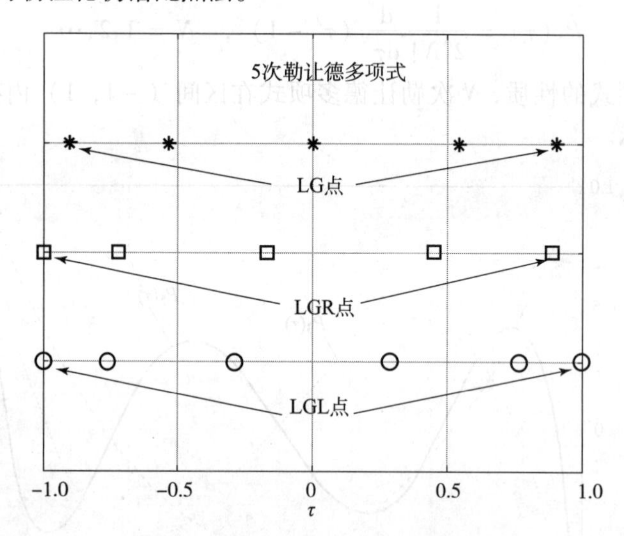

图 7.4.4　勒让德伪谱配点法的配点分布

2. 轨迹动力学拟合

伪谱配点法是对整条轨迹进行全局多项式拟合。首先对轨迹优化问题动力学自变量 t 做如下仿射变换

$$t = \frac{t_f - t_0}{2}\tau + \frac{t_f + t_0}{2} \tag{7.4.38}$$

通过自变量仿射变换，可以将轨迹优化问题的时间域由 $[t_0, t_f]$ 变换到［-1，1］。在新的时间域上，轨迹动力学方程可以写成

$$\dot{x}(\tau) = \frac{t_f - t_0}{2} f[x(\tau), u(\tau), \tau] \tag{7.4.39}$$

集合 Y_{LGL} 中的 LGL 点是严格单调递增的。以 LGL 点为插值节点，分别构造 N 次拉格朗日插值多项式 $X(\tau)$ 拟合真实轨迹状态 $x(\tau)$ 和控制 $u(\tau)$，表示为

$$x(\tau) \approx X(\tau) = \sum_{i=0}^{N} x(\tau_i)\phi_i(\tau) \tag{7.4.40}$$

$$u(\tau) \approx U(\tau) = \sum_{i=0}^{N} u(\tau_i)\phi_i(\tau) \tag{7.4.41}$$

其中，$x(\tau_i)$ 和 $u(\tau_i)$ 为插值节点 τ_i 处的真实状态和控制；$\phi_i(\tau)$ 为 N 次插值基函数，表示为

$$\phi_i(\tau) = \frac{\dot{P}_N(\tau_i)}{N(N+1)P_N(\tau_i)}\frac{\tau^2 - 1}{\tau - \tau_i} \tag{7.4.42}$$

函数 $\phi_i(\tau_k)$ 具有如下性质

$$\phi_i(\tau_k) = \delta_{ik} = \begin{cases} 0, i = k \\ 1, i \neq k \end{cases} \tag{7.4.43}$$

基于该性质，由式（7.4.40）和式（7.4.41）可知

$$X(\tau_i) = x(\tau_i), i = 0,1,\cdots,N \tag{7.4.44}$$

$$U(\tau_i) = u(\tau_i), i = 0,1,\cdots,N \tag{7.4.45}$$

勒让德伪谱法是在所有 LGL 点上构建状态微分偏差方程。根据式（7.4.40），拉格朗日插值多项式拟合的轨迹在 LGL 点处的状态微分为

$$\dot{X}(\tau_k) = \sum_{i=0}^{N} \dot{\phi}_i(\tau_k)x(\tau_i) = \sum_{i=0}^{N} D_{ki}x(\tau_i), k = 0,1,\cdots,N \tag{7.4.46}$$

其中，$\tau_k \in Y_{\mathrm{LGL}}$。

D_{ki} 为 $(N+1)\times(N+1)$ 维微分矩阵 $\boldsymbol{D}$ 的元素，表示为

$$D_{ki} = \dot{\phi}_i(\tau_k) = \begin{cases} \dfrac{P_N(\tau_k)}{P_N(\tau_i)}, k \neq i \\ -\dfrac{N(N+1)}{4}, k = i = 0 \\ \dfrac{N(N+1)}{4}, k = i = N \\ 0, k = i \neq 0 \cap k = i \neq N \end{cases} \tag{7.4.47}$$

另外，根据轨迹动力学方程（7.4.39），可以得到在 LGL 点处的真实状态微分为

$$\dot{x}(\tau_k) = \frac{t_f - t_0}{2}f[x(\tau_k), u(\tau_k), \tau_k], k = 0,1,\cdots,N \tag{7.4.48}$$

式（7.4.46）为拉格朗日插值多项式拟合的近似状态微分，式（7.4.48）为真实的状态微分，因此，可以在 LGL 点处构建 $N+1$ 个微分偏差方程，表示为

$$\xi_k = \sum_{i=0}^{N} D_{ki}x(\tau_i) - \frac{t_f - t_0}{2}f[x(\tau_k), u(\tau_k), \tau_k], k = 0,1,\cdots,N \tag{7.4.49}$$

若 $\xi_k = 0, k = 0,1,\cdots,N$，则认为拉格朗日插值多项式可以对轨迹状态进行很好的拟合。勒让德伪谱配点法中，LGL 点类似于辛普森配点法中的离散段中点，因此，可以认为 LGL 点是勒让德伪谱配点法的配点。偏差方程的示意图如 7.4.5 所示。

3. 轨迹优化问题参数化

与标准配点法类似，勒让德伪谱配点法可以将 7.4.1 节中的轨迹优化问题转化为非线性规划问题。将勒让德伪谱配点法由一维拓展到多维是非常自然的，只需对各状态分量和控制分量分别进行拉格朗日插值多项式拟合就可以了。这样，轨迹优化问题离散参数化

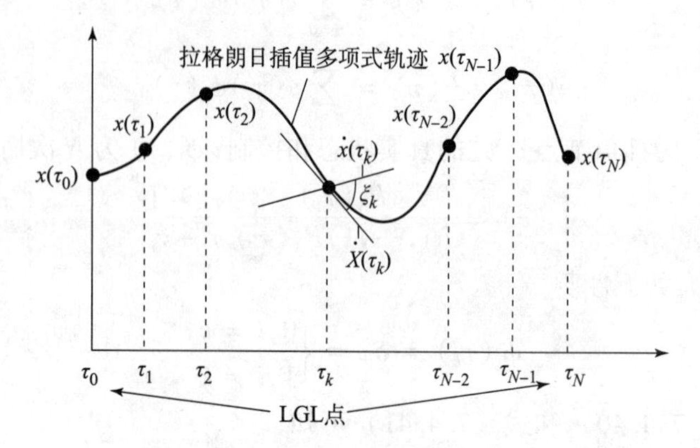

图 7.4.5　勒让德伪谱配点法偏差方程示意图

得到的非线性规划问题中，自由参数 $\boldsymbol{z}$ 包括所有 LGL 点上的状态向量和控制向量，以及向量参数 $\boldsymbol{p}$，表示为

$$\boldsymbol{z} = [\boldsymbol{x}_0^{\mathrm{T}}, \boldsymbol{u}_0^{\mathrm{T}}, \boldsymbol{x}_1^{\mathrm{T}}, \boldsymbol{u}_1^{\mathrm{T}}, \boldsymbol{x}_2^{\mathrm{T}}, \boldsymbol{u}_2^{\mathrm{T}}, \cdots, \boldsymbol{x}_N^{\mathrm{T}}, \boldsymbol{u}_N^{\mathrm{T}}, \boldsymbol{p}]^{\mathrm{T}} \tag{7.4.50}$$

其中，

$$\begin{cases} \boldsymbol{x}_i = \boldsymbol{x}(\tau_i), i = 0,1,\cdots,N \\ \boldsymbol{u}_i = \boldsymbol{u}(\tau_i), i = 0,1,\cdots,N \end{cases} \tag{7.4.51}$$

勒让德伪谱配点法是在所有 LGL 点上构造偏差方程，根据式（7.4.46），定义

$$\boldsymbol{d}_k = \dot{X}(\tau_k) = \sum_{i=0}^{N} D_{ki}\boldsymbol{x}(\tau_i), k = 0,1,\cdots,N \tag{7.4.52}$$

由式（7.4.52）可知，$\boldsymbol{d}_k$ 为自由参数 $\boldsymbol{z}$ 的函数。根据式（7.4.49），偏差约束向量可以表示为

$$\boldsymbol{\xi}(\boldsymbol{z}) = \begin{bmatrix} \boldsymbol{d}_1(\boldsymbol{z}) - \dfrac{t_f - t_0}{2} f(\boldsymbol{x}_1, \boldsymbol{u}_1, \boldsymbol{p}, \tau_1) \\ \boldsymbol{d}_2(\boldsymbol{z}) - \dfrac{t_f - t_0}{2} f(\boldsymbol{x}_2, \boldsymbol{u}_2, \boldsymbol{p}, \tau_2) \\ \vdots \\ \boldsymbol{d}_{N+1}(\boldsymbol{z}) - \dfrac{t_f - t_0}{2} f(\boldsymbol{x}_{N+1}, \boldsymbol{u}_{N+1}, \boldsymbol{p}, \tau_{N+1}) \end{bmatrix} = 0 \tag{7.4.53}$$

对于轨迹初始约束 $\boldsymbol{\psi}_0$、终端约束 $\boldsymbol{\psi}_f$ 和路径约束 $\boldsymbol{g}$，可以采用与标准配点法类似的方法处理，这里不再赘述。

对于轨迹优化的性能指标，可以采用高斯积分方法对积分项进行处理，性能指标（7.4.5）可以改写成

$$J = \frac{t_f - t_0}{2} \sum_{k=0}^{N} \omega_k L[\boldsymbol{x}_k, \boldsymbol{u}_k, \boldsymbol{p}, \tau_k] + \Phi[\boldsymbol{x}_{N+1}, \boldsymbol{u}_{N+1}, \boldsymbol{p}, \tau_{N+1}] \tag{7.4.54}$$

其中，ω_k 为高斯加权，表示为

$$\omega_k = \frac{2}{N(N+1)} \frac{1}{[P_N(\tau_k)]^2}, k = 0,1,\cdots,N \tag{7.4.55}$$

7.4.4　龙格－库塔方法

龙格－库塔方法又称龙格－库塔并行打靶方法。不同于配点方法，龙格－库塔方法是通过求解微分方程的初值问题在每个轨迹离散段的终端构造偏差方程。下面将对龙格－库塔方法进行简要介绍。

这里仍以一维系统为例进行讨论。与配点法类似，首先对轨迹进行离散化分段处理。将整条轨迹离散为 N 段，得到时间序列

$$t_0 = t_1 < t_2 < \cdots < t_N < t_{N+1} = t_f \tag{7.4.56}$$

在离散段 $[t_i, t_{i+1}]$ 上，假定初始状态 $x_i = x(t_i)$ 已知，利用单步的显式龙格－库塔数值积分方法对轨迹动力学进行数值积分，可以得到 t_{i+1} 时刻的预报状态为

$$x_{i+1}^p = x_i + h_i \sum_{j=1}^{s} \beta_j k_j \tag{7.4.57}$$

其中，$h_i = t_{i+1} - t_i$，k_j 表示为

$$k_j = f\left[x_i + h\sum_{l=1}^{s} \alpha_{jl} k_l, u(t_i + h_i\rho_j), t_i + h_i\rho_j\right] \tag{7.4.58}$$

其中，s 为龙格－库塔算法的阶次；系数 α_{jl}、β_j 和 ρ_j 可以根据布彻列表确定。

为了便于讨论，考虑4阶龙格－库塔方法，则式（7.4.57）可以写成

$$x_{i+1}^p = x_i + \frac{h_i}{6}(k_1 + k_2 + k_3 + k_4) \tag{7.4.59}$$

其中，

$$\begin{cases} k_1 = f[x_i, u(t_i), t_i] \\ k_2 = f\left[x_i + \dfrac{k_1}{2}, u\left(t_i + \dfrac{h_i}{2}\right), t_i + \dfrac{h_i}{2}\right] \\ k_3 = f\left[x_i + \dfrac{k_2}{2}, u\left(t_i + \dfrac{h_i}{2}\right), t_i + \dfrac{h_i}{2}\right] \\ k_4 = f[x_i + k_3, u(t_i + h_i), t_i + h_i] \end{cases} \tag{7.4.60}$$

根据式（7.4.59）和式（7.4.60）可知，t_{i+1} 时刻的预报状态 x_{i+1}^p 由 x_i 和3个时刻的控制量 u_i、u_{mi} 和 u_{i+1} 决定。需要注意的是，对于不同阶龙格－库塔方法，决定 x_{i+1}^p 的控制量是不同的。

定义 t_{i+1} 时刻的期望状态为 x_{i+1}^*，则可以构建偏差方程为

$$\xi_i = x_{i+1}^p - x_{i+1}^* \tag{7.4.61}$$

若 $\xi_i = 0$，则可以认为预报的轨迹满足期望的要求。同理，在每个离散段上，都可以采用龙格－库塔方法构造偏差方程。龙格－库塔方法示意图如图7.4.6所示。

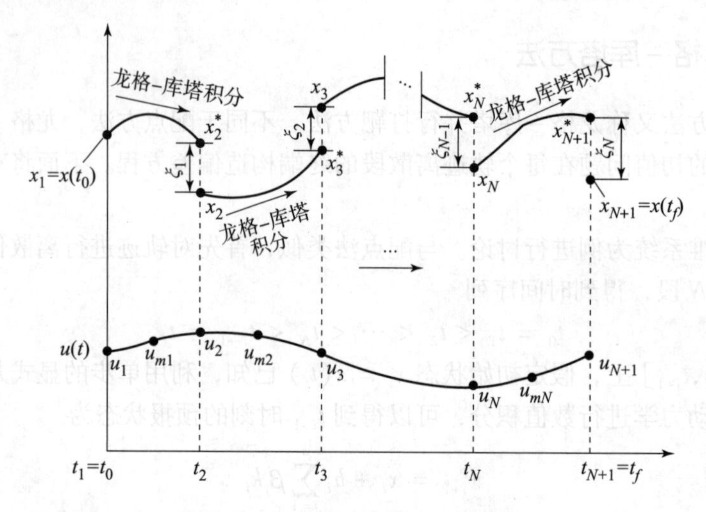

图 7.4.6　龙格 – 库塔方法示意图

7.4.5　直接法的应用

下面以标准配点法为例讨论直接法在行星际飞行轨道优化设计中的应用。伪谱配点方法和龙格 – 库塔方法与该方法的应用均类似，这里不再讨论。

考虑燃料最省金星交会问题。探测器采用太阳能电推进系统，标称输入功率为 $P_0 = 6.5\ \text{kW}$，比冲为 $I_{sp} = 3\ 000\ \text{s}$，工作效率为 $\eta = 0.65$，在转移过程中，推进系统始终工作。探测器初始质量为 $m_0 = 1\ 200\ \text{kg}$，从地球出发的时间 t_0 为 2008 年 10 月 23 日，发射能量 $C_3 = 0\ \text{km}^2/\text{s}^2$，到达金星影响球时，相对金星的双曲线超速 $v_{\infty A} = 0$。

根据以上描述，轨迹优化问题可以归结如下：寻找最优的推力方向矢量 $\boldsymbol{\xi}(t)$ 和飞行时间 t_f，使如下性能指标达到最小

$$J = -m_f \tag{7.4.62}$$

其中，m_f 为探测器到达金星时的质量。

探测器从地球出发时，满足如下约束

$$\boldsymbol{\psi}_0[\boldsymbol{x}(t_0), t_0] = \begin{bmatrix} \boldsymbol{r}(t_0) - \boldsymbol{r}_E(t_0) \\ \boldsymbol{v}(t_0) - \boldsymbol{v}_E(t_0) \\ m(t_0) - m_0 \end{bmatrix} = 0 \tag{7.4.63}$$

到达金星时，满足如下星历约束

$$\boldsymbol{\psi}_f[\boldsymbol{x}(t_f), t_f] = \begin{bmatrix} \boldsymbol{r}(t_f) - \boldsymbol{r}_V(t_f) \\ \boldsymbol{v}(t_f) - \boldsymbol{v}_V(t_f) \end{bmatrix} = 0 \tag{7.4.64}$$

推进系统的推力方向单位矢量满足

$$g[\boldsymbol{\xi}(t), t] = \|\boldsymbol{\xi}(t)\| - 1 = 0 \tag{7.4.65}$$

推力单位方向矢量各分量满足

$$\begin{cases} -1 \leqslant \xi_x \leqslant 1 \\ -1 \leqslant \xi_y \leqslant 1 \\ -1 \leqslant \xi_z \leqslant 1 \end{cases} \tag{7.4.66}$$

推进系统的推力大小则由探测器与太阳的距离决定，表示为

$$T(t) = \frac{2\eta P_0}{r(t)^2 I_{sp} g_0} \tag{7.4.67}$$

对上述飞行轨道优化问题进行处理，将整条轨迹等分为 N 段，采用辛普森配点法对轨道状态和控制变量进行离散参数化，将轨道优化问题转化为非线性规划问题，然后采用序列二次规划算法进行求解。表 7.4.1 分别给出了 $N=10$，25，50 这 3 种情况优化得到的飞行时间 t_f 和探测器终端剩余质量 m_f。

表 7.4.1　金星交会探测任务轨道优化结果

离散段数 N	飞行时间 t_f/天	剩余质量 m_f/kg	计算时间/s	计算误差/AU
10	237.000 1	950.743 9	1.98	1.2×10^{-3}
25	236.778 5	951.149 9	5.69	9.2×10^{-5}
50	236.773 5	951.154 6	28.47	1.9×10^{-5}

表 7.4.1 中，误差的计算方法如下：基于标准配点法得到的各节点上的控制变量，采用数值积分方法对探测器轨道进行轨道递推，节点间的控制变量通过插值获得。在整条轨道上选取 $M=100$ 个点处的位置矢量，定义为 $\boldsymbol{r}(t_i), i = 1,2,\cdots,M$。另外，根据配点法得到的各节点上的状态变量，通过插值得到这 100 个点处的位置矢量，定义为 $\boldsymbol{r}'(t_i), i = 1,2,\cdots,M$。定义计算误差为

$$\Delta\sigma = \sum_{i=1}^{M} \| \boldsymbol{r}'(t_i) - \boldsymbol{r}(t_i) \| \tag{7.4.68}$$

利用计算误差可以评价轨道优化的精度。由表 7.4.1 可知，离散段越多，轨道的优化精度越高，当然，所需的计算时间也就越长。

图 7.4.7 给出了探测器在飞行过程中推力方向单位矢量各分量的时间 – 历程，图 7.4.8 给出了探测器的飞行轨道，这里 $N=50$。

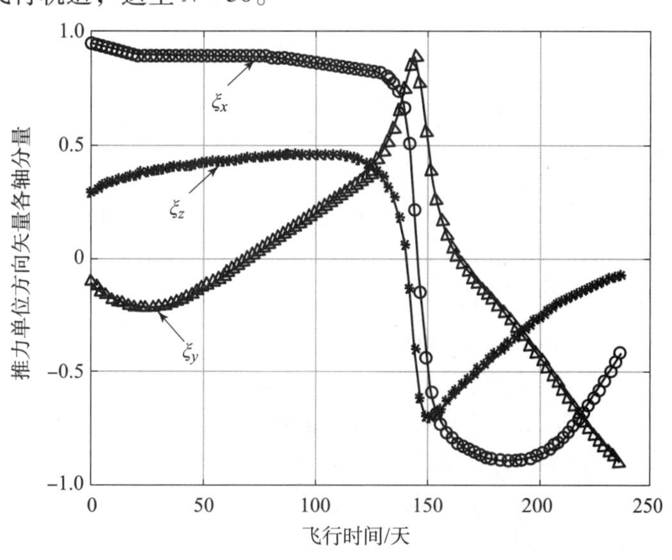

图 7.4.7　推力方向单位矢量各分量时间 – 历程

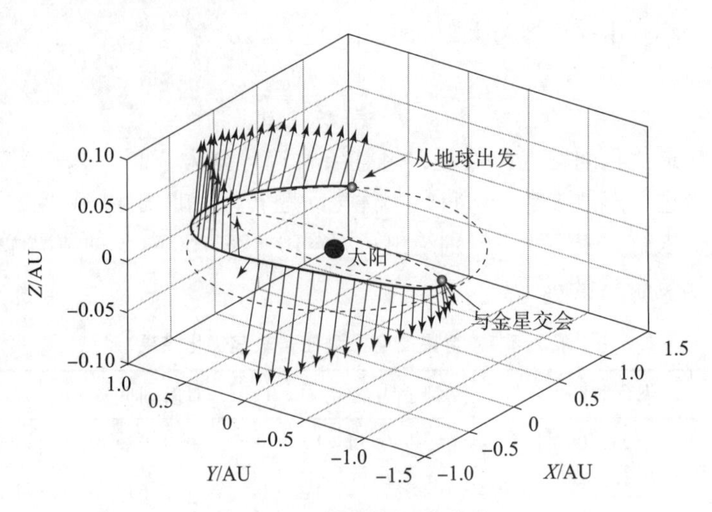

图 7.4.8　探测器飞行轨道

参考文献

[1] 刘豹，唐万生．现代控制理论［M］．北京：机械工业出版社，2006.

[2] Koon W S，Lo M W，Marsden J E，et al. Dynamical Systems，the Three – body Problem and Space Mission Design［M］. Free online Copy：Marsden Books，2008.

[3] Hargraves C R，Paris S W. Direct Trajectory Optimization Using Nonlinear Programming and Collocation［J］. Journal of Guidance，Control，and Dynamics，1987，10（4）：338 – 342.

[4] Enright P J，Conway B A. Discrete Approximations to Optimal Trajectories Using Direct Transcription and Nonlinear Programming［J］. Journal of Guidance，Control，and Dynamics，1992，15（4）：994 – 1002.

[5] Kechichian J A. Optimal Low – Earth – Orbit – Geostationary – Earth – Orbit Intermediate Acceleration Orbit Transfer［J］. Journal of Guidance，Control，and Dynamics，1997，20（4）：803 – 811.

[6] Ben – Asher J Z. Optimal Control Theory with Aerospace Applications［M］. American Institute of Aeronautics and Astronautics，2010.

[7] Ranieri C L，Ocampo C A. Indirect Optimization of Three – dimensional Finite – burning Interplanetary Transfers Including Spiral Dynamics［J］. Journal of Guidance，Control，and Dynamics，2009，32（2）：445 – 455.

[8] Ho Y C，Bryson A E. Applied optimal control［M］. New York：Hemisphere，1975.

[9] Bertrand R，Epenoy R. New Smoothing Techniques for Solving Bang – bang Optimal Control Problems：Numerical Results and Statistical Interpretation［J］. Optimal Control Applications and Methods，2002，23（4）：171 – 197.

[10] 尚海滨，崔平远，栾恩杰．地球 – 火星的燃料最省微推进转移轨道设计与优化［J］．宇航学报，2006，27（6）：1168 – 1173.

[11] Lawden，Derek F. Optimal Trajectories for Space Navigation［M］. Butterworths，1963.

[12] Conway B A. Spacecraft trajectory optimization [M]. Cambridge University Press, 2010.

[13] Davis K E. Locally Optimal Transfer Trajectories between Libration Point Orbits Using Invariant Manifolds [D]. University of Colorado at Boulder, 2009.

[14] Betts J T, Erb S O. Optimal Low Thrust Trajectories to the Moon [J]. SIAM Journal on Applied Dynamical Systems, 2003, 2 (2): 144 - 170.

[15] Jiang F H, Baoyin H X, Li J F. Practical Techniques for Low - Thrust Trajectory Optimization with Homotopic Approach [J]. Journal of Guidance, Control, and Dynamics, 2012, 1 (35): 245 - 258.

第8章

行星际任务轨道设计实例

8.1 近地小行星交会探测任务

8.1.1 近地小行星轨道特点

近地小行星指的是日心轨道与地球日心轨道相交（在黄道面内的投影相交），并且日心轨道的近日点距离小于1.3 AU的小行星。截至2018年7月17日，已观测到的近地小行星有18 410颗，其中已编目的有2 694颗。根据它们的日心轨道特性，近地小行星可以分为3种类型：Aten型、Apollo型和Amor型。其中，Apollo型小行星约占近地小行星总数的62%，Amor型小行星约占32%，剩余的6%则为Aten型小行星。这3类小行星的定义见表8.1.1，其中，q为小行星轨道的近日点距离，Q为远日点距离，a为小行星轨道的半长轴。

表8.1.1 近地小行星分类及定义

类型	命名	定义	百分比/%
Aten	以2062号小行星Aten命名	$a < 1.0$ AU $Q > 0.983$ AU	6
Apollo	以1862号小行星Apollo命名	$a > 1.0$ AU $q < 1.017$ AU	62
Amor	以1221号小行星Amor命名	$a > 1.0$ AU 1.017 AU $< q < 1.3$ AU	32

图8.1.1给出了3种类型小行星的日心轨道示意图。

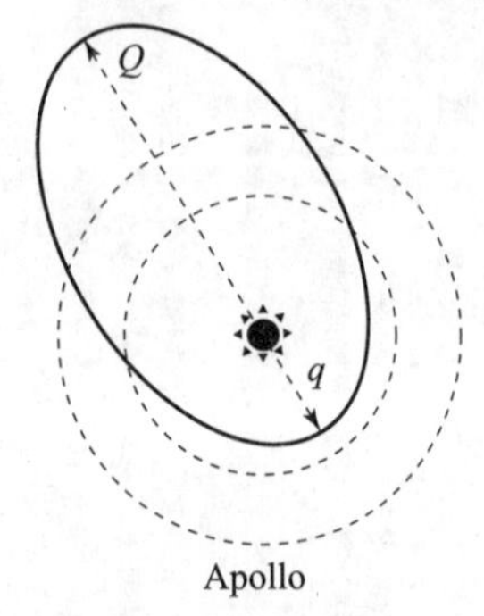

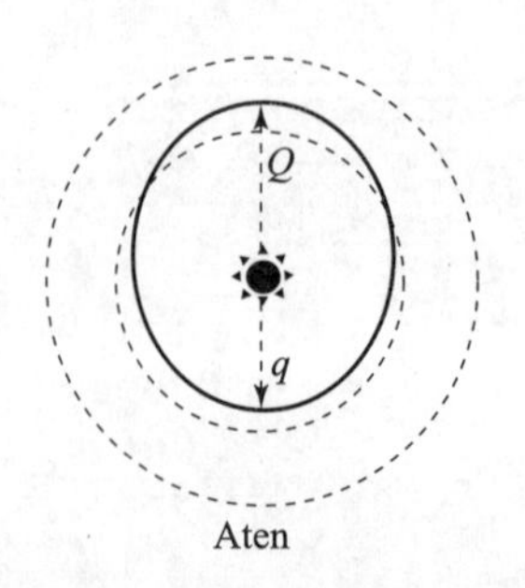

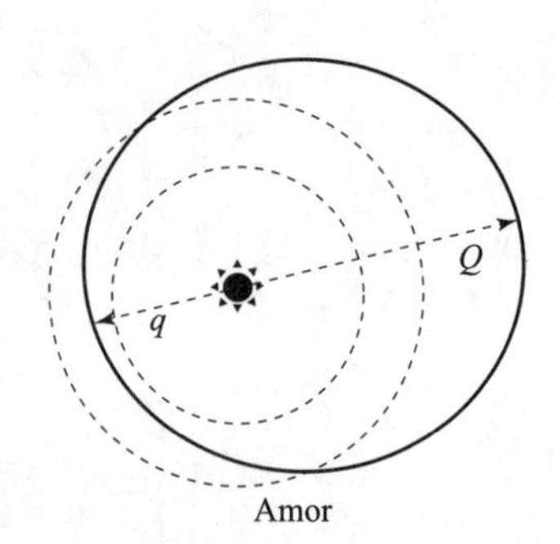

图8.1.1 近地小行星日心轨道示意图

为了更加直观地观察近地小行星的轨道特点，图 8.1.2 给出了近地小行星轨道偏心率 e 和倾角 i 与半长轴 a 的对应关系。由图 8.1.2 可以发现，一方面，近地小行星日心轨道的偏心率和倾角分布都很广泛；另一方面，大多数近地小行星的轨道偏心率都小于 0.8、轨道倾角都小于 40°。在实际的探测任务中，目标的轨道半长轴、偏心率和倾角是影响其探测能量需求的重要参数。一般来讲，小行星轨道半长轴与地球轨道半长轴偏离越大，实现目标探测所需的能量就越高；另外，小行星轨道偏心率或倾角越大，所需的能量也越大。

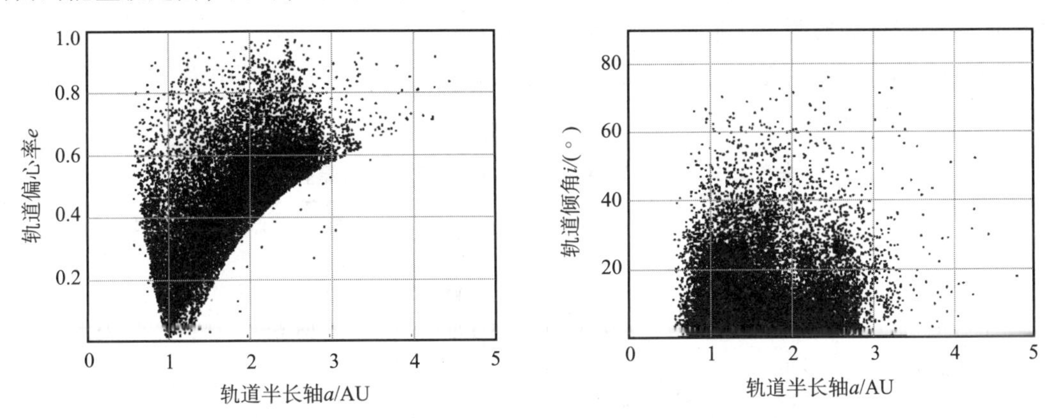

图 8.1.2　近地小行星轨道偏心率和倾角与半长轴之间的关系

8.1.2　探测目标评估与选择

与大行星探测任务不同，由于近地小行星数目繁多，因此，进行小行星探测任务设计首要的步骤是选择合适的探测目标。总的来讲，探测目标选择需要考虑两方面的因素：科学价值和工程可实现性。科学价值方面，主要目的是选出与探测任务科学目标相匹配的小行星，这是一个非常复杂的迭代过程，受到多方面因素的影响，例如小行星的物质构成、光谱类型、形状尺寸、自旋状态等。工程可实现性方面，主要目的是在综合考虑各种任务约束情况下，筛选出满足工程上可行的探测目标，考虑的约束包括能量需求、任务周期、目标大小、交会条件等。

下面将以近地小行星交会探测任务为例，从工程可实现性角度，对小行星探测目标选择问题进行讨论。假定探测器已由运载火箭发射至环绕地球停泊轨道，轨道高度为 200 km。探测器配置化学推进系统，用于实现地球的逃逸、日心转移和与目标小行星的交会。由于小行星质量都很小，忽略小行星引力对探测器运动的影响。近地小行星目标选择约束条件见表 8.1.2。

表 8.1.2　近地小行星目标选择约束条件

任务约束	参数
小行星直径 D/m	>200
发射时间 t_L（yyyy/mm/dd）	2025/01/01 ~ 2030/12/31
发射能量 C_3/(km^2·s^{-3})	<25.0
总的速度增量 Δv_T/(km·s^{-1})	<6
发射后所需速度增量 Δv_P/(km·s^{-1})	<2
任务周期 t_F/天	<500

小行星探测任务通常期望目标小行星具有较慢的自旋速率，以便于探测器在小行星附近的任务操作与实施。小行星的光变曲线表明，体积大的小行星相对而言具有更慢的自旋速度。另外，小行星的体积大也有利于探测器的抵近与交会。因此，以选择尺寸大的小行星为目标，可以提高探测任务的工程可实现性。近地小行星的尺寸从几米到几十千米不等，绝对星等 H 是反映小行星尺寸的重要参数。结合小行星的反照率，小行星的直径可以由绝对星等估计得到

$$D = 1\,329 \times 10^{-0.2H} p_v^{-0.5} \tag{8.1.1}$$

其中，p_v 为小行星的反照率，范围为0.05～0.50。

表8.1.3给出了不同绝对星等和反照率对应的小行星直径大小，其中绝对星等 H_1、H_2 和 H_3 对应的小行星直径单位分别是千米、米和毫米。

表8.1.3　不同绝对星等和反照率对应的小行星直径

绝对星等 H_1	反照率			绝对星等 H_2	绝对星等 H_3
	0.50	0.25	0.05		
-1.0	3 000	4 200	9 400	14.0	28.0
1.0	1 200	1 700	3 700	16.0	31.0
3.0	470	670	1500	18.0	33.0
5.0	190	260	590	20.0	35.0
7.0	75	110	240	22.0	37.0
8.0	30	40	95	24.0	38.0

根据表8.1.3，若目标小行星的直径达到200 m，则绝对星等应至少满足 $H < 22$。当反照率 $p_v = 0.05$ 时，小行星的直径约为240 m。另外，为了避免不必要的计算，可以在初始筛选时将具有较大轨道半长轴、偏心率和倾角的小行星剔除掉。因此，可以定义初步筛选条件为

$$U = \{(a,e,i,H) \mid 0.5\ \text{AU} \leqslant a \leqslant 5\ \text{AU}, e \leqslant 0.8, i \leqslant 20°, H \leqslant 22\} \tag{8.1.2}$$

满足式（8.1.2）的近地小行星共有3 737颗，这些小行星在黄道面内的分布如图8.1.3所示。

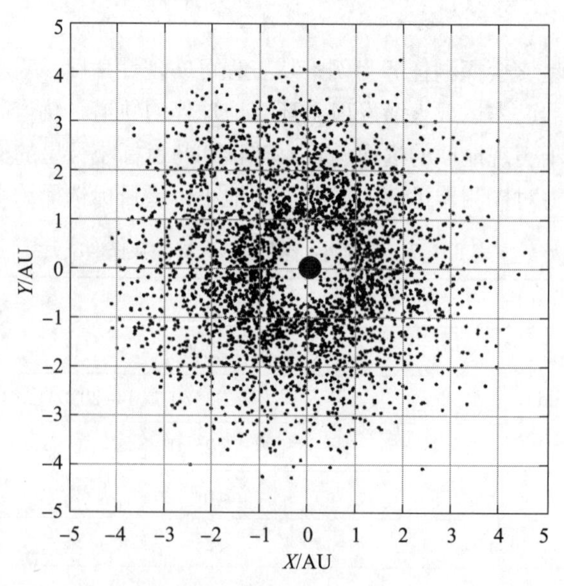

图8.1.3　满足筛选条件的小行星分布图

针对初始筛选得到的每一颗候选小行星，对发射时间 t_L 和任务周期 t_F 进行遍历搜索，搜索步长设定为 5 天。将所有满足表 8.1.2 的发射机会记录下来，可以得到各约束条件随发射时间的全局分布。

图 8.1.4 给出了满足约束的所有探测机会的发射能量 C_3 随发射时间的分布。从图中可以看出，在 2025—2030 年范围内，近地小行星探测机会非常密集，并且有多次机会可以以很小的发射能量进行近地小行星探测，其中 2029 年的探测机会对应的最小发射能量小于 3 km^2/s^3。

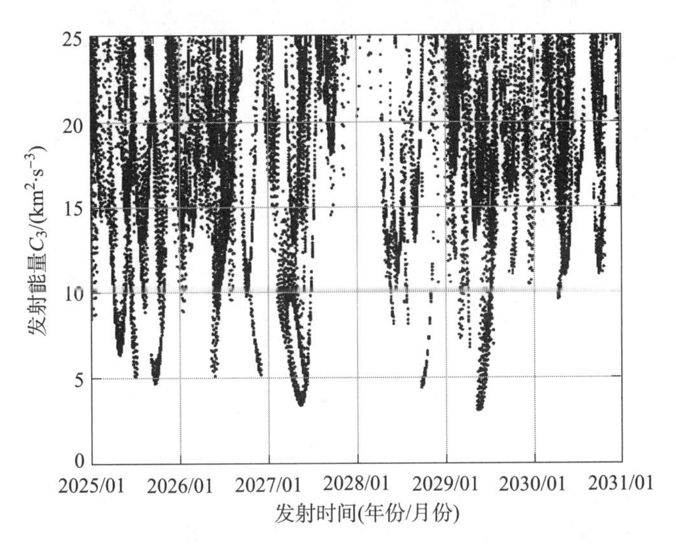

图 8.1.4　发射能量随发射时间的分布

进一步考察探测所需总速度增量的分布情况，如图 8.1.5 所示。由图中可以看出，进行近地小行星探测所需最小总速度增量仅为 4.3 km/s 左右，并且有多次发射机会的总速度增量都小于 5 km/s。假定探测器的初始质量为 2 000 kg，配置的推进系统比冲为 450 s，则提供 4.3 km/s 所需的燃料质量约为 1 245 kg，探测器剩余质量为 755 kg。

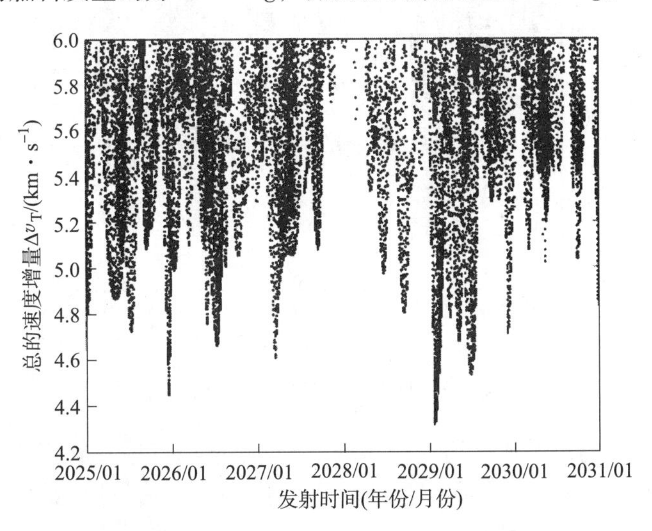

图 8.1.5　总的速度增量随发射时间的分布

图 8. 1. 6 给出了探测器与近地小行星交会所需速度增量随发射时间的分布情况。由图中可以看出，交会所需速度增量与总的速度增量分布类似。对于 2029 年的探测机会，所需要的最小交会速度增量小于 0. 1 km/s。

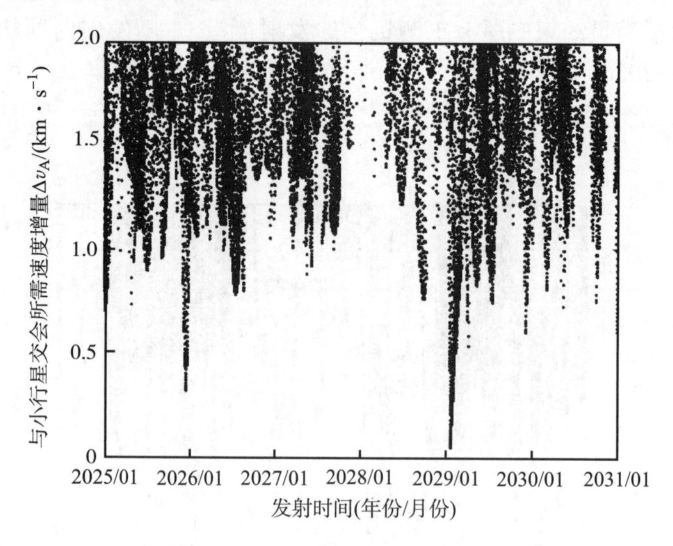

图 8. 1. 6　交会速度增量随发射时间的分布

图 8. 1. 7 给出了任务周期随发射时间的分布情况。可以看出，对于某些近地小行星，从地球出发到与之交会所需要的飞行时间很短，最短的飞行时间仅为十几天，这反映出目标小行星轨道与地球轨道非常接近。需要指出的是，对于短任务周期的探测机会，可以利用地球借力进一步降低能量需求。

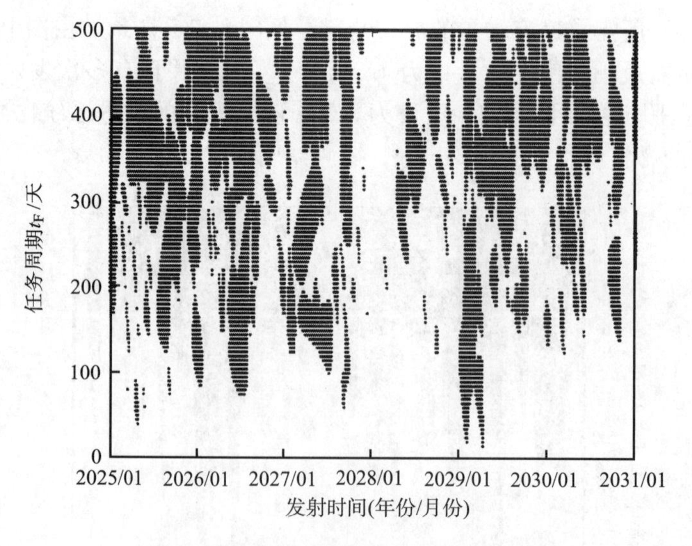

图 8. 1. 7　任务周期随发射时间的分布

表 8. 1. 4 列出了所需总的速度增量最小的 10 颗候选小行星及其探测机会。由表中可以看出，除小行星 2001QC34 外，这些候选小行星的轨道半长轴与地球轨道半长轴比较接近。这些候选目标对应的探测机会各有特点，例如，小行星 29220 所需的交会速度增量很小，仅

为 0.041 km/s；小行星 225312 对应的发射能量很小，约为 8.511 km^3/s^2；探测器小行星 253062 的任务周期较短，飞行时间约为 155 天。除此之外，在实际的小行星探测任务目标选择过程中，还需要综合考虑任务约束对探测任务的影响，例如，发射能量对运载火箭的影响、发射后所需速度增量对探测器有效载荷比的影响等。

表 8.1.4　候选近地小行星探测目标

小行星	a /AU	e	i /(°)	t_L (yyyy/mm/dd)	C_3/ ($km^2 \cdot s^{-3}$)	t_F /天	Δv_T/ ($km \cdot s^{-1}$)	Δv_E/ ($km \cdot s^{-1}$)	Δv_A/ ($km \cdot s^{-1}$)
292220	1.412	0.312	2.519	2029/01/25	24.21	495	4.315	4.274	0.041
2001QC34	2.342	0.466	6.974	2025/12/22	20.82	265	4.445	4.133	0.312
2011CG2	1.177	0.159	2.757	2029/07/24	8.110	330	4.530	3.631	0.899
2011GD60	1.083	0.162	6.062	2029/07/14	13.93	275	4.596	3.840	0.756
225312	1.189	0.058	2.465	2027/03/22	8.511	215	4.606	3.604	1.002
253062	1.369	0.197	2.147	2026/07/15	13.69	155	4.659	3.829	0.830
2013EU9	1.361	0.193	3.872	2029/05/15	14.34	375	4.678	3.857	0.821
341843	0.958	0.083	7.437	2025/01/01	15.64	255	4.704	3.913	0.791
162173	1.190	0.190	5.884	2029/12/06	20.21	485	4.711	4.107	0.604
10302	1.272	0.127	4.378	2025/07/15	13.10	350	4.725	3.804	0.921

8.1.3　日心转移轨道设计

以小行星 292220 为例进行讨论。该小行星是在 2006 年发现的。图 8.1.8 给出了 2028 年 1 月至 2030 年 1 月探测小行星 292220 所需的发射能量和交会速度增量等高线图。

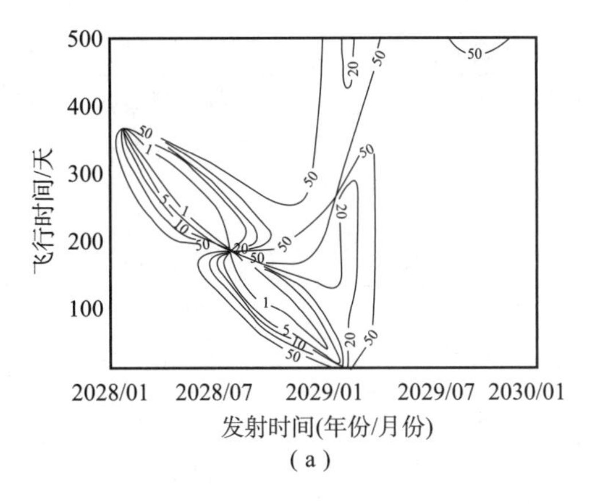

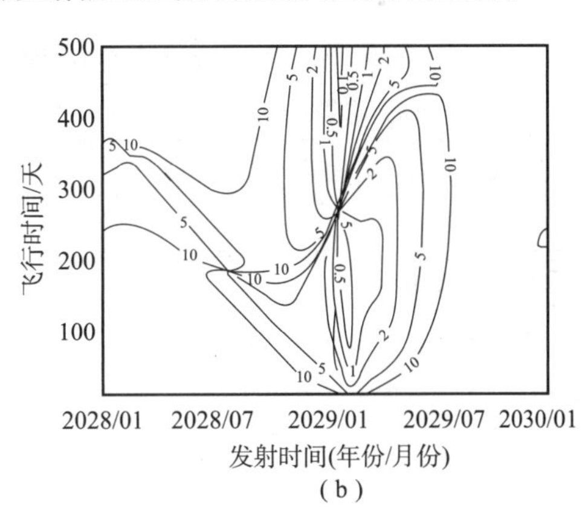

图 8.1.8　所需的发射能量和交会速度增量等高线图

(a) 所需的发射能量；(b) 交会速度增量

由图中可以看出，发射能量和交会速度增量等高线图都呈现出复杂的形态。从发射能量角度而言，探测 292220 小行星的最小发射能量小于 1 km^2/s^3。然而，从交会速度增量等高线图可以看到，发射能量较小区域对应的交会速度增量很大，大于 5 km/s。因此，这一区域内对应的转移机会不能作为合适的探测机会。

图 8.1.9 给出了总的速度增量等高线图。由图中可以看出，表 8.1.4 中的探测机会位于等高线图的中上部，该区域对应的总的速度增量小于4.5 km/s。由图 8.1.8 可知，该区域对应的发射能量较高，但交会速度增量非常小。另一个较为可行的区域位于等高线图的中下部，该区域对应的总的速度增量也小于4.5 km/s。从图 8.1.8 可以看出，该区域对应的发射能量低于20 km^2/s^3，交会速度增量低于0.5 km/s，该区域内的转移机会的另一个特点是对应的任务周期比较短。需要注意的是，受搜索步长的影响，网格遍历搜索很难精确地确定最优的发射机会。为了获得这两个区域内的最优转移机会，可以采用数值优化方法进行求解。表 8.1.5 给出了两个局部区域内总的速度增量最优日心转移轨道参数。

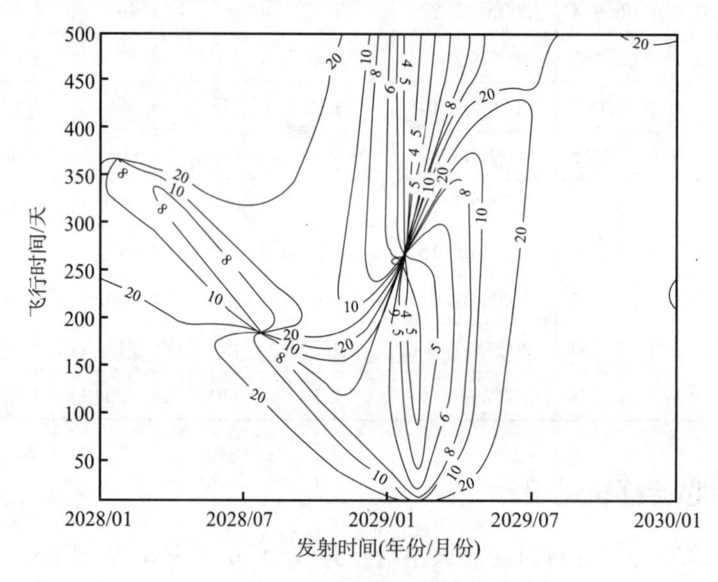

图 8.1.9　总的速度增量等高线图

表 8.1.5　探测器日心转移轨道参数

轨道参数	探测机会一	探测机会二
发射时间（yyyy/mm/dd）	2029/02/03	2029/01/26
发射能量 C_3 /($km^2 \cdot s^{-3}$)	18.179 9	22.894 8
逃逸地球速度增量/($km \cdot s^{-1}$)	4.063 5	4.219 2
交会小行星速度增量/($km \cdot s^{-1}$)	0.306 7	0.087 8
发射后总的速度增量/($km \cdot s^{-1}$)	4.370 2	4.307 1
任务周期/天	163.308	473.263
与太阳最近距离/AU	0.983 8	0.977 6
与太阳最远距离/AU	1.552 6	1.856 1
交会时与太阳距离/AU	1.552 6	1.549 1
与地球最远距离/AU	0.806 6	2.765 1
交会时与地球距离/AU	0.806 6	2.434 1

图 8. 1. 10 和图 8. 1. 11 分别给出了两次探测机会对应的转移轨道。

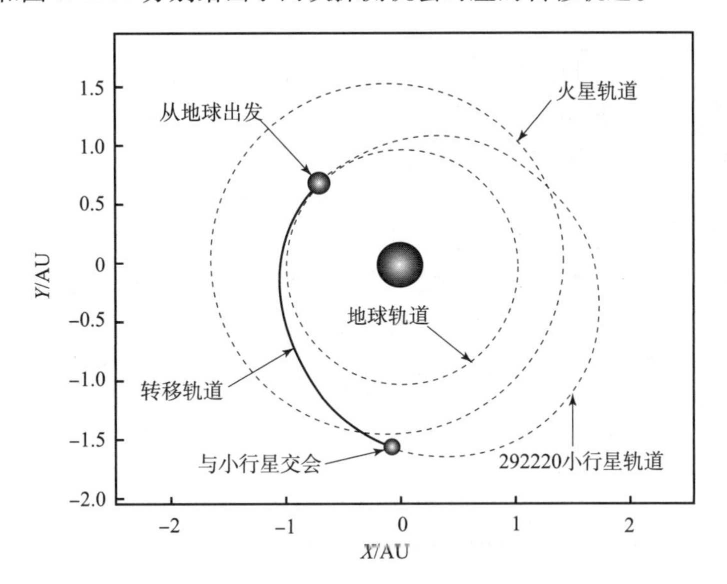

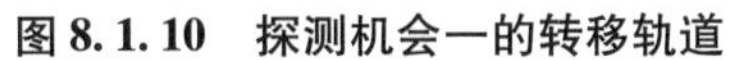
图 8. 1. 10　探测机会一的转移轨道

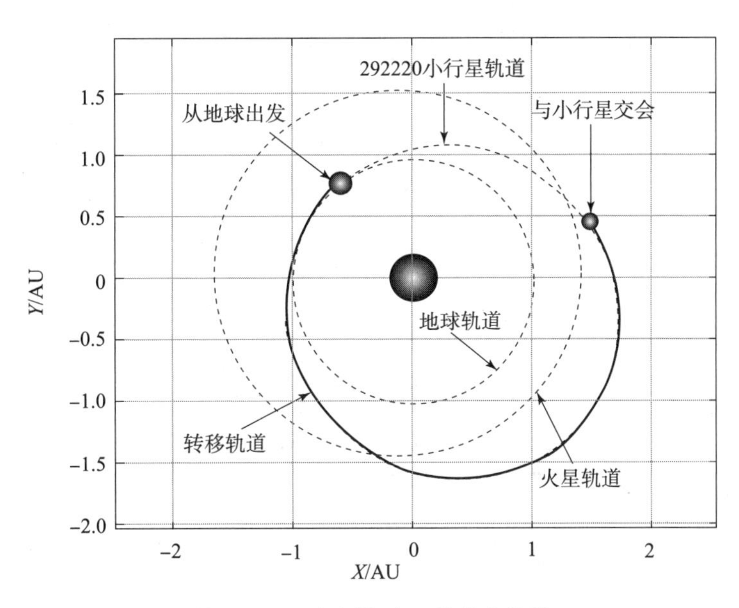

图 8. 1. 11　探测机会二的转移轨道

由图 8. 1. 10 和图 8. 1. 11 可以看出，两条转移轨道与目标小行星的轨道基本重合，这也就解释了为什么所需交会速度增量很小。另外，从图中还可以看出，小行星 292220 轨道与地球轨道基本相切，这也反映了探测器逃逸地球双曲线超速矢量与地球速度矢量夹角很小，这会导致通过地球借力飞行很难进一步降低发射能量。探测机会一转移轨道的日心转角小于 180°，属于Ⅰ类转移；探测机会二转移轨道的日心转角大于 180°，属于Ⅱ类转移。比较这两个探测机会，探测机会一除总的速度增量外，在各方面均具有优势。例如，探测器与小行星交会时，距离地球的距离仅为 0. 806 6 AU，这非常有利于探测器与地面的通信。

8.1.4 地球逃逸轨道设计

根据第4章的讨论，探测器逃逸地球双曲线轨道渐近线的赤纬 δ_∞ 是影响发射和环绕地球停泊轨道的重要参数。图8.1.12给出了赤纬 δ_∞ 随发射时间和飞行时间变化的等高线图。由图中可以看出，表8.1.5中两次探测机会对应的赤纬 δ_∞ 在15°~30°范围内。通过具体求解可得两次探测机会的赤纬分别为15.75°和18.76°，赤经分别为72.45°和69.68°。假定选取西昌发射场，其纬度为28.25°。为了尽量利用地球的自转能量，根据式（4.6.24）可以初步选择探测器逃逸地球双曲线轨道的倾角为28.25°。进一步地，利用式（4.6.26）可以计算得到双曲线轨道的升交点赤经 Ω 和近地点角距 ω。最后，通过轨道能量公式可以获得双曲线逃逸轨道的半长轴 a 和偏心率 e。通过以上分析，可以分别获得两次探测机会的地球逃逸轨道参数，见表8.1.6。

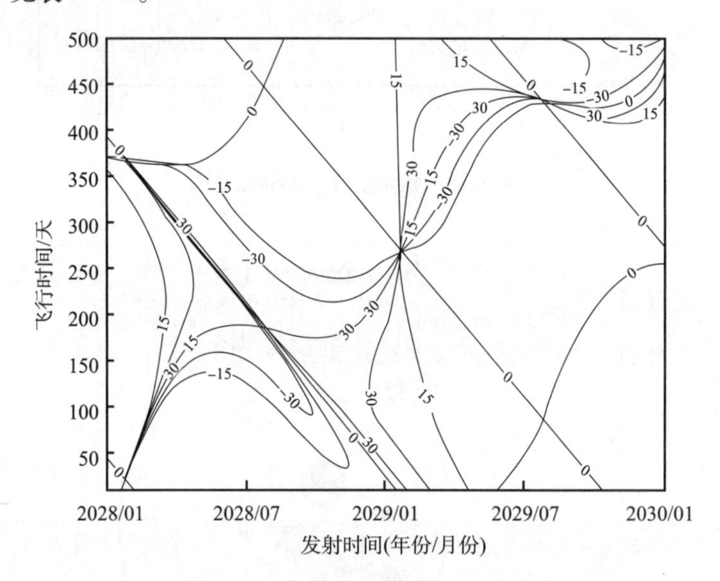

图8.1.12 赤纬 δ_∞ 随发射时间和飞行时间变化的等高线图

表8.1.6 探测器地球逃逸轨道参数

轨道参数	探测机会一	探测机会二
渐近线赤经 α_∞/(°)	72.45	68.68
渐近线赤经 δ_∞/(°)	15.75	18.76
轨道半长轴 a/(×10^4 km)	2.141	2.239
轨道偏心率 e	1.272 5	1.293 8
轨道倾角 i/(°)	28.25	28.25
升交点赤经 Ω/(°)	284.110 2	288.886 5
近地点角距 ω/(°)	16.806 4	7.815 6

图8.1.13给出了探测机会一对应的探测器逃逸地球双曲线轨道。

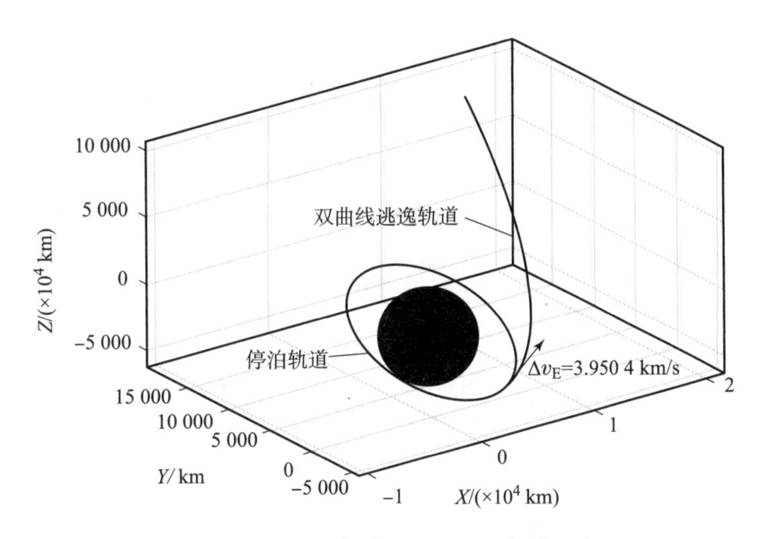

图 8.1.13　探测器逃逸地球双曲线轨道示意图

8.2　载人火星探测任务

火星一直都是深空探测任务的热点目标。人类迄今为止共进行了 43 次无人火星探测任务，其中成功 18 次，失败 25 次，成功率仅为 42%，这表明火星探测的难度很大。当然，随着深空探测技术的深入发展，火星探测涉及的一系列难题被攻克，人类逐渐掌握了火星探测技术。进入 21 世纪以来实施的 10 次火星探测任务中，9 次获得了成功或部分成功。

之前的火星探测一直都采用无人探测方式，由于没有航天员的参与，无人火星探测所能获得的科学回报有限。相比无人火星探测，载人火星探测具有更重要的科学意义与工程价值。载人火星探测可以实现对火星演化、环境、构造等方面的深层次探测。与此同时，载人火星探测面临着工程实现上的重大挑战。例如，如何在长时间的星际航行与探测过程中保障航天员的安全，如何降低探测系统的规模等。探测轨道设计与分析是解答这些问题的基础，下面将对这一问题进行讨论。

8.2.1　载人火星轨道特点

载人火星探测任务轨道主要包括 5 个阶段：①地球逃逸轨道段；②地火出航轨道段；③火星附近停留段；④火地返航轨道段；⑤地球再入轨道段。其中地火出航轨道段、火星附近停留段和火地返航轨道段是占时最长的 3 个阶段，这 3 个阶段相互耦合，相互制约。探测器在火星附近的停留时间是载人火星探测任务轨道的一个关键参数，根据在火星附近停留的时间长短，载人火星探测任务轨道可以分为两种基本类型：长停留合式轨道和短停留冲式轨道。

1. 合式探测轨道

合式探测轨道是指探测任务执行的中间时刻和地球 - 火星的会合位置时刻相近的转移轨道。最典型的合式转移轨道是双霍曼转移，即地火出航轨道和火地返回轨道的形状关于太阳和交叉点（出航轨道和返航轨道的交点）的连线对称，如图 8. 2. 1 所示。

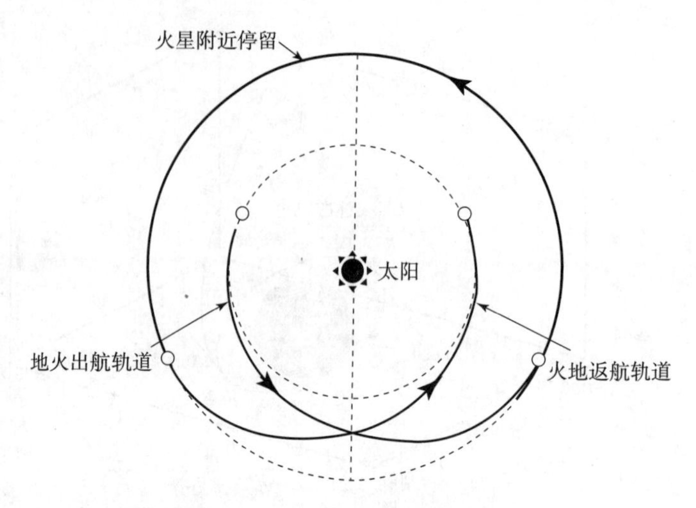

图 8.2.1　合式探测轨道示意图

合式探测轨道的优点是燃料消耗较少，缺点是任务周期较长。例如，双霍曼转移从地球出发到返回地球需要的时间为 900 ~ 1 000 天，其中出航和返航轨道的飞行时间均约为 200 天，在火星附近的停留时间为 400 ~ 500 天。一般来讲，合式探测轨道适合需要长时间停留火星或需要运输较重载荷到火星的探测任务。

合式探测轨道的特点可以总结如下：

①在火星附近停留时间长；

②整个任务周期时间长；

③行星际转移轨道位于地球和火星轨道之间，近日点为 1 AU 左右；

④出航和返航轨道转移时间都较短，一般小于 200 天。

2. 冲式探测轨道

冲式探测轨道的特点是出航轨道和返航轨道不对称，其中出航或返航轨道采用地球和火星之间的最优转移轨道，另一段轨道则为非最优转移轨道且近日点距离小于金星轨道半径。冲式探测轨道在火星附近的停留时间一般较短。冲式探测轨道示意图如图 8.2.2 所示。

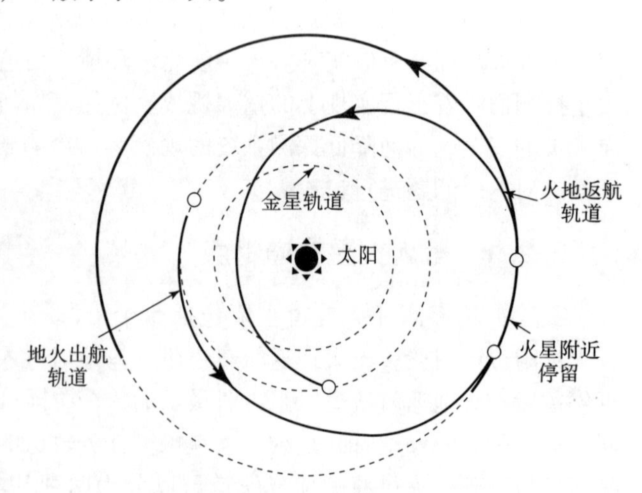

图 8.2.2　冲式探测轨道示意图

相比于合式探测轨道，冲式探测轨道的优点是总的任务周期较短，从地球出发到返回地球大约需要 500 天。从燃料消耗的角度来看，冲式探测轨道所消耗的燃料为合式轨道的 2 ~ 3 倍。有效降低冲式探测轨道燃料消耗的方式有两种：①在探测器到达近日点时施加深空机动；②采用金星借力飞行策略。冲式探测轨道适合短时间停留火星探测任务。需要指出的是，由于冲式探测轨道的出航或返航轨道的近日点距离小于金星轨道半径，因此需要重点考虑探测器的热防护问题。

冲式探测轨道的特点可以总结如下：

①在火星附近停留时间短；

②整个任务周期为 560 ~ 850 天；

③出航或返航轨道近日点位于金星轨道内部；

④探测轨道所需总的速度增量大；

⑤不同转移机会之间所需的速度增量变化大。

8.2.2 载人火星探测机会

假定载人火星探测系统从地球出发的时间为 2033 年 1 月至 2036 年 12 月。探测系统已由运载火箭发射至地球 500 km × 500 km 高圆停泊轨道，环绕火星目标轨道为 250 km × 33 813 km 高的大偏心率椭圆轨道。定义探测系统在地球停泊轨道施加的机动速度增量为 Δv_1，进入目标环绕轨道施加的制动速度增量为 Δv_2，返航时探测系统在火星环绕轨道施加的机动速度增量为 Δv_3。这里不考虑探测系统返回地球时的制动问题。一般来讲，行星际探测器返回地球时，再入地球大气层的速度小于 13 km/s，可以利用大气减速实现安全返回与着陆。

因此，探测系统出航所需速度增量为

$$\Delta v_{\mathrm{OV}} = \Delta v_1 + \Delta v_2 \tag{8.2.1}$$

返航所需速度增量为

$$\Delta v_{\mathrm{BT}} = \Delta v_3 \tag{8.2.2}$$

根据上面的讨论，可以采用双等高线图方法对载人火星探测机会进行分析，图 8.2.3 给出了探测系统出航和返航所需速度增量的等高线图。

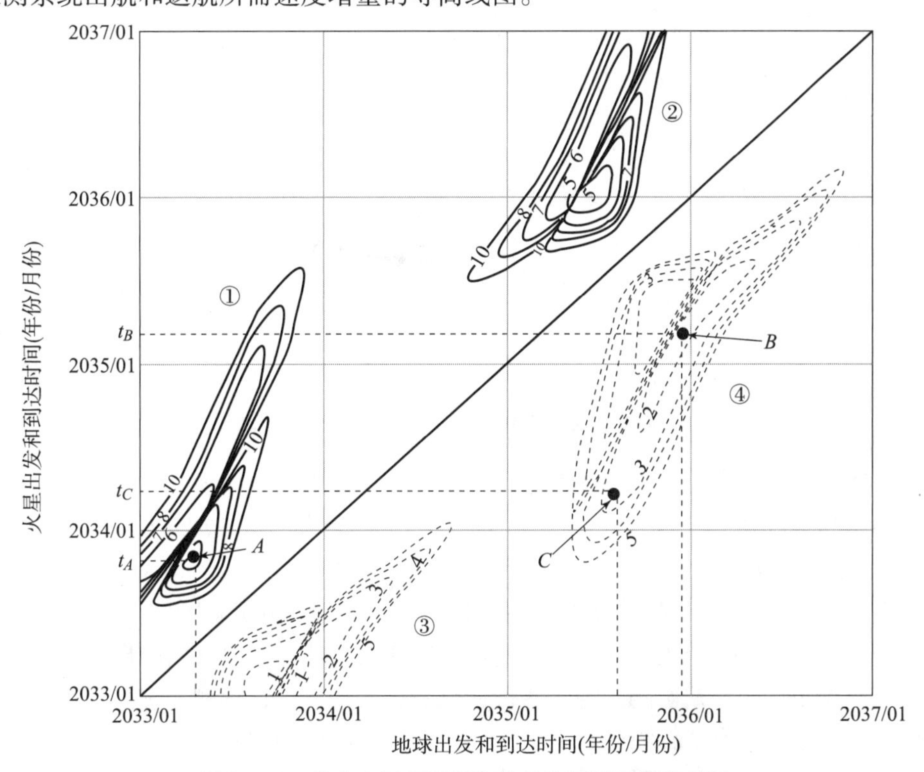

图 8.2.3　载人火星探测任务出航和返航双等高线图

图中横坐标表示探测系统从地球出发和返回地球的时间，纵坐标表示探测系统到达火星和从火星出发的时间。等高线图的左上半部分为地火出航机会，右下半部分为火地返航机会。在 2033—2036 年这一时间段内，共出现了两次出航机会区域，分别定义为区域①和区域②；类似地，也出现了两次返回机会区域，分别定义为区域③和区域④。出航机会与返回机会的组合构成了载人火星探测机会。由于从火星出发时间必须晚于到达火星的时间，因此，等高线图中区域①和区域④中的点可以构成合理的载人火星探测机会。

由前面的讨论，若出航和返航轨道都采用最优转移轨道，则构成了合式探测轨道，如图中 A 点和 B 点所示；若出航或返航轨道不采用最优转移轨道，则构成了冲式探测轨道，如图中的 A 点和 C 点所示。t_A 为到达火星的时间，t_B 和 t_C 为从火星出发的时间，t_B-t_A 和 t_C-t_A 则为在火星附近停留的时间。从图中可以看出 $t_C-t_A<t_B-t_A$，这就解释了为什么合式探测轨道比冲式探测轨道的停留时间长。

为了更直观地讨论这一问题，图 8.2.4 给出了 2033 年冲式和合式探测轨道所需总的速度增量随任务周期的变化曲线。图中合式轨道最上方数据表示地火出航和火地返航转移时间均为 60 天的情况，最下方数据点表示的则是地火出航和火地返航转移时间均为 200 天的情况。

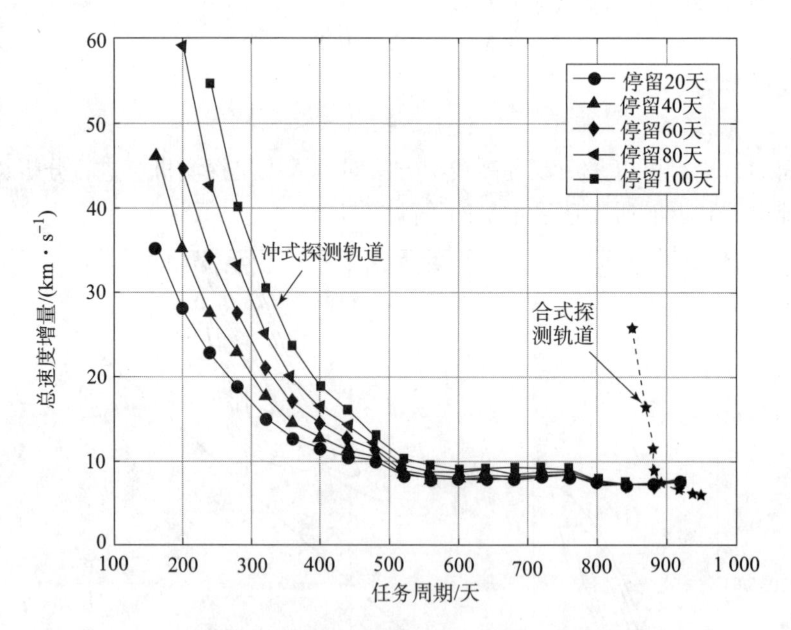

图 8.2.4　2033 年总的速度增量随任务周期和停留时间的变化

从图 8.2.4 可以看出，对于合式探测轨道，随着任务周期的增加，总的速度增量呈快速下降的趋势。当单程转移时间为 60 天时，所需总的速度增量高达 27 km/s；当单程转移时间为 200 天时，总的速度增量降至 6 km/s。可以看出，单程为 200 天的合式探测轨道比单程为 60 天的性能更优，这与第 4 章的分析是一致的，即地球和火星之间的最优转移时间为 200 天左右。合式探测轨道的地火出航段和火地返航段均为地球和火星之间的最优转移轨道，受到地球和火星的小会合周期影响。为了等待返航最优转移机会，探测系统需要在火星附近停留很长的时间，这导致合式探测轨道的任务周期很长，一般为 900 天左右。

图 8.2.4 中左侧曲线给出了冲式探测轨道总的速度增量与任务时间的对应关系。为了考

察火星附近停留时间对总的速度增量的影响，图中分别给出了停留时间为 20 天、40 天、60 天、80 天和 100 天 5 种情况。由图中可以看出，在火星附近的停留时间越长，则同等任务周期情况下所需总的速度增量越大，当任务周期较短（小于 500 天）时，该现象尤为明显。这表明，在任务周期较短时，载人火星探测任务所需总的速度增量对任务周期和火星附近停留时间都很敏感；当任务周期超过 500 天时，不同停留时间所需总的速度增量逐渐趋于一致，同时，总的速度增量对任务周期的敏感度也逐渐减低。总的来说，相比合式探测轨道，冲式探测轨道的任务周期较短，但需要总的速度增量很大。另外，当任务周期延长至 900 左右时，冲式探测轨道所需总的速度增量与合式探测轨道也趋于一致，也会出现总的速度增量为约 7 km/s 的情况，但此时冲式探测轨道周期短的优势已不存在。需要指出的是，冲式探测轨道在任务周期为 500 天左右时，就可以将总的速度增量降至 10 km/s 以下，这是合式探测轨道无法完成的。

总的来说，合式探测轨道总的任务周期较长，所需总的速度增量也较小，因此适合长停留载人火星探测任务；冲式探测轨道总的任务周期较短，总的速度增量较大，更适合短停留载人火星探测任务。

另外，地球和火星之间的相对运动也影响着载人火星的探测机会。对于不同的年份，载人火星探测机会的特点也是不同的。图 8.2.5 给出了 2024 年、2027 年、2030 年、2033 年、2036 年和 2039 年这 6 个不同年份对应的载人火星探测机会。

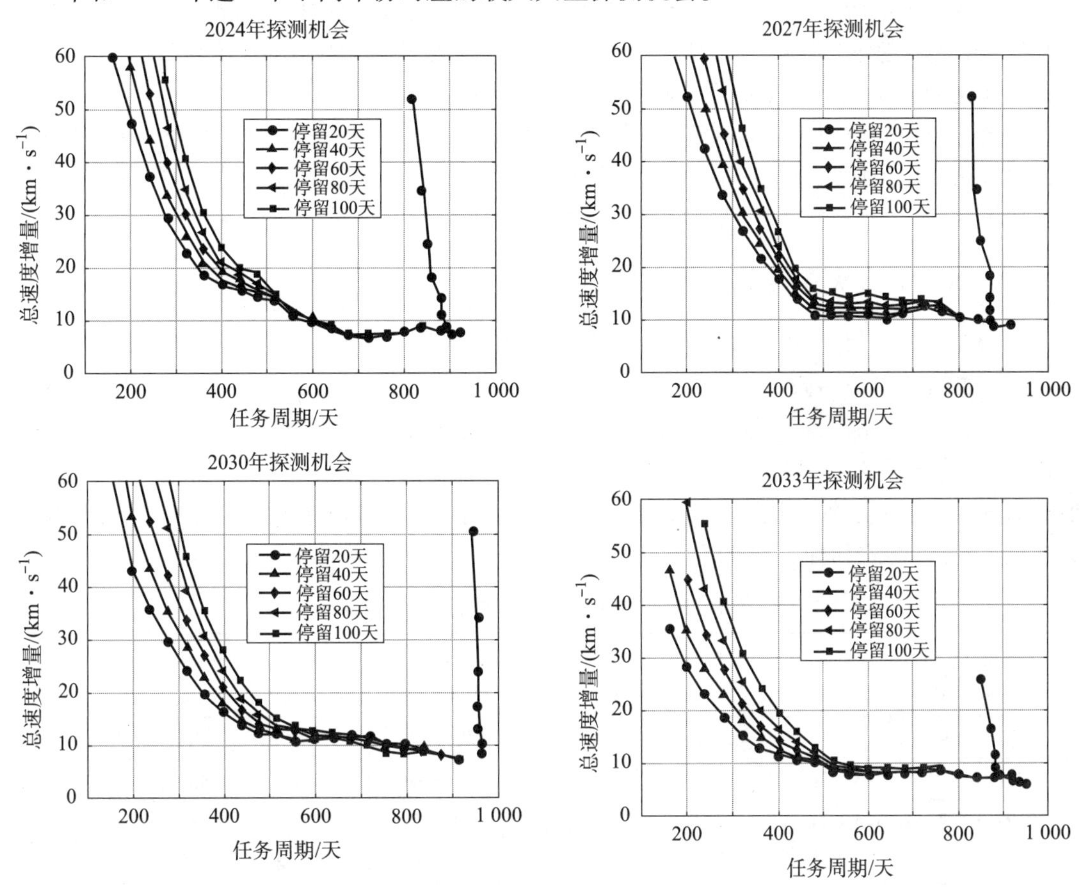

图 8.2.5　不同年份对应的载人火星探测机会

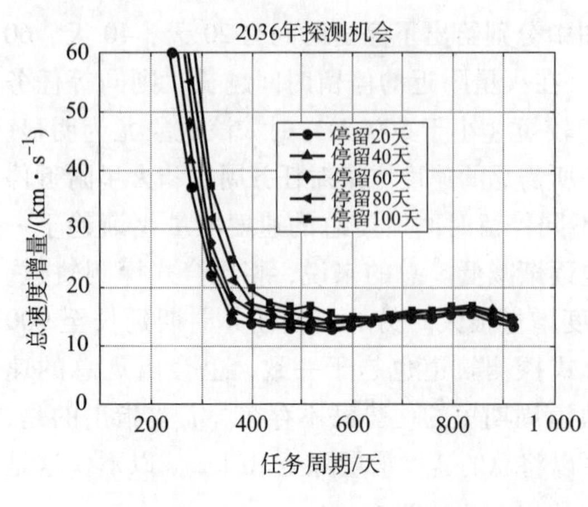

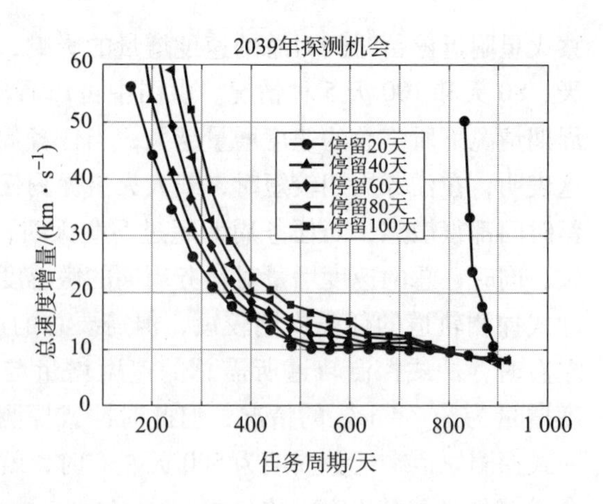

图 8.2.5　不同年份对应的载人火星探测机会（续）

由图 8.2.5 可以看出，对于载人火星探测任务，不同年份的探测机会随任务周期的变化趋势类似，但不完全相同。具体而言，对于冲式探测机会，不同年份机会的总的速度增量对任务周期的敏感度是不同的。例如，2036 年的探测机会，当总的任务周期达到 500 天时，需要的总的速度增量为 13 km/s 左右；当总的任务周期达到 920 天时，总的速度增量没有减小，反而增大，这无法满足探测任务的要求。对于合式探测轨道，不同年份机会的总的速度增量对任务周期的敏感度也不同。例如，2024 年探测机会，当单程转移时间为 60 天时，所需总的速度增量超过 50 km/s；当单程转移时间为 200 天时，所需总的速度增量降到 10 km/s 以下。相比而言，2036 年则不存在可行的合式探测机会。

综合分析可知，对于载人火星探测任务，2033 年是一个相对较好的年份。在这个年份中，冲式探测轨道所需总的速度增量在任务周期大于 500 天左右时便能降到 10 km/s 以下，合式探测轨道所需总的速度增量也很低，因此适合进行载人火星探测任务。

8.2.3　载人火星转移轨道

以 2033 年进行载人火星探测任务为例对转移轨道进行设计，其中地球停泊轨道和火星环绕轨道参数与上节一致。表 8.2.1 给出了不同单程转移时间对应的最优合式最优轨道参数。其中 Δv_1 为探测系统在地球停泊轨道上施加的轨道机动速度增量，Δv_2 为进入火星环绕轨道施加的轨道机动速度增量，Δv_3 为从火星返回时施加的轨道机动速度增量，Δv_4 为再入地球大气层时需要施加的轨道机动速度增量，t_F 为地火出航或火地返航轨道的飞行时间，t_S 为在火星附近的停留时间，t_T 为总的任务周期。

表 8.2.1　2033 年合式探测轨道设计结果

发射时间 (yyyy/mm/dd)	Δv_1/ (km·s^{-1})	Δv_2/ (km·s^{-1})	Δv_3/ (km·s^{-1})	Δv_4/ (km·s^{-1})	Δv_T/ (km·s^{-1})	t_F /天	t_S /天	t_T /天
2033/06/09	8.245	8.210	6.964	2.287	25.706	60	730	850
2033/05/30	5.976	5.449	4.544	0.369	16.337	80	710	870
2033/05/27	5.171	3.576	2.672	0.017	11.336	100	670	870
2033/05/16	4.377	2.606	1.841	0.000	8.824	120	640	880

续表

发射时间 (yyyy/mm/dd)	Δv_1/ (km·s^{-1})	Δv_2/ (km·s^{-1})	Δv_3/ (km·s^{-1})	Δv_4/ (km·s^{-1})	Δv_T/ (km·s^{-1})	t_F /天	t_S /天	t_T /天
2033/05/08	3.987	1.960	1.445	0.000	7.392	140	620	900
2033/04/29	3.729	1.575	1.214	0.000	6.518	160	600	920
2033/04/21	3.595	1.343	1.092	0.000	6.031	180	580	940
2033/04/17	3.567	1.248	1.053	0.000	5.869	200	550	950
2033/04/24	3.599	1.346	1.113	0.000	6.058	220	500	940
2033/05/02	3.620	1.574	1.230	0.000	6.425	240	450	930
2033/02/26	3.747	1.643	1.357	0.000	6.746	260	470	990
2033/03/29	3.593	1.873	1.475	0.000	6.940	280	400	960
2033/03/20	3.770	2.111	1.739	0.000	7.620	300	400	1 000
2033/04/09	3.849	2.364	2.594	0.000	8.806	320	400	1 040
2033/02/14	4.723	3.152	2.907	0.000	10.781	340	400	1 080

从表 8.2.1 中可以看出，当地火出航或火地返航单程转移时间为 200 天时，载人火星探测任务所需总的速度增量最小，约为 5.869 km/s。随着单程转移时间的减少或增加，所需总的速度增量将逐渐增大。

图 8.2.6 所示为单程转移时间为 60 天、120 天、200 天和 320 天时的合式转移轨道。

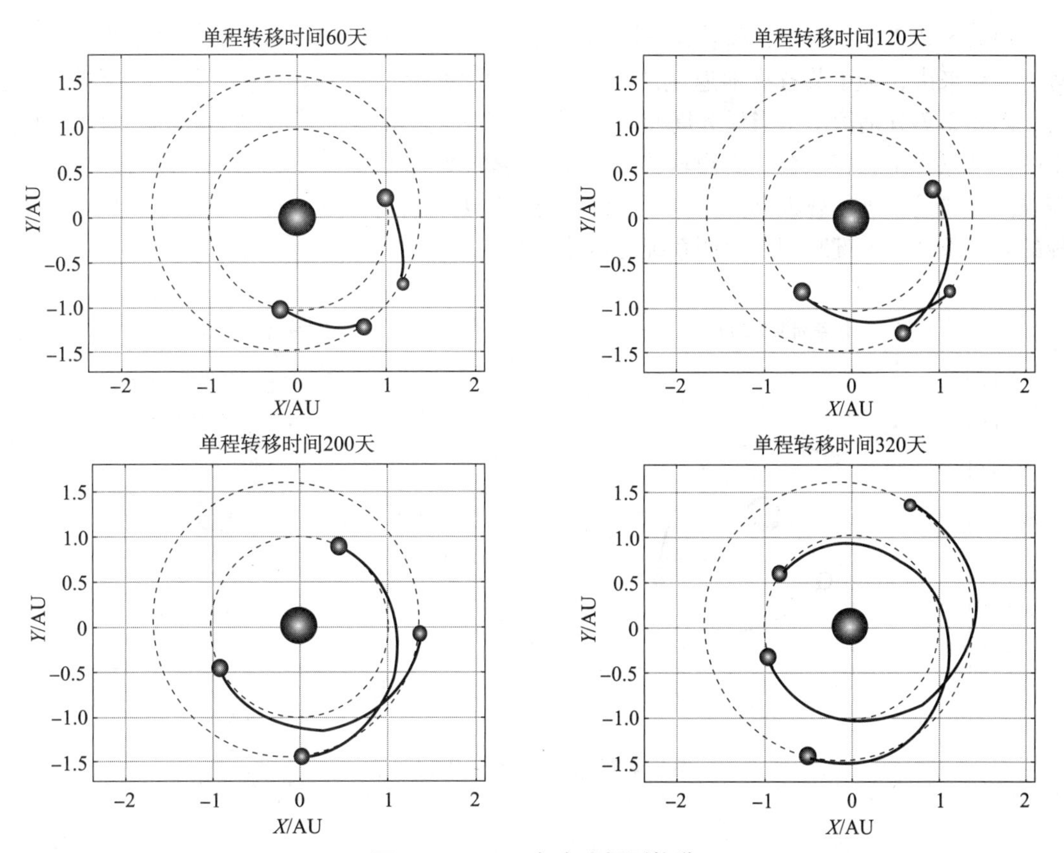

图 8.2.6　2033 年合式探测轨道

对2033年冲式探测轨道进行优化设计，考虑在火星附近停留时间为60天，设计结果见表8.2.2，其中 t_{EM} 为地火出航轨道转移时间，t_{ME} 为火地返航轨道转移时间。对于地火出航轨道，采用直接转移方式；对于火地返航轨道，分别设计直接转移、金星借力和深空机动3种转移方式，对应最小总的速度增量的转移方式作为火地返航轨道。

表8.2.2 2033年停留时间为60天冲式探测轨道设计结果

发射时间 (yyyy/mm/dd)	Δv_T /(km·s^{-1})	机动类型	t_{EM} /天	t_{ME} /天	t_T /天
2033/05/01	27.582	深空机动	75.855	144.145	280.0
2033/05/11	16.830	深空机动	97.947	202.053	360.0
2033/04/21	12.432	深空机动	128.254	251.746	440.0
2033/05/06	8.654	金星借力	157.018	302.982	520.0
2033/04/08	8.090	金星借力	183.043	356.957	600.0
2033/04/10	7.899	金星借力	183.272	436.728	680.0
2033/01/25	8.438	金星借力	256.301	443.699	760.0
2033/05/01	7.062	深空机动	198.667	581.333	840.0
2033/02/10	7.605	深空机动	198.646	660.354	920.0

由表8.2.2可以看出，随着任务周期的增加，冲式探测轨道所需总的速度增量呈减小趋势。一般来讲，为了节省火地返航的燃料消耗，探测系统需要进行金星借力或深空机动飞行。图8.2.7分别给出了当任务周期为280天、520天、680天和920天时的冲式探测轨道。由图中可以看出，相比合式探测轨道，冲式探测轨道不对称，火地返航轨道形状丰富多变。需要注意的是，进行载人火星探测任务设计时，需要综合考虑多方面影响因素，例如太阳帆板的光照条件、关键时间点探测系统与地球的距离等。

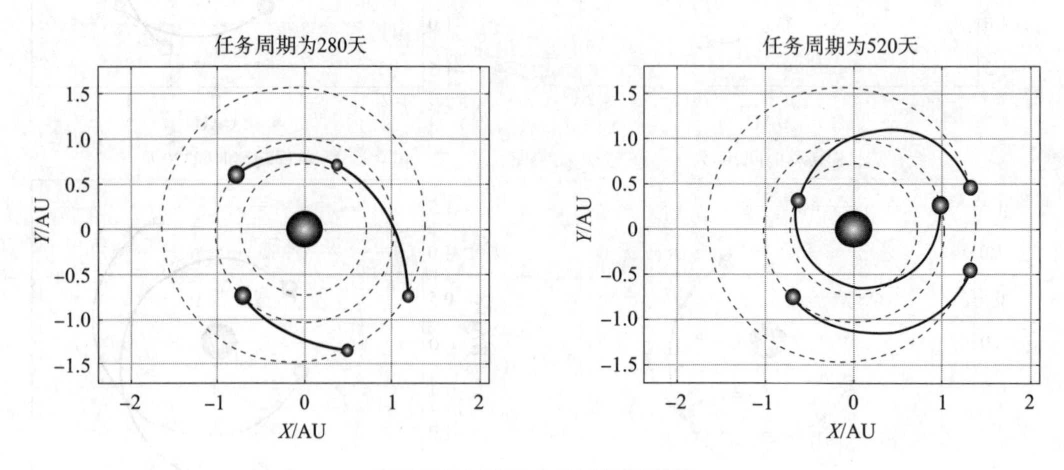

图8.2.7 2033年冲式探测轨道

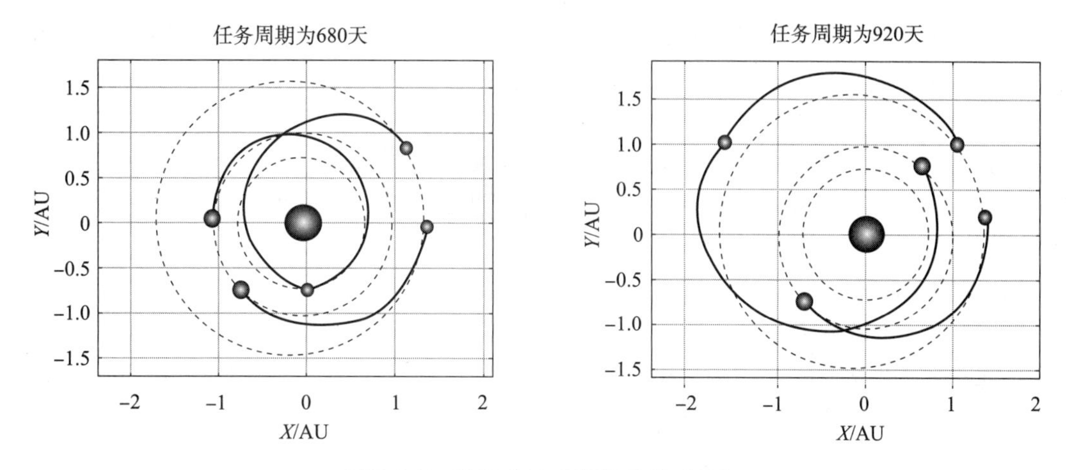

图 8.2.7　2033 年冲式探测轨道（续）

8.2.4　探测系统规模分析

由上面轨道设计与分析可以看出，载人火星探测任务各个轨道段相互耦合，总的速度增量、任务周期和停留时间等参数相互影响。实际上，载人火星探测任务复杂，探测系统规模庞大。影响探测系统规模的因素很多，包括探测系统的构成及采用的推进系统、转移模式和轨道类型等。下面将在轨道设计基础上，对载人火星探测系统规模进行初步分析。

1. 探测系统的构成

载人火星探测任务有航天员的参与，这使得探测系统的构成与无人探测任务的有很大不同。总的而言，载人火星探测系统应具备 3 个基本功能：

①对火星进行科学探测的功能，即探测系统必须配备能够完成科学探测的有效载荷，例如探索飞行器和火星登陆器。

②具有将有效科学载荷和航天员由地球运输至火星，以及将航天员由火星返回地球的运输能力，因此，探测系统需要有在近地空间运输航天员的飞行器，例如载人飞行器。另外，探测系统应配备满足行星际转移所需的推进系统。

③具有保障航天员安全，并提供必需生活物资的功能，这使得探测系统必须具备能够提供生命保障和起居生活能力的飞行器，例如深空生活舱。

总的来说，载人火星探测系统的基本构成分为两部分：①支持航天员活动有关的部分，例如载人飞船、探索飞行器等；②与航天员无关的部分，例如推进系统。图 8.2.8 给出了载人火星探测任务系统的基本构成。

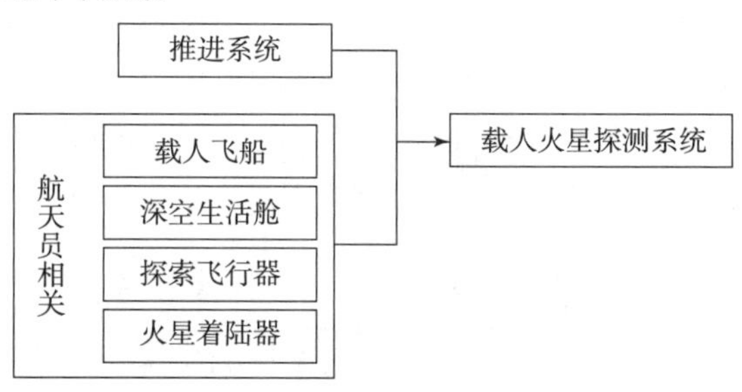

图 8.2.8　载人火星探测系统基本构成

根据载人火星探测任务的要求，载人火星探测系统的基本构成包括载人飞船、深空生活舱、探索飞行器、火星登陆器和推进系统，它们的功能分别如下：

1）载人飞船

载人飞船一般由载人舱和服务舱两部分组成，其主要功能是：①在奔向火星前，搭载航天员与行星际飞船交会对接；②返回地球时，搭载航天员进入地球大气并安全着陆。这里假设载人飞船的质量规模为 20 吨。

2）深空生活舱

对于载人火星探测任务，航天员在漫长的行星际飞行过程中需要深空生活舱的支持。深空生活舱主要为航天员提供生命保障系统、居住环境、生活设备、水和食物等。根据任务周期的不同，深空生活舱的质量规模也不同。假定深空生活舱标称质量为 25 吨，搭载 n 个航天员。在行星际飞行过程中，每个航天员每天消耗水和食物 5 kg，则深空生活舱的质量规模可以估计为

$$m_{\mathrm{DSH}} = 25 + \frac{5}{1\,000} \times n \times \Delta t_{\mathrm{T}} \tag{8.2.3}$$

其中，Δt_{T} 为任务周期，单位为天。

3）探索飞行器

在火星附近区域进行探测时，例如探测火星的两颗卫星，需要能够搭载航天员执行探测任务的探索飞行器。这里假定探索飞行器的质量规模为 10 吨。

4）火星着陆器

登陆火星表面进行探测是载人火星探测任务的主要目标。对于短停留任务，载人火星着陆系统一般要求能够搭载 4 个航天员，着陆系统质量假定为 114 吨。

5）推进系统

考虑化学推进系统。对于载人火星探测任务，应采用高性能的低温化学推进系统，例如液氢液氧推进系统。化学推进系统主要由系统结构和推进剂组成。这里假定化学推进系统的结构质量系数为 20%，推进系统比冲为 450 s。

2. 载人火星转移模式

载人火星任务探测系统极其复杂，规模庞大，很难通过运载火箭单次发射庞大的探测系统完成探测任务。实际上，从地火之间的运输角度而言，整个探测系统又可以分为两大部分：一是由载人飞船、深空生活舱和推进系统组成的航天员运输系统；二是由探索飞行器、火星着陆器和推进系统组成的科学载荷运输系统。因此，载人火星探测任务存在着两种可行的转移模式：整体式转移模式和分离式转移模式。整体式转移模式是指将航天员和有效载荷作为整体，一次性由地球运送至火星，开展相关的科学探测；分离式转移模式则是指将航天员和有效载荷分两个批次由地球运送至火星。例如，在前一次地火转移机会时，首先将有效载荷运送至火星，当再次出现地火转移机会时，将航天员运送至火星，并与之前的有效载荷部分进行交会对接，开展火星科学探测。

3. 质量规模评估方法

下面考虑脉冲推力假设，给出探测系统质量规模计算方法。将探测系统看作由推进系统和有效载荷两部分组成，推进系统比冲为 I_{sp}。假设探测系统初始质量为 m_0，则有

$$m_0 = m_{\mathrm{PL}} + m_{\mathrm{SG}} \tag{8.2.4}$$

其中，m_{PL} 为有效载荷质量；m_{SC} 为推进系统总质量，包括推进剂和结构质量。

根据齐奥尔科夫斯基方程，进行轨道机动消耗的燃料质量为

$$m_{PR} = m_0\left[1 - \exp\left(-\frac{\Delta v}{gI_{sp}}\right)\right] \tag{8.2.5}$$

定义 $R = \exp[\Delta v/(gI_{sp})]$，则有

$$m_{PR} = m_0\left(1 - \frac{1}{R}\right) \tag{8.2.6}$$

定义推进系统结构质量系数为 $f_{SC} = m_{SC}/m_{SG}$，则可以得到推进系统结构质量为

$$m_{SC} = m_{PR}\frac{f_{SC}}{1 - f_{SC}} = m_0\frac{(R-1)f_{SC}}{R(1 - f_{SC})} \tag{8.2.7}$$

因此，推进系统总质量可以表示为

$$m_{SG} = m_{PR} + m_{SC} = m_0\frac{R-1}{R(1-f_{SC})} \tag{8.2.8}$$

探测系统的有效载荷质量可以表示为

$$m_{PL} = m_0 - m_{SG} = m_0\frac{1 - Rf_{SC}}{R(1-f_{SC})} \tag{8.2.9}$$

则消耗的燃料与有效载荷的质量比为

$$\frac{m_{PR}}{m_{PL}} = (R-1)\frac{1-f_{SC}}{1-Rf_{SC}} \tag{8.2.10}$$

由此可见，若已知探测器的有效载荷质量 m_{PL}、推进系统结构质量系数 f_{SC}、轨道机动速度增量 Δv 和推进系统比冲 I_{sp}，则可以根据上述过程计算得到轨道机动消耗的燃料质量 m_{PR}、推进系统结构质量 m_{SC} 及推进系统总质量 m_{SG}。

若探测系统在转移过程中需要进行 N 次主要的轨道机动，每次使用一个独立的推进系统，轨道机动完成后，将该推进系统剩余部分抛掉，则探测系统总的质量规模为

$$m_T = m_{PL} + \sum_{i=1}^{N} m_{SG}^i \tag{8.2.11}$$

其中，m_{SG}^i 为第 i 次轨道机动时的推进系统质量。

若在飞行过程中某一次轨道机动过大，为了提高轨道机动效率，降低探测系统总的质量规模，可以将此次轨道机动分解为多个独立的质量规模大致相近的推进系统执行。对于特定的轨道机动速度增量 Δv，可以根据速度增量与推进系统特征速度 $v_{exit} = gI_{sp}$ 的比值进行判断分解，见表8.2.3。

表8.2.3　轨道机动分解情况表

$\Delta v/v_{exit}$	推进系统数量	第一次占比/%	第二次占比/%	第三次占比/%	第四次占比/%
0.0～0.6	1	100	—	—	—
0.6～1.0	2	39	61	—	—
1.0～1.4	3	21	29	50	—
>1.4	4	9	18	27	46

当需要进行轨道机动分解时，探测系统的质量规模计算流程为：首先根据有效载荷质量计算最后一次轨道机动所采用推进系统的参数，然后将其与有效载荷质量叠加，作为新的有效载荷质量，根据该质量计算倒数第二次轨道机动所采用推进系统的参数，依此类推，直至计算得到第一次轨道机动所采用推进系统的参数，并最终得到探测器的质量规模。

结合载人火星探测任务轨道设计和探测系统构成，利用上述方法对载人火星探测系统的初始规模进行了评估，见表 8.2.4。在分离式转移模式中，探索飞行器和火星着陆系统提前于 2031 年发射并运输至火星。

表 8.2.4　载人火星探测系统质量规模

轨道类型	Δv_T /(km·s^{-1})	t_T /天	整体式质量规模 /Mt	分离式质量规模 /Mt
合式探测轨道	8.824	880	2 003	1 464
	6.518	920	1 049	963
	5.869	950	883	883
	6.425	930	1 016	950
	6.940	960	1 151	1 033
冲式探测轨道	8.654	520	1 375	1 268
	8.090	600	1 192	1 160
	7.899	680	1 165	1 139
	8.438	760	1 415	1 280
	7.062	840	893	891

由表 8.2.4 可以看出，若采用化学推进系统，载人火星探测系统的规模为千吨级。即使采用总的速度增量最小的转移轨道，探测系统的规模也接近 900 t。另外，可以看出，采用分离式转移模式可以降低探测系统的总规模。需要注意的是，对于载人火星探测任务，可以利用高效的推进系统降低探测系统规模，例如核电推进、核热推进等。

8.3　木星探测任务

木星是太阳系中体积最大的行星，其主要由氢和氦组成，质量为其他七大行星质量之和的 2.5 倍。木星的外大气层根据纬度分为多个带区，在带区相接的地方容易出现乱流和风暴。据估计，木星至少有 79 个卫星。

从 1972 年 3 月发射的“先驱者 10 号”开始，人类已经通过发射探测器对木星进行了 9 次探测任务，其中最著名的是美国国家航空航天局的“伽利略号”木星探测器，如图 8.3.1 所示。该探测器于 1989 年发射，1995 年进入环绕木星轨道。

木星日心轨道的半长轴为 5.204 4 AU，探测器需要巨大的能量才能实现向木星的转移。探测器向木星转移的方式很多，包括两脉冲直接转移、行星借力飞行转移、连续推进转移

图 8.3.1　“伽利略号”木星探测器

等。合理的选择转移方式能够有效降低木星探测任务的能量需求，本节将针对木星探测任务轨道开展讨论。

8.3.1　两脉冲探测轨道

考虑如下任务条件：地球停泊轨道为 500 km × 500 km 高的圆轨道，要求探测器能够进入环绕木星 $5R_J \times 10R_J$ 的椭圆轨道，其中 $R_J = 71\ 492$ km，为木星的平均半径。木星探测器要求在 2030—2035 年间发射。

根据上述条件，首先讨论两脉冲直接探测轨道。图 8.3.2 ~ 图 8.3.4 分别给出了木星探测器的发射能量 C_3 、交会速度增量 v_A 和总的速度增量 v_T 随发射时间和飞行时间的等高线图。

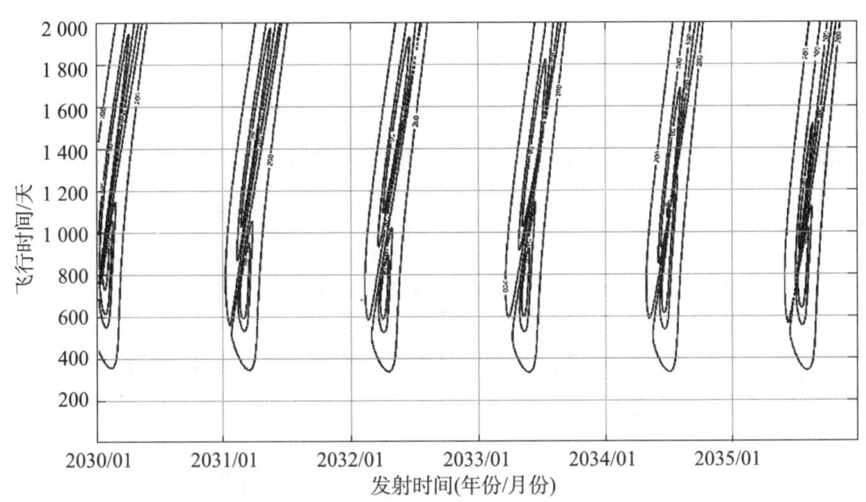

图 8.3.2　木星探测器发射能量等高线图

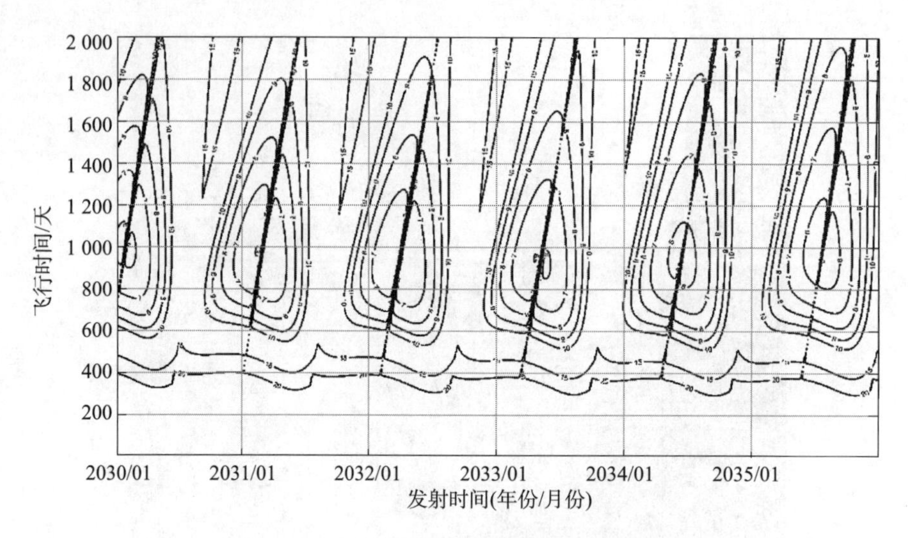

图 8.3.3　木星探测器交会速度增量等高线图

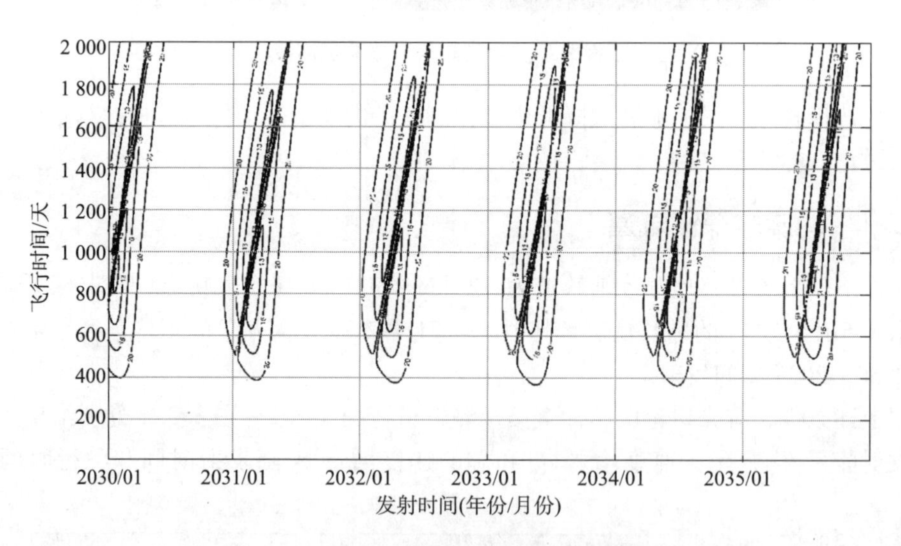

图 8.3.4　木星探测器总的速度增量等高线图

由图 8.3.2 ~ 图 8.3.4 可以看出，2030—2035 年共出现了 6 次两脉冲转移机会，相邻的转移机会间隔大于 1 年，这与第 4 章中会合周期的分析是一致的。从发射能量等高线图可以看到，除 2030 年的探测机会外，其余年份发射木星探测器所需的发射能量 C_3 均超过 80 km^3/s^2。从交会速度增量等高线图可以看出，探测器若要进入任务要求的环绕木星轨道，所需交会速度增量要大于 5 km/s，2032 年的探测机会则需要大于 6 km/s。从总的速度增量等高线图看出，采用两脉冲直接转移轨道，木星探测器所需总的速度增量应至少大于 11 km/s。另外，对于每次木星探测机会，Ⅰ类转移轨道的飞行时间约为 800 天，Ⅱ类转移轨道的飞行时间超过 1 000 天。

以总的速度增量为性能指标，针对每次探测机会优化设计Ⅰ类最优转移轨道，设计结果见表 8.3.1。

表 8.3.1　2030—2035 木星探测机会

发射时间 (yyyy/mm/dd)	C_3 /(km^2 · s^{-3})	Δv_E /(km · s^{-1})	Δv_A /(km · s^{-1})	Δv_T /(km · s^{-1})	t_T /天
2030/01/30	77.346	5.775	6.086	11.861	885.898
2031/02/27	81.619	5.713	6.365	12.078	827.497
2032/04/04	85.106	5.827	6.378	12.204	803.618
2033/05/13	85.929	6.047	6.129	12.176	818.686
2034/06/21	82.483	6.240	5.727	11.967	910.070
2035/07/23	81.765	6.230	5.707	11.937	873.998

由表 8.3.1 可以看出，不同年份对应的木星探测机会比较接近，所需总的速度增量都约为 12 km/s。考虑木星探测器的初始质量为 5 000 kg，采用化学推进系统，推进系统比冲为 450 s，则需要消耗的燃料高达 4 670 kg，这是探测任务无法承受的。克服这一问题的途径有 3 个：一是利用火箭上面级将探测器送入地球逃逸轨道，这需要上面级提供约 6 km/s 的速度增量；二是利用借力飞行技术，这样不仅可以降低发射能量需求，还可以减小木星环绕轨道入轨时的速度增量需求；三是采用更为高效的推进系统，例如核能电推进或太阳能电推进等。

图 8.3.5 和图 8.3.6 分别给出了 2030 年和 2035 年两次探测机会的转移轨道。

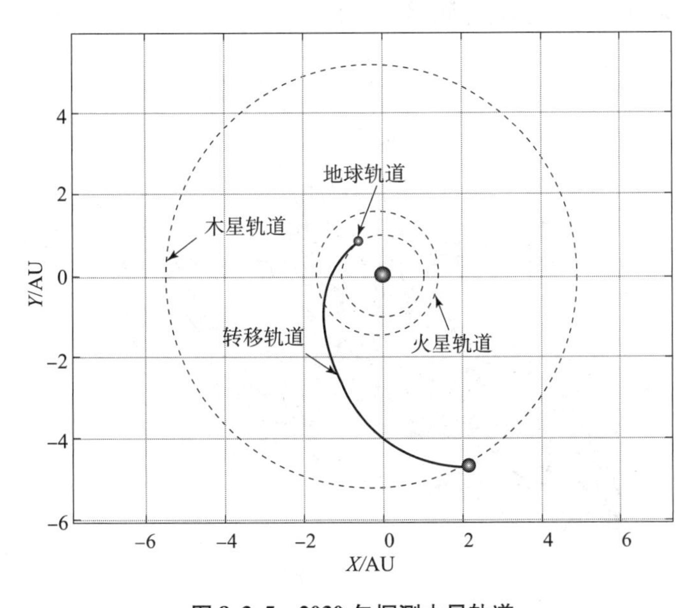

图 8.3.5　2030 年探测木星轨道

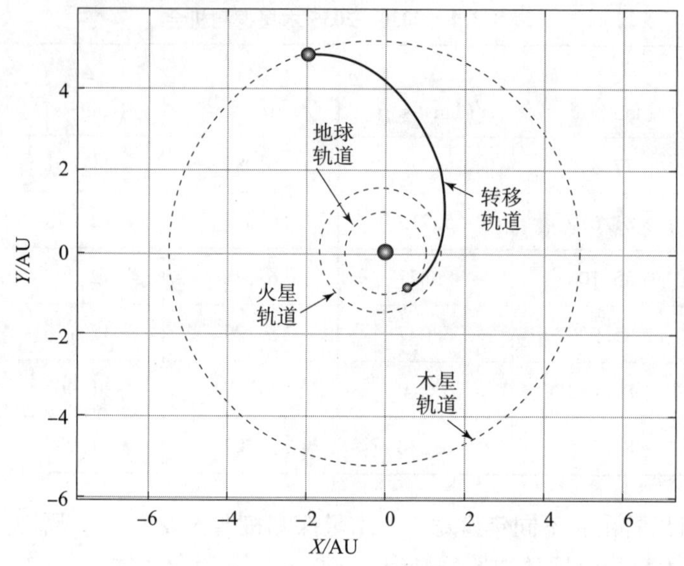

图 8.3.6　2035 年探测木星轨道

8.3.2　行星借力序列分析

对于木星探测任务，可以利用的借力天体有金星、地球和火星。实际上，可能的借力序列很多，研究表明，木星探测任务可能的借力序列达 120 余种。不同的借力序列效果是不同的，因此，需要首先对借力序列进行分析。下面将采用第 5 章中介绍的 $r_p - r_a$ 图方法对该问题进行分析。定义探测器相对行星的双曲线超速为 v_∞。v_∞ 的最小值和最大值分别选为 1 km/s 和 20 km/s，以 1 km/s 为间隔绘制探测器日心轨道的 $r_p - r_a$ 图，如图 8.3.7 所示。

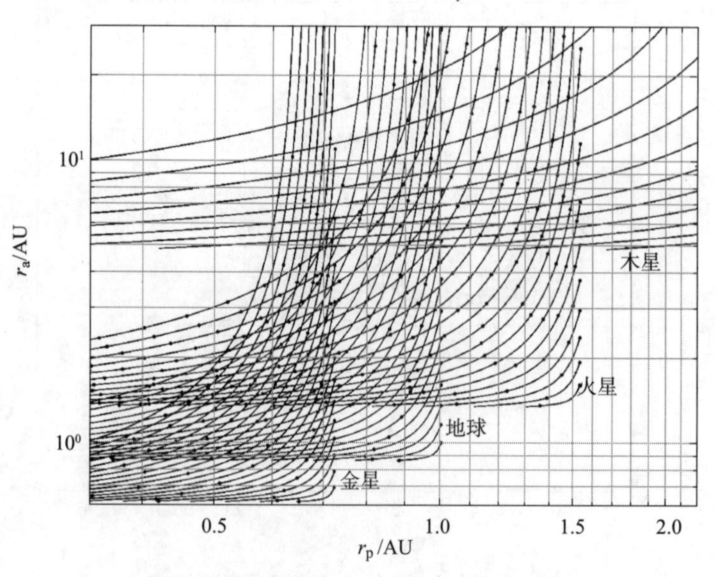

图 8.3.7　木星探测任务行星借力 $r_p - r_a$ 图

考虑行星借力次数最多为 3 次，对 $r_p - r_a$ 图进行搜索分析可以获得实现向木星转移的可行行星借力序列。表 8.3.2 列出了地球逃逸双曲线超速 $v_{\infty E} < 10$ km/s 的借力序列，其中 $v_{\infty J}$ 为探测器到达木星后，相对木星的双曲线超速。

表 8.3.2　木星探测任务可行借力序列

序号	借力序列	$v_{\infty E}$ /(km·s^{-1})	C_3 /(km^2·s^{-3})	$v_{\infty J}$ /(km·s^{-1})	Δv_T /(km·s^{-1})	t_T /天
1	EMJ	9	81	6	11.973	2.51
2	EMEJ	6	36	9	11.078	3.18
3	EMMJ	8	64	6	11.354	6.70
4	EVVVJ	6	36	7	10.503	6.12
5	EVVEJ	5	25	7	10.048	3.73
6	EVEEJ	3	9	6	8.117	5.48
7	EVEMJ	4	16	6	8.426	2.76
8	EMEEJ	4	16	6	8.426	6.17
9	EMEMJ	4	16	6	8.426	3.23
10	EMMEJ	6	36	6	10.266	4.93
11	EMMMJ	5	25	5	8.609	8.30

由表 8.3.2 可以看出，利用行星借力可以有效降低探测器所需总的速度增量，例如借力序列 EVEEJ 所需总的速度增量估计值为 8.117 km/s。相比两脉冲转移方式，EVEEJ 借力飞行可节省约 3 km/s。这主要是由于行星借力飞行可有效降低木星探测任务的发射能量，该序列也是“伽利略号”木星探测器所采用的。当然，$r_p - r_a$ 方法仅考虑了平面转移问题，并且忽略了行星的星历约束，因此只能对借力飞行轨道的性能进行初步的评估。实际上，若考虑行星星历约束，EMEMJ、EMMMJ 等借力序列很难用于实际任务。综合考虑能量需求、任务时间和任务可行性，可以初步选择 EVEEJ、EVEMJ 和 EMEEJ 这 3 种借力序列，这 3 种借力序列的 $r_p - r_a$ 图如图 8.3.8 ~ 图 8.3.10 所示。

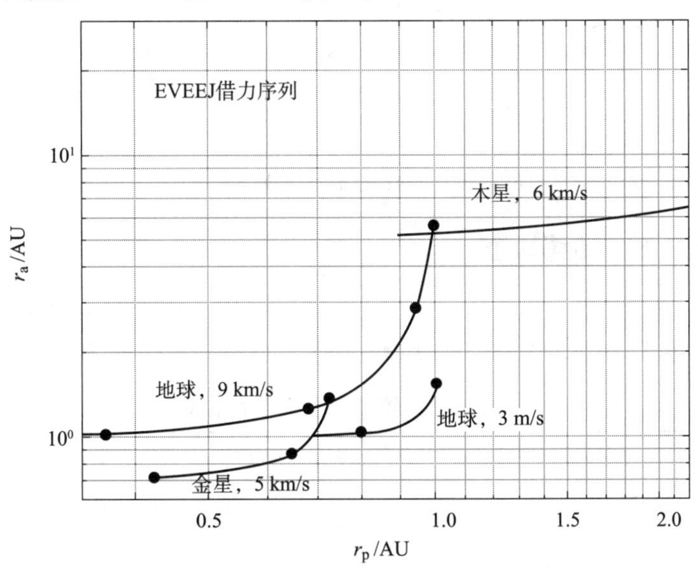

图 8.3.8　EVEEJ 借力序列 $r_p - r_a$ 图

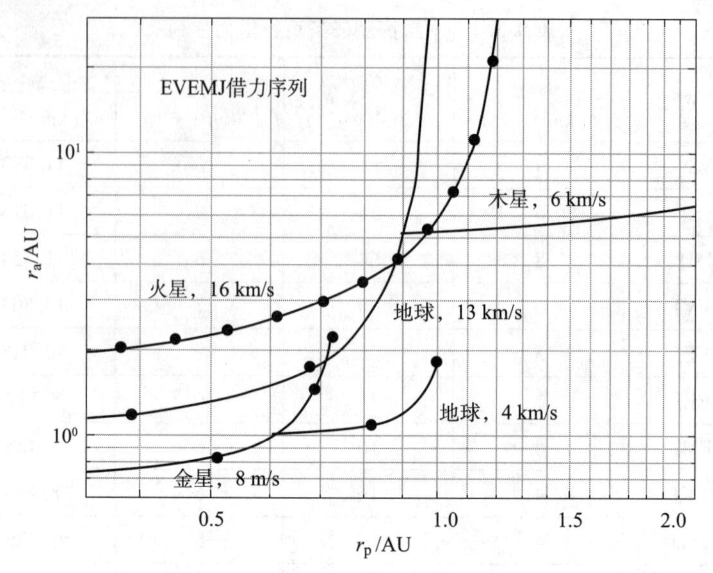

图 8.3.9　EVEMJ 借力序列 $r_p - r_a$ 图

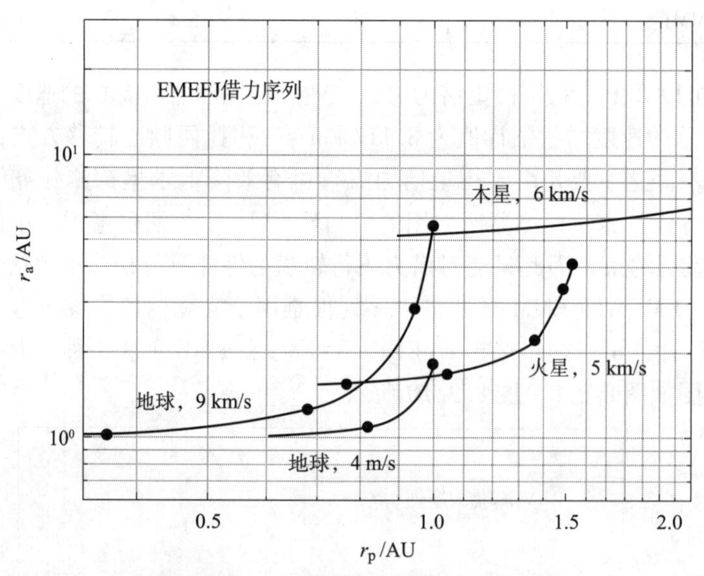

图 8.3.10　EMEEJ 借力序列 $r_p - r_a$ 图

8.3.3　借力飞行转移轨道

利用带有深空机动的借力飞行轨道设计方法对 EVEEJ、EVEMJ 和 EMEEJ 三种序列轨道进行优化设计，性能指标选取为总的速度增量最小。转移轨道设计结果见表 8.3.3。

表 8.3.3　木星探测借力飞行转移轨道设计结果

借力序列	EVEEJ	EVEMJ	EMEEJ
发射时间（yyyy/mm/dd）	2032/12/19	2031/05/02	2031/06/14
发射能量 C_3 /(km·s^{-3})	14.565	10.085	18.649
地球停泊轨道逃逸速度大小 Δv_E/(km·s^{-1})	3.810	3.612	4.030

续表

借力序列	EVEEJ	EVEMJ	EMEEJ
地球至 P_1 飞行时间/天	143.215	163.286	428.338
第一次深空机动 $\Delta v_{DSM1}/(km \cdot s^{-1})$	—	—	—
P_1 至 P_2 飞行时间/天	498.442	277.220	764.592
第二次深空机动 $\Delta v_{DSM2}/(km \cdot s^{-1})$	—	—	—
P_2 至 P_3 飞行时间/天	730.484	938.832	730.486
第三次深空机动 $\Delta v_{DSM3}/(km \cdot s^{-1})$	—	0.389	—
P_3 至木星飞行时间/天	978.170	1 172.838	955.782
第四次深空机动 $\Delta v_{DSM4}/(km \cdot s^{-1})$	—	1.022	—
到达木星时间（yyyy/mm/dd）	2039/05/28	2038/04/28	2039/05/4
到达木星双曲线超速 $v_{\infty A}/(km \cdot s^{-1})$	5.533	5.282	5.539
木星环绕轨道制动速度大小 $\Delta v_A/(km \cdot s^{-1})$	5.455	5.405	5.456
总飞行时间/年	6.438	6.990	7.886
总的速度增量/$(km \cdot s^{-1})$	8.264	10.427	8.486

由表 8.3.3 可以看出，与 EVEMJ 和 EMEEJ 两种借力序列相比，EVEEJ 借力序列在总飞行时间和速度增量方面都有一定的优势，总的飞行时间为 6.438 年，总的速度增量为 8.264 km/s，比两脉冲直接转移方式减小约 3 km/s。EVEMJ 借力序列具有更小的发射能量，仅为 10.085 km^2/s^3，若采用运载火箭直接发射逃逸地球方式，可以降低对运载火箭运力的要求。EVEMJ 序列需要在行星际飞行过程中施加两次较大的深空机动，分别为 0.389 km/s 和 1.022 km/s。EMEEJ 借力序列的总的速度增量为 8.486 km/s，但所需的总的飞行时间较长，约为 7.886 年。在实际的探测任务中，需要综合各种任务约束对转移轨道进行合理的选择。

图 8.3.11 和图 8.3.12 分别给出了 EVEEJ 和 EMEEJ 两种借力序列的转移轨道。

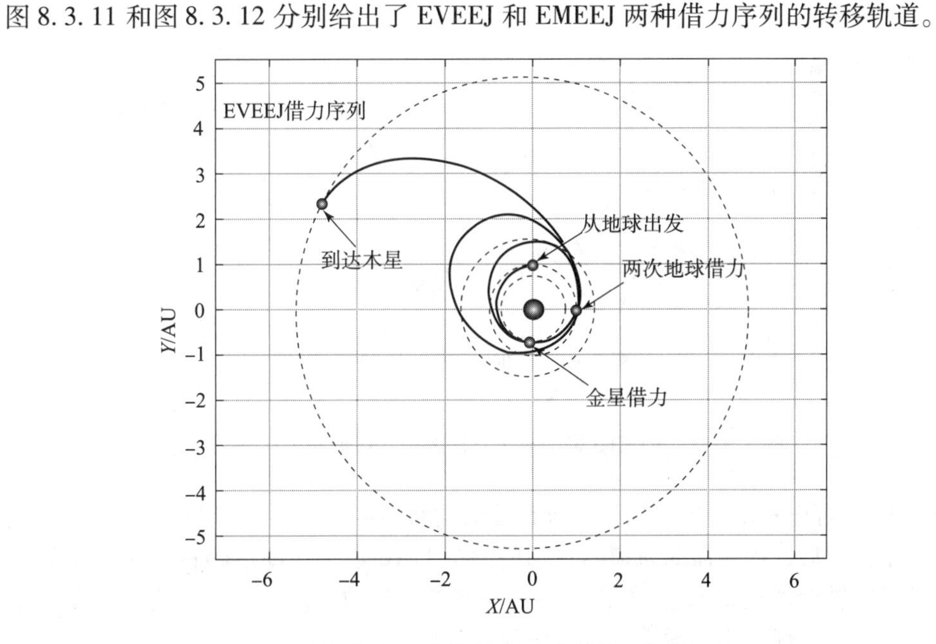

图 8.3.11　EVEEJ 借力序列转移轨道

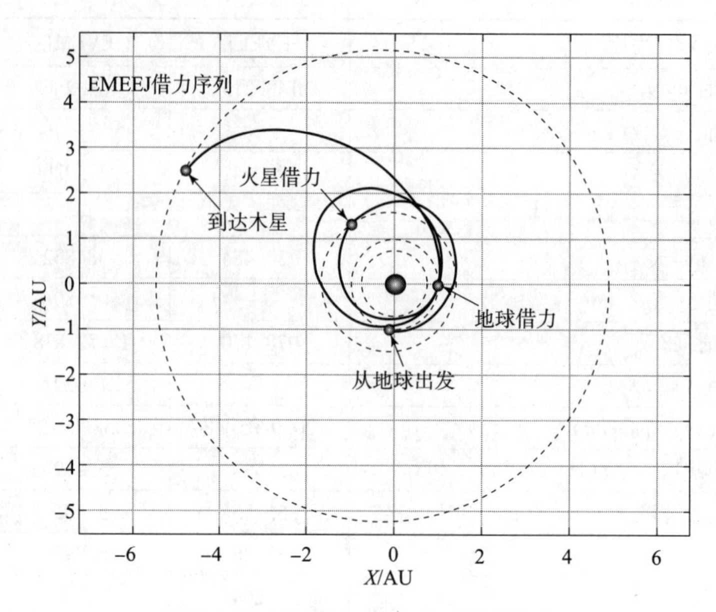

图 8.3.12　EMEEJ 借力序列转移轨道

图 8.3.13 ~ 图 8.3.15 分别给出了 EVEEJ 借力序列探测器与太阳距离、探测器轨道半长轴和倾角随飞行时间的变化曲线。

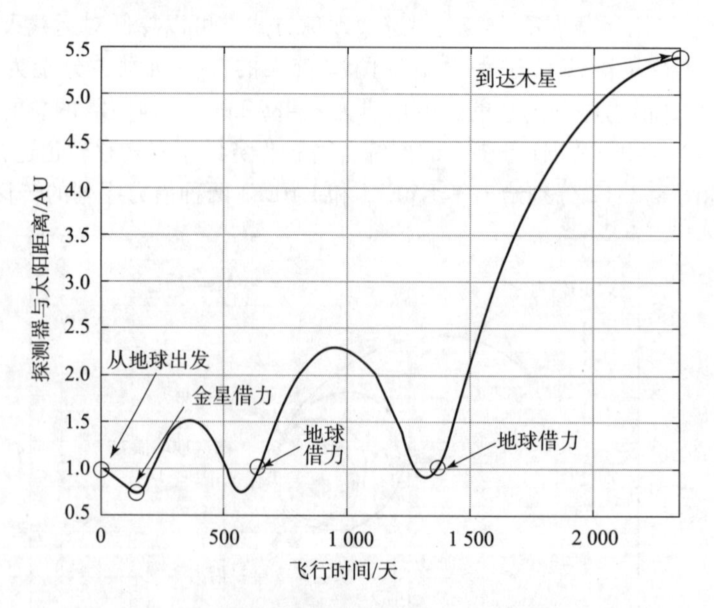

图 8.3.13　EVEEJ 借力序列探测器与太阳距离变化曲线

由图 8.3.14 可以看出，探测器从地球出发时的轨道半长轴小于 1 AU，这是为了实现金星借力；金星借力后，探测器的轨道半长轴增大至 1 AU 以上；随后经过两次地球借力，探测器的轨道半长轴增加至 3 AU 以上，实现了与木星交会的条件。探测器的轨道倾角在 3 次行星借力后，分别呈现减小、增大、再减小的变化趋势。

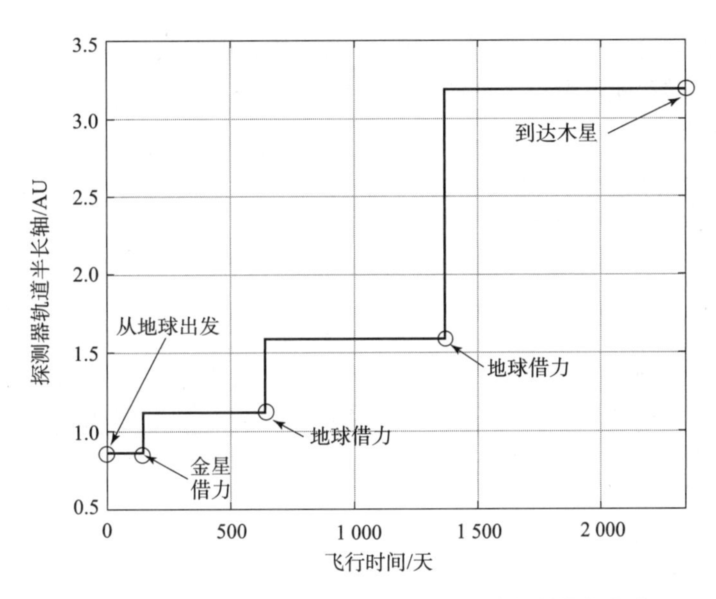

图 8.3.14　EVEEJ 借力序列探测器轨道半长轴变化曲线

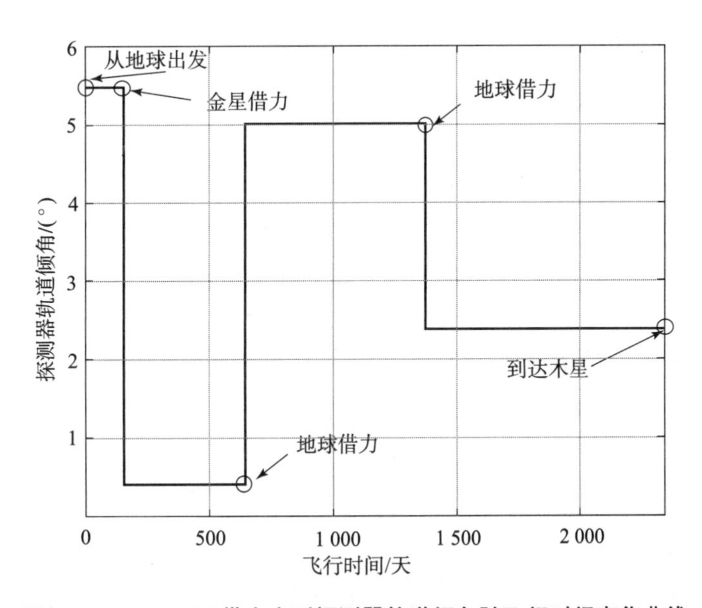

图 8.3.15　EVEEJ 借力序列探测器轨道倾角随飞行时间变化曲线

综上所述，对于木星探测任务，借力飞行是非常实用的技术，尤其是 EVEEJ 借力序列，可以有效降低对探测任务发射能量的要求，减小转移过程中探测器的燃料消耗。当然，采用借力飞行技术将增加探测器的飞行时间。从转移轨道设计结果来看，若要以较低的发射能量和燃料消耗实现木星交会探测，飞行时间一般为 6 年以上。

8.3.4　连续推力转移轨道

利用离散脉冲轨道设计方法对 EVEEJ、EVEMJ 和 EMEEJ 这 3 种序列连续推力轨道进行优化设计。探测任务采用核能电推进系统，推力大小恒定为 2 N，比冲为 3 500 s，探测器初始质量为 5 000 kg。轨道设计要求为：探测器从地球出发时的发射能量 $C_3=0$，到达木星引力影响球时，相对木星的双曲线超速 $v_{\infty A}=0$，总的任务周期最长为 8 年，性能指标选为总的速度增量最小。转移轨道设计结果见表 8.3.4。

表 8.3.4　木星探测连续推力飞行转移轨道设计结果

借力序列	EVEEJ	EVEMJ	EMEEJ
发射时间（yyyy/mm/dd）	2035/12/30	2035/12/28	2030/06/29
发射能量 C_3 /(km · s^{-3})	0.0	0.0	0.0
地球至 P_1 飞行时间/天	258.161	260.709	373.823
地球至 P_1 速度增量/(km · s^{-1})	3.160	3.156	3.586
P_1 至 P_2 飞行时间/天	346.013	340.588	325.804
P_1 至 P_2 速度增量/(km · s^{-1})	0.623	0.472	2.977
P_2 至 P_3 飞行时间/天	798.709	538.980	734.109
P_2 至 P_3 速度增量/(km · s^{-1})	0.125	0.316	0.273
P_3 至木星飞行时间/天	1 108.450	1 780.721	998.079
P_3 至木星速度增量/(km · s^{-1})	7.562	8.349	7.181
到达木星时间（yyyy/mm/dd）	2042/11/15	2043/12/28	2037/02/23
到达木星双曲线超速 $v_{\infty A}$ /(km · s^{-1})	0.0	0.0	0.0
总飞行时间/年	6.878	8.0	6.658
总的速度增量/(km · s^{-1})	11.476	13.294	14.016
探测器剩余质量/kg	3 385.480	3 182.674	3 105.544

由表 8.3.4 可以看出，EVEEJ 依然是 3 种借力序列中性能最优的，该序列对应的转移轨道总飞行时间为 6.878 年，行星际飞行过程中总的速度增量为 11.476 km/s，当探测器到达木星引力影响球时，剩余质量为 3 385.48 kg，这比利用化学推进系统的转移轨道具有较大的优势。图 8.3.16 和图 8.3.17 分别给出了 EVEEJ 和 EMEEJ 两种借力序列的连续推力转移

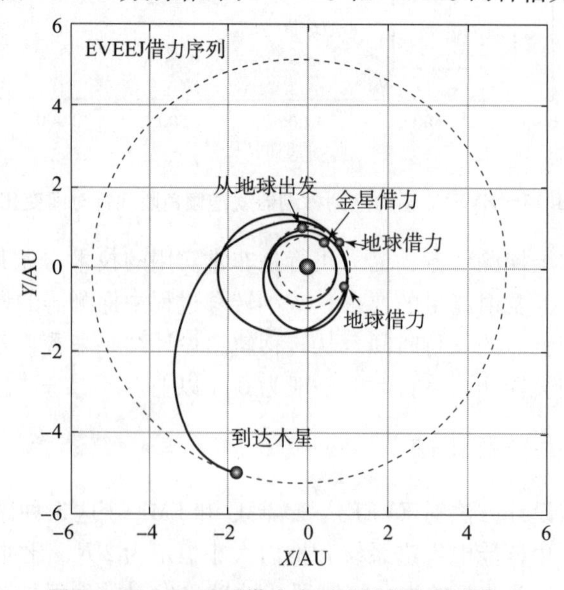

图 8.3.16　EVEEJ 借力序列连续推力转移轨道

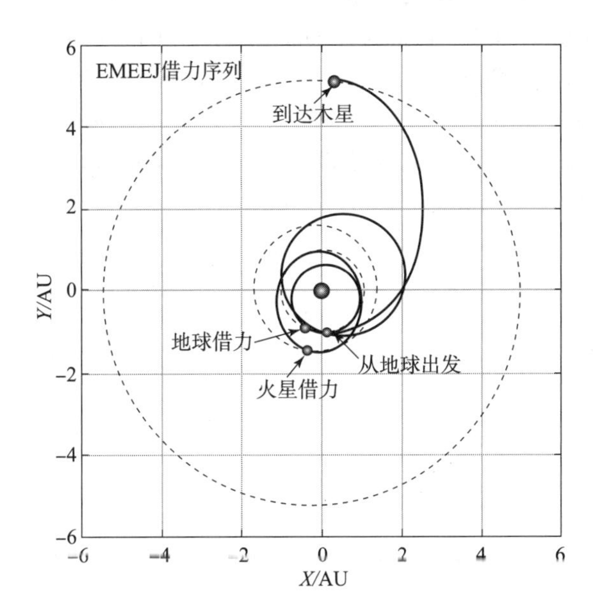

图 8.3.17 EMEEJ 借力序列连续推力转移轨道

轨道。需要指出的是，多借力飞行轨道优化设计模型存在众多的局部极小点，如何搜索性能更优的转移轨道一直是近年来研究的一个热点问题。

参考文献

[1] Zimmer A K, Messerschmid E. Going beyond: Target Selection and Mission Analysis of Human Exploration Missions to Near – Earth Asteroids [J]. Acta Astronautica, 2011 (69): 1096 – 1109.

[2] Shang H B, Liu Y X. Assessing Accessibility of Main – Belt Asteroids Based on Gaussian Process Regression [J]. Journal of Guidance, Control, and Dynamics, 2017, 40 (5): 1144 – 1154.

[3] Landau D F, Longuski J M. Trajectories for Human Missions to Mars, Part Ⅰ: Impulsive Transfers [J]. Journal of Spacecraft and Rockets, 2006, 43 (5): 1035 – 1042.

[4] Landau D F, Longuski J M. Trajectories for Human Missions to Mars, Part Ⅱ: Low – Thrust Transfers [J]. Journal of Spacecraft and Rockets, 2006, 43 (5): 1043 – 1048.

[5] Drake B G, Watts K D. Human Exploration of Mars Design Reference Architecture 5.0 [R]. NASA Johnson Space Center, 2009.

[6] Landau D, Chase J, Randolph T, et al. Electric Propulsion System Selection Process for Interplanetary Missions [J]. Journal of Spacecraft and Rockets, 2011, 48 (6): 467 – 476.

[7] Strange N J, Longuski J M. Graphical Method for Gravity – Assist Trajectory Design [J]. Journal of Spacecraft and Rockets, 2002, 39 (1): 9 – 16.

[8] Vasile M, Pascale P D. Preliminary Design of Multiple Gravity – Assist Trajectories [J].

Journal of Spacecraft and Rockets, 2006, 43 (5): 794 - 805.

[9] Englander J A, Conway B A. Automated Solution of the Low - Thrust Interplanetary Trajectory Problem [J]. Journal of Guidance, Control, and Dynamics, 2017, 40 (1): 15 - 27.

[10] Sergeyevsky A B, Snyder G C, Cunniff R A. Interplanetary Mission Design Handbook. Volume 1, part 2: Earth to Mars ballistic mission opportunities, 1990 - 2005 [R]. NASATechnical Report, 1983.